普通高等教育教材

晶体学教程

CRYSTALLOGRAPHY

王进 等◎编著

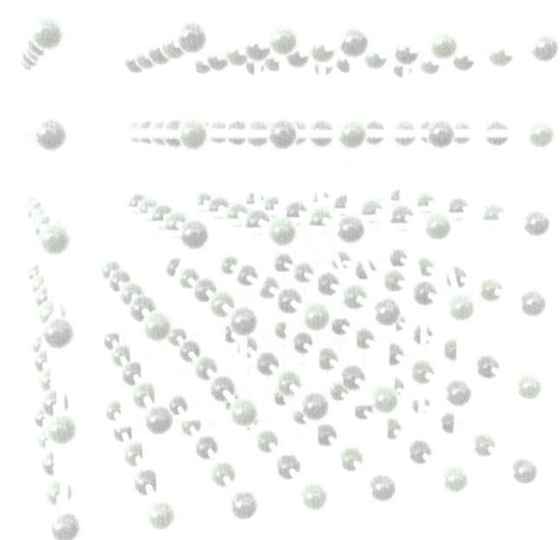

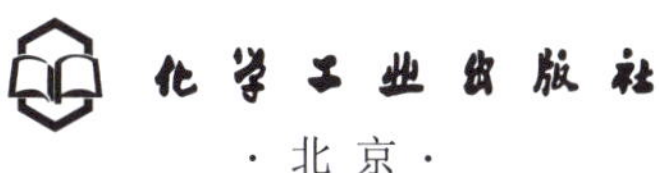
化学工业出版社
·北京·

内容简介

本书系统阐述了晶体学基础理论，包括几何结晶学、晶体构造学、晶体化学、晶体生长学和晶体物理学。全书共分为7章，第1章为绪论，主要介绍晶体学的研究内容、晶体学发展史以及晶体、非晶体和准晶体的概念；第2章为几何结晶学基础，系统阐述晶体的投影、晶体的宏观对称、晶体定向和晶体学符号、单形和聚形、晶体的规则连生；第3章为晶体构造学基础，阐述晶体的空间格子构造规律、晶体内部结构的对称要素、空间群和等效点系；第4章为晶体化学基础，包括密堆积原理、配位数和配位多面体、鲍林规则、类质同象和同质多象、晶格缺陷等；第5章为晶体生长学基础，包括晶体的形成方式、晶体生长的基本理论、晶面的发育、影响晶体的生长因素、常用晶体生长技术等；第6章为晶体物理学基础，简要介绍晶体的力学、热学、电学、磁学性质；第7章为常见晶体结构，简要介绍单质、典型无机化合物、新能源材料、磁性材料、超硬材料、硅酸盐及硅酸盐水泥的晶体结构。全书采用彩色印刷，每章均有思考题，附有实验指导。此外，本书每章后面都有与课程内容相关的延伸阅读，包括相关的课程思政内容。

本书可作为材料、化学、地矿、宝石等专业本科生、研究生教材，也可作为相关学科研究人员的参考书。

图书在版编目（CIP）数据

晶体学教程 / 王进等编著. -- 北京 : 化学工业出版社，2025. 7. -- (普通高等教育教材). -- ISBN 978-7-122-48077-4

Ⅰ. O7

中国国家版本馆 CIP 数据核字第 2025WT9872 号

责任编辑：韩霄翠　仇志刚

文字编辑：林　丹　张瑞霞

责任校对：宋　玮

装帧设计：王晓宇

出版发行：化学工业出版社

（北京市东城区青年湖南街13号　邮政编码100011）

印　　装：中煤（北京）印务有限公司

787mm×1092mm　1/16　印张19　字数466千字

2025年9月北京第1版第1次印刷

购书咨询：010-64518888

售后服务：010-64518899

网　　址：http://www.cip.com.cn

凡购买本书，如有缺损质量问题，本社销售中心负责调换。

定　　价：78.00元

编写人员名单

王　进　符亚军　贺小春

曹林洪　徐　帅　谢晓丽

王军霞　刘桂香　温建武

前言

PREFACE

晶体学（crystallography）也称为结晶学，是以晶体为研究对象的一门自然学科。晶体学主要阐明晶体各个方面的性质和规律，可用来指导对晶体的利用和人工培养。晶体学是除天文学以外人类最早认识和研究的自然学科。

人类早期对晶体的认识，主要从具有瑰丽色彩和几何多面体外形的矿物晶体开始，逐渐熟悉一些矿物晶体的性质并将其服务于人类，因此，晶体学曾经作为矿物学的分支，与矿物学密不可分。然而，经过数百年的研究以及现代科学技术的发展，随着人类对晶体外形规律的认知再到对晶体内部结构的深入研究，晶体学已发展成为涉及众多学科领域的一门独立学科。时至今日，晶体学不仅是材料学中认知材料制备、结构和性能的基础理论知识，也是物理学、化学、地质学、矿物学、岩石学、宝石学以及分子生物学等学科学习和研究的重要内容，应用面十分广泛。

根据晶体学的研究内容可以分为五个主要分支：①几何结晶学，研究晶体的外形及几何规律，它是晶体学的经典和基础部分；②晶体构造学，研究晶体内部结构质点的空间分布规律、晶体结构的形式和构造缺陷；③晶体化学，研究晶体化学成分与晶体结构的关系，并进一步探讨成分、结构和性质与晶体生成条件的关系；④晶体生长学，研究晶体的发生成长机理和晶体的制造及影响因素；⑤晶体物理学，研究晶体的各种物理性质及产生机理。

本书就是根据晶体学的以上 5 个分支内容进行编写的，总共分为 7 章，首先绪论部分讨论晶体及其基本性质（第 1 章），然后重点介绍几何结晶学、晶体构造学和晶体化学（第 2 ～ 4 章），接着简要介绍晶体生长学和晶体物理学的基本知识（第 5 章和第 6 章），最后阐述了常见的晶体结构（第 7 章）。

本书具有以下主要特色：

（1）不同于传统教材中的黑白色图片，本书中绝大部分图片采用彩色图，包括晶体宏观形态图和晶体结构图；除此之外，一些重要概念和定义也采用彩色字体，可帮助学生快速了解并掌握知识点。

（2）在第 7 章常见晶体结构部分，除了常见的金属晶体结构、无机晶体结构、硅酸盐晶体结构之外，本书考虑了材料学科的发展，增加了新能源材料、磁性材料、超硬材料和硅酸盐水泥的晶体结构，尤其拓展了当前热门的高熵材料的晶体结构。

（3）本书增加了与内容相关的“延伸阅读”部分，以拓宽学生的知识视野。

（4）本书每章最后都有思考题，另外附录部分还编写了与教学内容相关的实习指导书。

（5）结合思政课的要求，每章后面编写了与课程内容相关的课程思政延伸阅读材料，激发学生对课程内容的学习兴趣。

本书可作为高等院校材料科学与工程专业本科生和研究生的专业基础课程教材，也可以作为地矿、宝石、物理、化学等相关专业本科生和研究生的教学用书和参考书，并可供科研院所、厂矿企业等从事材料相关领域工作的科研人员、工程技术人员等参阅。

本书各章节撰写分工如下：第1章、第2章2.1节、2.4节、2.5节、附录由王进撰写；第2章2.2节、2.3.6节、第7章7.1节、7.6节由贺小春撰写；第2章2.3.1～2.3.5节、第7章7.7节由谢晓丽撰写；第3章、第7章7.5节由徐帅撰写；第4章由曹林洪撰写；第5章由王军霞撰写；第6章、第7章7.2节由符亚军撰写；第7章7.3节由温建武撰写；第7章7.4节由刘桂香撰写；全书由王进统稿。图件由王进统一修改和调整，其中晶体结构图件用Vesta软件完成。本书的出版得到了西南科技大学材料与化学学院一流专业建设经费和化学工业出版社的大力支持，笔者在此表示衷心的感谢！

鉴于笔者水平所限，书中不妥之处在所难免，恳请广大读者批评指正。

王进

2024年11月

目录
CONTENTS

第 1 章　绪论 …… 001

1.1　晶体学 …… 001
1.1.1　晶体学的研究内容 …… 001
1.1.2　晶体学与其他学科的关系 …… 002
1.1.3　晶体学发展史 …… 003
1.2　晶体 …… 007
1.2.1　晶体的概念 …… 007
1.2.2　晶体的基本性质 …… 009
1.3　非晶体和准晶体 …… 011
1.3.1　非晶体 …… 011
1.3.2　准晶体 …… 011
延伸阅读 1　液晶 …… 012
延伸阅读 2　郭可信——将中国电子显微学推向世界 …… 014
思考题 …… 015

第 2 章　几何结晶学基础 …… 016

2.1　晶体的测角与投影 …… 016
2.1.1　面角恒等定律 …… 016
2.1.2　晶体的测角 …… 016
2.1.3　晶体的球面投影及其坐标 …… 018
2.1.4　极射赤平投影 …… 019
2.1.5　吴氏网及应用 …… 021
2.2　晶体的宏观对称 …… 022
2.2.1　对称的概念和特点 …… 022
2.2.2　宏观对称要素和对称操作 …… 023
2.2.3　对称要素的组合定理 …… 032
2.2.4　对称型（点群） …… 034
2.2.5　晶体的对称分类 …… 042
2.3　晶体定向和晶体学符号 …… 044
2.3.1　晶体学坐标系及晶体定向方法 …… 045
2.3.2　晶面符号 …… 049

2.3.3 整数定律 ··· 052
2.3.4 晶棱符号 ··· 053
2.3.5 晶带、晶带符号及晶带定律 ··· 055
2.3.6 对称型（点群）的符号 ··· 058
2.4 单形和聚形 ··· 060
2.4.1 单形的概念和符号 ··· 061
2.4.2 单形的推导 ··· 062
2.4.3 47 种几何单形 ··· 068
2.4.4 单形的分类和命名 ··· 073
2.4.5 聚形 ··· 074
2.5 晶体的规则连生 ··· 075
2.5.1 平行连生 ··· 076
2.5.2 双晶 ··· 077
2.5.3 浮生和交生 ··· 082
延伸阅读 1 群论在晶体对称理论中的应用 ··· 083
延伸阅读 2 双晶形成的内部结构机制 ··· 089
延伸阅读 3 晶体学中的对称之美与和谐社会构建 ··· 091
思考题 ··· 092

第 3 章 晶体构造学基础 ··· 095

3.1 晶体的空间格子规律 ··· 095
3.1.1 空间格子要素 ··· 097
3.1.2 单位平行六面体的选择 ··· 098
3.1.3 晶体结构中确定空间格子的方法 ··· 101
3.1.4 十四种布拉维空间格子 ··· 102
3.2 晶胞 ··· 105
3.3 空间格子中点的坐标、行列及面网符号 ··· 106
3.3.1 空间格子中点的坐标 ··· 107
3.3.2 行列符号 ··· 107
3.3.3 面网符号 ··· 107
3.4 晶体内部结构的对称要素 ··· 109
3.4.1 平移轴（平移群） ··· 109
3.4.2 螺旋轴 ··· 110
3.4.3 滑移面 ··· 113
3.5 晶体结构的空间群 ··· 116
3.5.1 空间群的概念 ··· 116
3.5.2 空间群的符号 ··· 118

3.6 等效点系 ······ 119
3.6.1 等效点系的概念 ······ 119
3.6.2 等效点系的表示方法 ······ 120
延伸阅读 1 空间格子的对称性与晶体结构对称性的区别 ······ 122
延伸阅读 2 平凡中的伟大——威廉 · 亨利 · 布拉格 ······ 124
思考题 ······ 125

第 4 章 晶体化学基础 ······ 127

4.1 离子类型和晶格类型 ······ 127
4.1.1 离子类型 ······ 127
4.1.2 晶格类型 ······ 128
4.2 原子半径和离子半径 ······ 129
4.2.1 绝对半径和有效半径 ······ 129
4.2.2 原子半径和离子半径的变化规律 ······ 129
4.2.3 离子极化 ······ 133
4.3 球体的紧密堆积原理 ······ 134
4.3.1 最紧密堆积原理 ······ 134
4.3.2 最紧密堆积方式 ······ 135
4.3.3 最紧密堆积空隙 ······ 135
4.4 配位数和配位多面体 ······ 137
4.4.1 配位数和配位多面体的概念 ······ 137
4.4.2 离子极化对配位数的影响 ······ 141
4.5 鲍林规则 ······ 143
4.6 同质多象 ······ 144
4.6.1 同质多象的概念 ······ 144
4.6.2 同质多象的转变及类型 ······ 144
4.7 类质同象和固溶体 ······ 146
4.7.1 类质同象的概念 ······ 146
4.7.2 类质同象的类型 ······ 147
4.7.3 决定和影响类质同象的因素 ······ 147
4.7.4 固溶体的概念 ······ 148
4.8 多型和多体 ······ 149
4.8.1 多型的概念及其特点 ······ 149
4.8.2 多体的概念 ······ 150
4.9 晶体结构描述及表达 ······ 151
4.9.1 晶体结构描述 ······ 151

4.9.2 晶体结构查询 ……152
4.9.3 晶体结构绘图 ……153
4.10 晶格缺陷 ……154
4.10.1 点缺陷 ……154
4.10.2 线缺陷 ……155
4.10.3 面缺陷 ……156
延伸阅读 1 模块结构 ……159
延伸阅读 2 中国晶体学和结构化学的主要奠基人——唐有祺 ……160
思考题 ……161
第 5 章 晶体生长学基础 ……163
5.1 晶体的形成 ……163
5.1.1 晶体的形成方式 ……163
5.1.2 晶核的形成与生长 ……164
5.2 晶体生长的几种基本理论 ……165
5.2.1 层生长理论 ……166
5.2.2 阶梯生长理论 ……167
5.2.3 螺旋生长理论 ……168
5.3 晶面发育的规律 ……169
5.3.1 布拉维法则 ……169
5.3.2 居里-乌尔夫原理 ……170
5.3.3 周期键链理论 ……171
5.4 影响晶体生长的外因 ……171
5.4.1 温度 ……171
5.4.2 涡流和介质流动方向 ……172
5.4.3 杂质与酸碱度 ……172
5.4.4 介质黏度 ……172
5.4.5 组分的相对浓度 ……173
5.4.6 结晶速度 ……173
5.4.7 生长顺序与生长空间 ……173
5.5 晶体生长技术简介 ……173
5.5.1 熔体生长法 ……174
5.5.2 溶液生长法 ……176
5.5.3 气相生长法 ……178
5.5.4 高温高压法 ……179
5.6 重要人工晶体及生长方法 ……180
5.6.1 非线性光学晶体 ……180

5.6.2 激光晶体……180
5.6.3 压、铁电晶体……181
5.6.4 磁光晶体……181
延伸阅读 1 烧结过程中的晶体生长……182
延伸阅读 2 中国激光晶体技术引领世界科技潮流……183
思考题……184

第 6 章 晶体物理学基础……186

6.1 张量的基础知识……186
6.2 晶体的力学性质……189
6.2.1 应力与应力张量……189
6.2.2 应变与应变张量……189
6.2.3 晶体的弹性和范性……190
6.2.4 晶体的硬度……191
6.3 晶体的热学性质……192
6.3.1 晶体的热容……192
6.3.2 晶体的热膨胀……194
6.3.3 晶体的热传导……196
6.4 晶体的电学性质……197
6.4.1 晶体的介电性质……197
6.4.2 晶体的压电性质……199
6.4.3 晶体的热释电性质……200
6.4.4 晶体的铁电性质……201
6.4.5 晶体的导电性质……203
6.5 晶体的磁学性质……208
6.5.1 抗磁性……210
6.5.2 顺磁性……210
6.5.3 铁磁性……210
6.5.4 反铁磁性……211
6.5.5 亚铁磁性……212
延伸阅读 1 晶体物理性质的对称性……213
延伸阅读 2 心平气和地甘坐“冷板凳”——中国科学院院士闵乃本……214
思考题……216

第 7 章 晶体结构……217

7.1 单质的晶体结构……217

7.1.1 金属单质的晶体结构 …… 217
7.1.2 非金属单质的晶体结构 …… 219
7.1.3 惰性气体的晶体结构 …… 223
7.2 典型无机化合物的晶体结构 …… 223
7.2.1 AX 型 …… 223
7.2.2 AX_2 型 …… 225
7.2.3 A_2X_3 型 …… 229
7.2.4 ABX_3 型 …… 230
7.2.5 ABX_4 型 …… 232
7.2.6 AB_2O_4 型 …… 234
7.2.7 $A_2B_2O_7$ 型 …… 234
7.3 新能源材料的晶体结构 …… 236
7.3.1 $LiCoO_2$ 型 …… 236
7.3.2 $LiMn_2O_4$ 型 …… 236
7.3.3 $LiFePO_4$ 型 …… 237
7.4 磁性材料的晶体结构 …… 238
7.4.1 金属磁性材料的晶体结构 …… 238
7.4.2 铁氧体磁性材料的晶体结构 …… 241
7.5 超硬材料的晶体结构 …… 244
7.5.1 碳化物 …… 244
7.5.2 氮化物 …… 245
7.5.3 硼化物 …… 247
7.6 硅酸盐的晶体结构 …… 249
7.6.1 岛状结构硅酸盐 …… 249
7.6.2 环状结构硅酸盐 …… 251
7.6.3 链状结构硅酸盐 …… 253
7.6.4 架状结构硅酸盐 …… 257
7.6.5 层状结构硅酸盐 …… 260
7.7 硅酸盐水泥的晶体结构 …… 262
7.7.1 硅酸三钙 …… 262
7.7.2 硅酸二钙 …… 263
7.7.3 铝酸三钙 …… 266
7.7.4 铁铝酸四钙 …… 266
延伸阅读 1 高熵材料（合金、高熵碳化物、氮化物、氧化物）的晶体结构 …… 267
延伸阅读 2 彭志忠——爱国敬业的矿物结晶学家 …… 270
思考题 …… 272

附录 晶体学实验 …… 274

实验一 晶体的测量与投影 …… 274

实验二　晶体的宏观对称……275
实验三　晶体定向及晶面符号……277
实验四　单形认识……279
实验五　聚形分析……281
实验六　晶体内部结构的对称要素及空间群……283
实验七　最紧密堆积与典型结构分析……284
实验八　晶体的形成……287

参考文献……290

第 1 章
绪论

人类对晶体的最初认识，或许是从采集石器时发现外形规则或光彩夺目的天然矿物开始的，进而把它们作为玩物和饰物。随着人类对晶体的研究不断深入和现代科学技术的发展，逐渐形成一门独立的学科——晶体学。那么，晶体学的内容包含哪些？晶体的定义、本质和共同性质又是什么？本章将介绍这些内容。

1.1 晶体学

1.1.1 晶体学的研究内容

晶体学（crystallography）也称为结晶学，是以晶体为研究对象的一门经典自然科学，主要研究晶体的生长、形貌、内部结构、化学成分、物理性质及它们之间的相互关系。晶体学研究的是晶体的共同规律，不涉及具体的晶体种类。

因为自然界的天然矿物绝大多数是晶体，所以晶体学在早期与矿物学密不可分，甚至只是作为矿物学的一个分支，研究对象只局限于天然矿物晶体。随着人类知识水平的提高和科学技术的发展，人们发现晶体的分布领域已经大大超出了矿物学的范畴。因此，晶体学才逐渐脱离矿物学而成为一门独立的学科。

早期的晶体学主要是以几何或数学理论研究晶体的宏观和微观对称规律。随着与其他学科的交叉和融合，如今形成以下几个分支学科，也是晶体学这门学科的主要研究内容。

（1）晶体生长学

研究天然及人工晶体的发生、成长和变化的过程与机理，以及控制和影响它们的因素；探究影响晶体生长的因素，寻找更加适合晶体生长的结晶条件；深入研究晶体生长的理论，掌握晶体生长的内在规律。由于现代科学技术对特殊晶体材料的需要，晶体生长的理论和实验研究得到迅速发展。

（2）几何结晶学

研究晶体外表形态的几何规律，是晶体学的经典和基础，主要内容包括晶体的外观几何形状、几何要素（晶面、晶棱、角顶等）的对称性分布以及它们之间的各种几何关系。几何结晶学对晶体的描述、分类和鉴定均具有重要意义。几何结晶学的基本规律已在材料科学中得到广泛应用。

（3）晶体构造学

研究晶体内部结构中质点的分布规律、晶体内部结构的形式和构造缺陷。具体内容有晶体内部的各种几何要素（包括质点、行列、面网等）在空间的分布规律；晶体内部结构的测定；晶体内部结构的各种缺陷（点缺陷、线缺陷、面缺陷和体缺陷)。晶体构造学对从本质上阐明晶体的一系列现象和性质起着重要的作用。因为晶体构造学是晶体化学的基础，通常将晶体中的各种构造缺陷内容和晶体化学的内容放在一起，本教材也是如此。

（4）晶体化学

研究晶体化学组成与晶体结构的关系，着重研究晶体在原子、分子层面上的相互作用与晶体的物质结构理论，进一步分析成分、结构与晶体性质和生成条件的关系，揭示晶体的化学成分、晶体的结构以及晶体的性质之间的内在相互关系，并探求其中的根本原理。

（5）晶体物理学

研究晶体结构与物理性质之间的关系，以及晶体物理性质的产生机理和规律，即晶体的结构、对称、晶体形成条件对晶体的力学、电学、光学等物理性质的影响。实际上，晶体化学与晶体物理学紧密相连，研究内容有许多相同之处，因为晶体的化学成分与晶体的物理性质密切相关。

本教材以“几何结晶学”“晶体构造学”和“晶体化学”为主要内容，对“晶体生长学”和“晶体物理学”做简单介绍。此外，本教材也对常见金属和非金属单质、典型无机化合物、新能源材料、磁性材料、超硬材料、硅酸盐以及硅酸盐水泥等的晶体结构进行了简要介绍。

1.1.2 晶体学与其他学科的关系

（1）晶体学与基础学科的关系

晶体学与数学、物理学、化学等基础学科有着密切的关系。

晶体学首先以数学为基础，这是因为晶体结构和形态的研究涉及大量的数学计算和几何分析。几何结晶学中的晶体外表几何形状及其之间的规律性，以及晶体构造学中的内部质点排列的规律性，都需要运用数学的知识来进行精确的分析和描述。因此，数学在晶体学中扮演着重要的角色，为晶体研究提供了理论框架和计算工具。

物理学与晶体学也有着紧密的联系。晶体的物理性质研究对于理解物质的微观结构和宏观性质之间的关系至关重要，而这也是物理学研究的重要内容之一。因此，物理学的方法和理论在晶体学中有着广泛的应用。

化学是晶体学的另一个重要基础学科。晶体化学研究晶体的化学组成与晶体结构以及物理、化学性质之间的关系。这涉及对元素和化合物的性质、化学反应机理的理解，以及如何通过化学方法来合成和改变晶体结构。因此，化学的知识和技术对于理解和控制晶体的生长、性质以及应用具有重要意义。

（2）晶体学与地矿类学科的关系

晶体学虽然已经从矿物学中脱离出来成为独立的学科，但是晶体学与矿物学以及其他地矿类学科，如岩石学、地层学、矿床学、地球化学、构造地质学、工程地质学等之间依然有着密切的联系。可以说，晶体学是矿物学及其相关学科的基础，而这些学科的研究成果又进一步推动着晶体学的研究内容。晶体学的研究对象主要是晶体，而天然矿物晶体在地矿类学科中占据重要位置，因为它们是地壳中矿物的主要存在形式之一。地矿类学科，如地质学和矿物学，主要研究地球的矿物资源、地质构造和矿产资源开发等，而晶体学提供了对这些矿物和资源进行分类、鉴定和理解的工具和方法。此外，晶体学的研究还涉及矿物的成因产状、时间和空间分布的规律，这些研究有助于理解地球的历史和矿产资源的形成过程。因此，晶体学不仅是地矿类学科的基础学科之一，而且为地矿类学科的研究提供了重要的理论和实践基础。

（3）晶体学与材料学科的关系

晶体学与材料学科之间同样存在着密切的关系，晶体学不但是材料学科的理论基础，而且晶体学的原理及其应用在材料科学中占据核心地位。在材料科学中，晶体学原理及应用涵盖多个方面，包括材料制品及其原材料的物相组成、新材料设计、材料表面处理、单晶生长、晶体缺陷的研究以及材料加工过程对晶体结构的影响等。

① 材料制品及其原材料的物相组成：金属材料和无机非金属材料制品大多数是晶体或以结晶相为主要组成。金属材料中纯金属、合金、金属化合物和金属铸件等基本都是晶体集合体。无机非金属材料中除玻璃及其制品外，可分为两类。一类是单晶材料，常见的单晶材料有金刚石、红宝石、蓝宝石、水晶、冰洲石、单晶硅和单晶锗等。这些单晶可以是天然形成的，也可以进行人工合成制造。另一类是多晶材料，又分为多晶单相制品和多晶多相制品，前者由同种晶体的细小集合体组成，如氧化铝陶瓷、钛酸钡陶瓷和刚玉质耐火材料等；后者由两种或两种以上不同晶体成分的细小集合体组成，有时还同时存在玻璃相、气相等物相，如普通陶瓷、部分特种陶瓷、耐火材料和水泥熟料等。

除了材料制品的物相组成大多是晶体或结晶相外，其原材料的物相组成大多也是晶体或结晶相。a. 天然岩石原料：金属材料工业和传统无机非金属材料工业所用的原料，大都为结晶态的天然矿石。b. 人工原料：是天然矿石经加工或提取后获得的原材料，主要用来制造新型无机非金属材料，或作为传统硅酸盐制品的辅助原料，如碳酸钡、钛白粉和工业氧化铝等，也都是由晶体组成的。c. 工业废渣和工业尾矿：工业废渣可作为传统无机非金属材料工业的原料，如水泥工业大量使用的高炉矿渣、钢渣、粉煤灰和煤渣等；天然矿产开采的尾矿，也是某些无机非金属材料制品的重要原料，而工业废渣和尾矿主要也是由结晶相组成。

② 新材料设计：通过晶体学的理论知识，科学家可以了解材料的内部结构，进而预测和控制材料的性能。在设计新型材料时，可以用晶体学知识精确控制新材料组成中结晶相之间的距离和角度，以达到预期的材料性能。

③ 材料表面：晶体结构不仅决定材料内部的性质，还对材料的表面性质产生巨大影响。通过晶体学生长技术，科学家可以有效地控制材料表面的形态和性质。

④ 单晶生长：在半导体领域，单晶生长是一项复杂的工艺，需要对晶体生长过程中的各个参数进行精细控制。晶体生长理论可以帮助科学家设计出高品质的单晶体，并且可以对晶体生长过程进行优化改进。

⑤ 晶体缺陷：晶体缺陷是影响材料性能和稳定性的主要因素之一。通过晶体构造学的理论和原理，科学家可以了解晶体缺陷的成因和种类，并通过控制晶体生长过程中的变量来减少和控制晶体缺陷的形成。

⑥ 材料加工：材料加工过程会对材料的晶体结构造成改变，从而影响材料的性质。晶体学理论可以帮助科学家理解这些变化，以优化加工过程。

此外，晶体学的研究还涉及光电器件、磁性材料、超导体材料等领域，这些应用展示了晶体学在推动材料学科科技进步和工业发展中的重要作用。

1.1.3 晶体学发展史

晶体学的发展史，按照时间先后顺序可归结为以下三个阶段：

（1）经典晶体学阶段（晶体宏观对称及晶体形态学）

1669 年，丹麦学者斯丹诺（N. Steno，1638—1686）对石英和赤铁矿晶体进行研究以后，首先发现了晶体的面角恒等定律，奠定了几何结晶学的基础，使人们从千姿百态的晶体外形中找到了初步规律。

1688 年，意大利科学家加格利尔米尼（D. Guglielmini，1655—1710）把面角恒等定律推广到多种盐类晶体上。

1780 年，法国学者克兰乔（A. Carangeot，1742—1806）发明了接触测角仪；之后法国学者得利（R. IIsle，1736—1790）利用接触测角仪测量了 500 余种矿物晶体，肯定了面角恒等定律的普遍性。

1690 年，荷兰学者惠更斯（C. Huygens，1629—1695）根据方解石的解理和双折射性质，提出了晶体是具有一定形状的物质质点（成椭球形的物质分子）做规则垒叠而成，并试图找出晶体内部的构造规律。这一观点是晶体构造思想的最早萌芽，但当时并未引起重视。

1741 年，俄国学者罗蒙诺索夫（M. B. Ломоносов，1711—1765）创立了物质结构的原子 - 分子学说，认为晶体是由微分子堆砌而成的，从理论上阐明了面角恒等定律的实质。

1781 年，法国学者阿羽依（R. J. Haüy，1743—1822）基于方解石沿着解理面裂开的性质，提出晶体是由无数个具有多面体形状的原始“必要分子”在三维空间无间隙地平行堆砌而成。

1801 年，阿羽依发表了著名的整数定律（又称有理指数定律，law of rational indices），阐述了晶面与晶棱的关系，为晶体定向和晶面符号的确定提供了理论依据，他的这一思想奠定了晶体构造学的基础，比较满意地解释了晶体外形与其内部构造间的关系。此外，他又提出晶体是对称的，这种对称不但为晶体外形所固有，同时也表现在晶体的物理性质上。

1809 年，英国学者沃拉斯顿（W. H. Wollaston，1766—1828）设计出第一台单圈反射测角仪，使得晶体测角工作的精度大为提高。当时，他的这项工作盛极一时，曾积累了许多实际资料。

1805—1809 年间，德国矿物学家魏斯（C. S. Weiss，1780—1856）确定了晶体中不同的旋转轴，总结出晶体的对称定律（law of crystal symmetry），并于 1813 年首先提出晶体分为六大晶系。他的这些工作为晶体的合理分类奠定了基础。魏斯对晶体学最重要的贡献是确定了晶体学中另一个重要定律——晶带定律（Weiss zone law），它表述了晶带轴和与其相关的一组晶面间的关系。

1830 年，德国学者赫塞尔（J. F. C. Hessel，1792—1872）首先采用几何方法推导出晶体外形上可能有的对称要素的组合形式共有 32 种，即 32 种对称型（点群）。由于当时他的这一成果不被重视，所以未被人们注意。1867 年，俄国学者加多林（A. B. гадолин，1828—1892）用严谨的数学方法推导得出了相同的 32 种对称型，引起人们的重视，从而完成了晶体宏观对称的总结工作，为晶体的分类奠定了基础。

1839 年，英国矿物学家米勒（W. H. Miller，1801—1880）先后创立了表示晶面空间方位的 h、k、l 晶面指数和（hkl）晶面符号。由于这种符号使用简单，计算方便，至今仍普遍采用，并称为米勒指数和米勒符号；1874 年他在阿诺德・克兰乔接触测角仪和威廉・海德・沃拉斯顿单圈反射测角仪的基础上创制了双圈接触测角仪。

（2）现代晶体学阶段（晶体微观对称及晶体构造学等晶体学分支的形成）

晶体内部构造理论的研究工作，随着晶体宏观对称及晶体形态学的深入开展，也得到了迅速的发展；与此同时逐渐产生并形成了晶体构造学、X 射线晶体学、晶体化学等晶体学分支学科。

1842 年，德国学者弗兰肯汉姆（M. L. Frankenheim，1801—1869）首先提出了晶体内部格子构造的理论。他认为晶体的内部构造应以点为单位在三度空间成周期性重复排列，并推出了 15 种可能的空间格子形式。同时，他还提出了平行六面体的概念。

1848 年，法国著名的物理学家布拉维（A. Bravais，1811—1863）修正了弗兰肯汉姆的研究成果，提出一切可能的不同空间格子形式只有 14 种，以后这 14 种空间格子被称为布拉维晶格（Bravais lattice）；1851 年布拉维进一步提出了实际晶体的晶形与内部结构间的关系，即著名的布拉维法则（Bravais law），成为近代晶体构造理论的奠基人。

德国学者松克（L. Sohncke，1842—1897）进一步发展了晶体结构的几何理论，于 1879 年引出微观对称群的概念，在布拉维构造理论的基础上推导出包括平移、旋转和螺旋旋转群的 65 个松克点系（Sohncke point systems）。

1890 年，俄国结晶学家、现代晶体学的奠基人费德洛夫（E. C. фёдоров，1853—1919）第一次提出反映滑移这一新的对称变换，并运用数学方法推导出晶体结构中一切可能的对称要素组合方式——230 种空间群（费德洛夫群，Fedorov groups），这一理论成为一切有关晶体构造的研究基础。同时，费德洛夫还发现了晶体学极限定律，为晶体化学的诞生奠定了基础。1889 年，他发明了双圈反射测角仪和费氏旋转台，使晶体的研究工作大大向前推进一步。

德国学者申弗利斯（A. M. Schöenflies，1853—1928）、英国学者巴洛（W. Barlow，1848—1934）分别于 1891 年和 1894 年从点在空间排列方式的角度出发，相继用不同的方法得出与费德洛夫相同的结果。申弗利斯还为标记点群（对称型）和空间群建立了一套符号体系，申弗利斯符号直到 20 世纪 50 年代还广泛使用，之后逐渐被更加清晰和科学的国际符号取代。

至此，晶体构造的理论研究工作已经非常成熟，为晶体结构的分析建立了理论基础并提供了可能。然而，这一理论得到进一步的证实要在 20 年以后。

1909 年，德国学者劳厄（M. von Laue，1879—1960）提出了 X 射线通过晶体会出现干涉现象的设想，并于 1912 年第一次成功地进行了 X 射线通过硫酸铜晶体发生衍射的实验，证实了晶体格子构造的真实性。

劳厄实验的成功，使晶体学进入一个蓬勃发展的阶段。它不仅证实了晶体格子构造的理论，而且更重要的是提供了用 X 射线来研究晶体具体构造的可能，为晶体构造学的发展开辟了一个广阔的前景。劳厄为此又确立了著名的晶体衍射劳厄方程式。X 射线分析使晶体结构和分子构型的测定从推断转为测量，这一进展对整个科学的发展有着重要意义。由于发现 X 射线在晶体中的衍射现象，劳厄获得了 1914 年的诺贝尔物理学奖。

1912—1914 年，英国学者布拉格父子（W. H. Bragg，1862—1942；W. L. Bragg，1890—1971）利用 X 射线做了大量的晶体测量工作，发表了第一个测定的晶体结构即氯化钠晶体结构，之后相继测定了许多晶体结构，而且改善了晶体结构测定的理论和实验技术，提出了著名的布拉格方程（$n\lambda=2d\sin\theta$）。布拉格父子把晶体结构分析问题总结成了标准的步骤，从而开拓了晶体结构研究的新领域。从 1909 年 X 射线通过晶体产生衍射效应的实验第一次获得成功以来，所有已知晶体结构的测定基本上都是应用上述方法做出的。

如果说劳厄和他的同事们发现了 X 射线在晶体中的衍射，从而证明了 X 射线的波动特性，那么，利用 X 射线系统地探测晶体结构，则应归功于布拉格父子。1915 年，因“开展用 X 射线分析晶体结构的研究”，布拉格父子一起获得诺贝尔物理学奖。

晶体中 X 射线衍射效应的发现，是晶体学发展进程中的一个里程碑。它为 X 射线晶体学的诞生奠定了基础，对晶体化学和晶体物理学的形成和发展起了决定性的作用。晶体化学、晶体物理学起源于晶体学向化学及物理学的渗透。在晶体学发展的经典阶段，人们还只能从观察晶体的多面体的外形来联系晶体的组成和结构。但这种联系也曾对化学的发展做出巨大的贡献。

1819 年和 1822 年，德国化学家米切利希（E. Mitscherlich，1794—1863）先后发现了类质同象（异质同构、异质同晶）和同质多象（同质异构、同分异构）现象。

1850 年前后，法国科学家巴斯德（L. Pasteur，1822—1895）注意到了酒石酸盐晶体的旋光性与其外形中缺乏对称中心和反映面这一事实间的联系。

1927 年，挪威学者戈德施密特（V. M. Goldschmidt，1888—1947）在测定元素离子半径工作的基础上，综合研究了决定简单离子化合物晶体构造的因素，提出了晶体化学第一定律（first law of crystallochemistry）。1928 年，美国化学家鲍林（L. C. Pauling，1901—1994）总结并提出了关于离子晶体结构的五条法则，即鲍林规则（Pauling rules）。他们共同奠定了晶体化学的基础，使晶体化学开始成为一门独立的晶体学分支学科。戈尔施密特定律和鲍林规则等晶体化学原理对无机化学、矿物学、水泥陶瓷工业等的发展起了重大的推动作用。

在晶体化学形成发展的同时，晶体物理学理论逐步系统化。因为 X 射线晶体学的建立，使人们能从本质上认识晶体的物理性质，找出晶体内部结构与晶体物理性质之间的关系，现代晶体物理学走向成熟。

自 1889 年费德洛夫推导出 230 种空间群之后，晶体对称理论停滞了半个世纪，直到 20 世纪 50 年代，苏联结晶矿物学家舒布尼柯夫（A. B. шубников，1887—1970）将对称理论向前推进一步，1951 年提出正负对称型（又称反对称、黑白对称或双色对称）的概念，创立了对称理论的非对称学说。1953 ～ 1955 年间，别洛夫（H. B. ьелов，1891—1982）等人根据正负对称型概念增加了晶体所可能有的对称形式，将费德洛夫 230 种空间群发展为 1651 种舒布尼柯夫黑白对称群。1956 年，他又提出了多色对称理论的概念，并探讨了四维空间的对称问题。这些理论在晶体学、晶体化学、晶体物理学领域中得到广泛的应用。

（3）准晶晶体学的诞生（准晶结构及对称新理论）

按照经典晶体学理论，晶体中的质点排列方式决定了晶体结构只有 1、2、3、4、6 次旋转轴存在，不可能出现 5 次或 6 次以上的旋转对称性，这就是魏斯确立的“晶体的对称定律”。随着科学技术的迅猛发展，高分辨率透射电子显微镜的出现，使得科学家既可以直接观察晶体内部的结构和各种微观现象，如晶格像、结构像，甚至于原子像；又可以利用电子衍射显微图像来研究晶体的微细结构以及与晶体结构有关的一类现象。

1982 年 4 月 8 日，以色列科学家谢赫特曼（D. Shechtman，1941— ）在观察 $Al_{86}Mn_{14}$ 合金急冷凝固的结构时，发现了具有 5 次旋转对称的明锐斑点的电子衍射图。1984 年 11 月，谢赫特曼等人在《物理评论快报》上发表论文报道了这种晶体结构的长程定向有序，而无平移周期性，具有 $m\bar{3}\bar{5}$ 点群对称，它既不是通常的晶体，也不是非晶体。接着，宾夕法尼亚大学的莱文（D. Levine）和斯坦哈特（P. Steinhardt）在《物理评论快报》发表文章，将彭罗斯拼图及麦凯菱面体三维堆砌中的顶点的坐标写出来，旋转后作傅里叶变换，得到相应的 5 次、3 次旋转对称衍射图，指出谢赫特曼的实验结果就是二十面体准晶。准晶有着准周期（quasiperiodic）的结构，是晶体的自然延伸。从此，“准晶”（quasicrystal）一词正式提出。

与此同时，中国科学院郭可信院士研究小组利用高分辨电子显微术、电子衍射及计算机成像模拟技术，深入系统地研究了具有二十面体构造单元的合金相，发现了 5 次对称。1985 年，第一次在 $(Ti_{1-x}, V_x)_2Ni$（x=0.1 ～ 0.3）急冷合金中发现了具有 5 次对称的准晶，首先提出利用朗道相变理论解释准晶生长的可能性。

准晶的发现在晶体学界以及与之密切相关的凝聚态物理、固体化学、材料科学、矿物学等领域产生了巨大震动。仅数年的时间，国内外就发表了近千篇论文，传统的经典对称理论受到猛烈冲击。从此，5 次对称轴作为 20 世纪 80 年代的重大发现载入科学史册，准晶晶体学从此诞生。

准晶的发现，打破了原先将“周期性”与“长程平移序”等同起来的观念，建立了“准周期的平移序”的新概念。这种准周期的长程平移序，既可包容 5 次、8 次、10 次、12 次旋转对称，又存有六角、立方这类传统旋转对称。1992 年国际晶体学联合会建议，将晶体定义为“能够给出有明确衍射图的固体，非周期晶体是无周期平移的晶体”。准晶的出现及准晶晶体学的产生，丰富了晶体学的内容，扩大了它的范畴，使之既包括有周期性平移对称的传统晶体，也包括只有准周期性平移的准晶体。由于没有了周期性平移的约束，在原来晶体中已有 7 种晶系、32 种对称型（点群）和 47 种单形的基础上，新增加了准晶的 5 种晶系 28 种对称型（点群）和 42 种单形。这对传统晶体学无疑是一个重要的补充和发展，使晶体学进入一个崭新的时期。

总之，晶体学有着悠久的历史，而且是在近 100 年来发展特别迅速的一门自然科学。由于晶体的分布十分广泛，使得结晶学与化学、物理学、地球科学、生物学、数学以及材料科学等学科间都有着广泛深入的相互交融、促进、协作，并在现代科学中发挥着日益重要的作用。

1.2 晶体

1.2.1 晶体的概念

早在古代时期，石英这种具有规则多面体几何外形的矿石就被人们广泛用于珠宝制作和其他的硬石雕刻。那时候人们错误地认为透明的石英晶体是由过冷的冰形成的，因此将其命名为“Krystallos”，希腊语中这个词的原意是“洁净的冰”，晶体的现代名称“Crystal”正是起源于该词。

后来，到了中世纪，人们发现许多天然矿物晶体都有着特殊的几何外形，它们大都棱角分明，并且具有多种多样的外观形状（图 1-1），最为常见的有立方体、柱体以及锥体。因而，在研究了许多矿物晶体后，人们逐渐形成了晶体的早期概念：晶体是天然形成的具有规则几何多面体外形的固体。显然，晶体的这个远古概念只是一种朴素认识，缺乏严谨性和本质性。例如，石英在自然界既可以呈规则几何多面体形态的水晶，也可以呈外形不规则的颗粒状和其他矿物共生，或以细小颗粒状生长于多种岩石之中。这些不同形态的石英，其成分、物性和内部结构等并无不同。因此，仅从具有规则几何多面体外形来定义晶体，不能反映晶体的本质。

人们通过实践逐渐认识到，晶体的规则几何多面体外形必然与其内部结构有关。首先，将大的呈立方体形态的石盐晶体打碎，能够形成无数立方体外形的小晶体（见图 1-2）。其次，将任意形态的 NaCl 颗粒放在过饱和 NaCl 溶液中，最后总能形成立方体形态的晶体；立方体形态的 NaCl 和任意形态的 NaCl 具有完全相同的成分和物理、化学性质。由此可见，规则几何多面体外形只是晶体的表象，那么，晶体的本质究竟是什么？

(a) 石英

(b) 石榴石

(c) 黄铁矿

图 1-1 具有规则几何多面体外形的晶体

人类对晶体的本质认识经历了由外形到内部结构的漫长过程，对晶体本质概念的认知和发展的典型代表人物主要有惠更斯、阿羽依、布拉维和劳厄（前文已提及）。早在1690 年，荷兰的惠更斯就提出晶体是由一定形状的物质质点（呈椭球形的物质分子）作规则垒迭而成，这是最早的关于晶体的概念，也是晶体结构思想的最早萌芽。但是，他的这一观点当时因缺乏证据并未被重视和接受。到了 1781 年，法国的阿羽依基于对方解石、氯化钠等晶体解理的观察，提出晶体是由无数多面体形状的原始“分子”在三度空间无间隙地平行堆砌而成，这一思想奠定了晶体构造学的基础。然而，有的晶体如萤石的解理块为八面体，用八面体是不能堆砌成晶体的。况且，许多晶体的解理并不发育，例如石英。另外，他还把最小的平行六面体说成是“分子”，这显然也是不对的。再到 1848 年，法国的布拉维在晶体对称性理论等研究基础上，用严密的数学方法推导出晶体结构的 14 种空间格子，并提出晶体结构的空间格子理论，但这一理论还有待进一步被证实。随着伦琴发现了 X 射线，直至 1912 年，德国的劳厄研究发现晶体能够使 X 射线发生衍射现象，这有力地证实了所有的晶体其内部质点都是在三维空间周期性重复排列，形成格子构造，因为晶体结构中只有这种格子构造才能使 X 射线发生衍射。基于劳厄对晶体内部结构质点重复排列或格子构造的验证，于是可以从晶体内部结构的特征出发，给出现代晶体的本质定义。即：晶体是内部质点（原子、离子 或分子）在三维空间周期性重复排列的固体，这种质点在三维空间周期性的重复排列也可以称为格子构造，所以说晶体是具有格子构造的固体。

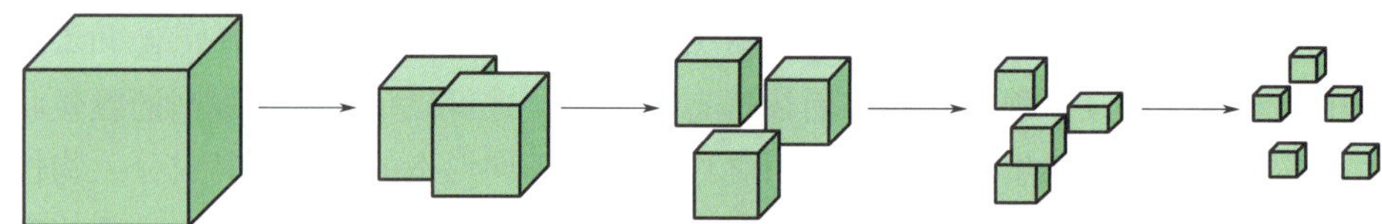
图 1-2 石盐晶体及其解理块示意图

在晶体的本质定义中，格子构造是最重要的基本概念，第 3 章 3.1 节将作详细介绍。另一个重要的概念说晶体是固体，这主要是相对于液体和气体而言。自然界中绝大多数固体物质都是晶体，如日常生活见到的食盐、冰糖，建筑用的岩石、砂子、水泥以及钢材等，都是晶体。实际上，不论是何种物质，只要是晶体，则它们都有着共同的规律和基本特性，并据此可以与气体、液体以及非晶质体相区别。

图 1-3 是 α-石英晶体的理想外观形态，但在其内部结构中，1 个 Si^{4+} 周围规则地排列着 4 个 O^{2-}，且这种排列具有规律的周期性，如图 1-4 所示，图中红色菱形区域为一个最小重复单位，这种大范围的周期性规则排列叫作长程有序（long range order）。对于其他任何晶体，情况都是类似的，无论外形是否为规则几何多面体，它们的内部结构中，质点在三维空间都是呈规律地周期性重复排列而形成格子状构造。不同的晶体，质点种类不同，排列的方式和质点间间隔距离不同。

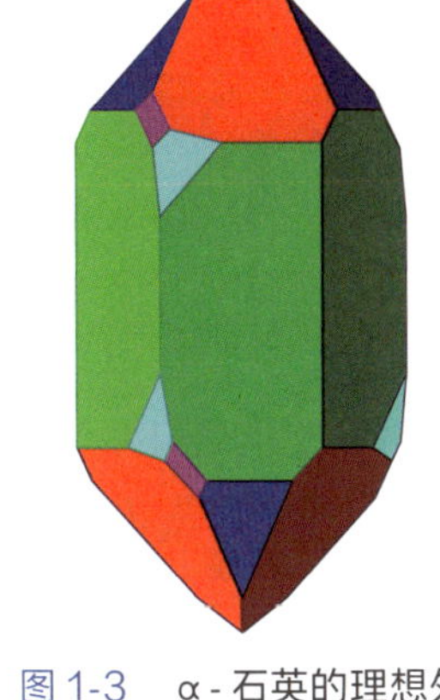

图 1-3　α - 石英的理想外观形态

1.2.2　晶体的基本性质

晶体内部结构质点的周期性排列决定了晶体具有一些共有的性质，并且根据这些性质能与其他状态的物体区分开来。主要包括以下几点：

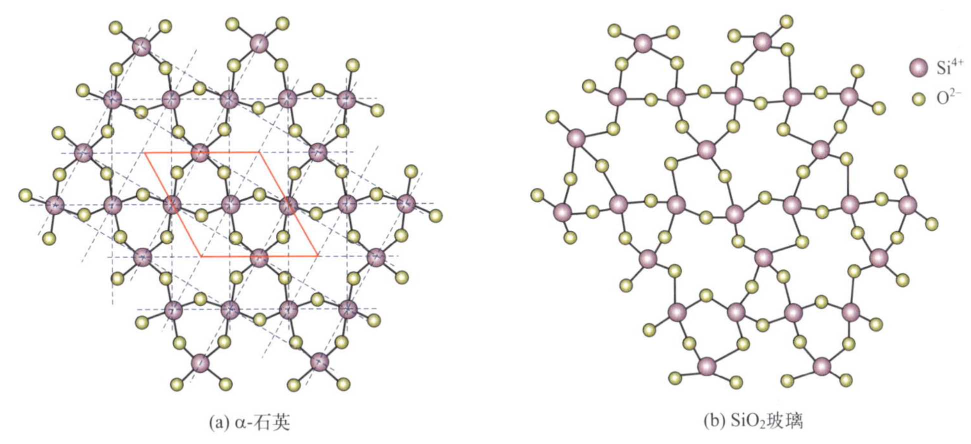

图 1-4　α - 石英和 SiO_2 玻璃的内部结构

（1）自限性

晶体的自限性（self-confinement）是指晶体在合适的条件下能自发地长成规则几何多面体外形的性质。晶面是晶体内部结构格子构造中的最外层面网，而晶棱是最外层面网相交的公共行列（图 1-5）。由于所有晶体都具有格子构造，所以晶体在理想条件下生长时，一定能够自发地形成规则几何多面体的外形。然而，有些晶体并不具有规则几何多面体外形，这是由于晶体生长的影响因素很多，生长过程中在空间上可能受到了限制。实际上，晶体生长时如果不受限制地自由生长，它们依然可以自发地长成规则几何多面体外形。所以，从本质上讲，晶体的自限性决定了晶体往往都具有规则的几何多面体外形。

（2）均一性

晶体的均一性（homogeneity）是指同一晶体的任何部位其性质是完全相同的。把一个大块晶体分成许多小晶块，则每一个小晶块的物理性质与化学性质都是相同的。这是因为晶体的各个部分都具有相同的格子构造，即各部分内部结构的质点排列和分布相同，因此其性质也是相同的。

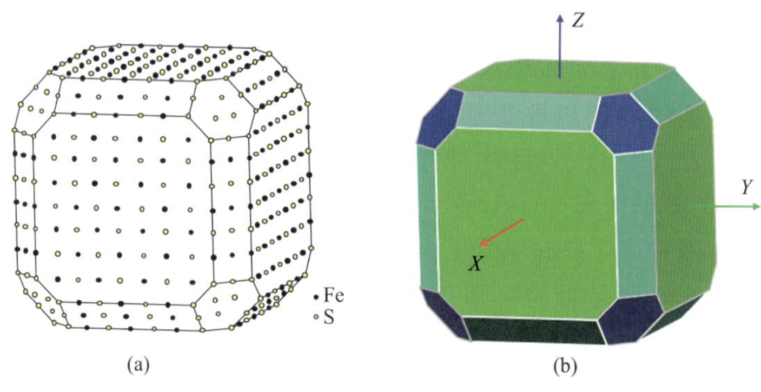

图 1-5　黄铁矿的面网、质点分布（a）和理想外观形态（b）

需要注意的是，非晶体也具有均一性，如玻璃各个部分的折射率、膨胀系数、热导率等性质都是相同的。但是，非晶体的这种均一性是统计意义上的、平均近似的均一性，称为统计均一性，它与晶体的严格的结晶均一性有着本质的区别，而与液体和气体的统计均一性相似。

（3）异向性

晶体的异向性（anisotropy）指晶体物理性质的几何度量因方向不同而表现出差异的特性。例如，图 1-6 是氯化钠晶体在不同方向（*X* 方向、*Y*+*Z* 方向和 *X*+*Y*+*Z* 方向）抗拉强度的区别，3 个方向的抗拉强度比为 1∶2∶4。晶体异向性的另一个最明显的例子是蓝晶石的硬度，在平行蓝晶石晶体延长方向上，其硬度值约为 4，而在垂直晶体延长方向上，其硬度值约为 6，故蓝晶石又被称为二硬石。当然，在晶体对称性相同的方向上，其物理性质的几何度量是相同的。

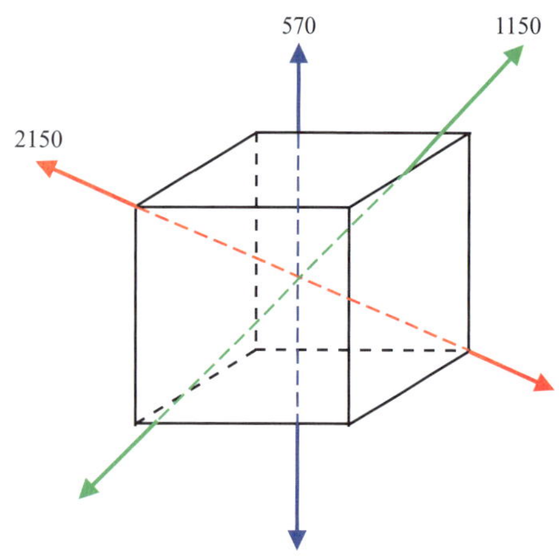

图 1-6　NaCl 晶体不同方向的抗拉强度（单位：g/mm^2）

根据晶体内部结构的格子构造规律可知，晶体结构中质点排列方式和间距在相互平行的方向上都是一致的，但在不相平行的方向上，一般来说都是有差异的。因此，当沿不同方向进行观察和度量时，晶体的物理性质将表现出一定的差异，这就是晶体各向异性的根源。

（4）对称性

晶体的对称性（symmetry）是指晶体上相同的部分或性质有规律重复出现的特性。比如，一个晶体的不同方向会出现形状和大小完全相同的晶面，这就是晶体外形上的对称性。由于晶体内部质点在三维空间周期性平移重复排列本身就是微观对称的，尽管晶体结构中质点在不同方向上的排列有差异，但并不排斥其在某些特定方向上的重复。因此，晶体的宏观对称性是其微观对称性的体现，是晶体最重要的性质，也是晶体对称分类的基础。有关晶体的对称性，将在后续的专门章节中作详细讨论。

（5）稳定性

晶体的稳定性（stability）是指在相同的热力学条件下，与同种成分的非晶质体、液体和气体相比，晶体最为稳定。非晶质体随时间推移可以自发地转变为晶体，而晶体绝不会自发地转变为非晶体。

晶体的稳定性是晶体具有最小内能的必然结果，而从根本上讲，它也是由晶体的格子构造规律所决定的。因为晶体的格子构造是质点间的引力和斥力达到平衡的结果，在这种平衡状态下，无论质点间的距离是增加还是减小，都将导致体系势能的增加。与此相反，非晶质体、液体和气体内部质点未达到平衡位置，其体系的势能较大，稳定性较差。所以，根据热力学定律，结晶态是最稳定的物态，它不会自发地转化为其他物态。

（6）定熔性

晶体的定熔性（fixed melting point）是指晶体具有固定熔点的性质。当晶体加热时，晶体的温度随着加热时间上升，当达到晶体的熔点时，晶体开始熔融，晶体的温度不再随时间升高，此时，外部加热提供的热量全部用于破坏晶体结构的格子构造。当晶体全部熔融时，温度才又开始上升（图 1-7）。

相比之下，非晶体则没有固定的熔点。例如，加热玻璃时，玻璃会随着温度的升高而逐渐变软，直至最后变成熔融的液体，不存在晶体加热过程中在熔点时会出现固相向液相转变的突变点（图 1-8）。

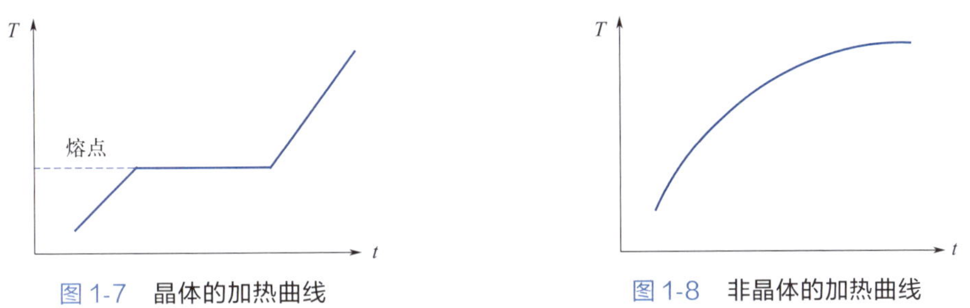

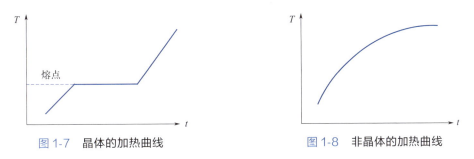

图 1-7　晶体的加热曲线　　图 1-8　非晶体的加热曲线

晶体具有定熔性的根本原因还是其格子构造。由于晶体内部结构的质点都是按相同方式排列，破坏同一晶体结构的各部分需要同样的温度，因此，晶体具有固定的熔点。

1.3　非晶体和准晶体

1.3.1　非晶体

非晶体是和晶体相对立的概念，非晶体也是固体，但是其内部结构中质点在三维空间不成周期性重复排列，即非晶体不具有格子构造。图 1-4 为石英晶体和石英玻璃的内部结构。从图中可以看出，石英晶体的内部质点呈规则排列，具有格子构造；而非晶质石英玻璃的内部质点分布没有规律性，不具有格子构造。在外形上，非晶质体在任何条件下都不会自发地长成规则几何多面体；在内部结构上，其各部分之间仅具有统计均一性，因而在各个方向上的性质是相同的。非晶体在外形上是一种无定形的凝固态，内部结构上是统计均一的各向同性体。非晶体没有固定的熔点，加热非晶体时它将逐渐软化，最后变成熔体。

1.3.2　准晶体

“准晶体”（quasicrystal）是“准周期晶体”（quasiperiodic crystal）的简称，也有直接简称为“准晶”的，由以色列科学家谢赫特曼（前文已提及）等在急冷凝固的 Al-Mn 合金中首先发现，其选区电子衍射花样呈明锐而规则的 5 次对称分布，整体具有正三角二十面体的对称性，并因而也被称为“二十面体相”。起初，人们认为这种具有长程定向有序而无周期重复的物质是介于晶态（具有长程有序与周期性）与非晶态（只有短程有序而无周期性）之间的一种新的物态。后来，人们在许多合金中也发现了具有类似结构和性质的物质，它们都具有传统晶体学中不存在的 5 次或 6 次以上（如 8 次、10 次、12 次等）旋转对称轴。这种特殊的物质不是传统意义上的晶体，而是一种内部结构中质点排列具有准周期性的固体，简称为准晶体。和晶体相比，准晶体不具有周期性，却在长程上取向有序。

关于准晶体的结构，已经有许多学者提出了不同的模型。目前多数人认为，在准晶体内部结构中存在多级呈自相似的配位多面体，它们在三维空间作长程定向有序分布。这种排列既不像晶体结构那样简单地周期性重复和平移，又不像非晶态或玻璃结构那样杂乱无章。准晶体结构虽然不具备经典晶体学意义上的平移周期，但它却有自相似性准周期。准晶体结构具有数学上严格的自相似性准周期及统计意义上的无规则自相似准周期。

图 1-9 是具有准晶体结构的二维图形和 C_{60} 的结构。可以看出：图 1-9（a）二维图形中土黄色和粉红色背底的两个突出部分都具有五次对称，图形形状相同但方向不同。此外，图 1-9（b）表示的是一个具有五次对称准晶体的三维结构，这就是著名的富勒烯 C_{60} 的结构。

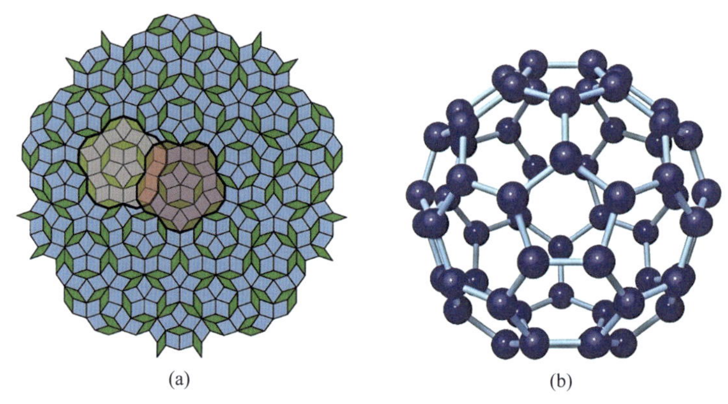

图 1-9　具有五次对称的二维准晶图形（a）和 C_{60} 的结构（b）

延伸阅读 1

液晶

液晶（liquid crystal，LC），全称液态晶体，是一种介于固态晶体和液态之间的物质状态；或者说液晶是一种由于外界电压、温度等变化而改变光学特性的有机化合物。在一定温度范围内，液晶既有液体的流动性、黏性和弹性等机械性质，又具有晶体各向异性的光学特性，如双折射、旋光性等。目前已知道具有液晶性质的有机化合物有 2000 种以上。

液晶的成分主要取决于它的分子结构和取向方式，液晶成分的核心是液晶分子，它由一定数量的芳香族化合物或杂环化合物组成。液晶分子大体上呈细长棒状或扁平状，液晶的分子排列具有一定的有序性，但这种有序性并不像晶体那样严格，因此液晶分子可以在一定范围内自由移动。液晶的许多物理性质对外界刺激敏感，电场、磁场、热能和声能都能引起它的光学效应。

液晶种类很多，通常按液晶分子的中心桥键和环的特征进行分类。目前已合成了10000多种液晶材料，其中常用的液晶显示材料有上千种，主要有联苯液晶、苯基环己烷液晶及酯类液晶等。

液晶因产生的条件（状况）不同而被分为热致液晶（thermotropic LC）和溶致液晶（lyotropic LC）。在光电子技术包括显示器件方面用到的一般都是低分子热致液晶。热致液晶根据液晶分子的排列方式和特性，可分为三大类：近晶相液晶、向列相液晶和胆甾相液晶。向列相液晶因其独特的物理特性在液晶显示器中应用最为广泛。液晶分子在电场作用下会改变其排列方向，进而影响其光学性质，这是液晶显示技术的基础。

尽管液晶既不是晶体也不是液体，但这种独特的物质状态却赋予了液晶广泛的应用价值。液晶显示技术就是其中最典型的例子，它利用液晶的光学性质，通过电场控制液晶分子的排列，从而实现图像的显示。此外，液晶还在光电器件、生物医学等领域发挥着重要作用。液晶电光效应除作显示用外，还可用于光通讯、无损探伤、电子录像和核磁共振等。

液晶显示技术（liquid crystal display，LCD）的工作原理主要依赖于液晶材料的电光效应。在电场作用下，液晶分子的排列会发生变化，进而影响其光学性质，使得透过的光线发生变化，从而实现图像的显示。具体来说，当没有电压施加时，液晶分子排列较为混乱，光线无法通过，像素点呈现黑色；当电压施加到液晶分子上时，液晶分子会沿电场方向排列，允许光线通过，像素点呈现白色。通过控制每个像素点的开关状态，就可以实现图像的显示。

液晶显示技术因其低成本和良好的显示效果，在全球范围内得到了广泛应用。其主要应用领域包括消费电子（如手机、电脑、电视等）、智能家居、智能金融数据终端、工业控制及自动化、民生能源、车载电子、医疗健康设备、通信设备等。液晶显示屏已经成为现代生活中不可或缺的一部分，极大地提升了人们的生活品质和工作效率。

液晶与晶体的区别如下：

（1）分子排列方式　液晶的分子排列虽然具有一定的有序性，但这种有序性远不及晶体。液晶分子可以在一定范围内自由移动，而晶体中的原子、离子或分子则严格按照三维空间点阵结构排列，具有更高的有序性。

（2）物理性质　液晶具有液体的流动性，这使得液晶可以像液体一样改变形状和填充空间。而晶体则具有固定的形状和大小，且不易变形。此外，液晶的光学性质虽然与晶体相似，但由于分子排列的不同，液晶的光学性质往往更加复杂多变。

（3）相变过程　液晶从液态向固态的转变过程中会经历一系列中间状态，这些状态具有不同的分子排列和性质。而晶体在相变过程中则直接从液态转变为固态，没有这些中间状态。

综上所述，液晶既不是晶体也不是液体，它是一种独特的物质状态，具有介于晶体和液体之间的性质。液晶与晶体在分子排列、物理性质和相变过程等方面存在显著差异。正是这些差异，使得液晶在科学技术领域具有广泛的应用前景和独特的价值。

延伸阅读 2

郭可信——将中国电子显微学推向世界

一、人物介绍

郭可信（1923.8—2006.12），出生于北京，祖籍福建福州，著名的物理冶金和晶体学家，中国科学院院士。1941 年考入浙江大学化学工程系；1947 年留学瑞典，先后就读于瑞典皇家理工学院、瑞典乌普萨拉大学，后在荷兰代尔夫特皇家理工大学从事合金钢中碳化物及金属间化合物研究。1956 年回到中国，历任中国科学院金属研究所金属物理室主任、中国科学院金属研究所副所长、中国科学院沈阳分院院长、中国科学院北京电子显微镜开放实验室主任、中国科学院物理研究所研究员。1980 年，当选为中国科学院学部委员（院士），同年被授予瑞典皇家工程科学院外籍院士。

二、热血报国

郭可信的求学之路艰难曲折，曾一度在战乱中坚持学习。1941 年夏天，郭可信在防空洞里完成了高考，考上了当时设在贵州遵义的浙江大学。1946 年郭可信毕业以后，正好赶上第二批公费留学生考试，成为当届被录取的唯一一位化工系学生。1947 年，郭可信公费赴瑞典皇家理工学院留学，师从金相学权威赫尔特格林教授，开始了金属学的研究。1951 年，郭可信进入瑞典乌普萨拉大学无机化学系从事用 X 射线衍射方法研究合金结构的工作。在这里，他的学习与工作非常顺利，发现了一种新的 MoC 结构，并于 1952 年在 *Nature* 杂志发表了与导师合作的论文。到 1956 年，他已经在国外知名学术刊物上发表了 20 多篇论文，这些成果奠定了他在合金钢中碳化物研究的国际领先地位，此时他才 34 岁。1956 年 3 月，当他在报纸上看到周总理发出“向科学进军”的动员令时，心潮澎湃、激动不已，立即紧锣密鼓地着手准备回国。4 月底，他就乘机经苏联回到了阔别 9 年的祖国，立誓要把所学献给祖国和人民。

三、占领准晶研究制高点

1956 年，郭可信回国后立即着手在中国科学院金属研究所创立电子显微镜实验室，并提出要赶上世界先进水平的目标。20 世纪 70 年代末，郭可信借着改革开放的春天，在国内率先引入高分辨电子显微镜，带领刚刚学成归国的科研骨干及 20 多名研究生夜以继日地开展了固体材料的原子像研究，短短数年就发表了多篇高质量论文，成功跻身于国际电镜学先进行列。

1982 年，他领导的晶体精细结构的电子衍射与电子显微像研究获国家自然科学奖三等奖；在四面体密堆相新相等畴结构研究中发现了 6 个新相及多种畴结构，打破了这一领域停滞 20 余年的局面，获中国科学院科技进步奖一等奖；1985 年又领导发现五次对称和 Ti-V-Ni 二十面体准晶，在国际学术界产生重要影响并获得高度评价，被称为“中国相”，于 1987 年获国家自然科学奖一等奖；1988 年，发现八次对称准晶及十二次对称准晶并获国家自然科学奖三等奖；同期发现的稳定 Al-Cu-Co 十次对称准晶及一维准晶，获中国科学院自然科学奖二等奖。郭可信在准晶方面的研究，绽放了他学术生涯的最灿烂之花，可以说代表了中国在这一领域的最高成就。

2006 年 12 月 13 日，郭可信因病逝世，享年 83 岁。虽然他已离我们远去，但是他身上集中展现出来的科学家精神却像水晶般熠熠生辉、永留世间、启迪后人。

四、社会评价

郭可信在物理冶金、电子显微学，特别是晶体结构与缺陷及准晶体等方面取得了卓越的成就。他于 20 世纪 80 年代独立发现准晶体，并带领团队登上了准晶体研究的高峰，为我国准晶体实验研究水平进入世界前列作出了巨大贡献，是我国杰出的晶体学家。

郭可信科学成就突出，获得多项荣誉，他曾三次获得国家自然科学奖（1982 年、1987 年、1988 年），获第三世界科学院物理奖（1993 年）、何梁何利科学与技术进步奖物理奖（1994 年），于 1980 年被增选为中国科学院学部委员（院士）、瑞典皇家理工学院技术科学荣誉博士、瑞典皇家工程科学院外籍院士，1990 年被选为瑞典隆德皇家地文学院外籍院士，1991 年被选为日本金属学会荣誉会员、印度材料学会荣誉会员。

思考题

1. 什么是晶体？晶体学的研究内容包含哪些方面？
2. 怎样理解晶体学与材料学科的关系？
3. 请列举几种生活中常见的晶体和非晶体。
4. 晶体、非晶体和准晶体的本质区别是什么？
5. 什么是晶体的自限性？晶体的自限性与异向性有什么联系？
6. 均一性和异向性是晶体的两个基本性质，它们看起来似乎有点矛盾。如何理解晶体的这两个基本性质？
7. 如何根据晶体内部的质点在三维空间成周期性平移重复规则排列的特点，来解释晶体能够对 X 射线产生衍射这一特性？
8. 如何根据晶体的格子构造解释其基本性质？
9. 为什么晶体具有确定的熔点而非晶体不具有确定的熔点？
10. 怎样理解准晶体中的“准周期性”？

第 2 章 几何结晶学基础

2.1 晶体的测角与投影

从晶体的概念和性质可知，晶体的自限性决定了晶体能够自发地生长成规则几何多面体外形。晶体的外形又可以分为理想形态和歪晶两大类，研究晶体外形的方法就是晶体的测角与投影。通过测角和投影，可以找到晶体外观形态上晶面分布的规律性及对称性，而晶体的对称性不仅是晶体的重要性质之一，也是晶体学的主要研究内容之一。因此，作为几何结晶学的基础，在本教材中将“晶体的测角与投影”归类到“几何结晶学基础”这一章节。

2.1.1 面角恒等定律

由于晶体在生长过程中不可避免地要受到外界环境因素的影响，致使具有相同面网的晶面大小和形状都不相同，甚至本该出现的一些晶面却没有出现，造成实际晶体的形态往往偏离理想形态而形成歪晶。后来科学家们发现，同种晶体的形态虽然随着生长环境的变化而不同，但对应晶面间的夹角却恒等不变，这就是面角恒等定律。在此基础上，人们开始测量各种晶体上的晶面夹角，并根据测角数据进行晶面投影，恢复出晶体的理想形态。

面角恒等定律是 1669 年丹麦学者斯丹诺首先提出的，所以也称为斯丹诺定律。面角恒等定律的基本内容是：同种晶体之间，对应晶面间的夹角恒等。如图 2-1 中 α- 石英的理想形态和图 2-2 中 α- 石英的歪晶，两者相同的晶面虽然大小和形状有所变化，但对应的晶面间夹角却没有改变（$X \wedge Y$，$Y \wedge Z$，$X \wedge Z$）。这里的夹角，一般指的是面角，即晶面法线之间的夹角，其数值等于晶面夹角的补角，如图 2-3 所示。

面角恒等定律的发现，对晶体学的发展有深远影响。它为研究复杂纷纭的晶体形态开辟了一条途径。以此定律为依据，通过对晶面间角度的测量和投影，就知道了各晶面间的面角关系和规律性，绘制出各种晶体的理想形态图，从而可以揭示晶体固有的对称性，为几何结晶学一系列对称规律的研究打下了基础，并对晶体内部结构的探索提供有益的启发。所以，面角恒等定律是几何结晶学的基石。

2.1.2 晶体的测角

晶体的测角就是利用测量仪器对晶体上相邻晶面的面角进行测量的过程。常用的晶体测角仪器主要有两类：接触测角仪和反射测角仪。

（1）接触测角仪

接触测角仪结构很简单，主要由两部分组成（图 2-4）。①半圆仪。半圆仪在形状上和普通圆规相同，不同的是半圆仪上可以有内外两圈数值互补的刻度（0° ～ 180°）。②直臂。固定在半圆仪的中心，可以绕轴旋转。测量晶体的面角时，把半圆仪的底边和直臂与待测晶体的两个晶面靠紧，并使此二晶面相交的晶棱与测角仪的平面垂直，此时即可直接在半圆仪上读出晶面夹角和面角数据。接触测角仪使用起来很简便，但精度较差（误差 0.5° ～ 1°），不适于测量小晶体。

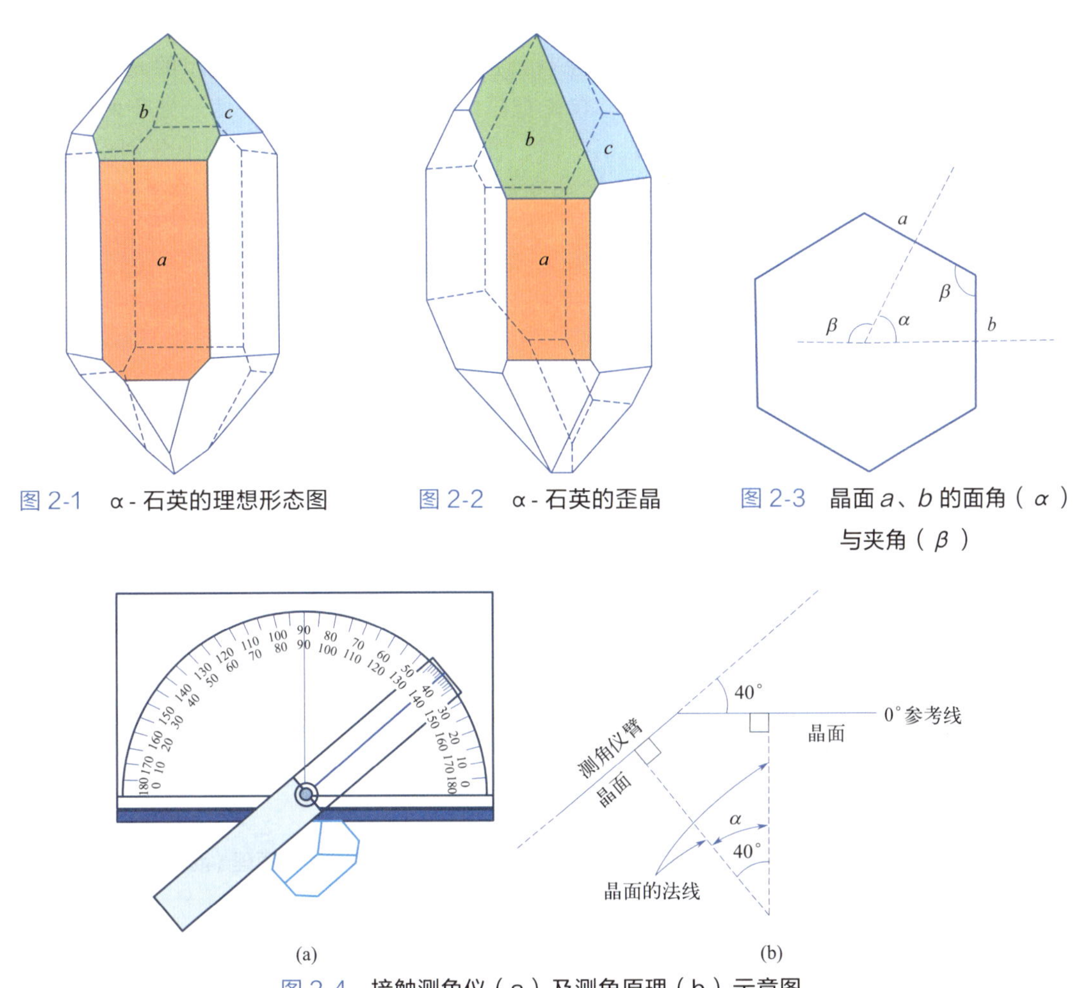

图 2-1　α - 石英的理想形态图

图 2-2　α - 石英的歪晶

图 2-3　晶面 a、b 的面角（α）与夹角（β）

图 2-4　接触测角仪（a）及测角原理（b）示意图

（2）反射测角仪

反射测角仪是根据晶面对光线反射的原理制成，又可分为单圈反射测角仪与双圈反射测角仪两种。

① 单圈反射测角仪：单圈反射测角仪及其测角原理如图 2-5 所示。利用该仪器进行晶体面角测量时，首先将晶体 K 用胶蜡固定于刻度盘 H 的中心，并使待测晶面的交棱与刻度盘 H 的旋转轴平行。当光源发出的光线通过光管 C 变成平行光束照射到晶体某一晶面 a_1 时，光线即发生反射。旋转刻度盘 H 使晶面 a_1 的法线正好是光管 C 和观测管 F 交角的平分线时，根据光的反射定律，由晶面 a_1 反射的光线正好被观测管 F 接收，此时可从观测管 F 中看到反射光的光像，记录下此时晶面 a_1 的法线刻度 N_1（光管 C 与观测管 F 的角平分线刻度值）。然后再旋转刻度盘 H，使光管 C 发出的光线照射到晶面 a_2 上，当在观测管 F 中观察到晶面

a_2 的反射光像时，记录下 a_2 的法线刻度 N_2，则 N_1-N_2 的绝对值即为晶面 a_1 和 a_2 的面角。

单圈反射测角仪的测量精度较高，可达 1′～0.5′，但缺点是当晶体固定后，只能测量晶体上与刻度盘旋转轴平行的那一圈晶面之间的面角，若还要测量其他与旋转轴不平行的晶面的面角，则必须重新安置一次晶体，因此手续比较复杂。

② 双圈反射测角仪：双圈反射测角仪及其测角原理如图 2-6 所示。双圈反射测角仪与单圈反射测角仪的不同之处在于它有两个旋转轴相互垂直的圈，一个是绕垂直轴在水平方向上旋转的水平圈，另一个是绕水平轴在竖直平面上旋转的竖圈，由光管发出的光束正好通过这两个旋转轴的交点。测量晶体面角时，首先把晶体安置在晶托上，并使之处于两圆圈轴线的交点上，当观测镜筒中出现晶面的光信号时，便可以在水平圈上和竖圈上分别得到读数 ρ（极距角）和 φ（方位角），ρ 和 φ 这两个数值犹如地球上的纬度和经度，是该晶面的球面坐标，它反映该晶面的法线在晶体空间中的位置。由此可见，通过双圈反射测角仪测量出来的值不是晶面的面角，而是某一晶面法线的经、纬坐标。可以把不同晶面的法线坐标 φ 和 ρ 都投影在一个平面上，这样在投影图上就可以计算出任意两个晶面的面角（详见下节）。双圈反射测角仪的优点是除了可以测量被胶蜡黏结的晶面外，其余全部晶面的 φ 和 ρ 均可测量，测量精度可达 1′，因此这种仪器在晶体的测量上得到了广泛的应用。

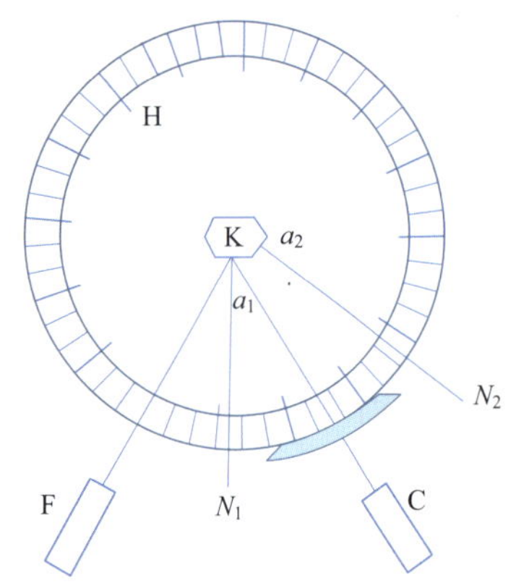

图 2-5　单圈反射测角仪及其工作原理

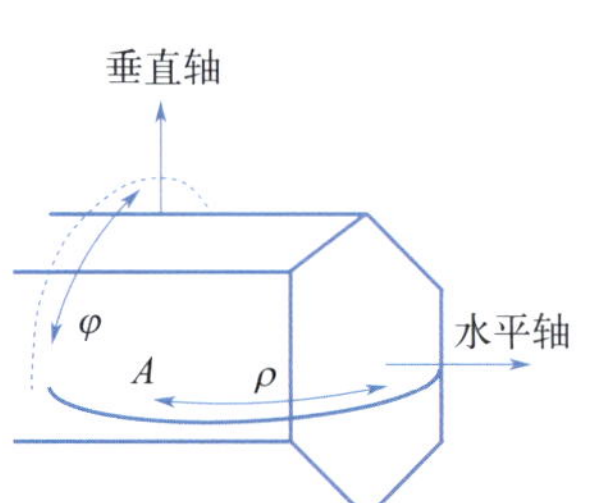

图 2-6　双圈反射测角仪工作原理（晶面 A 的球面坐标）

2.1.3　晶体的球面投影及其坐标

通过晶体的测量，可以得到每一个晶面的球面坐标，包括方位角 φ 和极距角 ρ，但由此并不能直观地看出晶面在空间的分布，只有将测量得到的晶面的方位角 φ 和极距角 ρ 转换成一定形式的图形，才能完全确定晶面的空间分布，这就是晶体的投影。晶体的球面投影是指各晶面的法线在球面上的投影，而晶体的平面投影则是在球面投影的基础上进行。因此，晶体的投影实际包括两个步骤：①晶体的球面投影；②将球面投影转变为平面投影。

晶体上晶面的球面投影步骤如下：以晶体的中心为球心，以任意长为半径，作一球面包围晶体；然后从球心（不是每个晶面的中心）引各晶面的法线，延长后交球面于一点；它实质上是直线方向投影，而不是晶面本身的投影。如图 2-7 所示，将晶体置于投影球中心，从球心引各晶面的法线并和球面相交，与球面相交的这些点就是相应晶面在球面上的投影点。晶体的球面投影可以消除晶面大小、远近等影响因素，使得面角方位及其之间的关系被突出显示出来。

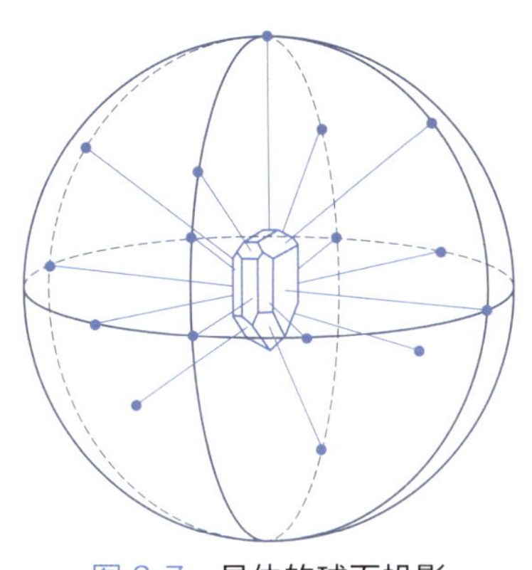
图 2-7　晶体的球面投影

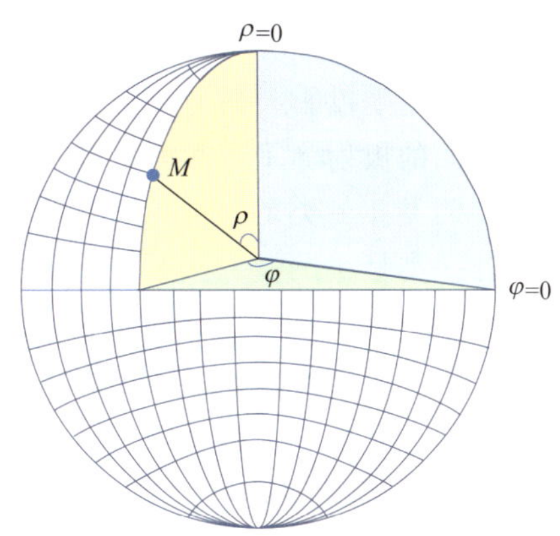

图 2-8　球面坐标表示方法

晶体上晶面在球面上的投影点可以用球面坐标来表示，如图 2-8 所示。在球面坐标网中，极距角 ρ 的计数从“北极”的 ρ=0° 至“南极”的 ρ=180°，与地球的纬度相似；方位角习惯上设定“东方向”为 φ=0°，顺时针绕一周为 360°，与地球的经度相当。图 2-8 中的 M 点便可以用球面坐标（ρ, φ）来表示。

除了晶面的投影外，晶体的投影还涉及其他直线（如后续章节中介绍的晶棱、对称轴、晶带轴、双晶轴等）和平面（如对称面、双晶面等）的投影。晶体上直线的球面投影与晶面法线的投影相同，只是在投影时将直线平移至投影球球心，直线若与球面相交有两个投影点，通常只取一个即可。晶体上平面本身的球面投影也需将平面平移至投影球球心，平面与球面相交所得的大圆便是该平面本身的球面投影。

2.1.4　极射赤平投影

晶体学中将晶体的立体球面投影转换至二维平面上，最常用的晶体投影方法是极射赤平投影。该投影方法的基本原理是：以赤平面（类似于地球赤道平面）为投影平面，以南极（或北极）为视点，将球面上的各个点、线、面投影在赤平面上，球体切割赤平面所形成的圆称为基圆。

图 2-9 为晶体晶面的球面投影转化为极射赤平投影的过程。具体来说，图中 A 为某晶面的球面投影点，球面坐标为（ρ, φ），以南极 S 点为视点，连接 AS，和赤平面相交于 a 点，则 a 点就是晶面 A 在赤平面上的极射赤平投影点。如果晶面的球面投影在赤平面以下，极射赤平投影时以北极（N）为视点。在投影面上，a 点距离圆心的距离为 $r\times\tan(\rho/2)$，其中 r 为基圆半径。若晶面的球面投影点在北半球或上半球，以南极为视点进行投影时，赤平面上的投影点用实心点“●”表示；若晶面的球面投影点在南半球或下半球时，此时以北极为视点进行投影，赤平面上的投影点用虚心点“○”表示；晶面在北半球和南半球的极射赤平投影点重合时则用“⊙”表示。

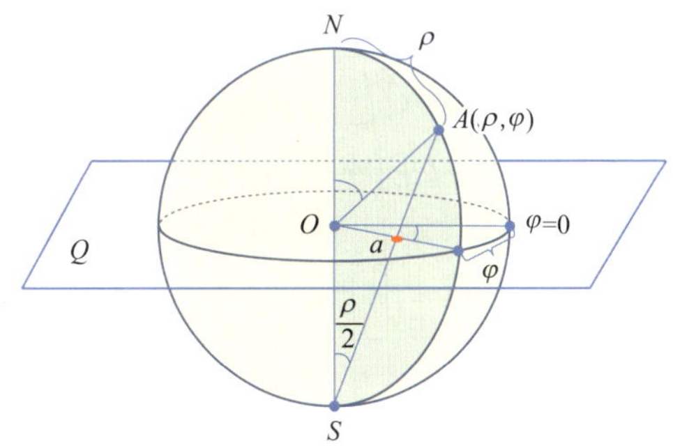

图 2-9　晶面的极射赤平投影原理

晶体上晶面的极射赤平投影图具有以下规律：水平晶面的投影点位于基圆的中心；直立晶面投影点位于基圆上；倾斜晶面投影点位于基圆内，倾斜度越大，投影点越靠近基圆。

晶体上有关平面本身的极射赤平投影规律是：与赤平面平行的平面，其极射赤平投影的大圆与基圆重合；垂直于赤平面的平面，其极射赤平投影大圆为基圆的直径；与赤平面斜交的平面，其极射赤平投影大圆为一圆弧，圆弧的弦为赤平面的直径。

在进行晶面的极射赤平投影时，如果球面上点排列密集而接近于圆形弧线，那么这类弧线可以划分为两类：一类是大圆弧，其所在平面经过球心，大圆弧构成的圆是以球体的半径为半径；另外一类是小圆弧，其所在平面不经过球心，小圆弧半径小于球体的半径。小圆还可以细分为水平小圆、直立小圆和任意小圆等，这些小圆投影到赤平面上时形状不同。对于大圆弧而言，直立大圆弧的极射赤平投影是一条直线，且该直线一定是基圆的直径；水平的大圆实际上就是赤平面与投影球的交线，也就是基圆本身；而倾斜的大圆弧，其在赤平面上的投影则是以基圆直径为弦的一条大圆弧，大圆的投影示意图见图 2-10（a）。对于小圆而言，水平小圆投影在赤平面上仍然是以基圆圆心为圆心的一个圆；如果多个小圆同时投影，则投影结果就是一组同心圆，见图 2-10（b）；直立小圆的投影则是一段直立的圆弧，该类圆弧的位置和大小取决于直立小圆的大小和位置，见图 2-10（c）；倾斜小圆的投影结果是一个椭圆，同样，倾斜小圆的位置决定椭圆的位置，见图 2-10（d）。将图 2-10 中的基圆拿出来，依据大圆和直立小圆投影的结果，并标示出适当的角度间隔，这就是著名的吴尔夫网了，如图 2-11 所示，是俄罗斯晶体学家吴尔夫（Wulff，1863—1925）首先发明并使用的，故称为吴尔夫网，简称吴氏网。

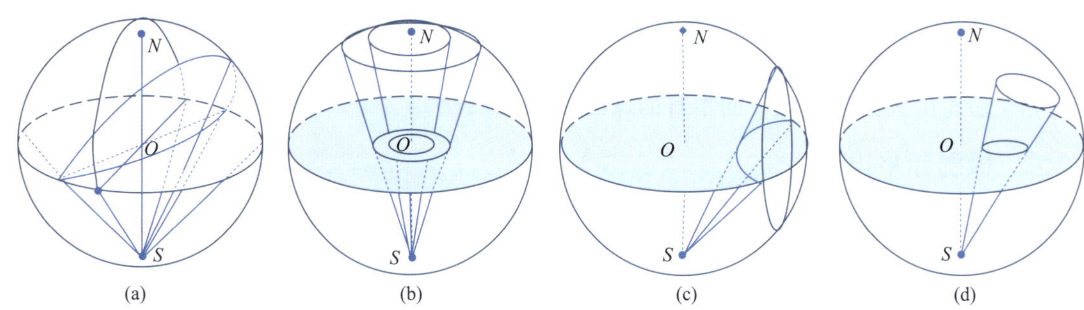

图 2-10　大圆（a）和水平小圆（b）、直立小圆（c）及倾斜小圆（d）的极射赤平投影

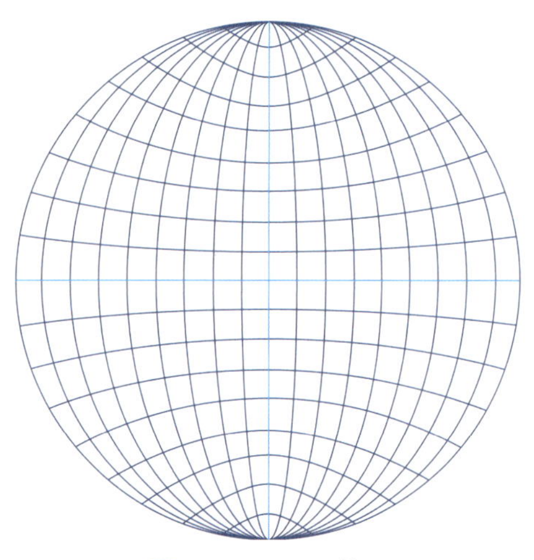
图 2-11　吴氏网简图

通过投影球心的任何平面都可以选作投影平面，而视点也要随之改变，只要是该投影平面过球心的垂线与球面的交点就可以。

从图 2-11 可以看出，吴氏网主要由以下组成部分。①网面：投影球的赤平面，也是极射赤道平面投影的投影面；②基圆：投影面与投影球相交的水平大圆；③目测点（投影球的南极 S 或北极 N）：位于网面中心；④基圆直径：两个垂直投影面且互相垂直的大圆的投影；⑤大圆弧：包含投影球的同一直径，倾斜角度各不相同的一组倾斜大圆的投影；⑥小圆弧：与投影面垂直且相互平行的一组直立小圆的投影。

2.1.5 吴氏网及应用

标准的吴氏网基圆直径 20cm，网线的每格分度为 2°。但是在两极附近，经线的间隔为 10°，作图的精度一般要求达到 0.5°；没有落在网线上的点，其网线间的分度可以用插入法估计确定。

吴氏网的用途很广，晶体学中吴氏网可以作为球面坐标的量角规，基圆上的刻度可以用来度量方位角 φ，旋转一周为 360°，直径上的刻度可以用来度量极距角 ρ，从圆心 ρ=0° 到圆周 ρ=90°；大圆弧上的刻度可以用来度量两晶面的面角或两直线之间的夹角；可根据投影图进行图解计算晶体常数、确定晶面符号等。吴氏网的简单应用见例 1 和例 2。此外，吴氏网在晶体光学、岩石学、航空航天学、航海学、天文测量学、晶体 X 射线学和电子显微学等方面均有广泛的应用。

例 1 已知一晶面 M 的球面坐标，极距角 ρ=30°、方位角 φ=40°，作该晶面 M 的极射赤平投影。

如图 2-12 所示，首先在基圆上从 φ=0° 点开始顺时针转至角度 φ=40°，得到一点［图 2-12（a）］，由此点与吴氏网中心点连线，此线即为方位角 φ 的子午面的投影。显然，晶面 M 的投影点必在此直线上，并距网面中心（北极 N）的极距角为 ρ。但是，吴氏网在这一方向并未绘出直径，因此，保持网面中心点不动，旋转透明纸，使透明纸的中心和 φ 的连线与吴氏网的横向半径重合。利用吴氏网面上横半径的刻度，从网面中心沿 φ 的直线量出 ρ=30°［图 2-12（b）］，即可得到极坐标为（30°，40°）晶面 M 的极射赤平投影点。

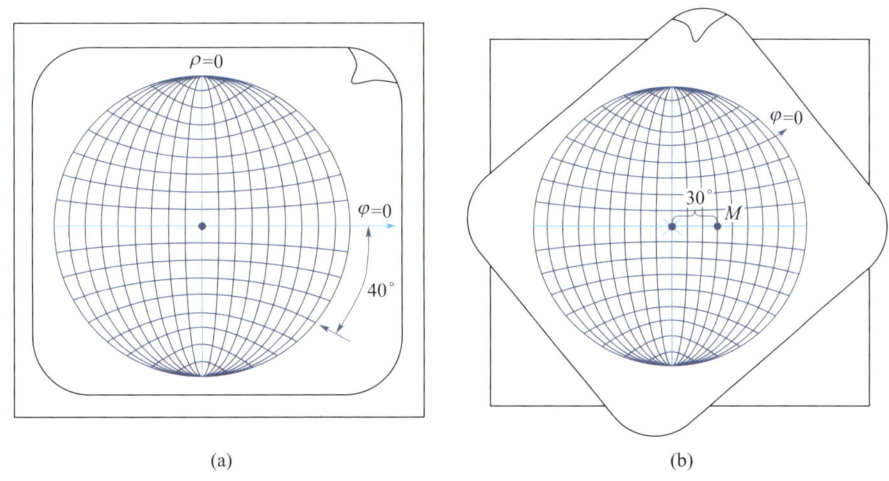

图 2-12 利用吴氏网进行极坐标为（30°，40°）晶面 M 的极射赤平投影图

例 2 已知两晶面的球面坐标分别为 M（ρ_1, φ_1）和 P（ρ_2, φ_2），求这两个晶面的面角。

按照例 1 的投影方法，利用吴氏网绘制 M 和 P 的极射赤平投影点，如图 2-13（a）所示。然后保持网面中心点不动，旋转透明纸，使 M 点和 P 点同时落在吴氏网的一条大圆弧上［图 2-13（b）］，然后在大圆弧上读出 M 点和 P 点之间的刻度值，即为两晶面 M 和 P 的面角。

吴氏网还可以应用在其他多方面，本文不再一一列举。

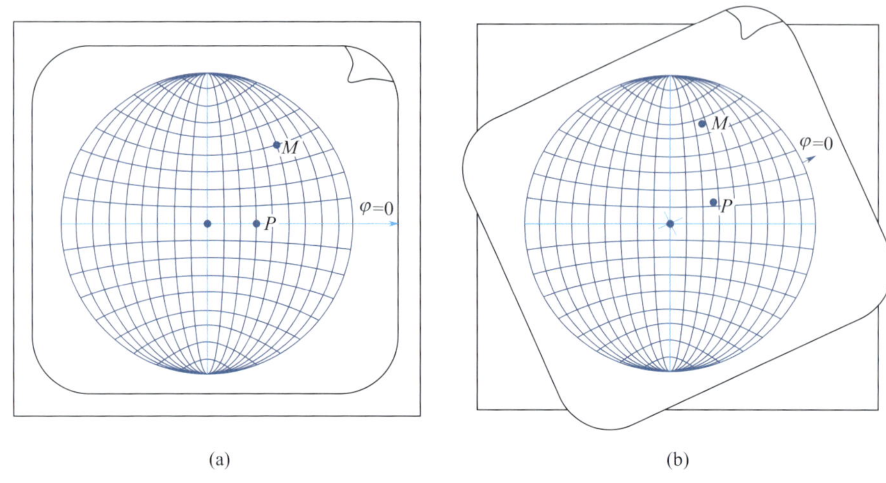

图 2-13　利用吴氏网确定已知极坐标的两晶面的面角

2.2　晶体的宏观对称

在第 1 章已经介绍过，对称性是晶体的基本性质之一，体现在晶体外形上就是晶面、晶棱和角顶的规律性重复。一切晶体都是对称的，这是其内部格子构造的对称性所决定的。但晶体的对称又是有限的，受其格子构造规律的限制或者晶体对称定律的约束，且不同的晶体其对称性又互有差异，因此对称性成为晶体分类的依据。

由于晶体对称性的本质取决于其内部的格子构造，因此，晶体的对称性不仅包含几何意义上的对称，而且也包含物理意义上的对称，即晶体中凡是具有方向性的物理性质，例如折射率、电导率、弹性模量和硬度等，它们也都呈现相应的对称关系。所以，晶体的对称性决定并影响着晶体中几何及物理性质等特征。反过来，根据晶体的几何多面体外形以及与方向相关的一系列物理性质，又可以用来进一步确定晶体的对称性。所以，晶体对称性的学习和掌握，是理解晶体一系列性质，以及鉴定、识别和利用晶体的“敲门砖”。晶体的对称性是晶体学的基础和核心内容。

本节中将依次阐述以上与晶体对称性有关的内容，但仅限于讨论晶体外形上的对称，即晶体的宏观对称。

2.2.1　对称的概念和特点

晶体最突出的特性就是它的对称性，这既表现在结晶多面体的外形上，也反映在其内部结构和物性上。晶体的对称性渗透于整个晶体学中，是晶体学的重要理论基础。

（1）对称的概念

对称（symmetry）是指物体或图形中相同部分之间有规律地重复。具有对称特征的图形，称为对称图形。对称现象在自然界和人类生活中都很常见。庄严肃穆的天安门城楼、光怪陆离的动物形体、小巧玲珑的锅碗瓢盆以及炎炎夏日送人清凉的风扇等，都以不同形式呈现了自身的对称美。

图 2-14（a）中故宫午门的左右两边是对称的，左右两边的相同部分可以通过中央假想的直立镜面反映其彼此重合；图 2-14（b）中风力发电机的扇叶也是对称的，扇叶围绕其中心轴旋转，叶片得以重复。

(a) 故宫建筑物的反映对称

(b) 风力发电机扇叶的旋转对称

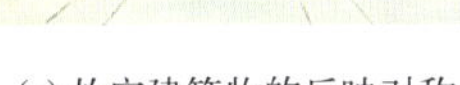

图 2-14 自然界中的对称物体

上述图形之所以具有对称性，首先是因为它们各自都可以划分出两个或两个以上的相同部分，而且这些相同部分在通过某种操作后，彼此能完全重合。如图 2-14（a）的故宫午门可以通过一个垂直平分它的镜面的反映，使它的左右两个相同部分相互重合。

因此，物体或图形对称的条件有两个：①必须具有两个或两个以上的相同部分；②这些相同部分能够通过一定的对称操作发生重复，如反映、旋转等操作。

晶体的外部对称是其几何形态的对称，具体地表现为相同晶面、晶棱和角顶有规律地重复。

（2）晶体对称的特点

晶体的对称与其他物体的对称不同。生物的对称是为了适应生存的需要；建筑物、用具和器皿的对称是人为的为了美观和适用；而晶体的对称则取决于它内部的格子构造。因此，晶体的对称具有如下特点。

① 所有的晶体都是对称的。因为晶体内部都具有格子构造，通过平移，可使相同质点重复，因此，所有的晶体结构都是对称的。

② 晶体的对称是有限的。晶体的对称受格子构造规律的限制，只有符合格子构造规律的对称才会在实际晶体中体现，因此，晶体的对称是有限的，它遵循“晶体的对称定律”。

③ 晶体的对称不仅表现在外形上，其内部结构和物理性质也是对称的。

正是由于以上特点，晶体的对称性可以作为晶体分类的最根本的依据。在晶体学中，无论是在晶体的内部结构、外部形态还是物理性质等的研究中，晶体对称性都得到了极为广泛的应用。

2.2.2 宏观对称要素和对称操作

（1）对称操作和对称要素的概念

晶体的宏观对称主要表现在外观形态上，如晶体的晶面、晶棱和角顶做有规律的重复。要使得对称物体或图形中相同部分重复，就必须通过一定的操作，这种操作就称为对称操作（symmetry operation）。或者说，对称操作是能够使对称物体（或图形）中的相同部分做有规律重复的变换动作。对称操作不改变物体相同部分内部任何两点间的距离，而使物体各相同部分调换位置后能够恢复到原状。例如，欲使图 2-14（a）中故宫午门左右两个相同的部分重复，必须凭借一个镜面的“反映”才能实现。而要使得图 2-14（b）中扇叶叶片相同部分重合，则必须使扇叶绕其中心的轴线“旋转”。以上的反映和旋转就是对称操作。

因此，在进行任何一种对称操作时，都必须借助一定的几何要素，图 2-14 中故宫和扇叶相同部分发生重复的对称操作（反映和旋转）分别借助了平面和轴线。在进行对称操作时所凭借的辅助几何要素（点、线、面），称为对称要素。对称要素均有对称操作与之相对应，对称要素能够明确地表征出物体的对称特点。

宏观晶体外形上可能出现的对称操作和对称要素共有五类：反伸操作和对称中心（center of symmetry）、反映操作和对称面（symmetry plane）、旋转操作和对称轴（symmetry axis）、旋转反伸操作和旋转反伸轴或倒转轴（rotoinversion axis）以及旋转反映操作和映转轴（rotoreflection axis），后两者属于复合对称操作。必须注意，有的对称操作可以用相应的实际动作来具体进行。例如旋转，就可以使物体绕某一直线为轴进行转动；但有的对称操作，例如反映，却是无法用某种实际的动作来具体进行的，而只能设想按相应的对称操作关系来变换物体中每一个点或面的位置。

数学原理上，对称操作本身意味着对各对应点进行坐标变换。因此，可以利用坐标变换对对称操作进行严密的数学表达。在一个固定的坐标系中，如果设空间中一对应点的坐标为（x, y, z），经过对称操作后变换到另外一对应点（X，Y，Z），则普遍有：

$$\begin{cases} X = a_{11}x + a_{12}y + a_{13}z \\ Y = a_{21}x + a_{22}y + a_{23}z \\ Z = a_{31}x + a_{32}y + a_{33}z \end{cases} \text{或者} \begin{bmatrix} X \\ Y \\ Z \end{bmatrix} = \Delta \begin{bmatrix} x \\ y \\ z \end{bmatrix} \tag{2-1}$$

其中

$$\Delta = \begin{Bmatrix} a_{11} & a_{12} & a_{13} \\ a_{21} & a_{22} & a_{23} \\ a_{31} & a_{32} & a_{33} \end{Bmatrix} \tag{2-2}$$

Δ 称为对称变换矩阵。对于任一对称操作，都有唯一的对称变换矩阵与之对应。晶体宏观对称中存在的对称要素及其对应的对称操作介绍如下。

（2）晶体的宏观对称要素

晶体外形上可能出现的对称要素，即晶体的宏观对称要素，包括以下几种。

① 对称面（P）：对称面是通过晶体中心的一个假想平面，它将图形分为互成镜像反映的两个相等部分。相应的对称操作是对此平面的反映，对称面用 P 表示，不同晶体中 P 的数量不同。如果空间一点为（x, y, z），经过对称面 P 的操作后变换到另外一点（$x, y, -z$），此时 P 包含 X、Y 轴，那么其矩阵表达为：

$$\begin{Bmatrix} x \\ y \\ -z \end{Bmatrix} = \Delta \begin{Bmatrix} x \\ y \\ z \end{Bmatrix} \tag{2-3}$$

其对称变换矩阵表达为：

$$\Delta = \begin{Bmatrix} 1 & 0 & 0 \\ 0 & 1 & 0 \\ 0 & 0 & -1 \end{Bmatrix} \tag{2-4}$$

如果 P 包含 X、Z 轴以及 Y、Z 轴，那么对应的对称转换矩阵 Δ 则分别为：

$$\begin{Bmatrix} 1 & 0 & 0 \\ 0 & -1 & 0 \\ 0 & 0 & 1 \end{Bmatrix} \tag{2-5}$$

以及

$$\begin{Bmatrix} -1 & 0 & 0 \\ 0 & 1 & 0 \\ 0 & 0 & 1 \end{Bmatrix} \tag{2-6}$$

如图 2-15（a）中的 P_1 和 P_2 是对称面；图 2-15（b）中的 AD 则不是对称面，尽管 AD 将图形分为两个相等部分，但这两部分不互成镜像，△ AED 成镜像反映的是△ AE_1D。

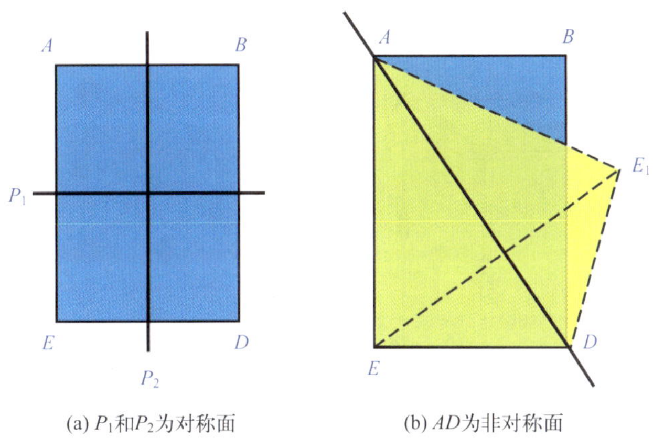

(a) P_1和P_2为对称面　　(b) AD为非对称面

图 2-15　对称面与非对称面

晶体中对称面可能出现的位置和特点［图 2-16（a）］：垂直并平分晶面；垂直晶棱并通过它的中点；包含晶棱。

晶体中可以没有对称面，也可以有 1 个或多个对称面，但最多不超过 9 个。立方体中有 9 个对称面，就写成 9P。在立方体的 9 个对称面中，若使其中 1 个对称面处于水平位置，则有 4 个对称面与水平对称面垂直，另外 4 个对称面与水平对称面斜交。

对称面是通过晶体中心的假想平面，其球面投影为一大圆，极射赤平投影有不同情况：与投影平面平行的对称面，极射赤平投影为基圆；与投影平面垂直的对称面，极射赤平投影为基圆直径；与投影平面斜交的对称面，极射赤平投影为以基圆直径为弦的大圆弧［图 2-16（b）］。

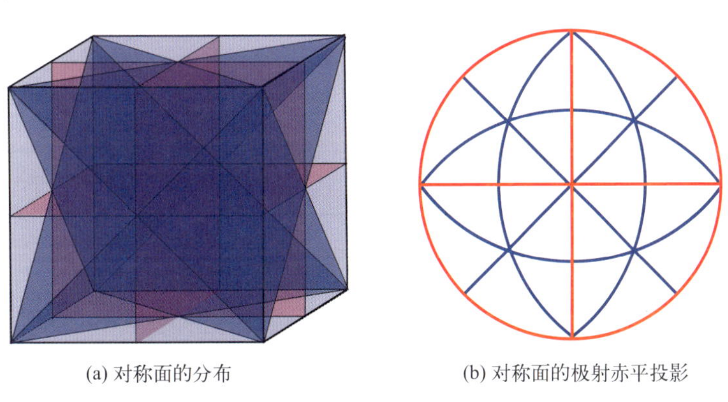

(a) 对称面的分布　　(b) 对称面的极射赤平投影

图 2-16　立方体的 9 个对称面

② 对称轴（L^n）：对称轴是通过晶体中心的一根假想直线，当图形或物体绕此直线旋转一定角度以后，可以使相同部分重复。对应的对称操作是绕此直线的旋转。对称轴用 L^n 表示，n 为正整数，称为轴次，即晶体围绕对称轴旋转 360° 相同部分重复的次数，重复时所旋转的最小角度称为基转角（α）。显然，轴次与基转角的关系为：$n=360°/\alpha$。晶体外形上可能出现的对称轴及相应的基转角见表 2-1。

以立方体上的对称轴为例进行说明。如果过立方体两个相互平行的晶面（或上下或左右或前后）的中心作一根假想直线，则绕此直线旋转 90°，可使相同的部分重复四次（图 2-17），说明垂直立方体晶面的中心有 L^4；如果过体对角线方向两个相对的角顶作一根假想直线，绕此直线旋转 120° 时也可使相同的部分重复三次，说明立方体体对角线方向为 L^3；如果过面对角线方向两根相互平行的晶棱的中点作一根假想直线，绕此直线旋转 180°，同样可使相同的部分发生两次重复，说明垂直晶棱方向为 L^2。

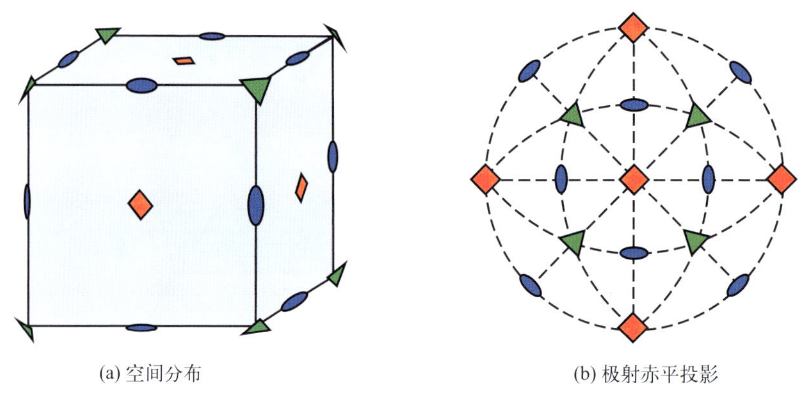

图 2-17　立方体中的 $3L^4 4L^3 6L^2 9PC$

以上立方体中的对称轴说明在同一晶体不同方向上会有不同的对称轴，且轴次和基转角也不同，具体和晶体的对称性有关。

表 2-1　晶体外形上可能出现的对称轴及对应基转角

名称	符号	基转角	作图符号
一次对称轴	L^1	360°	
二次对称轴	L^2	180°	⬮
三次对称轴	L^3	120°	▲
四次对称轴	L^4	90°	■
六次对称轴	L^6	60°	⬢

由于任何物体或图形绕任意轴线旋转 360° 均可复原，因此，L^1 在有任何对称要素存在的前提下也就失去了实际意义，除非晶体中没有其他任何对称要素。所以，以后任何与对称轴有关的内容都不再涉及 L^1。

由表 2-1 可知，晶体宏观形态上只能出现 L^1、L^2、L^3、L^4 和 L^6（单锥类垂直 L^2、L^3、L^4

和 L^6 的横截面形状及作图符号如图 2-18 所示），这是其内部格子构造的对称特征所决定的，也称为晶体的对称定律。

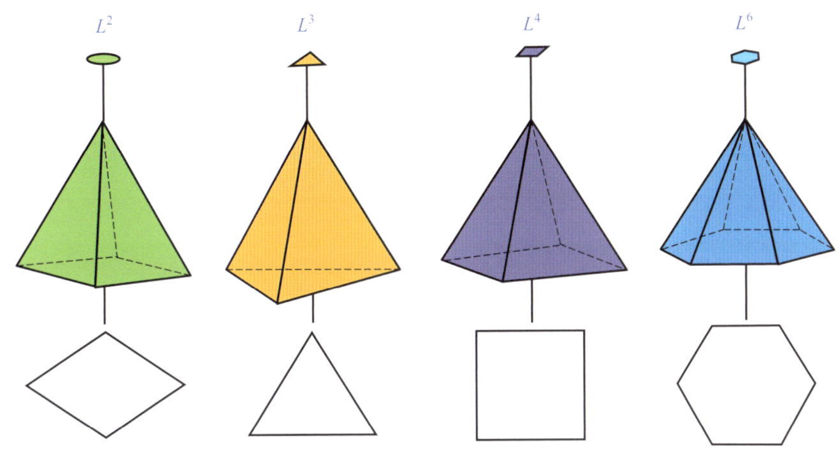

图 2-18　晶体中的 L^2、L^3、L^4 和 L^6

晶体的对称定律：晶体中不可能出现 5 次及高于 6 次的对称轴，因为它们不符合空间格子规律。可以用以下两种方法证明晶体的对称定律。

第一种：采用二维平面画格子的方法。由于晶体是具有格子构造的固体，且晶体的格子构造在三维空间能够毫无间隙地布满整个空间。如果在晶体的空间格子中出现 n 次对称轴 L^n，则在二维平面上必有垂直 L^n 的正 n 边形格子并能铺满整个平面（见图 2-19），垂直 L^2 的只能用普通平行四边形格子和矩形格子表示。由图可知，具有 2、3、4 和 6 次对称的正 n 边形格子图形均能铺满整个平面，但正 5 边形和 $n>6$ 的正 n 边形格子不能铺满整个平面，因而不能形成相应轴次的正 n 边形平面格子，换言之，空间格子中只允许 1、2、3、4、6 次对称轴。

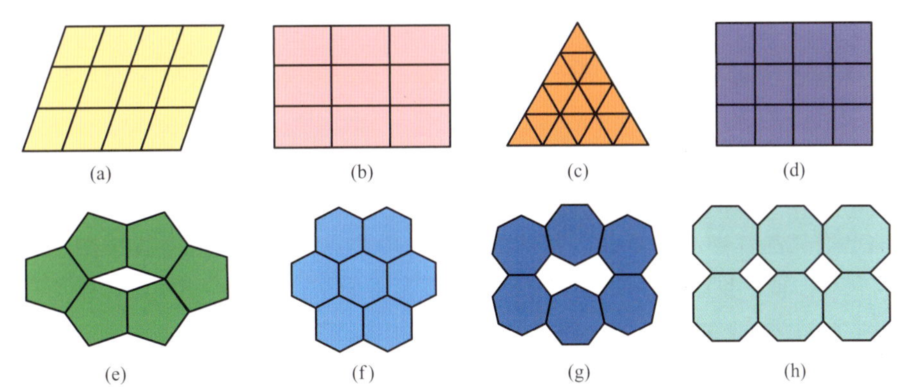

图 2-19　二维平面内垂直对称轴所形成的多边形网孔

（a）、（b）、（c）、（d）、（e）、（f）、（g）、（h）分别表示垂直 L^1、L^2、L^3、L^4、L^5、L^6、L^7、L^8 的多边形平面格子，五、七、八边形格子不能无间隙地铺满平面

第二种：数学证明方法。从晶体的空间格子构造和对称性特征可以知道，晶体外形上的对称只是其内部晶体结构对称的外在表现，任一晶体结构都必遵循空间格子规律。如图 2-20

所示，假设晶体结构中的相同结点 A_1、A_2、A_3、A_4 之间相隔为 a，每个阵点周围的环境都相同。若结构中有垂直结点平面的 n 次对称轴 L^n，则 L^n 以任一结点为中心、以 a 为半径转动 α 角度（α=360°/n），会得到另外的相同结点或和相同的结点重合。若 L^n 绕 A_2 顺时针方向转 α 角得到结点 B_1，绕 A_3 逆时针方向转 α 角得到结点 B_2，由格子构造规律知道，直线 B_1B_2 平行于 A_1A_4 且 B_1B_2 长度为节点间距 a 的整数倍，记作 ma（m 为整数）。故可以得出：

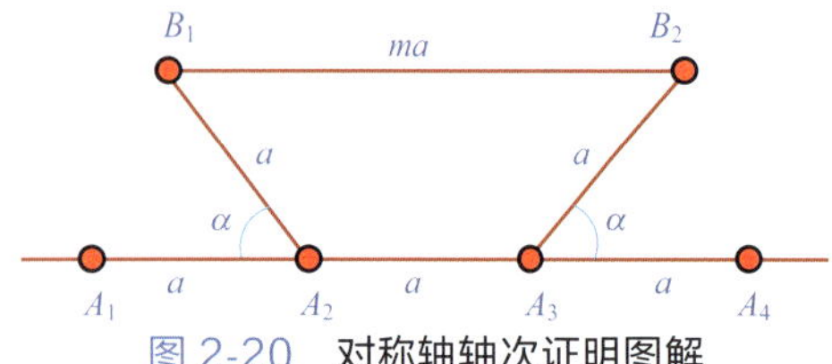

图 2-20　对称轴轴次证明图解

$$a+2a\cos\alpha = ma \tag{2-7}$$

$$\cos\alpha=(m-1)/2 \tag{2-8}$$

$$|(m-1)/2| \leqslant 1 \tag{2-9}$$

按照上式中余弦函数值的大小、m 为整数和 n 为正整数的限制，可得出不同的 n 值和 α 角，具体列于表 2-2。

表 2-2　对称轴 L^n 的轴次和基转角的可能值

m	3	2	1	0	−1
$\cos\alpha$	1	1/2	0	−1/2	−1
α	0°（360°）	60°	90°	120°	180°
n	1	6	4	3	2

由表 2-2 可知，晶体中的对称轴基转角只能为 360°、180°、120°、90° 和 60°，亦即晶体中只能有轴次为 1 次、2 次、3 次、4 次和 6 次的对称轴，而不可能有 5 次以及高于 6 次的对称轴。所以，晶体中可能存在的对称轴，其基转角和轴次并不是任意的，严格受到格子构造规律的限制。

晶体中可以没有对称轴，也可以同时出现不同轴次的对称轴，且对称轴的数目也可以不同。描述时将其数目写在 L^n 之前，如 $3L^4$、$6L^2$ 等。晶体中对称轴可能出现的位置有：晶面中心、晶棱中点、角顶［图 2-17（a）］。如果在对称轴方向上有不同轴次的对称轴，那么只取轴次最高的。如图 2-18 中具有 L^6 对称的六方单锥，在六次轴方向上同时也存在三次、二次和一次轴，此时只取轴次最高、基转角最小的 L^6。

对称轴是通过晶体中心的直线，其球面投影为两个点。在极射赤平投影图上，与投影平面垂直的直立对称轴，投影点落在基圆中心；与投影平面平行的水平对称轴，投影点落在基圆上；与投影平面斜交的倾斜对称轴，投影点落在基圆中心之外的基圆内部［图 2-17（b）］。

对称轴的对称变换矩阵可以用下面的通式表达：

$$\begin{Bmatrix} \cos\alpha & \sin\alpha & 0 \\ -\sin\alpha & \cos\alpha & 0 \\ 0 & 0 & 1 \end{Bmatrix} \tag{2-10}$$

其中 α 是不同轴次的基转角。

③ 对称中心（C）：对称中心是位于晶体中心的一个假想的点，如果过对称中心作任意

直线，则在此直线上距对称中心等距离的两端，必可找到对应点。相应的对称操作是对此点的反伸。如果晶体结构中一个点的坐标为（x, y, z），经过对称中心的对称操作后，将变换到坐标为（$-x, -y, -z$）的另外一个对应点，其对称变换矩阵为：

$$\begin{Bmatrix}-x\\-y\\-z\end{Bmatrix}=\Delta\begin{Bmatrix}x\\y\\z\end{Bmatrix},\quad \Delta=\begin{Bmatrix}-1 & 0 & 0\\0 & -1 & 0\\0 & 0 & -1\end{Bmatrix} \tag{2-11}$$

对称中心用 C 表示。由对称中心联系起来的两个部分，互为上下、左右、前后均颠倒相反的关系，且对应部分距对称中心的距离也相等。

图 2-21 是一个具有对称中心的图形，在通过对称中心 C 点的直线上，距 C 点等距离的两端均可以找到对应点，如 A 和 A_1、B 和 B_1。也可以这样认为，在图形上的任意一点 B，与对称中心 C 连线，再由对称中心 C 向相反方向延伸等距离，必然找到对应点 B_1。

由此可见，具有对称中心的图形，其对称中心相对两侧的晶面都表现为反向平行且等大，如图 2-22 所示，C 为对称中心，△ ABD 与△ $A_1B_1D_1$ 为等大反向平行。因此，如果晶体中存在对称中心，其晶面必是两两等大反向平行的；反过来说，若晶体上晶面两两等大反向平行，则晶体必然存在对称中心。

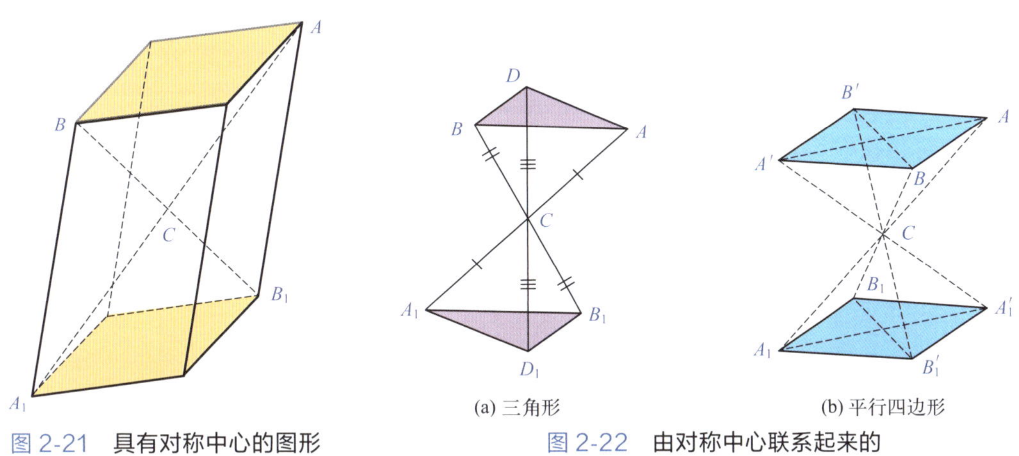

图 2-21　具有对称中心的图形（A 与 A_1、B 与 B_1 为对应点）

图 2-22　由对称中心联系起来的两个等大反向平行图形

④ 旋转反伸轴（L_i^n）：旋转反伸轴又称倒转轴或反演轴，是通过晶体中心的一根假想的直线，图形或物体绕此直线旋转一定角度后，再对此直线上的一点进行反伸，可使相同部分重复。相应的对称操作为绕此直线旋转和对此直线上一点反伸的复合操作。这里的旋转和反伸是对称操作的两个不可分割的动作，无论是先旋转后反伸，还是先反伸后旋转，效果是相同的。但必须是两个动作连续完成以后才能使晶体相同部分还原。

既然旋转反伸轴的对称操作是对直线（对称轴）和直线上一点（晶体中心）的复合操作，显然，旋转反伸操作的对称变换矩阵为对称轴变换矩阵和对称中心变换矩阵之积：

$$\begin{Bmatrix}-\cos\alpha & -\sin\alpha & 0\\ \sin\alpha & -\cos\alpha & 0\\ 0 & 0 & -1\end{Bmatrix} \tag{2-12}$$

旋转反伸轴用 L_i^n 表示，i 意为反伸，n 为轴次。n 同样为 1、2、3、4、6；α 为基转角，n=360°/α。同理，晶体中不可能出现 5 次及高于 6 次的旋转反伸轴。下面对不同轴次旋转反伸轴的对称操作及对称等效关系分别作简要介绍。

L_i^1：对称操作为旋转 360° +反伸。因为旋转 360° 后已完全复原，所以对称操作相当于没有旋转而只是单纯的反伸，结果与借助对称中心的反伸操作完全等效。如图 2-23（a）所示，点 1 旋转 360° 后再反伸可与点 2 重合，而点 1 借助于对称中心的直接反伸也可与点 2 重合，所以 L_i^1 与 C 的对称等效，即 $L_i^1=C$。

L_i^2：对称操作为旋转 180° +反伸。如图 2-23（b）所示，点 1 围绕 L_i^2 旋转 180° 以后，再凭借 L_i^2 上一点的反伸可与点 2 重合。由图可以看出，借助于垂直于 L_i^2 的 P 的反映，也同样可以使点 1 与点 2 重合。因此，L_i^2 与垂直它的对称面 P 的对称等效，即 $L_i^2=P$。

L_i^3：对称操作为旋转 120° +反伸。如图 2-23（c）所示，点 1 旋转 120° +反伸可以得到点 2；点 2 旋转 120° +反伸可以得到点 3；点 3 旋转 120° +反伸可以得到点 4；点 4 旋转 120° +反伸可以得到点 5；点 5 旋转 120° +反伸可以得到点 6。这样由一个原始的点经过 L_i^3 的作用，可依次得到点 1、2、3、4、5、6 共 6 个点，旋转 720° 后回到原点。如果用 L^3+C 代替 L_i^3，则由点 1 开始经 L^3 的作用可得点 1、3、5，再通过 C 的作用又获得点 2、4、6，总共也是 6 个点，与 L_i^3 的对称操作后的结果完全相同。因此，$L_i^3=L^3+C$。

L_i^4：对称操作为旋转 90° +反伸。如图 2-23（d）所示，点 1 旋转 90° +反伸可以得到点 2；点 2 旋转 90° +反伸可以得到点 3；点 3 旋转 90° +反伸可以得到点 4。这样，通过 L_i^4 的作用，可依次获得点 1、2、3、4 共 4 个点。

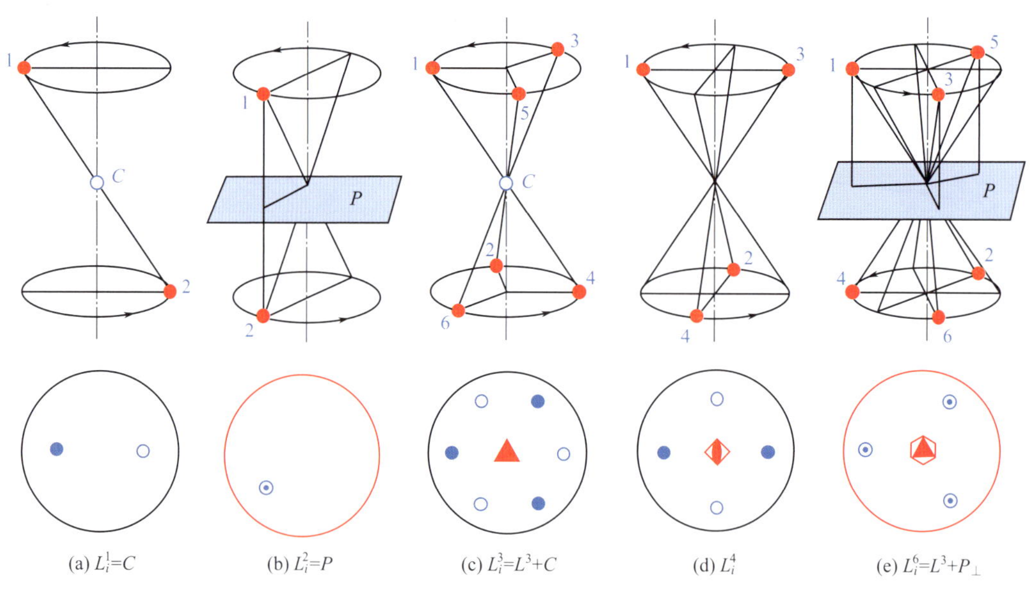

图 2-23　旋转反伸轴及对称操作示意图

L_i^4 是一个独立的复合对称要素，它的作用无法由其他对称要素或它们的组合来代替。

L_i^6：对称操作为旋转 60° +反伸。如图 2-23（e）所示，从点 1 开始，旋转 60° +反伸得点 2，依此类推，通过 L_i^6 的作用依次可得到点 1、2、3、4、5、6 共 6 个点。若用 $L^3+P_\perp$

代替 L_i^6，则由点 1 开始，经 L^3 作用可得点 1、3、5，再通过垂直于 L^3 的 P 的作用又可获得点 2、4、6，总共也是 6 个点，与 L_i^6 的对称操作后的完全相同。因此，$L_i^6=L^3+P_\perp$（$P\perp L^3$）。

综上所述，除 L_i^4 之外，其他所有旋转反伸轴都可以用其他简单对称要素或它们的组合来代替，其等效关系归纳如下：

$$L_i^1=C,\quad L_i^2=P,\quad L_i^3=L^3+C,\quad L_i^6=L^3+P_\perp$$

因此，旋转反伸轴中只有 L_i^4 和 L_i^6 具有实际意义。L_i^4 不能用其他对称要素代替。L_i^6 虽然和 $L^3+P_\perp$ 等效，但由于 L_i^6 在晶体分类中具有特殊意义，故实际晶体的对称分析中采用 L_i^6 而非 $L^3+P_\perp$ 的组合。下面再通过实例进一步说明 L_i^4 和 L_i^6。

图 2-24 所示是四方四面体中具有 L_i^4 的对称操作示意图。其中图 2-24（a）表示 L_i^4 作用前的初始位置。当围绕 L_i^4 旋转 90° 后到达图 2-24（b）所示的过渡位置，接着再通过 L_i^4 上的中点反伸后才会使晶体完全复原。图 2-24（c）中的蓝色实线和黄色虚线，分别代表晶体的初始位置和绕 L_i^4 旋转 90° 后的过渡位置，此时过渡位置中的 $A'B'C'$ 只有再通过 L_i^4 上的中点反伸后，才可与起始位置中的 CDB 重复。完全旋转完 360°+4 次反伸后，晶体共有 4 次重复。

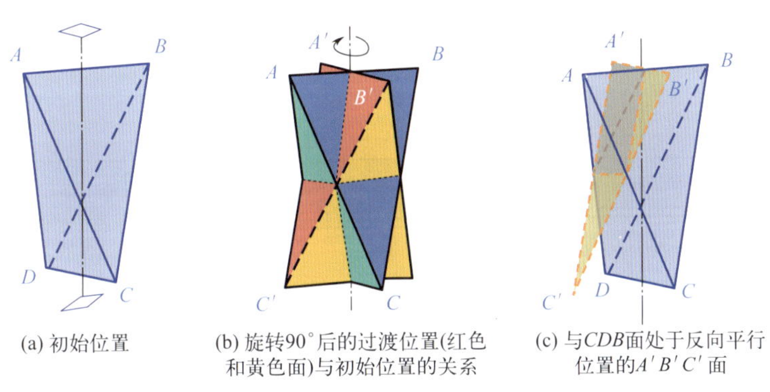

图 2-24　具有 L_i^4 的四方四面体及 L_i^4 对称操作示意图

同样，如图 2-25 所示，对于三方柱中的 L_i^6，相应的对称操作是旋转 60° + 反伸。图 2-25（a）表示初始位置；图 2-25（b）中的黄色三方柱则表示绕 L_i^6 旋转 60° 后的过渡位置，接着再通过 L_i^6 一点的反伸后晶体才达到复原。但从图中还可以看出，该晶体中还存在着一个与 L_i^6 重合的 L^3，且还有一个垂直此 L^3 的 P［图 2-25（c）的黄色面］。整个晶体既可以借助于 L_i^6 的作用而复原，也可以通过 $L^3+P_\perp$ 的共同作用复原。这意味着 $L^3+P_\perp$ 共同作用的结果与 L_i^6 单独作用的结果完全相同。

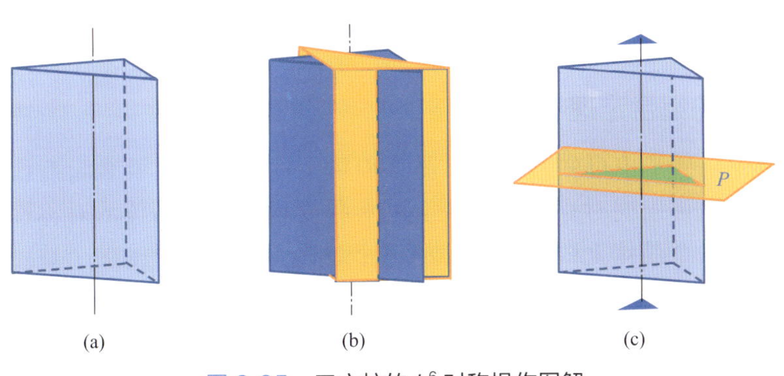

图 2-25　三方柱的 L_i^6 对称操作图解

从上面四方四面体和三方柱的两个例子中可知，当 L_i^4 和 L_i^6 方向上同时分别还存在 L^2 和 L^3 时，此时很容易将 L_i^4 和 L_i^6 误认为 L^2 和 L^3，需要认真加以区分；或者说当高次 L_i^4 和 L_i^6 包含低次的 L^2 和 L^3 时，此时只取轴次高的 L_i^4 和 L_i^6 。

⑤ 旋转反映轴（L_s^n）：旋转反映轴又称映转轴，也是一种复合的对称要素。它的辅助几何要素为通过晶体中的一根假想直线和垂直此直线的一个平面；相应的对称操作就是围绕此直线旋转一定角度及对于此平面反映的复合。同样地，在晶体中只能有 1 次、2 次、3 次、4 次及 6 次旋转反映轴，也即旋转反映轴同样也遵循“晶体对称定律”。旋转反映操作的对称变换矩阵为对称轴的变换矩阵与对称面的变换矩阵之乘积。旋转反映轴也可以用其他简单的对称要素或它们的组合来代替：

$$L_s^1 = P = L_i^2\text{；}\ L_s^2 = C = L_i^1\text{；}\ L_s^3 = L^3+P_\perp = L_i^6\text{；}\ L_s^4 = L_i^4\text{；}\ L_s^6 = L^3+C = L_i^3$$

由此可见，每一个旋转反映轴都可以由与之等效的旋转反伸轴来代替。因此，在以后的内容中将不再采用旋转反映轴，而由相应的旋转反伸轴来代替它们。不过，实际使用的也只有 4 次和 6 次旋转反映轴两种。旋转反映轴因其在对称分类时颇为不便，故在对称型和空间群的国际符号中均已摒弃不用。

综上所述，晶体中可能存在的全部宏观对称要素（旋转反映轴除外）可归纳如表 2-3 所列。

表 2-3　晶体的宏观对称要素

对称要素	对称轴					对称面	对称中心	旋转反伸轴		
	1 次	2 次	3 次	4 次	6 次			3 次	4 次	6 次
辅助几何要素	直线					平面	点	直线和直线上的定点		
对称操作	围绕直线的旋转					对于平面的反映	对于点的反伸	绕直线的旋转和对于定点的反伸		
基转角	360°	180°	120°	90°	60°			120°	90°	60°
习惯符号	L^1	L^2	L^3	L^4	L^6	P	C	L_i^3	L_i^4	L_i^6
国际符号	1	2	3	4	6	m	$\bar{1}$	$\bar{3}$	$\bar{4}$	$\bar{6}$
等效对称要素						L_i^2	L_i^1	L^3+C		$L^3+P_\perp$
图示符号						双线或粗线	○或 C			

2.2.3　对称要素的组合定理

从上节的内容和例子中可知，不同结晶多面体中的对称要素及数量有所差异，可以只有一个对称要素，也可以同时存在一个以上的对称要素。由于晶体的对称性，任意两个对称要素同时存在于一个晶体上时，将产生第三个对称要素，且产生的个数一定。因此，晶体上对称要素的组合不是随意的，除必须遵循晶体的对称定律外，还必须符合对称要素的组合定理。

定理 1 如果有一个 L^2 垂直于 L^n，则必有 n 个 L^2 垂直于 L^n；相邻两个 L^2 的夹角为 L^n 基转角的一半。示意式为：$L^n+L^2_\perp \rightarrow L^n nL^2$。例如图 2-26（a）所示 α- 石英晶体中 L^3 和 L^2 的情况。

逆定理 如果两个 L^2 相交，在两者的交点上必产生一个垂直于这两个 L^2 的 L^n，其基转角 δ 是两个 L^2 夹角的两倍。此时 δ 只能为 90°、60°、45° 和 30°。

定理 2 如果有一个对称面 P 包含 L^n，则必有 n 个 P 同时包含此 L^n；且任二相邻 P 之间的夹角等于 L^n 基转角的一半，即 $360°/2n$。示意式为：$L^n+P_{//} \rightarrow L^n nP$。该定理与定理 1 类似。例如图 2-26（b）所示电气石晶体中 L^3 和 P 的情况。

逆定理 如果两个对称面 P 之间以 δ 角相交，则两者的交线必为一 n 次对称轴 L^n，$n=360°/2\delta$。此种情况下 δ 也只能为 90°、60°、45° 和 30°。

定理 3 如果有一个对称面 P 垂直于偶次对称轴 $L^{n(偶)}$，则其交点必为对称中心。示意式为：$L^{n(偶)}+P_\perp \rightarrow L^nPC$。例如图 2-26（c）所示石膏晶体中 L^2 和 P 的情况。

逆定理 如果有一个偶次对称轴 $L^{n(偶)}$ 与对称中心 C 共存，则过 C 且垂直该 $L^{n(偶)}$ 必有一对称面 P；或如果有一个对称面 P 与对称中心 C 共存，则过 C 且垂直于 P 必有一个 $L^{n(偶)}$。

这一定理实际上说明 $L^{n(偶)}$、P 、C 三者中任意两者可产生第三者。

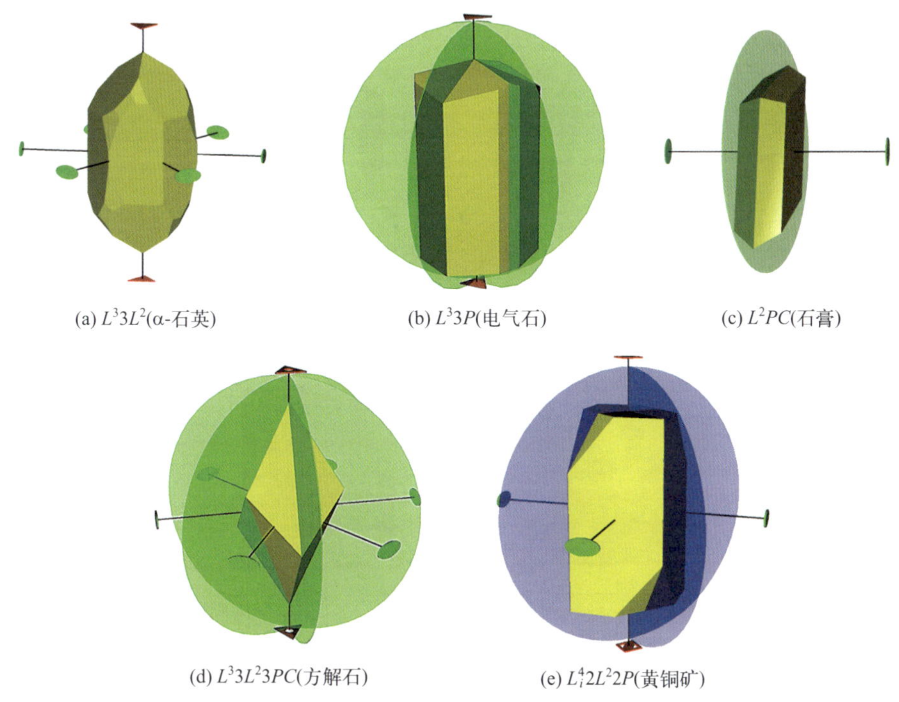

(a) L^33L^2(α-石英)　(b) L^33P(电气石)　(c) L^2PC(石膏)

(d) L^33L^23PC(方解石)　(e) $L_i^42L^22P$(黄铜矿)

图 2-26 某些晶体中对称要素在空间的组合情况

定理 4 如果有一个 L^2 垂直 L_i^n，或有一个 P 包含 L_i^n，当 n 为偶数时，必有 $n/2$ 个 L^2 垂直 L_i^n 和 $n/2$ 个 P 包含 L_i^n；当 n 为奇数时，必有 n 个 L^2 垂直 L_i^n 和 n 个 P 包含 L_i^n。示意式为：$L_i^{n(偶)}+L^2_\perp$（或 $P_{//}$）$\rightarrow L_i^n(n/2)L^2(n/2)P$，$L_i^{n(奇)}+L^2_\perp$（或 $P_{//}$）$\rightarrow L_i^n nL^2nP$。例如图 2-26（d）、（e）所示方解石和黄铜矿晶体中 L_i^3 / L_i^4 与 L^2 和 P 的情况。

逆定理 如果有一个 L^2 与 P 斜交，P 的法线与 L^2 的夹角为 δ，则平行于 P 且垂直 L^2 的直线必为一 L_i^n，$n=360°/2\delta$。

定理5 如果有轴次分别为 n 和 m 的两个对称轴以 δ 角斜交时，围绕 L^n 必有 n 个共点且对称分布的 L^m，同时围绕 L^m 必有 m 个共点且对称分布的 L^n，且任两相邻的 L^n 与 L^m 之间的交角均等于 δ。示意式为：$L^n+L^m=nL^m mL^n$。例如图 2-27（d）所示黄铁矿晶体中 L^2 与 L^3 的情况，图 2-27（e）所示黝铜矿中 L_i^4 与 L^3 的情况，图 2-27（f）所示萤石晶体中 L^3 与 L^4、L^2 与 L^4 以及 L^2 与 L^3 的情况。

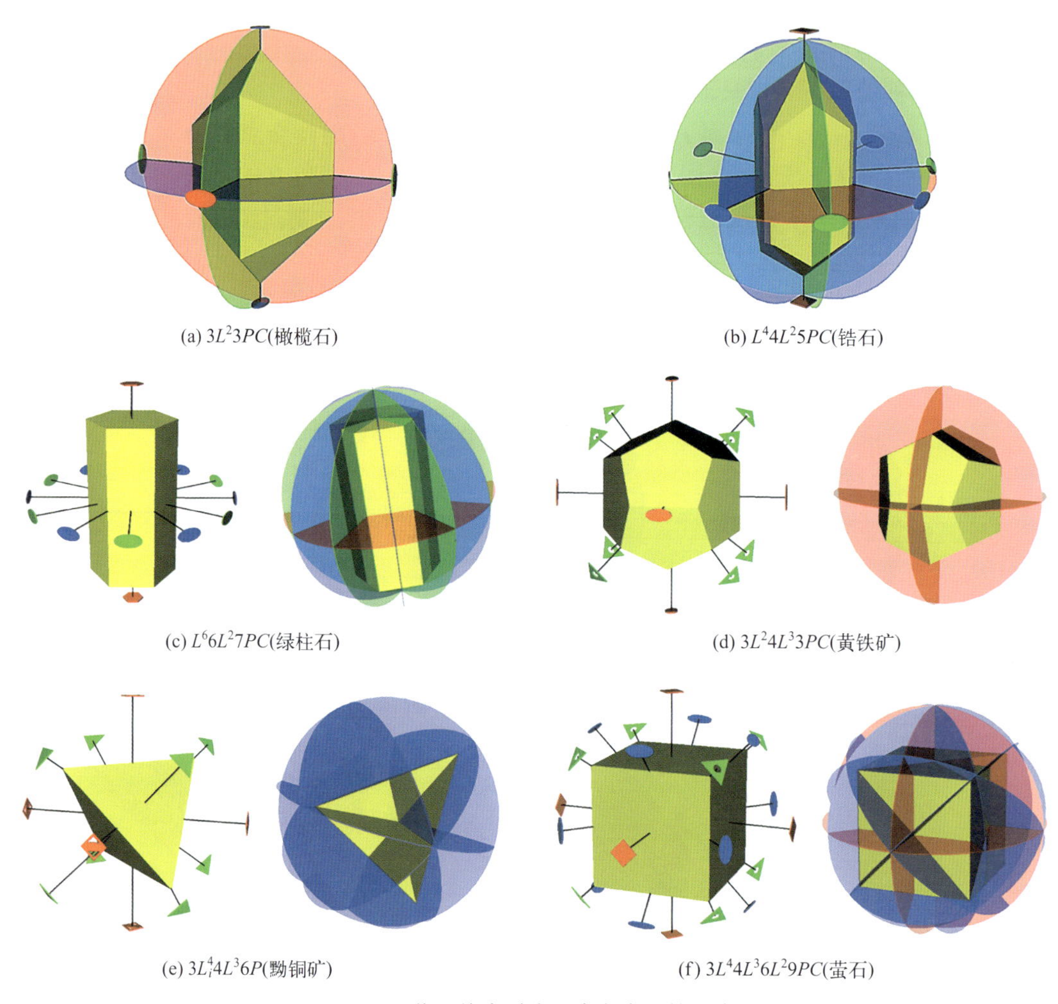
(a) $3L^2 3PC$(橄榄石)　(b) $L^4 4L^2 5PC$(锆石)
(c) $L^6 6L^2 7PC$(绿柱石)　(d) $3L^2 4L^3 3PC$(黄铁矿)
(e) $3L_i^4 4L^3 6P$(黝铜矿)　(f) $3L^4 4L^3 6L^2 9PC$(萤石)

图 2-27　一些晶体中对称要素在空间的组合情况

2.2.4 对称型（点群）

结晶多面体中全部宏观对称要素的组合，称为该结晶多面体的对称型或点群。对称型中对称要素的组合不仅是指对称要素的总数，而且包含对称要素之间的组合关系。

由于晶体宏观形态中对称要素的数量是有限的，且在宏观形态上进行各种对称操作时至少晶体中心这一点是不动的，所有的对称操作可构成一个群，符合数学中群的概念，故对称型也称点群。一般来说，当强调对称要素时称对称型，强调对称操作时称点群。

根据晶体宏观形态中可能存在的对称要素及其组合规律，将所有可能的对称要素组合起来，总共可推导出 32 种对称型，与这 32 种对称型相应的对称操作群也称为晶体学的 32 种点群。

对称型或点群的推导和证明可以用群论的原理和性质来进行，也可以用直观的方法结合对称要素的组合定律来进行。下面利用直观方法结合对称要素组合定律来推导 32 种对称型。为了推导的方便，把高次轴（$n>2$）不多于一个的组合称为 A 类组合，高次轴多于一个的组合称为 B 类组合。

（1）A 类对称型的推导

A 类对称型的对称要素可能有 7 种组合情况：

① 对称轴单独存在，此类对称型为原始式。晶体上可能存在的原始式对称型有 L^1、L^2、L^3、L^4、L^6 共 5 种。

② L^n 与垂直的 L^2 组合，此类对称型为轴式。根据组合定理 $L^n+L^2_\perp\rightarrow L^nnL^2$，晶体上可能存在的轴式对称型有（$L^1L^2=L^2$）、$L^22L^2=3L^2$、$L^33L^2$、$L^44L^2$、$L^66L^2$ 共 4 种（括号内的与其他重复，下同）。

③ L^n 与包含它的 P 组合，此类对称型为面式。根据组合定理 $L^n+P_{//}\rightarrow L^nnP$，晶体上可能存在的对称型有（$L^1P=P$）、$L^22P$、$L^33P$、$L^44P$、$L^66P$ 共 4 种。

④ L^n 与垂直它的 P 组合，此类对称型为中心式。根据组合定理 $L^{n（偶）}+P_\perp\rightarrow L^nP(C)$（$C$ 只在偶次对称轴垂直 P 的情况下产生），晶体上可能存在的对称型有（$L^1P=P$）、L^2PC、（$L^3P_\perp=L_i^6$）、L^4PC、L^6PC 共 3 种。

⑤ 对称轴 L^n 与垂直它的 L^2 以及包含它的 P 组合，此类对称型为轴面式。垂直 L^n 的 P 与包含 L^n 的 P 的交线必为垂直 L^n 的 L^2，即 $L^n+P_\perp+P_{//}=L^n+P_\perp+P_{//}+L^2_\perp\rightarrow L^nnL^2(n+1)P(C)$（$C$ 只在偶次对称轴垂直 P 的情况下产生），根据以上组合规律，晶体上可能存在的对称型有（$L^1L^22P=L^22P$）、$L^22L^23PC=3L^23PC$［图 2-27（a）］、（$L^33L^24P=L_i^63L^23P$）、L^44L^25PC［图 2-27（b）］、L^66L^27PC［图 2-27（c）］共 3 种。

⑥ 旋转反伸轴 L_i^n 单独存在，此类对称型为倒转原始式。可能的对称型有 $L_i^1=C$、$L_i^2=P$、$L_i^3=L^3C$、L_i^4、$L_i^6=L^3P_\perp$ 共 5 种。

⑦ 旋转反伸轴 L_i^n 与垂直它的 L^2（或包含它的 P）的组合，此类对称型为倒转轴面式。根据组合定理，当 n 为奇数时，$L_i^n+L^2_\perp$（或 $P_{//}$）$\rightarrow L_i^nnL^2nP$，晶体上可能存在的对称型有（$L_i^1L^2P=L^2PC$）、$L_i^33L^23P=L^33L^23PC$；当 n 为偶数时，$L_i^n+L^2_\perp$（或 $P_{//}$）$\rightarrow L_i^n(n/2)L^2(n/2)P$，晶体上可能存在的对称型有（$L_i^2L^2P=L^22P$）、$L_i^42L^22P$、$L_i^63L^23P$。

A 类对称型的推导结果统一列于表 2-4 中，除去重复的对称型，独立存在的不同对称型共 27 种。

（2）B 类对称型的推导

B 类对称型的推导较为复杂，具体也可按上述原始式、轴式、面式、中心式和轴面式进行推导，本教材中不作详细介绍。B 类对称型共有五种：$3L^24L^3$、$3L^44L^36L^2$、$3L^24L^33PC$、$3L_i^44L^36P$ 和 $3L^44L^36L^29PC$。

这样，最终得到可能出现在晶体中的全部对称型共 32 种。

32 种对称型按各种情况的推导列于表 2-4 中。

表 2-4　32 种对称型的推导

轴次 / 共同式 / 对称型		原始式	轴式	面式	中心式	轴面式	倒转原始式	倒转轴面式
		L^n	$L^n nL^2$	$L^n nP_{//}$	$L^n P_{\perp}(C)$	$L^n nL^2(n+1)P(C)$ n 为偶数时产生 C	L_i^n	$L_i^n\ nL^2 nP$ （n 为奇数） $L_i^n\ n/2L^2 n/2P$ （n 为偶数）
A 类	$n=1$	L^1					$L_i^1=C$	
	$n=2$	L^2	$3L^2$	$L^2 2P$	L^2PC	$3L^2 3PC$	$L_i^2=P$	
	$n=3$	L^3	$L^3 3L^2$	$L^3 3P$			$L_i^3=L^3C$	$L_i^3\ 3L^2 3P=L^3 3L^2 3PC$
	$n=4$	L^4	$L^4 4L^2$	$L^4 4P$	L^4PC	$L^4 4L^2 5PC$	L_i^4	$L_i^4\ 2L^2 2P$
	$n=6$	L^6	$L^6 6L^2$	$L^6 6P$	L^6PC	$L^6 6L^2 7PC$	$L_i^6=L^3P$	$L_i^6\ 3L^2 3P=L^3 3L^2 4P$
B 类		$3L^2 4L^3$	$3L^4 4L^3 6L^2$	$3L_i^4\ 4L^3 6P$	$3L^2 4L^3 3PC$	$3L^4 4L^3 6L^2 9PC$		

可以按物理性质对 32 种对称型（点群）进行分类，具体见表 2-5。

表 2-5　按物理性质对 32 种对称型（点群）分类

<table>
<tr><th colspan="3">介电晶体（32 个对称型）</th></tr>
<tr><th colspan="2">压电晶体（不具有对称中心，有多个或一个极轴，
但除掉 $3L^4 4L^3 6L^2$，共 20 种对称型）</th><th>有对称中心
（共 11 种对称型）</th></tr>
<tr><td>热释电晶体（极性晶体，即具单向极轴，共 10 个对称型）</td><td rowspan="2">$3L^2$，$L^3 3L^2$，$L^4 4L^2$，$L^6 6L^2$，L_i^4，L_i^6，
$3L^2 4L^3$，$3L^4 4L^3 6L^2$①，$3L_i^4\ 4L^3 6P$，
$L_i^4\ 2L^2 2P$，$L_i^6\ 3L^2 3P$</td><td rowspan="2">C，L^2PC，L^4PC，L^3C，
L^6PC，$3L^2 4L^3 3PC$，$3L^2 3PC$，
$L^4 4L^2 5PC$，$L^3 3L^2 3PC$，$L^6 6L^2 7PC$，
$3L^4 4L^3 6L^2 9PC$</td></tr>
<tr><td>L^1，L^2，L^3，L^4，L^6，P，$L^2 2P$，
$L^4 4P$，$L^3 3P$，$L^6 6P$</td></tr>
</table>

① $3L^4 4L^3 6L^2$ 对称型不具有对称中心，但无压电性。

另外，还可以按照在自然界矿物中出现的概率对 32 种对称型（点群）进行分类，具体见表 2-6。

表 2-6　按在自然界矿物中出现的概率对 32 种对称型（点群）分类

占矿物晶体总数 10% 以上	占矿物晶体总数 3% ～ 10%	占矿物晶体总数 1.5% ～ 3%	占矿物晶体总数 1.5% 以下	在矿物晶体中尚未发现的对称型
L^2PC， $3L^2 3PC$， $3L^4 4L^3 6L^2 9PC$	$L^3 3L^2 3PC$，$L^4 4L^2 5PC$， $L^6 6L^2 7PC$，$3L_i^4\ 4L^3 6P$	C，$3L^2$，$L^2 2P$， L^3C，$L^3 3P$， L^4PC，L^6PC， $3L^2 4L^3 3PC$	L^1，L^2，P，L^3，$L^3 3L^2$，L^4， L_i^4，$L^4 4L^2$，$L^4 4P$， $L_i^4\ 2L^2 2P$，L^6，$L^6 6L^2$， $L^6 6P$，$L_i^6\ 3L^2 3P$，$3L^2 4L^3$， $3L^4 4L^3 6L^2$	L_i^6

32 种对称型中对称要素的空间分布及极射赤平投影分别如图 2-28 和图 2-29 所示。

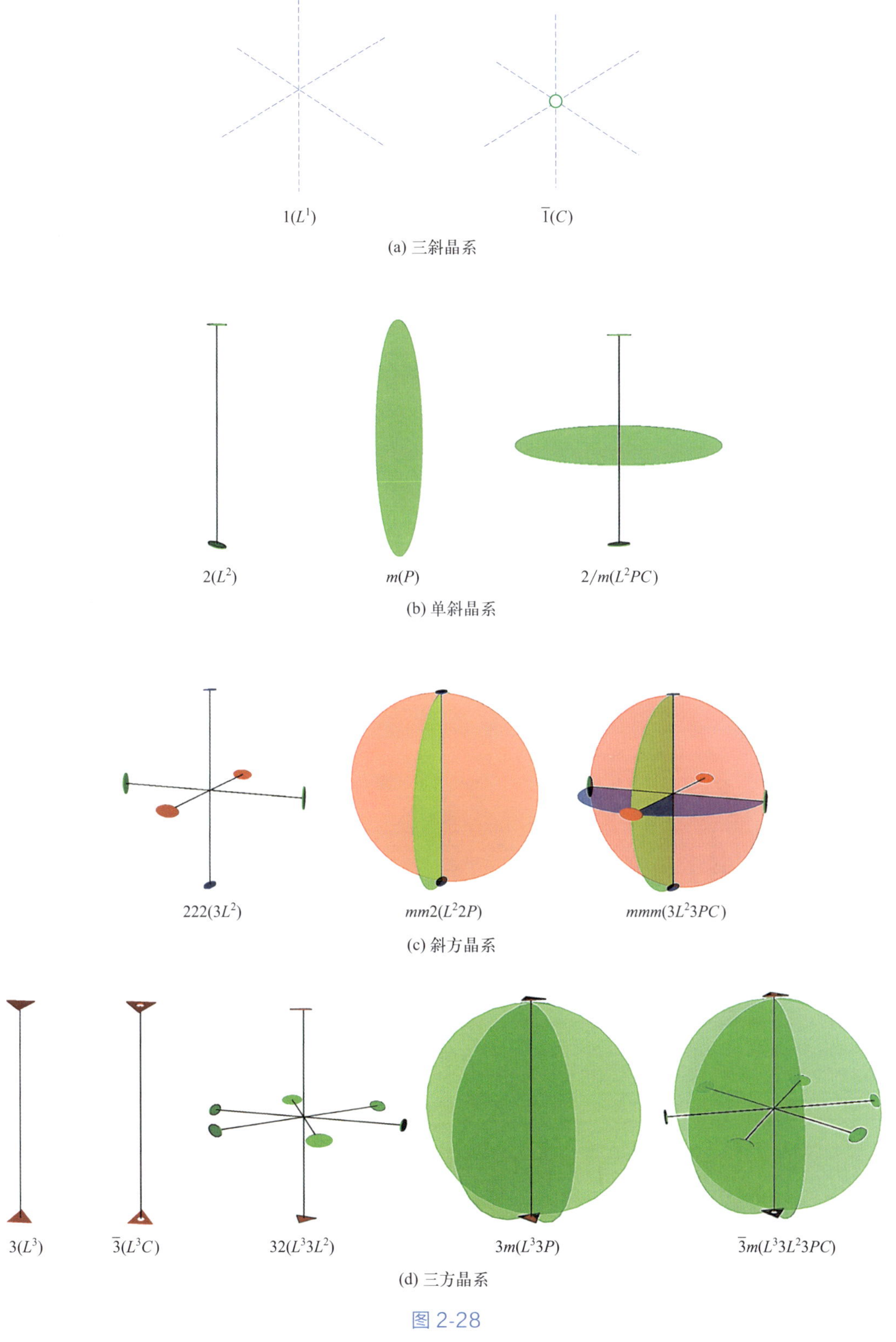

图 2-28

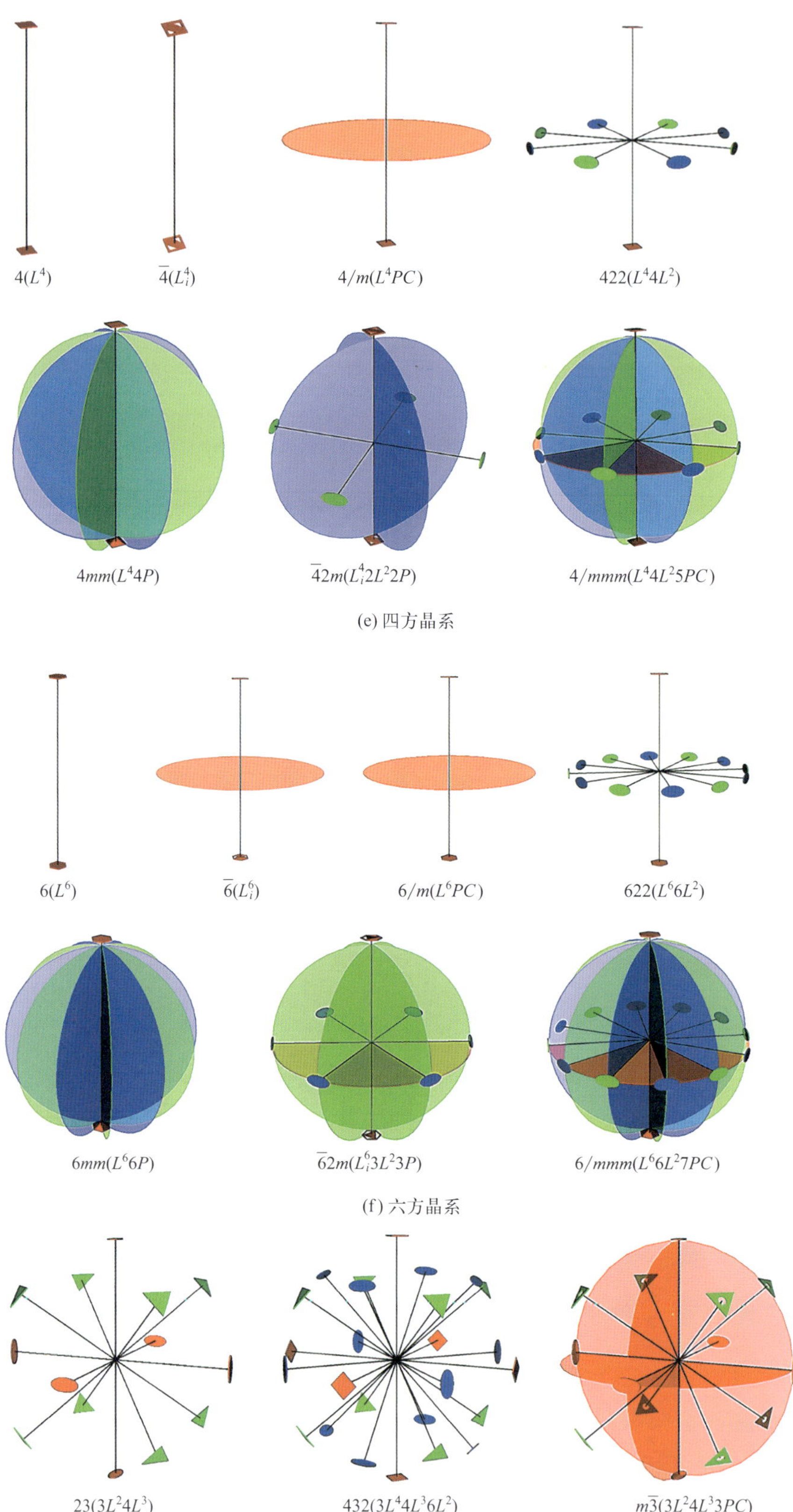
$4(L^4)$
$\bar{4}(L_i^4)$
$4/m(L^4PC)$
$422(L^44L^2)$
$4mm(L^44P)$
$\bar{4}2m(L_i^42L^22P)$
$4/mmm(L^44L^25PC)$
$6(L^6)$
$\bar{6}(L_i^6)$
$6/m(L^6PC)$
$622(L^66L^2)$
$6mm(L^66P)$
$\bar{6}2m(L_i^63L^23P)$
$6/mmm(L^66L^27PC)$
$23(3L^24L^3)$
$432(3L^44L^36L^2)$
$m\bar{3}(3L^24L^33PC)$

(e) 四方晶系

(f) 六方晶系

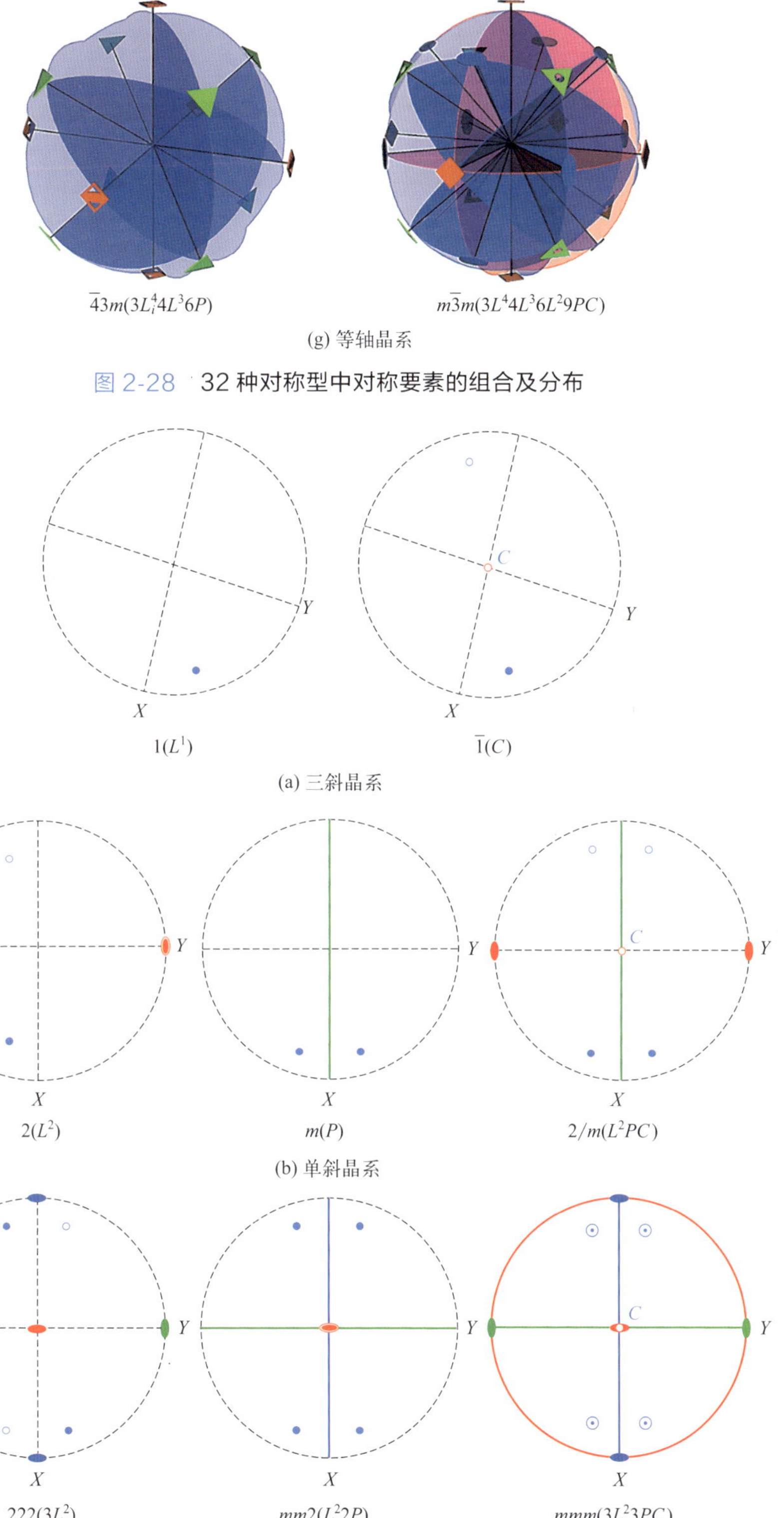

图 2-28　32 种对称型中对称要素的组合及分布

图 2-29

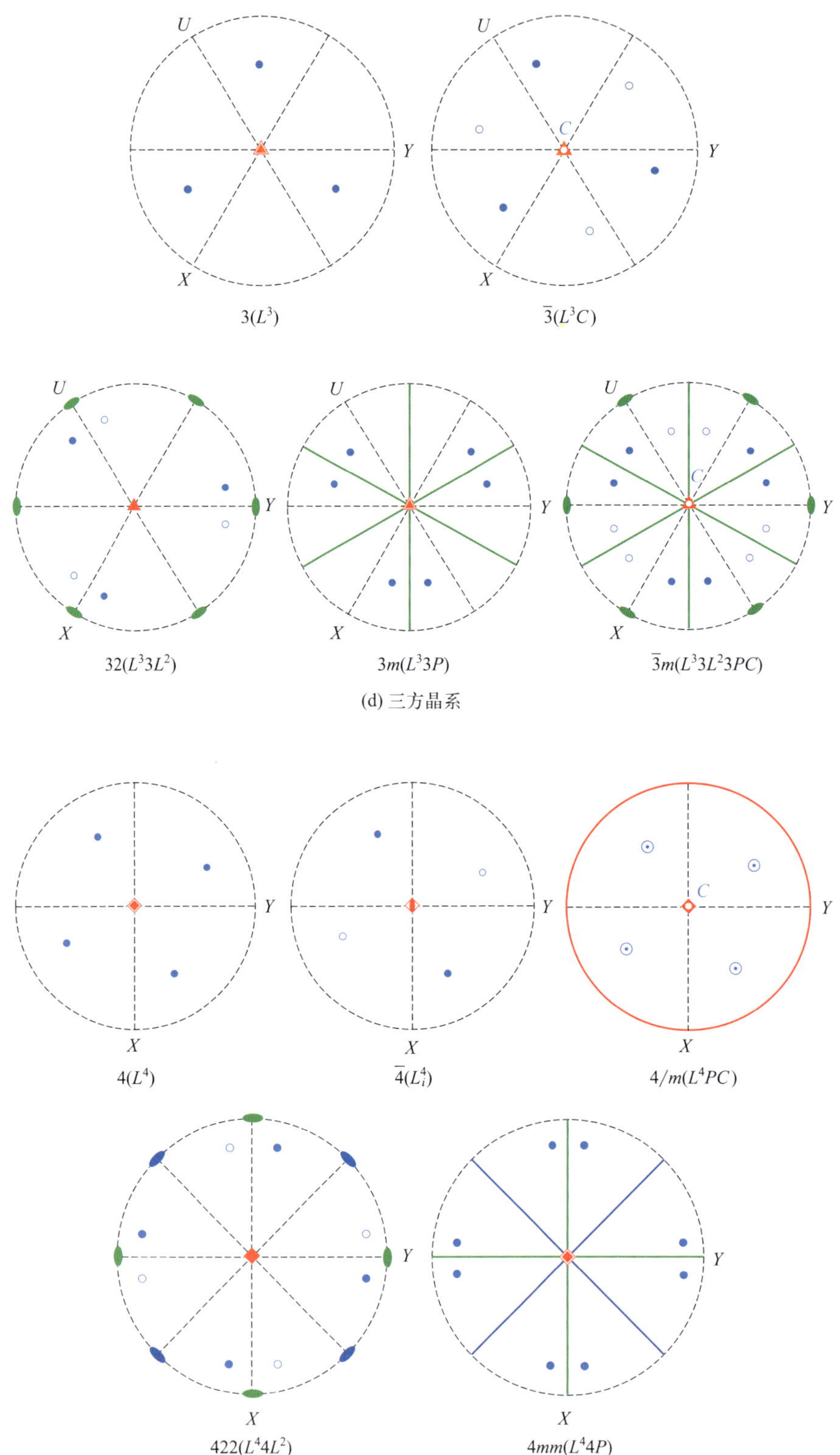
U
Y
X
$3(L^3)$
U
C
Y
X
$\overline{3}(L^3C)$
U
Y
X
$32(L^33L^2)$
U
Y
X
$3m(L^33P)$
U
C
Y
X
$\overline{3}m(L^33L^23PC)$
Y
X
$4(L^4)$
Y
X
$\overline{4}(L_i^4)$
C
Y
X
$4/m(L^4PC)$
Y
X
$422(L^44L^2)$
Y
X
$4mm(L^44P)$

(d) 三方晶系

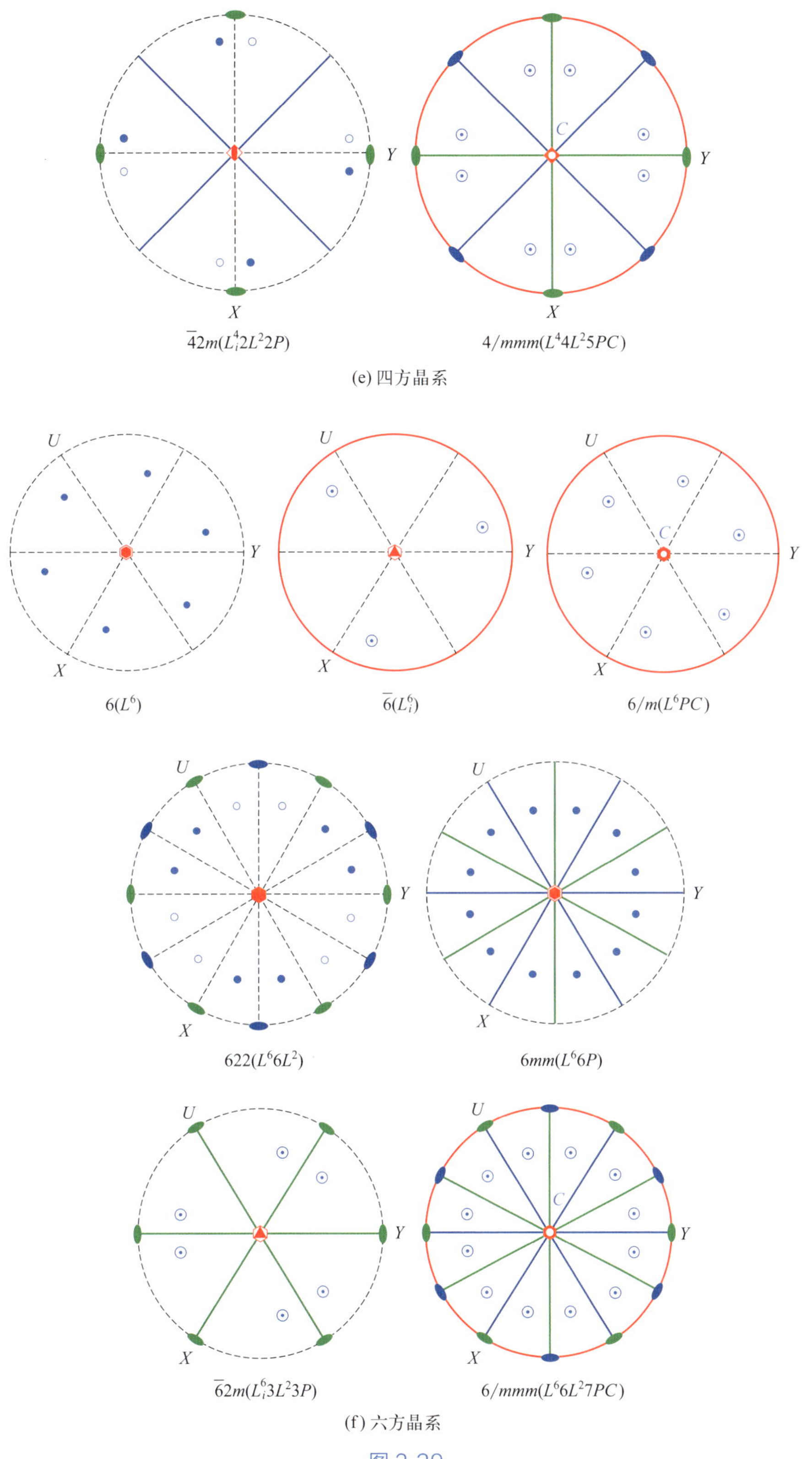

$\bar{4}2m(L_i^4 2L^2 2P)$　　$4/mmm(L^4 4L^2 5PC)$

(e) 四方晶系

$6(L^6)$　　$\bar{6}(L_i^6)$　　$6/m(L^6 PC)$

$622(L^6 6L^2)$　　$6mm(L^6 6P)$

$\bar{6}2m(L_i^6 3L^2 3P)$　　$6/mmm(L^6 6L^2 7PC)$

(f) 六方晶系

图 2-29

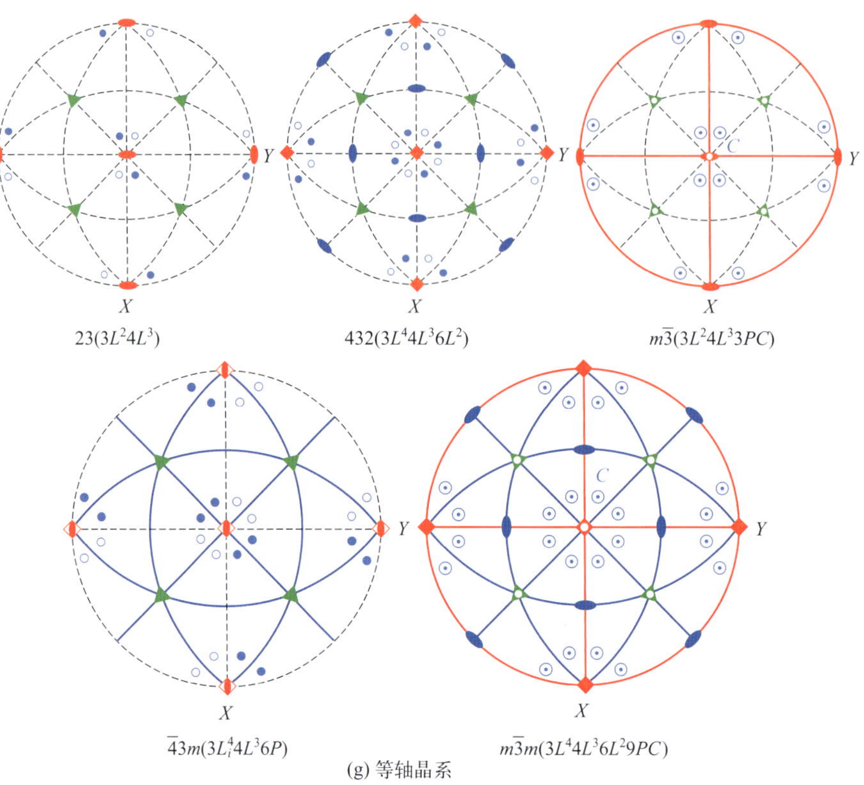

图 2-29　32 种对称型的对称要素以及各对称型一般形的极射赤平投影

图例：

：不同共轭类或对称意义不同的二次轴

：三次轴、四次轴和六次轴

：二次轴、三次轴、四次轴、六次轴和对称中心

：极性二次轴、极性三次轴、极性四次轴和极性六次轴

：四次旋转反伸轴和六次旋转反伸轴

：不同共轭类或对称意义不同的对称面

○ ● ⊙：晶面的极射赤平投影点

说明：图 2-28 和图 2-29 中，共轭类对称要素或对称意义完全相同的对称要素在极射赤平投影图中采用相同的颜色，这里的共轭类或对称意义完全相同的对称要素是指能通过对称型中其他对称要素的操作而相互重复的对称要素。而图 2-29 中极性轴则是指不能通过对称型中其他对称要素的操作而使两端重合的轴，凡是含有极性轴的对称型都没有对称中心；表 2-5 中所列的压电类晶体都是含有几个极性轴的对称型，而热释电类晶体是只含有一个极性轴的对称型。本教材中对称中心的投影同时用“○”和“C”表示。

2.2.5　晶体的对称分类

（1）晶体的分类依据和分类体系

对晶体进行科学分类是深入研究晶体其他属性的重要基础。由于对称性是晶体的基本性质，按照对称性能够对晶体进行科学的划分，这种分类就是晶体的对称分类。根据对称型中对称轴的轴次和对称要素的数量，可以将晶体分为 3 个晶族、7 个晶系和 32 个晶类。熟练掌握这一分类体系及其划分依据（表 2-7）对晶体学和材料学的研究是十分必要的。

表 2-7 晶体的对称分类

晶族	晶系	对称特点	序号	对称型	对称型国际符号		对称型申弗利斯符号	晶类名称	矿物晶体实例
					完整	简化			
低级晶族（无高次轴）	三斜	无 L^2 和 P	1	L^1	1	1	C_1	单面晶类	高岭石
			2	C	$\bar{1}$	$\bar{1}$	C_i	平行双面晶类	蓝晶石
	单斜	L^2 或 P 不多于一个	3	L^2	2	2	$C_2=D_1$	轴双面晶类	斜晶石
			4	P	m	m	$C_{1h}=C_{2i}=C_{1v}$	反映双面晶类	埃洛石
			5	L^2PC	$2/m$	$2/m$	C_{2h}	斜方柱晶类	正长石
	斜方	L^2 和 P 总数不少于 3 个	6	$3L^2$	222	222	D_2	斜方四面体晶类	泻利盐
			7	L^22P	$mm2$	mm	$C_{2v}=D_{1h}$	斜方单锥晶类	异极矿
			8	$3L^23PC$	$2/m2/m2/m$	mmm	D_{2h}	斜方双锥晶类	橄榄石
中级晶族（有且只有一个高次轴）	四方	唯一高次轴为 L^4 或 L_i^4	9	L^4	4	4	C_4	四方单锥晶类	彩钼铅矿
			10	L^44L^2	422	422	D_4	四方偏方面体晶类	镍矾
			11	L^4PC	$4/m$	$4/m$	C_{4h}	四方双锥晶类	方柱石
			12	L^44P	$4mm$	$4mm$	C_{4v}	复四方单锥晶类	白榴石
			13	L^44L^25PC	$4/m2/m2/m$	$4/mmm$	D_{4h}	复四方双锥晶类	金红石
			14	L_i^4	$\bar{4}$	$\bar{4}$	C_{4i}	四方四面体晶类	砷硼钙石
			15	$L_i^4\ 2L^22P$	$\bar{4}2m$	$\bar{4}2m$	D_{2d}	复四方偏三角面体晶类	黄铜矿
	三方	唯一高次轴为 L^3	16	L^3	3	3	C_3	三方单锥晶类	细硫砷铅矿
			17	L^33L^2	32	32	D_3	三方偏方面体晶类	α-石英
			18	L^33P	$3m$	$3m$	C_{3v}	复三方单锥晶类	电气石
			19	L^3C	$\bar{3}$	$\bar{3}$	C_{3i}	菱面体晶类	白云石
			20	L^33L^23PC	$\bar{3}2/m$	$\bar{3}m$	D_{3d}	复三方偏三角面体晶类	方解石
	六方	唯一高次轴为 L^6 或 L_i^6	21	L^6	6	6	C_6	六方单锥晶类	霞石
			22	L^66L^2	622	622	D_6	六方偏方面体晶类	β-石英
			23	L^6PC	$6/m$	$6/m$	C_{6h}	六方双锥晶类	磷灰石
			24	L^66P	$6mm$	$6mm$	C_{6v}	复六方单锥晶类	红锌矿

续表

晶族	晶系	对称特点	序号	对称型	对称型国际符号		对称型申弗利斯符号	晶类名称	矿物晶体实例
					完整	简化			
中级晶族（有且只有一个高次轴）	六方	唯一高次轴为 L^6 或 L_i^6	25	$L^6 6L^2 7PC$	$6/m2/m2/m$	$6/mmm$	D_{6h}	复六方双锥晶类	绿柱石
			26	L_i^6	$\bar{6}$	$\bar{6}$	$C_{6i}=C_{3h}$	三方双锥晶类	—
			27	$L_i^6 3L^2 3P$	$\bar{6}2m$	$\bar{6}2m$	D_{3h}	复三方双锥晶类	蓝锥石
高级晶族（高次轴多于一个）	等轴	必有 4 个 L^3	28	$3L^2 4L^3$	23	23	T	五角三四面体晶类	香花石
			29	$3L^2 4L^3 3PC$	$2/m\bar{3}$	$m\bar{3}=m3$	T_h	偏方复十二面体晶类	黄铁矿
			30	$3L_i^4 4L^3 6P$	$\bar{4}3m$	$\bar{4}3m$	T_d	六四面体晶类	闪锌矿
			31	$3L^4 4L^3 6L^2$	432	432	O	五角三八面体晶类	赤铜矿
			32	$3L^4 4L^3 6L^2 9PC$	$4/m\bar{3}2/m$	$m\bar{3}m=m3m$	O_h	六八面体晶类	金刚石

（2）晶族、晶系的划分

根据对称型中有无高次轴以及高次轴的多少，把晶体分为 3 个晶族；各晶族再根据对称轴或旋转反伸轴轴次的高低以及数量的多少进一步划分为 7 个晶系。

① 高级晶族：高次轴多于一个的对称型属于高级晶族。高级晶族只一个等轴晶系，有 5 种对称型。

② 中级晶族：只有一个高次轴的对称型属于中级晶族。中级晶族中根据高次轴的轴次又可分为 3 个晶系：

四方晶系：唯一的高次轴为 L^4 或 L_i^4。

三方晶系：唯一的高次轴为 L^3。

六方晶系：唯一的高次轴为 L^6 或 L_i^6。

③ 低级晶族：无高次轴的对称型属于低级晶族。根据低级晶族中二次轴和对称面的有无及多少，又可划分为 3 个晶系：

斜方晶系：L^2 和 P 的总数不少于 3 个。

单斜晶系：L^2 或 P 不多于 1 个。

三斜晶系：无 L^2，无 P。

各晶系再将具有同一对称型的晶体归为一类，称为晶类。晶体中共存在 32 种对称型，故 7 个晶系又可分为 32 个晶类。

2.3 晶体定向和晶体学符号

通过晶体的宏观对称的学习可知，晶体外形上的晶面、晶棱和角顶的分布都是对称的。

除此之外，晶面和晶棱之间的几何依存关系，还可以根据晶面与晶棱的交截或平行关系，用确定的数学形式来表达。因此，为了描述晶体上各晶面和晶棱的空间方位及其相互关系，需要借助一定的坐标系统（晶体定向），并据此用若干数学符号来表达晶体各相关几何要素的空间方位。这即是本节要讨论的内容。

本节首先讨论晶体定向的原则。在此基础上，讲述如何确定各种晶体学符号，包括晶面符号、晶棱符号和晶带符号；同时介绍整数定律、晶带定律以及晶带定律的应用；最后介绍对称型（点群）的国际符号和申弗利斯符号。

2.3.1 晶体学坐标系及晶体定向方法

（1）宏观晶体中坐标系的选择

晶体定向就是在晶体中建立合理的坐标系统，使晶体中的各种几何要素得到相应的空间取向，具体包括在晶体上选择坐标轴和确定各坐标轴的度量单位两项工作。原则上来讲，在晶体中建立坐标系应该符合晶体的对称性，并与晶体的格子构造相一致。

晶体中的坐标轴称为结晶轴，简称晶轴。在晶体中建立坐标系统首先需选择三根适当的直线作为晶轴。晶轴的选择原则有两点：

① 要与晶体的对称特点相符合。一般优先选择对称轴作为晶轴；对称轴不够或没有时，选择对称面的法线方向作为晶轴；对称面数目不够或没有时，选择合适的晶棱方向作为晶轴。

② 在满足上述条件的基础上，尽量使轴单位相等且轴角为 90°。

晶轴通常标记为 X 轴、Y 轴、Z 轴或 a 轴、b 轴、c 轴，各晶轴的交点位于晶体的中心。X、Y、Z 晶轴正端之间的夹角称为轴角，分别用 α（$Z \wedge Y$）、β（$Z \wedge X$）、γ（$X \wedge Y$）表示，如图 2-30 所示。

除三、六方晶系以外的其余五个晶系的晶体均采取三轴定向，即所谓米勒定向。三个晶轴的安置：Z 轴上下直立，正端朝上；Y 轴在左右方向，正端朝右；X 轴则在前后方向，正端朝前（图 2-30）。对于三、六方晶系的晶体，根据它们的对称特点通常采用四轴定向，也称布拉维定向，即除了选择直立的 Z 轴外，还要选择三个水平晶轴 X、Y、U 轴，这样在描述三、六方晶体时更方便。其中 Z 轴上端为正；Y 轴左右，右端为正；X 轴为左前，前端为正；U 轴右前，后端为正。水平晶轴 X、Y、U 正端之间的夹角为 120°，如图 2-31 和图 2-32 所示。

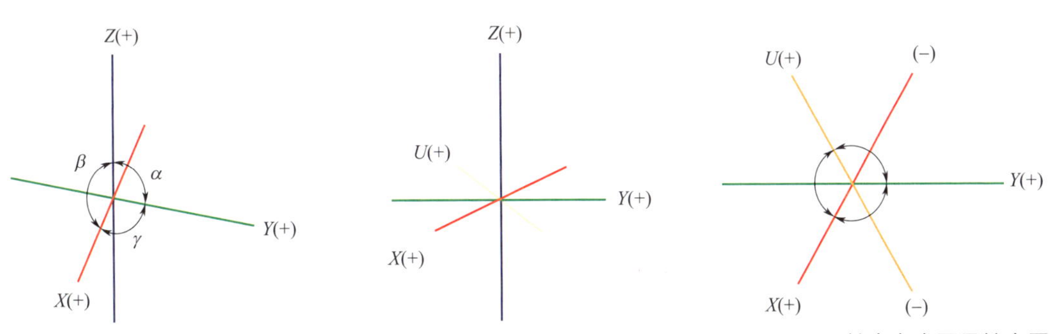

图 2-30 三轴定向晶轴安置　图 2-31 四轴定向晶轴安置　图 2-32 四轴定向水平晶轴安置

轴单位是晶轴的度量单位，习惯上用 a、b、c 分别表示 X 轴、Y 轴、Z 轴的轴单位。轴单位代表的实际长度，是晶体的格子构造中与三个晶轴相平行的三条行列上的结点间距。把 X 轴、Y 轴、Z 轴三个晶轴轴单位的连比 $a:b:c$，称为轴率。轴率 $a:b:c$ 和轴角 α、β、γ 合称为晶体几何常数，它是表示晶体坐标系特征的一组参数，也是区别不同晶系晶体的一组重要数据。不同晶系的晶体，具有不同规律的晶体几何常数；同一晶系的不同晶体，晶体几何常数的规律相同，但具体数值不等。

（2）各晶系的晶体定向方法

如前所述，晶体共 32 个点群，分属于 7 个晶系。无论对哪一种点群的晶体，晶体定向均要符合点群本身的对称特点。而晶体的外形正是晶体对称特征的外在体现，所以根据晶体外形的特点，可以合理确定宏观晶体的空间方位。为了更好地适应晶体的对称性，在选择晶轴的总原则不变的前提下，对于不同晶系的晶体，选择晶轴的具体法则也应有所不同。相应地，它们的晶体几何常数特征也将表现出一定的差异。下面分别对 7 个晶系的不同点群对称要素的特点进行分析，确定其坐标轴。

① 等轴晶系晶体定向。对称特点：每个点群除了都有 4 个 L^3 之外，还有相互垂直的 $3L^4$ 或 $3L_i^4$ 或 $3L^2$。选轴原则：选取互相垂直的 $3L^4$ 或 $3L_i^4$ 或 $3L^2$ 分别作为 X 轴、Y 轴、Z 轴（图 2-33）。晶体几何常数：$a=b=c$，$\alpha=\beta=\gamma=90°$。

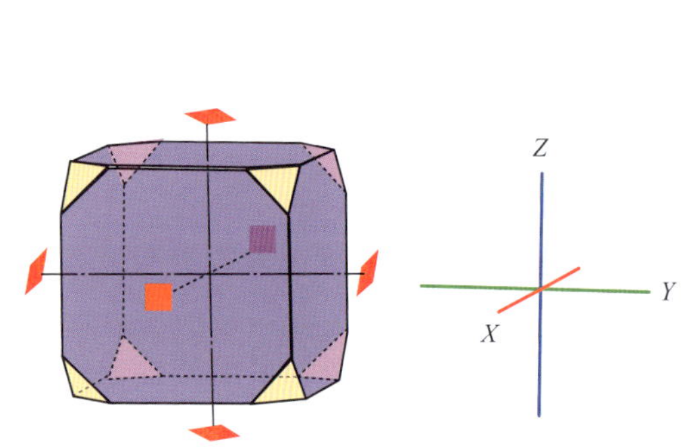

图 2-33　等轴晶系结晶轴的选择与安置

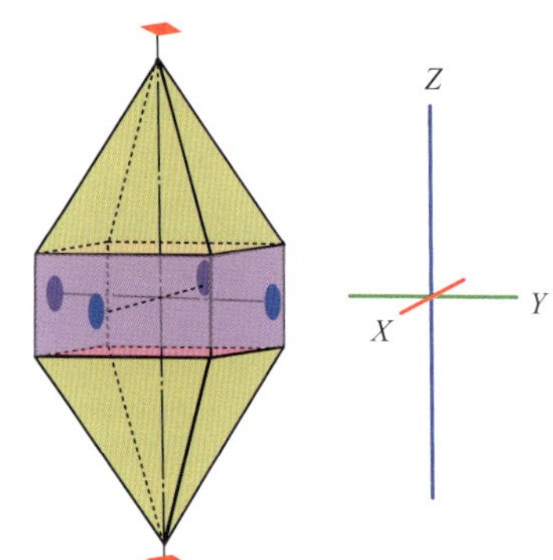

图 2-34　四方晶系结晶轴的选择与安置

② 四方晶系晶体定向。对称特点：必有且只有 1 个 L^4 或 L_i^4。选轴原则：L^4 或 L_i^4 为 Z 轴，选互相垂直的两个 L^2 分别作为 X 轴、Y 轴（图 2-34）；若没有 L^2，选相互垂直的 P 的法线作为 X 轴和 Y 轴；若既没有 L^2，也没有 P，通常选取两个均垂直于 Z 轴且本身之间亦相互垂直的适当晶棱方向作为 X 轴和 Y 轴。晶体几何常数：$a=b\neq c$，$\alpha=\beta=\gamma=90°$。

③ 斜方晶系晶体定向。对称特点：相互垂直的三个方向均为 L^2 或 P 的法线所在的方向，且 L^2 和 P 的总数不少于 3 个。选轴原则：有 $3L^2$ 时，以这三个必互相垂直的 $3L^2$ 为 X 轴、Y 轴、Z 轴（图 2-35）；在 L^22P 中，以 L^2 为 Z 轴，$2P$ 法线为 X 轴、Y 轴。晶体几何常数：$a\neq b\neq c$，$\alpha=\beta=\gamma=90°$。

④ 单斜晶系晶体定向。对称特点：L^2 或 P 的个数均不多于一个，当既有 L^2 又有 P 时，P 的法线与 L^2 重合。选轴原则：以唯一的 L^2 或 P 的法线为 Y 轴，X 轴和 Z 轴选择合适的晶棱方向（图 2-36），且 X 轴和 Z 轴均与 Y 轴垂直。晶体几何常数：$a\neq b\neq c$，$\alpha=\gamma=90°$，$\beta>90°$。

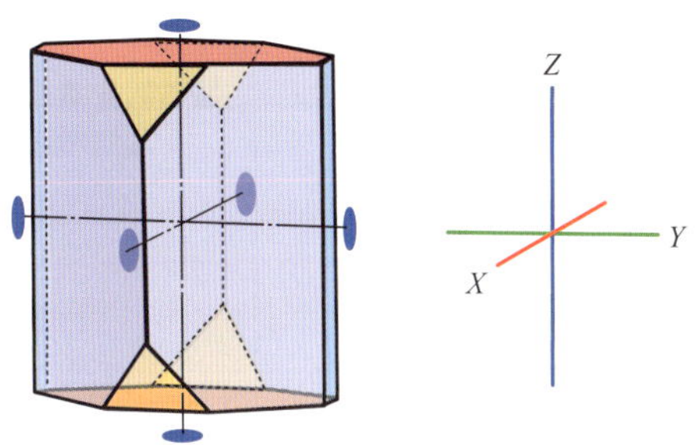

图 2-35　斜方晶系结晶轴的选择与安置

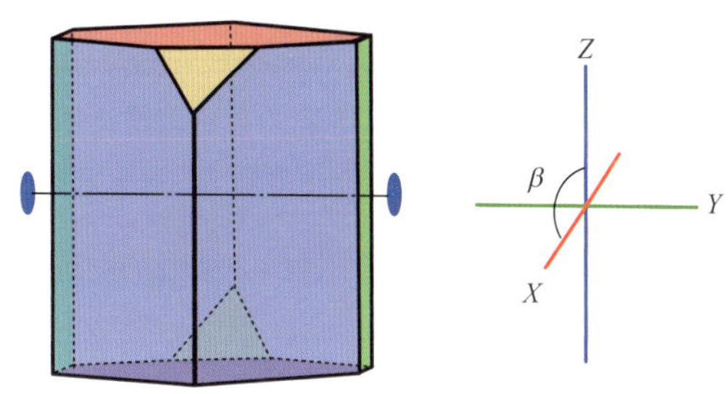

图 2-36　单斜晶系结晶轴的选择与安置

⑤ 三斜晶系晶体定向。对称特点：只有 L^1 和 C。选轴原则：以三根适当且显著的晶棱方向为 X 轴、Y 轴、Z 轴（图 2-37）。晶体几何常数：$a \neq b \neq c$，$\alpha \neq \beta \neq \gamma \neq 90°$。

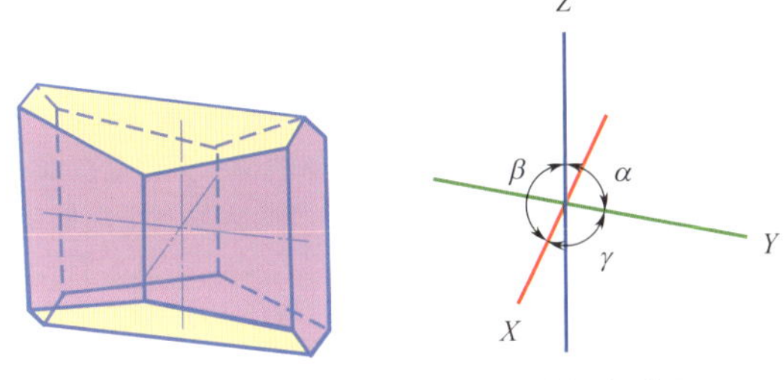

图 2-37　三斜晶系结晶轴的选择与安置

⑥ 三方及六方晶系晶体定向。三方及六方晶系的晶体定向采取四轴定向。

对称特点：必有且只有 1 个 L^3、L^6 或 L_i^6。选轴原则：L^3、L^6 或 L_i^6 为 Z 轴，与 Z 轴垂直且彼此成 60° 相交的 $3L^2$ 为 X 轴、Y 轴、U 轴（图 2-38）；无 L^2 时，以 3 个彼此成 60° 相交的 P 的法线方向为 X 轴、Y 轴、U 轴；无 L^2 和 P 时，以 3 条彼此成 60° 相交的合适晶棱方向为 X 轴、Y 轴、U 轴。晶体几何常数：$a=b \neq c$，$\alpha=\beta=90°$，$\gamma=120°$。

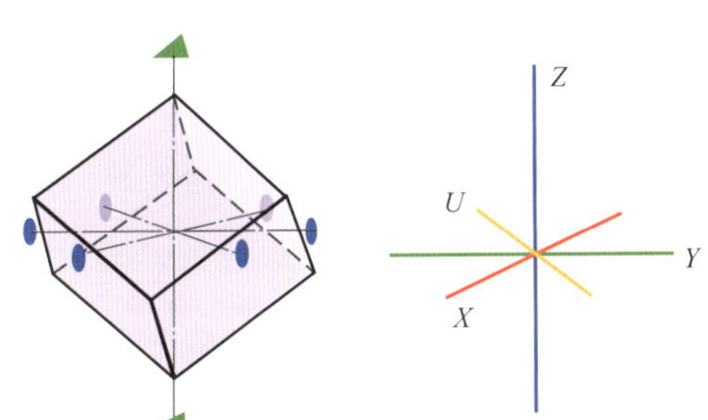

图 2-38　三方晶系结晶轴的四轴定向图解

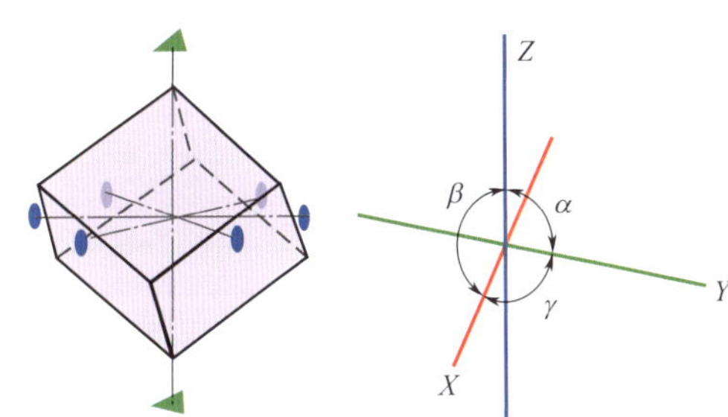

图 2-39　三方晶系结晶轴的三轴定向图解

此外，应该注意，对三方晶系的晶体，虽然多数采用与六方晶系相同的四轴定向，但也可以采用三轴定向。图 2-39 是点群 $\bar{3}m$ 三轴定向的图解，可以看出，X 轴、Y 轴、Z 轴和 L^3 成等角度相交，而相互之间也以等角度相交且不在同一平面上。这样的定向同样符合选择晶轴的原则（即满足对称特点，尽量使得晶轴正交），获得的晶体几何常数为 $a=b=c$，$\alpha=\beta=\gamma \neq 90° \neq 60° \neq 109°28'16''$（当等于这几个数值时，格子的对称性将转换为立方原始、立方面心和立方体心格子）。习惯上，对三方晶系的晶体以四轴的方式来定向。

不同晶系坐标轴的选择及晶体几何常数特点如表 2-8 所示。

表 2-8　各晶系晶体定向表

<table>
<tr><th rowspan="2">晶族</th><th rowspan="2">晶系</th><th rowspan="2" colspan="2">对称特点</th><th colspan="2">点群</th><th rowspan="2">晶轴的选择</th><th rowspan="2">晶轴的安置及晶体几何常数</th></tr>
<tr><th>习惯符号</th><th>国际符号</th></tr>
<tr><td rowspan="3">高级</td><td rowspan="3">等轴</td><td rowspan="3">高次轴多于 1 个</td><td rowspan="3">必定有 4 个 L^3</td><td>$3L^4 4L^3 6L^2$
$3L^4 4L^3 6L^2 9PC$</td><td>432
$m\bar{3}m$</td><td>$X=L^4$，$Y=L^4$，$Z=L^4$</td><td rowspan="3">X 轴前后水平，Y 轴左右水平，Z 轴直立
$a=b=c$，$\alpha=\beta=\gamma=90°$</td></tr>
<tr><td>$3L_i^4 4L^3 6P$</td><td>$\bar{4}3m$</td><td>$X=L_i^4$，$Y=L_i^4$，$Z=L_i^4$</td></tr>
<tr><td>$3L^2 4L^3$
$3L^4 4L^3 3PC$</td><td>23
$m\bar{3}$</td><td>$X=L^2$，$Y=L^2$，$Z=L^2$</td></tr>
<tr><td rowspan="11">中级</td><td rowspan="3">三方</td><td rowspan="11">必有且只有 1 个高次轴</td><td rowspan="3">唯一的高次轴为 3 次轴</td><td>$L^3 3L^2$
$L^3 3L^2 3PC$</td><td>32
$\bar{3}m$</td><td>$Z=L^3$，
$X=L^2$，$Y=L^2$，$U=L^2$</td><td rowspan="3">Z 直立，Y 轴左右水平，X 轴水平前偏左 30°，U 轴水平前偏右 30°，$a=b\neq c$，$\alpha=\beta=90°$，$\gamma=120°$</td></tr>
<tr><td>$L^3 3P$</td><td>$3m$</td><td>$Z=L^3$，
$X=P_\perp$，$Y=P_\perp$，
$U=P_\perp$</td></tr>
<tr><td>L^3
L^3C</td><td>3
$\bar{3}$</td><td>$Z=L^3$，$X=$ 晶棱，
$Y=$ 晶棱，$U=$ 晶棱</td></tr>
<tr><td rowspan="4">四方</td><td rowspan="4">唯一的高次轴为 4 次轴或 4 次旋转反伸轴</td><td>$L^4 4L^2$
$L^4 4L^2 5PC$</td><td>422
$4/mmm$</td><td>$Z=L^4$，$X=L^2$，$Y=L^2$</td><td rowspan="4">Z 轴直立，X 轴前后水平，Y 轴左右水平
$a=b\neq c$，$\alpha=\beta=\gamma=90°$</td></tr>
<tr><td>$L_i^4 2L^2 2P$</td><td>$\bar{4}2m$</td><td>$Z=L_i^4$，$X=L^2$，$Y=L^2$</td></tr>
<tr><td>$L^4 4P$</td><td>$4mm$</td><td>$Z=L^4$，$X=P_\perp$，$Y=P_\perp$</td></tr>
<tr><td>L^4
L_i^4
L^4PC</td><td>4
$\bar{4}$
$4/m$</td><td>$Z=L^4/L_i^4$，
$X=$ 晶棱，$Y=$ 晶棱</td></tr>
<tr><td rowspan="4">六方</td><td rowspan="4">唯一的高次轴为 6 次轴或 6 次旋转反伸轴</td><td>$L^6 6L^2 7PC$
$L^6 6L^2$</td><td>$6/mmm$
622</td><td>$Z=L^6$，
$X=L^2$，$Y=L^2$，$U=L^2$</td><td rowspan="4">Z 轴直立，Y 轴左右水平，X 轴水平前偏左 30°，U 轴水平前偏右 30°，$a=b\neq c$，$\alpha=\beta=90°$，$\gamma=120°$</td></tr>
<tr><td>$L_i^6 3L^2 3P$</td><td>$\bar{6}m2$</td><td>$Z=L_i^6$，
$X=L^2$，$Y=L^2$，$U=L^2$</td></tr>
<tr><td>$L^6 6P$</td><td>$6mm$</td><td>$Z=L^6$，$X=P_\perp$，
$Y=P_\perp$，$U=P_\perp$</td></tr>
<tr><td>$L^6 6PC$
L^6
L_i^6</td><td>$6/m$
6
$\bar{6}$</td><td>$Z=L^6/L_i^6$，$X=$ 晶棱，
$Y=$ 晶棱，$U=$ 晶棱</td></tr>
<tr><td rowspan="2">低级</td><td rowspan="2">斜方</td><td rowspan="2">无高次轴</td><td rowspan="2">L^2 和 P 的总数不少于 3 个</td><td>$3L^2$
$3L^2 3PC$</td><td>222
mmm</td><td>$X=L^2$，$Y=L^2$，$Z=L^2$</td><td rowspan="2">X 轴前后水平，Y 轴左右水平，Z 轴直立，$a\neq b\neq c$，$\alpha=\beta=\gamma=90°$</td></tr>
<tr><td>$L^2 2P$</td><td>$mm2$</td><td>$X=P_\perp$，$Y=P_\perp$，$Z=L^2$</td></tr>
</table>

续表

晶族	晶系	对称特点		点群 习惯符号	点群 国际符号	晶轴的选择	晶轴的安置及晶体几何常数
低级	单斜	无高次轴	L^2 或 P 不多于 1 个	L^2 L^2PC	2 $2/m$	$Y=L^2$，$X=$ 晶棱，$Z=$ 晶棱	Y 轴左右水平，Z 轴直立，X 轴前后朝前下倾，$a\neq b\neq c$，$\alpha=\gamma=90°$，$\beta>90°$
				P	m	$Y=P_{\perp}$，$X=$ 晶棱，$Z=$ 晶棱	
	三斜		无 L^2 和 P	L^1 C	1 $\bar{1}$	$X=$ 晶棱，$Y=$ 晶棱，$Z=$ 晶棱	Z 轴直立，Y 轴左右朝右下倾，X 轴前后朝前下倾，$a\neq b\neq c$，$\alpha\neq\beta\neq\gamma\neq 90°$

2.3.2 晶面符号

（1）米氏符号的构成及晶面符号的确定

晶体定向后，即在晶体上选定了坐标轴之后，就可以根据晶面与晶轴的交截关系，用简单的数字符号表示晶面在晶体上的相对方位。这种用以表示晶面在晶体上方位的简单数字符号称为晶面符号。

晶面符号有多种不同的设计，目前国际上通用的是米氏晶面符号（米勒符号），是英国人米勒（W. H. Miller）于 1839 年提出来的。米氏晶面符号用晶面在 3 个晶轴上截距系数（截距与轴单位的比值）的倒数比来表示，是由连写在一起的三个（三轴定向）或四个（四轴定向）互质的整数和小括弧构成，一般形式为（hkl）或（$hkil$）。其中 h、k、i、l 称为晶面指数，它们分别与晶轴 X、Y、Z 或 X、Y、U、Z 的顺序相对应。

以三轴定向为例说明如何求解晶面指数。假设晶面 ABC 与晶轴 X、Y、Z 相交于 A、B、C 三点（图 2-40），在三个晶轴上的截距分别为：$OA=2a$，$OB=3b$，$OC=6c$，那么晶面在 3 个晶轴上的截距系数分别为 2、3、6，则其倒数比即为 1/2∶1/3∶1/6=3∶2∶1。所以该晶面的晶面指数为 3、2、1，加上小括号，即获得该晶面的米氏符号为（321）。

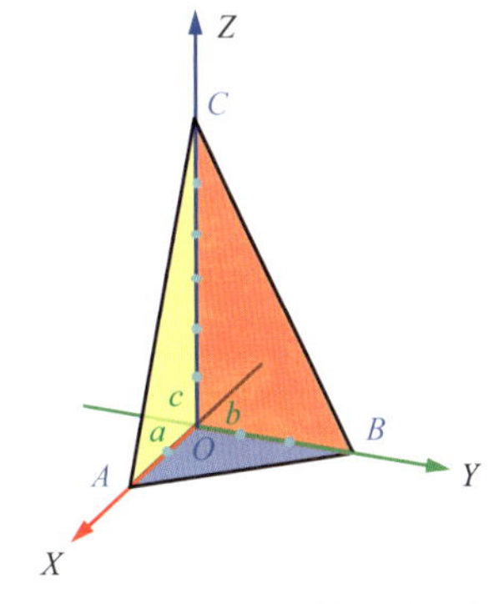

图 2-40　求晶面符号的图解

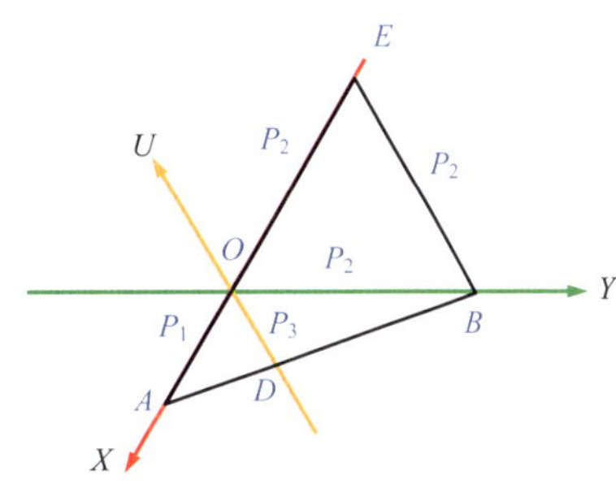

图 2-41　证明 $h+i+k=0$ 的关系图解

对于三方、六方晶系，要用 4 个指数表示晶面符号，其原理和三轴定向相同，只是多了

一个对应于 U 轴的指数，这是基于三、六方晶系晶体的对称特点而设置的。不过从数学的角度来看，在共面的三个水平晶轴中必有一个是多余的，因而与它们对应的三个指数 h、k、i 中，其实只有两个是独立的参数，由其中的任意两者即可决定第三者。由于三方和六方晶系三个水平晶轴上的轴单位相同，根据晶面指数的规定以及四轴定向时 3 个水平晶轴的正端互成 120° 交角的关系，必定有如下关系：

$$\boldsymbol{h + k + i = 0}$$

亦即与三个水平晶轴相对应的三个晶面指数，它们的代数和永远为 0。利用这一关系，可以给确定晶面符号的工作带来很大便利。以上关系的证明如下：

图 2-41 是包含三个水平晶轴的平面，AB 是一晶面与该平面的交线，和 X、Y、U 轴分别交于 A、B、D 点，截距依次为 P_1、P_2 和 P_3。过 B 点作平行于 U 轴的平行线交 X 轴于 E 点。显然，$\triangle OBE$ 为一等边三角形，则有 $OB=OE=BE=P_2$。由于 $\triangle AOD \backsim \triangle AEB$，有：

$$AE/EB=AO/OD，即 (P_1+P_2)/\ P_2= P_1/P_3$$

等式两边同时化简除以 P_1，得到 $1/P_1+1/P_2-1/P_3=0$。

因此，在具体标定三方和六方晶系晶体的某一晶面的晶面符号时，若前三个晶面指数中有任意两个已知，那么第三个可根据 $h+k+i=0$ 的关系迅速求出。

此外，三、六方晶系四轴定向的四指数晶面符号也可以转化成三指数晶面符号，方法很简单，即将 U 轴上的指数去掉就可以了（U 轴被认为是辅助轴，不是独立晶轴）。例如：$(10\bar{1}0)$ 转化成（100），$(11\bar{2}0)$ 转化成（110），如图 2-47 所示。

（2）晶面符号举例

例 1　根据轴率求立方体晶面的米氏晶面符号。

解：图 2-42 所示的立方体，对称型为 $3L^4 4L^3 6L^2 9PC$，按照选轴原则，选取互相垂直的 $3L^4$ 为 X、Y 和 Z 轴。晶体几何常数为：$a=b=c$，$\alpha=\beta=\gamma=90°$。

立方体的晶面 a_1 与 X 轴正端相截，与 Y、Z 轴平行，在晶轴 X、Y、Z 轴上的截距为 OH、∞、∞。而等轴晶系的轴率 $a : b : c=1 : 1 : 1$，晶面 a_1 的晶面指数为：

$$h : k : l=1/OH : 1/OK : 1/OL=1/OH : 1/\infty : 1/\infty =1 : 0 : 0$$

晶面 a_1 的米氏晶面符号为（100）。

由图 2-42 可知，立方体的每个晶面都与 1 个晶轴垂直，与另外 2 个晶轴平行。所以立方体 6 个晶面的米氏符号分别为（100）、$(\bar{1}00)$、（010）、$(0\bar{1}0)$、（001）和 $(00\bar{1})$。

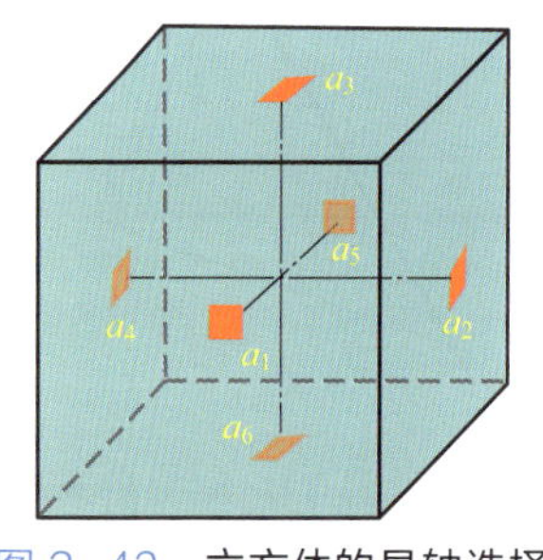

图 2-42　立方体的晶轴选择

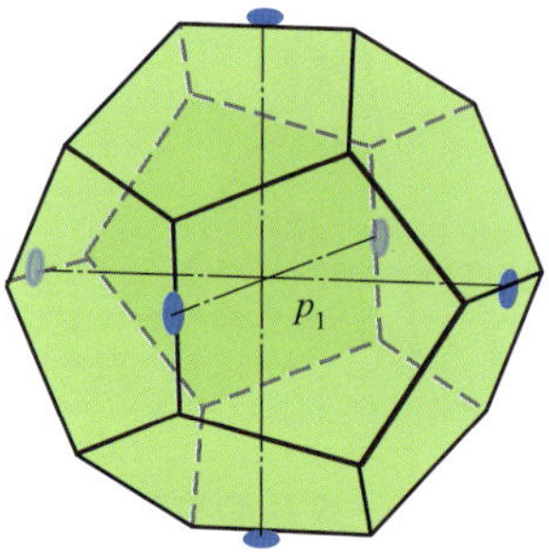

P_1

图 2-43　五角十二面体的晶轴选择

例 2　根据轴率求五角十二面体晶面的米氏符号。

解：图 2-43 所示的五角十二面体，对称型为 $3L^2 4L^3 3PC$，按照选轴原则，选取互相垂直的 $3L^2$ 为 X、Y 和 Z 轴。晶体几何常数为：$a=b=c$，$\alpha=\beta=\gamma=90°$。

五角十二面体的晶面 p_1 与 Z 轴平行，与 X 和 Y 轴正端相截，但截距不等。晶面 p_1 在晶轴 X、Y、Z 轴上的截距为 OH、OK、∞。而等轴晶系的轴率 $a:b:c=1:1:1$，晶面 p_1 的晶面指数为：

$$h:k:l=1/OH:1/OK:1/\infty=h:k:0$$

如果只知道晶面与晶轴相截，但是不能确定截距的具体数值，对应的晶面指数可用字母表示。不同的字母表示对应晶面指数的数值不相等，相同的字母表示对应晶面指数的数值相等。

所以图 2-43 所示五角十二面体的晶面 p_1 的米氏晶面符号为（$hk0$）。

五角十二面体的每个晶面都与 1 个晶轴平行，对应的晶面指数为 0；与另外 2 根晶轴相截，但截距不等；故五角十二面体的 12 个晶面的米氏符号分别为：

（$hk0$）、（$h\bar{k}0$）、（$\bar{h}k0$）、（$\bar{h}\bar{k}0$）

（$h0l$）、（$h0\bar{l}$）、（$\bar{h}0l$）、（$\bar{h}0\bar{l}$）

（$0kl$）、（$0k\bar{l}$）、（$0\bar{k}l$）、（$0\bar{k}\bar{l}$）

例 3　根据轴率求六方柱中晶面的米氏符号。

解：图 2-44 所示的六方柱，对称型为 $L^6 6L^2 7PC$。按照选轴原则，以 L^6 作为 Z 轴，以垂直 Z 轴且以 60° 相交的 $3L^2$ 作为 X、Y 和 U 轴。晶体几何常数：$a=b\neq c$，$\alpha=\beta=90°$，$\gamma=120°$。

在这种情况下，Z 轴的选择是唯一的，但是 X、Y 和 U 轴却有两种选择，如图 2-44（b）、（c）所示，这两种选择都符合选轴原则。

如果按照图 2-44（b）中第一种选轴方法，晶面 h_1 与 X 轴负端、Y 和 U 轴正端相截，且在 Y 和 U 轴上的截距相等，即 $OK=OI$；在 X 轴上的截距 OH 为 Y 和 U 轴上的截距的 1/2，即 $OH=OK/2=OI/2$。由于晶面与 Z 轴平行，其在 Z 轴上的截距为 ∞。

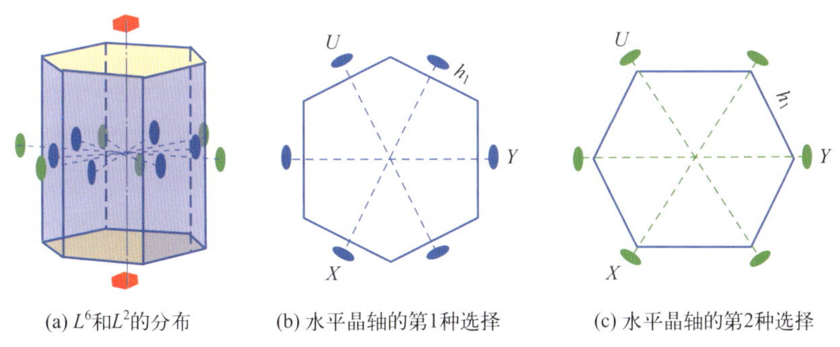

(a) L^6和L^2的分布　(b) 水平晶轴的第1种选择　(c) 水平晶轴的第2种选择

图 2-44　六方柱的晶轴选择

根据以上分析，晶面 h_1 的米氏指数为：

$$h:k:i:l=1/OH:1/OK:1/OI:OL/\infty=2/OH:1/OH:1/OH:0=2:1:1:0$$

晶面与 X 轴负端相截，X 轴上的指数应为负值。由此得出晶面 h_1 的米氏晶面符号为

$(\bar{2}110)$。同样的方法可以求出其他晶面的米氏符号。

如果按照图 2-44（c）中第二种选轴方法，晶面 h_1 与 U 和 Z 轴平行、X 和 Y 轴相截，且在 X 和 Y 轴上的截距相等，即 $OH=OK$；由于晶面与 U 和 Z 轴平行，其在 U 和 Z 轴上的截距为∞。

根据以上分析，晶面 h_1 的米氏指数为：

$$h:k:i:l=1/OH:1/OK:1/\infty:1/\infty=1/OH:1/OH:0:0=1:1:0:0$$

晶面与 X 轴负端相截，X 轴上的指数应为负值。由此得出晶面 h_1 的米氏晶面符号为 $(\bar{1}100)$，同样的方法可以求出其他晶面的米氏符号。

（3）米氏晶面符号的一般规律

关于米氏晶面符号，在实际应用中最重要的是在看到它以后，能明白它的含义，想象出该晶面在晶体上的相对方位关系。米氏晶面符号具有以下规律和特点：

① 晶面符号的某个指数为 0 时，表示该晶面与相应的晶轴平行。因为如果晶面与某晶轴平行，则相当于晶面在该晶轴上的截距和截距系数均为∞，相应的倒数即晶面指数为 0，这也就是晶面指数采用截距系数倒数比的原因；若采用截距系数比为晶面指数，则晶面平行晶轴的晶面指数为∞。

② 在同一晶面符号中，晶面指数的绝对值越大，表示晶面在相应晶轴上的截距系数越小；比如晶面符号 $(11\bar{2}0)$ 表示晶面在 U 轴上的截距是 X、Y 轴上截距的 1/2。

③ 如果晶面与晶轴截于负端，则相应晶面指数为负，把负号写在相应晶面指数的上端，比如 $(\bar{3}21)$。

④ 在同一晶体上，如果有 2 个晶面，晶面指数的绝对值全部对应相等，符号全部对应相反，则这两个晶面互相平行，如 (001) 和 $(00\bar{1})$，(130) 和 $(\bar{1}\bar{3}0)$。

⑤ 如果仅知道晶面与晶轴是相交的，但无法确定晶面指数的具体数值，这类晶面符号用一般式来表示，如 (hkl)、(hhk)、(hkk)、$(hkil)$、$(h0\bar{h}l)$ 等。

⑥ 四轴定向时，3 个水平晶轴截距对应的三个指数 h、k、i 有如下关系：$h+k+i=0$。

2.3.3 整数定律

从晶面符号的内容可以看出，晶面的指数都是数值很小的整数，这就是整数定律（也称有理指数定律）所要阐述的内容。整数定律：晶体上任一晶面在晶轴上的截距为轴单位的整数倍；而晶面指数也为简单的（即绝对值很小的）整数。简言之，晶面在各晶轴上的截距系数之比，恒为简单整数比。整数定律的推理证明如下：

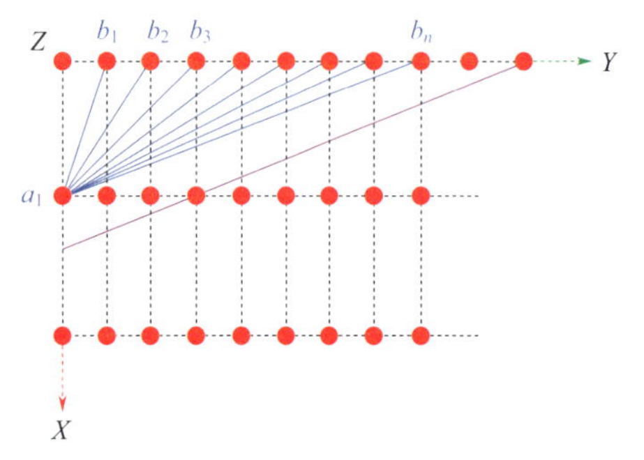

图 2-45　整数定律的示意图

由于晶面在内部结构中是一个面网，而晶轴是一条行列，因此，晶面或晶面平移后必截晶轴于某个结点（图 2-45 中粉色线）。如以晶轴上的结点间距作为度量单位（即轴单位），则晶面在晶轴上的截距系数之比必为整数比。图 2-45 表示平行于 Z 轴且截 X 轴于 a_1 点的一组面网，他们分别截 Y 轴于 b_1、b_2、b_3 点。从面网密度来看，$a_1b_1>a_1b_2>a_1b_3$，它们在 X 轴和 Y 轴上的截距系数之比分别是 $a_1:b_1=1:1$，

$a_1：b_2=1：2$，$a_1：b_3=1：3$，其相应的晶面指数分别为（110）、（210）、（310）。显然，面网密度越大，晶面在晶轴上的截距系数之比越简单。

从布拉维法则可知，发育成晶体外形上的晶面，常常被面网密度较大的面网所包围。综上，晶面在各晶轴上的截距系数之比为简单整数比。整数定律解释了晶体外形（晶面）与内部构造（行列）的关系；说明晶面上的晶面指数为整数。

2.3.4 晶棱符号

（1）晶棱符号的概念

晶棱符号是表征晶棱（直线）方向的符号。晶棱符号的具体数值等于晶棱上任意一点在各晶轴上坐标系数的连比，表示为 [*rst*]。晶棱符号不涉及晶棱的具体位置，只和它的方向有关，即所有平行的晶棱具有同一个晶棱符号。此外，晶棱符号也可以用来表达晶体学中某一方向的量，比如晶带轴、对称轴、双晶轴等。

（2）晶棱符号的确定方法

在晶体定向之后，将晶棱平移使之经过坐标原点，在晶棱上任取一点，将其在 3 个结晶轴上的坐标（*X*，*Y*，*Z*）用轴单位 *a*、*b*、*c* 度量，得到 3 个坐标系数，将坐标系数按 *X*、*Y*、*Z* 轴的顺序进行连比，将比值化简为无公约数的整数，即得到晶棱指数 $r：s：t$；去比例号，放在“[ ]”内，[*rst*] 即为晶棱符号。晶棱符号具体举例如下。

如图 2-46 所示，假设晶体上任一晶棱 *OP*，将其平移使之通过坐标原点，在其上任取一点 *M*，*M* 点在 3 根晶轴上的坐标分别为 1*a*、2*b* 和 3*c*，取坐标系数进行连比，得到晶棱指数 $r：s：t=1：2：3$，故晶棱 *OP* 的符号为 [123]。

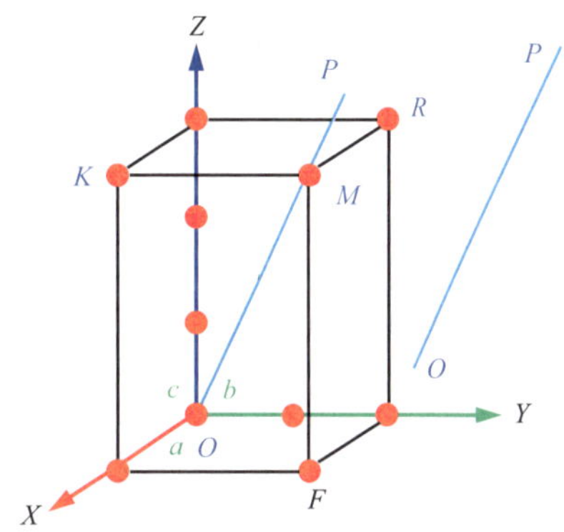

图 2-46 晶棱符号的表示方法

四轴定向时，晶棱符号的表达要加上 *U* 轴的因素，可表示为 [*RSMT*]。与晶面符号各个晶轴指数的情况类似，晶棱指数的顺序严格按 *X*、*Y*、*Z* 轴（四轴定向时按 *X*、*Y*、*U*、*Z* 轴）排列。另外，晶棱指数也有正、负之分，如为负值的时候，负号置于相应晶棱指数之上；由于任一晶棱都有两端，而在这两端所选取的点写出的晶棱符号必定是正负号相反的，即原点反向两侧均代表同一晶棱，如 [201] 和 $[\bar{2}0\bar{1}]$ 是表示同一晶棱两个相反方向的指向。

由本章前面所学可知，在晶面符号中，当某一指数为 0 时，表示晶面与相应的晶轴成平行关系。而在晶棱符号中，系数 0 并不是表示晶棱与对应的晶轴平行，在等轴、四方和斜方三个晶系中，系数 0 恰好表示晶棱垂直于对应的晶轴；三、六方晶系则要视三指数还是四指数来定，若为四指数时 0 也表示晶棱垂直于对应的晶轴，若为三指数时 0 不一定表示晶棱和对应晶轴成垂直关系；单斜晶系的 [*rst*] 晶棱符号中 *r* 和 *t* 为 0 时表示晶棱和对应的晶轴垂直，*s* 为 0 时则不一定垂直；三斜晶系 [*rst*] 晶棱符号中的 *r*、*s*、*t*=0 时，晶棱和对应的晶轴一定不垂直。

图 2-47 给出了三、六方晶系的晶体在三轴定向和四轴定向时（垂直 *Z* 轴）一些常见的晶面和晶棱（方向）符号，可对比其中的差别。由图中三轴定向和四轴定向时晶面和晶棱符号可知，三、六方晶系四轴定向的四指数晶面符号转化成三轴定向的三指数晶面符号时，直

接将 U 轴上的指数去掉即可。例如，四指数晶面符号（$0\bar{1}10$）将 U 轴上的指数“1”去掉可转化为三指数晶面符号（$0\bar{1}0$）；四指数晶面符号（$\bar{1}100$）将 U 轴上的指数“0”去掉转化为三指数晶面符号（$\bar{1}10$）。

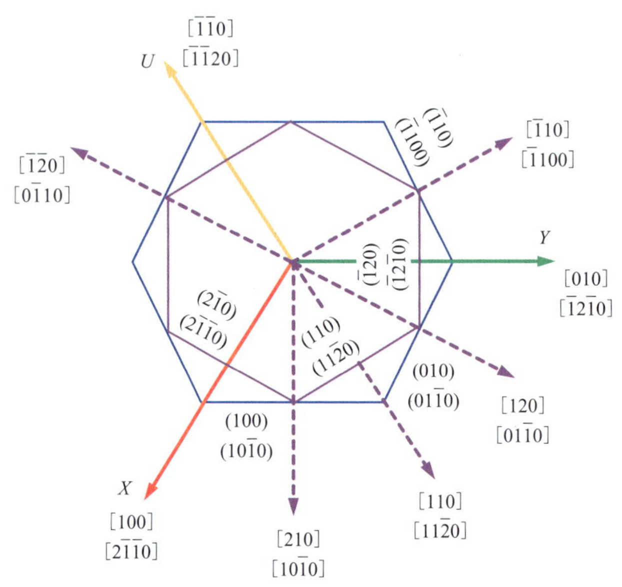

图 2-47　三、六方晶系三轴和四轴定向时一些晶棱、晶面与晶轴的关系

而三、六方晶系四轴定向的四指数晶棱符号和三轴定向的三指数晶棱符号却不能向晶面指数简单转化，需要根据确定晶棱符号的方法重新确定。若用 $[rst]$ 和 $[RSMT]$ 分别表示三指数和四指数的晶棱符号，则二者之间有如下关系。

$$R:S:M:T=(2r-s):(2s-r):(-r-s):3t \text{ 或 } r:s:t=(R-M):(S-M):T$$

例如，四指数晶棱 $[\bar{1}\bar{1}20]$ 的三指数符号为：[−1−2]：[−1−2]：0=−3：−3：0= $[\bar{1}\bar{1}0]$；四指数晶棱 $[0\bar{1}10]$ 的三指数符号为：[0−1]：[−1−1]：0=−1：−2：0= $[\bar{1}\bar{2}0]$。由此可见，同一晶棱的四指数符号与三指数符号完全不同。

将三、六方晶系的四指数符号转换成三指数符号是为了与其他晶系的晶棱符号类比。例如，对于等轴、四方和斜方晶系，X、Y、Z 轴的晶棱符号分别是 [100]、[010]、[001]，将三、六方晶系的四指数符号转换成三指数符号后，X、Y、Z 轴的晶棱符号也分别是 [100]、[010]、[001]。但是，如果用四指数晶棱符号来表示晶轴，X、Y、U、Z 轴分别是 $[2\bar{1}\bar{1}0]$、$[\bar{1}2\bar{1}0]$、$[\bar{1}\bar{1}20]$、[0001]。另外，三、六方晶系一些晶棱与晶面垂直与否的关系也变得更为复杂，如果用四指数符号来表示，则 $[2\bar{1}\bar{1}0]$ 垂直 $(2\bar{1}\bar{1}0)$，$[10\bar{1}0]$ 垂直 $(10\bar{1}0)$，等等，即这些同指数晶棱与晶面互相垂直；如果用三指数符号来表示，则有些同指数晶棱与晶面是垂直的，如 [110] 垂直（110），而有些同指数晶棱与晶面是不垂直的，如 [100] 不垂直（100），但 [210] 垂直（100）。这些关系见图 2-47。

请注意：这里的三、六方晶系的三指数符号是针对四轴定向的坐标系，将 U 轴这一辅助晶轴省略后的三指数符号，并不是三、六方晶系的三轴菱面体定向坐标系下的三指数符号；现在已经很少用到这种三轴菱面体定向坐标系。

2.3.5 晶带、晶带符号及晶带定律

(1) 晶带及晶带符号

晶体上的各个晶面、晶棱相互间不是孤立的。两面相交成棱，一面又必有多棱，在几何学上彼此密切关联，从而构成晶体学上所谓的晶带。

晶带是指：彼此间的交棱均相互平行的一组晶面的组合。所指的交棱既包括在晶体上存在的实际晶棱，也包括延展晶面后相交的可能晶棱。

晶带在晶体中的方向用晶带轴来表示。晶带轴是指：用以表示晶带方向的一根通过晶体中心的直线，它平行于该晶带中的所有晶面及它们的公共交棱。

晶带符号是以晶带轴的方向表示晶带的一种晶体学符号。其构成和形式均与晶棱符号相同，但须加注“晶带”一词进行区分，如“[102] 晶带”。因为两者虽然是同样形式的符号，但作为晶棱符号，它只代表一个晶棱方向；而作为晶带符号时，它就代表与此晶棱方向平行的一组晶面。

图 2-48 绘出了方铅矿晶体及其极射赤平投影。晶面 $(1\bar{1}0)$、(100)、(110)、(010)、$(\bar{1}10)$、$(\bar{1}00)$、$(\bar{1}\bar{1}0)$、$(0\bar{1}0)$（后 4 个晶面在晶体的后面，晶体图上未绘出）的交棱相互平行，组成一个晶带，平行于此组相互平行的晶棱且通过晶体中心的直线 CC' 可称为该晶带的晶带轴。该组晶棱的符号也就是该晶带轴的符号 [001] 或 $[00\bar{1}]$，亦即此晶带的符号。同理，晶面 (100)、(101)、(001)、$(\bar{1}01)$、$(\bar{1}00)$、$(\bar{1}0\bar{1})$、$(00\bar{1})$、$(10\bar{1})$ 等又组成一个晶带轴为 BB' 的 [010] 或 $[0\bar{1}0]$ 晶带。此外，还可以找出晶带轴为 DD' 的 [011] 或 $[0\bar{1}\bar{1}]$ 晶带等。图 2-48 右边的图形为左边晶体中所有晶面的极射赤平投影，显然，同一晶带上所有晶面的极射赤平投影点分布在同一个大圆上或大圆弧上或直线上。

实际晶体的晶面都是按晶带分布的。这是因为晶体上的晶面都是由面网密度较大的面网所组成，所以晶体上所出现的实际晶面数目是有限的；相应地，晶面的交棱也应是结点间距较小的行列，这种行列的方向数目也不多；因此晶体上的许多晶棱常具有共同的方向且相互平行。故实际晶体上晶面和晶棱的方向都为数不多，从而分属于少数晶带。

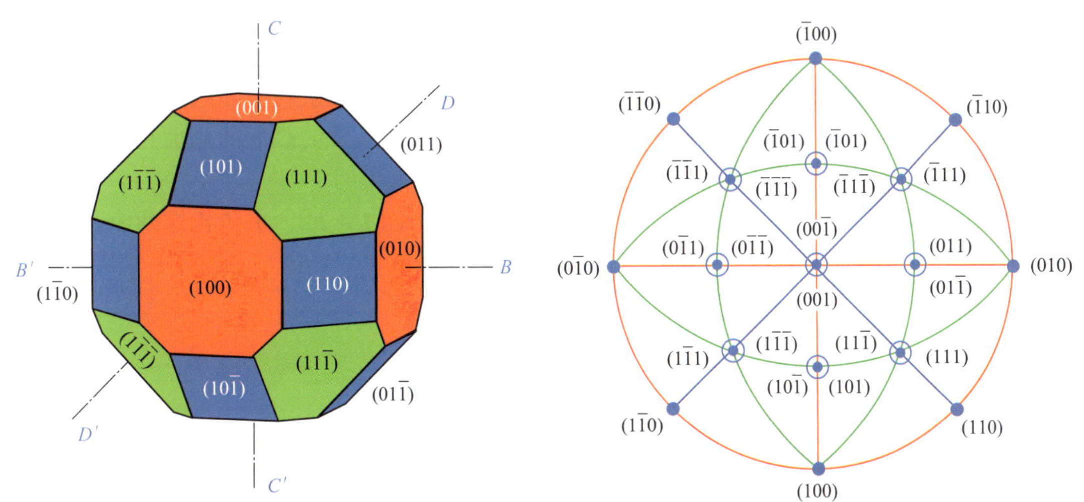

图 2-48 晶体的晶带及其极射赤平投影

（2）晶带定律及其应用

从几何角度讲，两条直线相交决定一个平面，而两个平面相交也决定一直线。关于晶体上晶面与晶棱的关系，早在19世纪初，德国结晶学家魏斯（Weiss）便指出：晶体上任一晶面至少属于两个晶带，或者晶体上任一晶带至少属于两个晶面，这一规律称为晶带定律。由图2-48可以看出，每一个晶面与其他晶面相交，必有两个以上互不平行的晶棱，也就是一个晶面可以属于多个晶带，如晶面（100）至少属于[001]和[010]晶带（还有可能的其他晶带，未绘出）。因此，晶带定律也可以这样表述：任意两晶棱（晶带）相交必可决定一可能晶面，而任意两晶面相交必可决定一可能晶带。

晶带定律还可以用晶带方程表述，即任一属于$[rst]$晶带的晶面（hkl），定有：

$$\boldsymbol{hr+ks+lt=0} \tag{2-13}$$

式（2-13）称为晶带方程。晶带方程进一步直接说明了晶面和晶带相互依存的数学关系，其简单证明如下。

根据平面几何方程可知，三维空间的一般平面方程为：

$$Ax+By+Cz+D=0 \tag{2-14}$$

其中系数A、B、C决定该平面的方向，常数项D决定该平面距原点的距离。那么过坐标原点且平行于（hkl）的平面方程则可以表达为：

$$hx+ky+lz=0 \tag{2-15}$$

式中x、y、z为平面内任一点的坐标（以轴单位为计量单位），因为（hkl）晶面属于$[rst]$晶带，故直线$[rst]$必位于式（2-15）所在平面内，其上的任一点均满足平面方程，即用r、s、t替代x、y、z，便得到上述晶带方程。

上式晶带方程也可以写成四轴形式：$hR+kS+iM+lT=0$；四轴形式转换为三轴形式的晶带方程则为：$(h-i)r+(k-i)s+lt=0$，此时晶带（或晶棱）的三、四指数转换关系为：$R=(2r-s)/3$，$S=(2s-r)/3$，$M=-(r+s)/3$，$T=t$；或$r=2R+S$，$s=2S+R$，$t=T$。

根据晶带定律和晶带方程，可以由若干已知晶面或晶带推导出晶体上一切可能晶面的位置或已知晶面所属的晶带，这在晶体定向、投影和运算中得到了广泛的应用。

晶带方程式（2-13）是一个非常有用的关系式，可以解决一系列实际问题。已知两个晶面，求包含这两个晶面的晶带符号；求同时属于某两个已知晶带的晶面的晶面符号；判断某一已知晶面是否属于某个已知的晶带等等。下面分别举例来说明。

例1 已知属于同一晶带$[rst]$的两个晶面（$h_1k_1l_1$）和（$h_2k_2l_2$），求包含这两个晶面的晶带符号。

解：根据晶带方程$hr+ks+lt=0$，可以得出：

$$h_1r+k_1s+l_1t=0 \tag{2-16}$$

$$h_2r+k_2s+l_2t=0 \tag{2-17}$$

解联立式（2-16）和式（2-17）的方程组，可得：

$$[rst]=r:s:t=(k_1l_2-k_2l_1):(l_1h_2-l_2h_1):(h_1k_2-h_2k_1) \tag{2-18}$$

式（2-18）右方可用行列式表示：

$$\begin{vmatrix} k_1 & l_1 \\ k_2 & l_2 \end{vmatrix} : \begin{vmatrix} l_1 & h_1 \\ l_2 & h_2 \end{vmatrix} : \begin{vmatrix} h_1 & k_1 \\ h_2 & k_2 \end{vmatrix} \tag{2-19}$$

或者

$$\frac{\begin{matrix} h_1 \\ h_2 \end{matrix}\left|\begin{matrix} k_1 & \times & l_1 & \times & h_1 & \times & k_1 \\ k_2 & & l_2 & & h_2 & & k_2 \end{matrix}\right|\begin{matrix} l_1 \\ l_2 \end{matrix}}{[rst] = r : s : t = (k_1 l_2 - k_2 l_1) : (l_1 h_2 - l_2 h_1) : (h_1 k_2 - h_2 k_1)} \tag{2-20}$$

如果将上下两行互换位置，则所得出结果的绝对值不变而正负号全部相反。但已经知道，$[rst]$ 与 $[\overline{r}\,\overline{s}\,\overline{t}]$ 所代表的就是同一根晶棱，故两者并无差异。

若将晶面（$h_1k_1l_1$）和（$h_2k_2l_2$）替换为（110）和（$20\overline{1}$），则包含两晶面的晶带符号由式（2-20）可得为：

$$\begin{matrix} 1 \\ 2 \end{matrix}\left|\begin{matrix} 1 & \times & 0 & \times & 1 & \times & 1 \\ 0 & & -1 & & 2 & & 0 \end{matrix}\right|\begin{matrix} 0 \\ -1 \end{matrix}$$

$$r : s : t = \overline{1} : 1 : \overline{2}$$

故该晶带符号为$[\overline{1}1\overline{2}]$，或者也可写为$[1\overline{1}2]$。

例 2　已知属于同一晶面（hkl）的两个晶带 $[r_1s_1t_1]$ 和 $[r_2s_2t_2]$，求此晶面的晶面符号。

解：根据晶带方程 $hr + ks + lt = 0$，可以得出：

$$hr_1 + ks_1 + lt_1 = 0 \tag{2-21}$$

$$hr_2 + ks_2 + lt_2 = 0 \tag{2-22}$$

联立式（2-21）和式（2-22）的方程组，可得：

$$(hkl)=h : k : l=(s_1t_2-s_2t_1) : (t_1r_2-t_2r_1) : (r_1s_2-r_2s_1) \tag{2-23}$$

同理，式（2-23）右方可用行列式表示：

$$\frac{\begin{matrix} r_1 \\ r_2 \end{matrix}\left|\begin{matrix} s_1 & \times & t_1 & \times & r_1 & \times & s_1 \\ s_2 & & t_2 & & r_2 & & s_2 \end{matrix}\right|\begin{matrix} t_1 \\ t_2 \end{matrix}}{[hkl] = h : k : l = (s_1 t_2 - s_2 t_1) : (t_1 r_2 - t_2 r_1) : (r_1 s_2 - r_2 k s_1)} \tag{2-24}$$

同样如果将上下两行互换位置时，所得出的结果绝对值不变而正负号全部相反。所以，同时属于某两个晶带的晶面，实际上不是一个而是一对，但两者必定相互平行。

若将晶带 $[r_1s_1t_1]$ 和 $[r_2s_2t_2]$ 替换为 [010] 和 [001]，则属于两晶带的晶带符号由式（2-24）可得为：

$$\begin{matrix} 0 \\ 0 \end{matrix}\left|\begin{matrix} 1 & \times & 0 & \times & 0 & \times & 1 \\ 0 & & 1 & & 0 & & 0 \end{matrix}\right|\begin{matrix} 0 \\ 1 \end{matrix}$$

$$h : k : l = 1 : 0 : 0$$

故该晶面符号为（100）。如将式中的两行系数互换上下位置，则得出的结果将变为（$\overline{1}00$），它与（100）是一对相互平行的晶面，两者均同时属于 [010] 和 [001] 两个晶带。

例 3 判断某一已知晶面是否属于某个已知的晶带。

已知$[11\bar{2}]$晶带，要求确定晶面（021）及（130）是否属于此晶带。

解：根据晶带方程 $hr + ks + lt = 0$，可以得出：

$[11\bar{2}]$晶带的晶带方程为：$h + k - 2l = 0$

将晶面（021）及（130）代入以上晶带方程：

$$0 + 2 - 2\times1 = 0$$

$$1 + 3 - 0\times0 \neq 0$$

因此，晶面（021）属于$[11\bar{2}]$晶带，晶面（130）不属于$[11\bar{2}]$晶带。

以上几个例子对于按四轴定向的三方和六方晶系晶体也都适用，但在具体运算过程中，需要按其三、四指数的转换关系进行转换。

2.3.6 对称型（点群）的符号

（1）对称型的国际符号

对称型的国际符号（international symbol）是由 Hermann 和 Mauguin 所创，因此也称为 Hermann-Mauguin 符号或 H-M 符号。对称型的国际符号很简明，它不但表明了对称要素之间的组合关系，也能表明对称要素的方位。与对称型相比，二者之间的特点具有互补性。相较对称型中将全部对称要素的组合都写出来的特点而言，其国际符号中不是将所有对称要素都写出来，而且对称型的国际符号可以表示对称要素的方向，但不容易看懂。例如$3L^4 4L^3 6L^2 9PC$的国际符号是$m\bar{3}m$。

① 国际符号中对称要素的表示方法：

对称面：m

对称轴：1、2、3、4、6

旋转反伸轴：$\bar{1}$、$\bar{2}$、$\bar{3}$、$\bar{4}$、$\bar{6}$

② 国际符号的构成：国际符号由 1 ～ 3 个序位构成，如 2、3m、422 等。每个序位表示晶体具体方向上（X、Y、Z、$X+Y$、$X+Y+Z$、$2X+Y$）的对称要素，即与该方向平行的对称轴或旋转反伸轴，以及与该方向垂直的对称面；对称意义完全相同方向上的对称要素和可以推导出来的对称要素都省略掉。例如国际符号 3m（对称型 $L^3 3P$）第二序位中三个 P 的对称意义相同，所以只写一个就可以了。但在国际符号 $4/m\ 2/m\ 2/m$（简化后为 $4/m\ mm$，对称型 $L^4 4L^2 5PC$）中，第一序位的 $4/m$ 代表 Z 方向的 L^4 和垂直于它的 P；第二序位为 X/Y 方向的 L^2 与垂直它的 P（另一对称意义相同的 P 省略），第三序位则为 $X+Y$ 方向的 L^2 与垂直它的 P（另一对称意义相同的 P 也省略）。如果某方向有对称轴与对称面垂直，则两者之间以直线或斜线隔开，如 L^2PC 以 $2/m$ 表示，此时对称中心 C 就不必再表示出来，因为偶次轴垂直对称面定会产生一个 C。若某序位规定的方向上没有对称要素，则不用写。如 4 代表对称型 L^4 的国际符号，它的第 2、3 序位上再无其他对称要素，所以国际符号中也不用写。

不同的晶系，对称型的对称特点不同，国际符号的序位位数及每个序位所代表的方向也不同，各晶系对称型国际符号中每个序位所代表的方向见表 2-9。以下分别对 32 种对称型国际符号的序位及写法叙述如下。

a. 三斜晶系（L^1、C）：国际符号只有一个序位，没有取向问题。L^1 的国际符号为 1；C 的国际符号为$\bar{1}$。

b. 单斜晶系（L^2 、P、L^2PC）：国际符号只有一个序位，表示与 Y 轴平行的 L^2 或与 Y 垂直的 P。例如：L^2 为 2；P 为 m；L^2PC 为 $2/m$。

c. 斜方晶系（$3L^2$、L^22P、$3L^23PC$）：国际符号由 3 个序位构成，按 X、Y、Z 顺序，依次写出这 3 个方向存在的对称要素，即 $3L^2$ 写成 222；L^22P 写成 $mm2$；$3L^23PC$ 写成 $2/m\ 2/m\ 2/m$。

d. 四方晶系：第一序位，Z 轴方向的 4 次轴，如存在与四次轴垂直的 P，两者用斜线分开；第二序位，X、Y 轴方向的 2 次轴或垂直的对称面；第三序位，X、Y 轴之间的 2 次轴或垂直的对称面。

例如 L^44P 写成 $4mm$，L^44L^25PC 写成 $4/m\ 2/m\ 2/m$。

e. 三方晶系和六方晶系：第一序位，Z 轴方向的 3 次轴或 6 次轴，如存在垂直的对称面两者用斜线分开；第二序位，X、Y、U 方向的 L^2 或垂直的 P；第三序位，X、Y、U 轴之间的 2 次轴或垂直的对称面。例如 L^66P 写成 $6mm$；L^66L^2 写成 622；L^66L^27PC 写成 $6/m\ 2/m\ 2/m$。

f. 等轴晶系：X、Y、Z 与 3 个 4 次轴或 3 个 2 次轴重合。第一序位，X、Y、Z 方向的 4 次轴或 2 次轴及与之垂直的对称面；第二序位，X、Y、Z 之间的对称要素（即 4 个 3 次轴）；第三序位，X、Y 轴之间的对称要素，位于两坐标轴夹角的分角线上。例如 $3L^24L^3$ 写成 23，$3L^24L^33PC$ 写成 $2/m\,\overline{3}$，$3L^44L^36L^2$ 写成 432。

表 2-9　国际符号中每个序位所代表的方向

晶系	国际符号序位	代表的方向
等轴	1	平行立方体的棱，即 X、Y、Z 轴方向（$a/b/c$）
	2	平行立方体的体对角线，$X+Y+Z$ 方向（$a+b+c$），即 3 次轴方向
	3	平行立方体的面对角线，$X+Y/X+Z/Y+Z$ 方向（$a+b/a+c/b+c$），即 X、Y 或 X、Z 或 Y、Z 轴之间
三方	1	6 次或 3 次轴，Z 轴方向（c）
	2	与 6 次轴垂直，X、Y、U 轴方向（a/b）
六方	3	与 6 次轴垂直，$2X+Y$ 方向（$2a+b$），与位 2 的方向成 30° 夹角
四方	1	4 次轴，Z 轴方向（c）
	2	与 4 次轴垂直，X、Y 轴方向（a/b）
	3	与 4 次轴垂直，$X+Y$ 方向（$a+b$），与位 2 的方向成 45° 角
斜方	1	X 轴方向（a）
	2	Y 轴方向（b）
	3	Z 轴方向（c）
单斜	1	Y 轴方向（b）
三斜	1	任意方向

③ 国际符号的简化原则：在表 2-9 中，对称型的国际符号都是其简化符号，简化国际符号有以下两条原则。

a. 如果某方向有垂直对称轴的对称面时，可将对称轴 n 省去。因为 n 可以根据对称要素的组合定理和对称面的空间方位推导出来。例如：$3L^23PC$ 中，$3P$ 互相垂直，任意两个互相垂直的对称面的交线一定是个 2 次轴。国际符号 $2/m\ 2/m\ 2/m$ 中的 2 可以省略，写成 mmm。又如 $3L^44L^36L^29PC$（ $4/m\overline{3}2/m$ ），简化符号 $m\overline{3}m$，4 和 2 可以省略。

例如：L^44L^25PC，完整符号为 $4/m\ 2/m\ 2/m$，简化符号为 $4/m\ m\ m$，此符号中的 4 不能省，因为它代表四方晶系，如果将 4 也省去，则成 mmm，原对称型的晶族晶系都发生变化。

注意：晶体分类的特征 $m\overline{3}m$ 对称轴不能省去。

b. 某种对称要素，其存在已经隐含在其他要素中了，则这种对称要素可以简化省略。

例如，L^22P，完整符号为 $mm2$，简化符号为 mm，因为两个互相垂直的 m 交线必为 L^2，L^2 隐含在 mm 之中了。

（2）对称型的申弗利斯符号

对称型的申弗利斯符号（Schöenflies symbol）是德国学者 A.M. Schöenflies 根据对称要素的组合规律拟就的一种表示对称型的符号，用大写字母 T、O、C、D 和其右下角的数字 1、2、3、4、6 或小写字母 i、s、v、h、d 或数字字母组合表示。

① C_n：表示对称轴，C 表示旋转（cyclisch group），下标 n 表示轴次，C_1、C_2、C_3、C_4、C_6 分别代表 L^1、L^2、L^3、L^4、L^6。

② C_{nh}：表示直立对称轴 L^n 与水平对称面 P 组合，下标 h 为 horizontal（水平的）的字头，有 C_{1h}、C_{2h}、C_{3h}、C_{4h}、C_{6h} 五种，分别表示 P、L^2PC、L^3P（ L_i^6 ）、L^4PC、L^6PC 五种对称型。

③ C_{nv}：表示直立 L^n 与直立对称面组合，即 $L^n+P_{//} \longrightarrow L^nnP$ 组合，下标 v 为 vertical（直立的）的字头，有 C_{2v}、C_{3v}、C_{4v}、C_{6v} 四种，表示 L^22P、L^33P、L^44P、L^66P 四种对称型。

④ D_n：表示 L^n 与二次轴组合，即 $L^n+L^2 \longrightarrow L^nnL^2$，有 D_2、D_3、D_4、D_6 四种，表示 $L^22L^2=3L^2$、L^33L^2、L^44L^2、L^66L^2 四种对称型。

⑤ D_{nh}：表示在 D_n 基础上再加一个水平对称面组合，即 $L^n+L^2+P \longrightarrow L^nnL^2(n+1)P(C)$ 组合，有 D_{2h}、D_{3h}、D_{4h}、D_{6h} 四种，表示 $3L^23PC$、$L^33L^24P=L_i^6 3L^23P$、L^44L^25PC、L^66L^27PC 四种对称型。

⑥ D_{nd}：d 为对角线的意思，为 diagonal（对角线）的字头，有两种：D_{2d}、D_{3d}，表示 $L_i^4\ 2L^22P$、$L_i^3\ 3L^23P=L^33L^23PC$ 两种对称型。

⑦ C_{ni}：i 表示反伸；C_i 表示 L_i^1；C_{3i} 表示 $L_i^3=L^3C$。

⑧ T：代表 $3L^24L^3$；T_n 代表在 $3L^24L^3$ 中加入水平对称面获得 $3L^24L^33PC$，T_d 代表 $3L_i^4 4L^36P$。

⑨ O：代表 $3L^44L^36L^2$，O_h 代表 $3L^44L^36L^2$ 中加上水平对称面获得 $3L^44L^36L^29PC$。

2.4 单形和聚形

在晶体的宏观对称、晶体定向与结晶符号的内容中已涉及晶体的形态。虽然根据晶面符号能够确定各个晶面在晶体中的空间方位，但是，只知道晶体的对称型、晶面符号和晶体定向法则，还不能确定晶体的形态以及晶面间的相互关系和对称规律。本节在晶体的宏观对称、晶体定向和结晶符号的基础上，讨论晶面之间的空间分布、相互关系及对称规律，这些内容的讨论仅限于晶体的理想形态。按照晶体上晶面的种类，可将晶体的理想形态分为两类：一类是由同形等大的一种晶面组成，称为单形；另一类则是由两种或两种以上的晶面组成，称为聚形，聚形由单形聚合而成。如图 2-49 所示，红色的立方体单形 A 和绿色的菱形十二面体单形 B 聚合在一起形成聚形 C（两种颜色代表该聚形由两种单形相聚形成）。

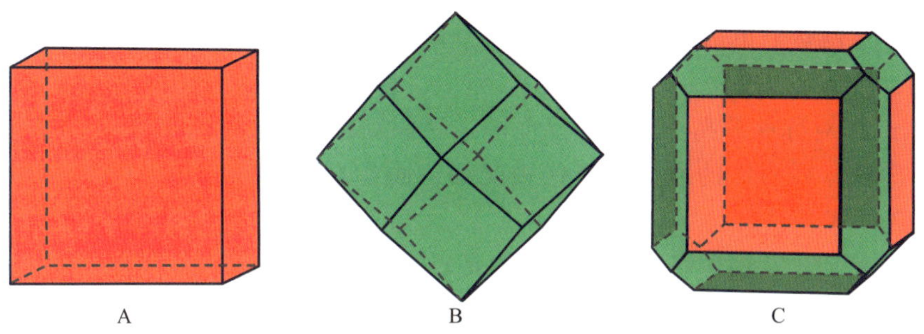

图 2-49　晶体的单形（A、B）和聚形（C）

尽管实际晶体的形态因生长过程中受到多种因素的影响而更多地表现为“歪晶”，但基于面角恒等定律，通过晶体的测量和投影总能恢复其理想形态。因此，单形和聚形的学习是研究实际晶体形态的基础。晶体形态的研究不仅是鉴定矿物的重要标志，而且不同的形态特征往往有助于判断和确定矿物晶体的成因。

2.4.1　单形的概念和符号

（1）单形的概念

单形（simple form）是由对称型中全部对称要素联系起来的一组晶面的组合。或者说，单形是晶体上能够通过对称型中全部对称要素的操作而相互联系起来的一组晶面的组合。所以，同一单形的各个晶面，彼此间必定都可以借助于对称要素的操作而相互重复，具有相同的性质（诸如晶面的物理性质、晶面花纹等）；至于晶体上相互间不能对称重复的晶面，则分别属于不同的单形。图 2-49 中的立方体、菱形十二面体以及它们形成的聚形，它们的晶面相互间都可以通过对称型 $3L^4 4L^3 6L^2 9PC$ 的相互作用而重复。

显然，同一单形的各个晶面与相同对称要素之间的方位关系（平行、垂直、以某个角度相交等）都是一致的。同样，同一个单形的各个晶面与结晶轴之间的方位关系也是一致的，即它们在各个结晶轴上具有相一致的截距系数比，从而它们晶面指数的绝对值也必定相等。如图 2-50 所示为等轴晶系的六八面体单形，由 48 个相互对称的晶面组成，其中和三个结晶轴正端相交的 6 个不同颜色晶面的晶面符号是：(321)、(312)、(231)、(321)、(213)、(123) 和 (132)。

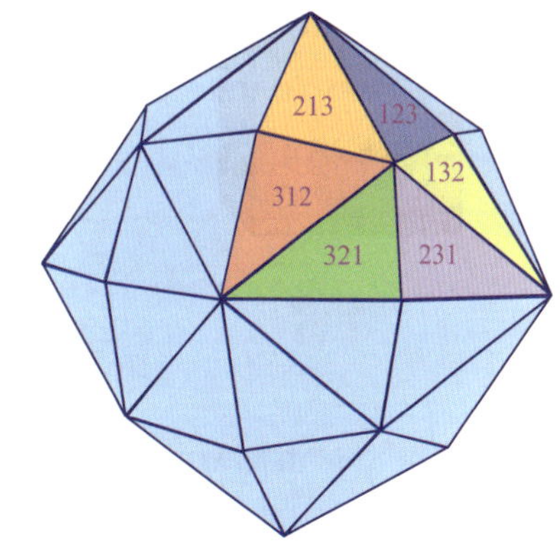

图 2-50　六八面体单形及其代表晶面符号

综上可知，单形是通过对称要素联系起来的一组晶面。因此，同一单形的各个晶面必能相互对称重复；理想条件下，同一单形的各个晶面必定是形状相同、大小相等，或者说同形等大；各晶面与对称要素和结晶轴的方位关系是一致的。

（2）单形符号

单形的符号表示，即单形符号（simple form symbol），简称形号，是以简单的数字符号形式来表示一个单形的所有晶面及其在晶体上方位的一种晶体学符号。对于同一单形的各个晶面来说，由于它们的晶面指数之间都具有对称相等的关系。因此，按照一定的原则选择单形中的一个代表晶面，将它的晶面指数按顺序置于大括号中，如 $\{hkl\}$、$\{hkil\}$，用以代表整个单形，此符号便是这个单形的单形符号。代表性晶面的选择遵循以下两个原则：

① 根据晶体对称性的高低，代表晶面的选择原则稍有差异：在中、低级晶族的单形中，按“先上、次前、后右”的原则选择代表晶面；而在高级晶族中，则按“先前、次右、后上”的原则选择代表晶面。

② 在三轴定向中，前、右、上的标准均是以 X 轴、Y 轴和 Z 轴正端所指的方向；而在四轴定向中，则以 X 轴正端和 U 轴负端之间的分角线方向为前，右和上的标准不变。

选择前、右、上实际上是意味着晶面中的 3 个晶面指数尽量为正；在中、低级晶族中“先上”就是尽可能使指数 l 为正，“次前、后右”的顺序则是为了尽可能使 $h \geqslant k$。高级晶族中由于其对称特点，可以保证 l 为正，而“先前、次右、后上”的顺序则是为了尽可能满足 $h \geqslant k \geqslant l$。例如，按照以上选择原则，图 2-50 中六八面体的代表晶面可选择左下方的（321）面，即该单形的单形符号为 {321}。

2.4.2 单形的推导

图 2-51 是等轴晶系的立方体、八面体、菱形十二面体和四角三八面体四种单形。通过分析可以看出，这四种单形具有相同的对称型 $3L^4 4L^3 6L^2 9PC$；虽然每个单形的晶面与对称要素之间的方位关系不相同，但都能通过对称型中各种对称要素的操作而相互重合。或者说，当对称型一定时，若晶面与对称型中对称要素间的方位关系不同，则单形的形状不同。因此，根据单形的概念和以上四个单形的例子，可以得出以下两点：

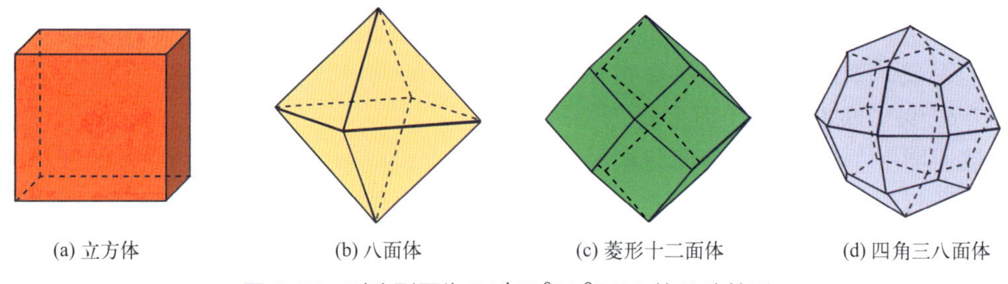

图 2-51 对称型同为 $3L^4 4L^3 6L^2 9PC$ 的几种单形

① 以单形中的任一晶面作为原始晶面，通过对称型中全部对称要素的操作，一定能够导出该单形的全部晶面。

② 在同一对称型中，由于晶面与对称要素之间的方位关系不同，可以导出不同的单形。例如，图 2-51 中的 4 种单形虽然都属于同一对称型（$3L^4 4L^3 6L^2 9PC$，$m\bar{3}m$），但这四种单形的晶面与对称要素的方位关系不同，立方体的晶面垂直四次轴，八面体的晶面垂直三次轴，菱形十二面体的晶面垂直二次轴，四角三八面体的晶面则与所有的对称轴斜交。

因此，根据单形的概念可知，以单形中的任一晶面作为原始晶面，通过该对称型中全部对称要素的作用，必能导出该单形的全部晶面。在同一对称型中，由于原始晶面与对称要素的相对位置关系不同，导出的单形也会不同。对于不同的对称型，由于对称要素的数目和种类不同，将导出不同的单形。

以斜方晶系的对称型 $L^2 2P$（$mm2$）为例说明单形的推导过程。该对称型对称要素的空间分布如图 2-52 所示；对其定向时 2 个 P 的法线方向分别为 X 轴和 Y 轴，唯一的 L^2 为 Z 轴；对称要素的极射赤平投影见图 2-53。图中的四个象限均由 2 个 P 和 L^2 的投影所围成，对称性上完全相同。因此，分析原始晶面与对称要素的相对位置关系时，只需要考虑投影图最小重复单位（图中灰蓝色阴影部分）中的情况即可。由图可知，原始晶面与对称要素可能的相对位置关系只有 7 种情况，在图中分别标记为 1、2、3、4、5、6、7。

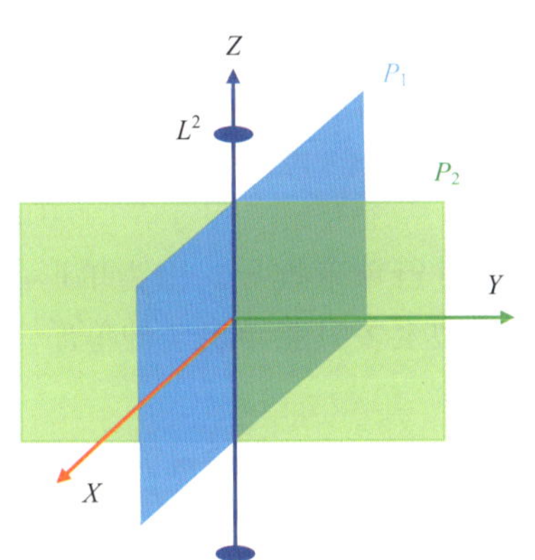

图 2-52　$L^2 2P$ 的定向及对称要素空间分布

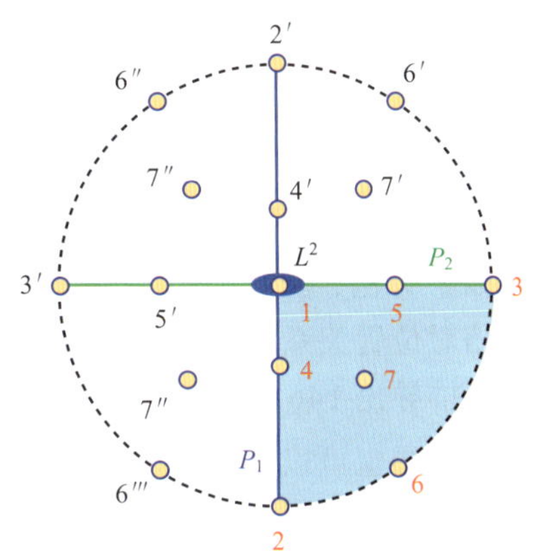

图 2-53　$L^2 2P$ 的极射赤平投影及单形推导图解

位置 1：原始晶面（001）垂直于 L^2 和 $2P$；通过它们的作用不会形成任何新晶面，此时原始晶面本身就构成一个单形——单面，单形符号为 {001}，在图中为 1 号晶面。

位置 2：原始晶面（100）平行于 L^2 和 P_2，且垂直于 P_1；通过 L^2 或 P_2 的作用会形成平行于原始面的新晶面（$\bar{1}00$），通过 P_1 的作用不再产生新的晶面，则原始晶面（100）和推导出的新晶面（$\bar{1}00$）共同形成一个单形——平行双面，单形符号为 {100}，在图中为 2 和 2′ 号晶面。

位置 3：原始晶面（010）与对称要素之间的关系和位置 2 的情况类似，只是方位转了 90° 而已，结果也是由两个晶面（010）和（$0\bar{1}0$）形成的单形——平行双面 {010}，在图中为 3 和 3′ 号晶面。

位置 4：原始晶面（$h0l$）与 L^2 和 P_2 斜交，但垂直于 P_1；由于 P_1 的作用无效，通过 L^2 或 P_2 的作用会形成一个和原始晶面相交的晶面（$\bar{h}0l$），这两个晶面形成一个单形——双面 {$h0l$}，在图中为 4 和 4′ 号晶面。

位置 5：与位置 4 类似，由原始晶面（$0kl$）可推导出晶面（$0\bar{k}l$），其结果是相同名称的单形——双面 {$0kl$}，但与位置 4 的双面方位不同，在图中为 5 和 5′ 号晶面。

位置 6：原始晶面（$hk0$）平行于 L^2，而与 P_1 和 P_2 都斜交，通过所有对称要素的作用可得到另外三个晶面，即（$\bar{h}k0$）、（$\bar{h}\bar{k}0$）和（$h\bar{k}0$），这四个晶面可形成一个新的单形——斜方柱 {$hk0$}，在图中为 6、6′、6″ 和 6‴ 号四个晶面。

位置 7：原始晶面（hkl）与 L^2 和 $2P$ 都斜交，通过所有对称要素的作用后可以得到另外三个晶面（$\bar{h}kl$）、（$\bar{h}\bar{k}l$）和（$h\bar{k}l$），这四个面也可以形成一个新的单形——斜方单锥 $\{hkl\}$，在图中为 7、7′、7″ 和 7‴ 号四个晶面。

综上所述，在 L^22P 对称型中，根据原始晶面与对称要素的 7 种相对位置关系，可推导出 7 种单形（见图 2-54）。原始晶面与对称要素位置关系相同时，推导出的单形可归为一类，除去重复的共有 5 种：单面、平行双面、双面、斜方柱和斜方单锥。

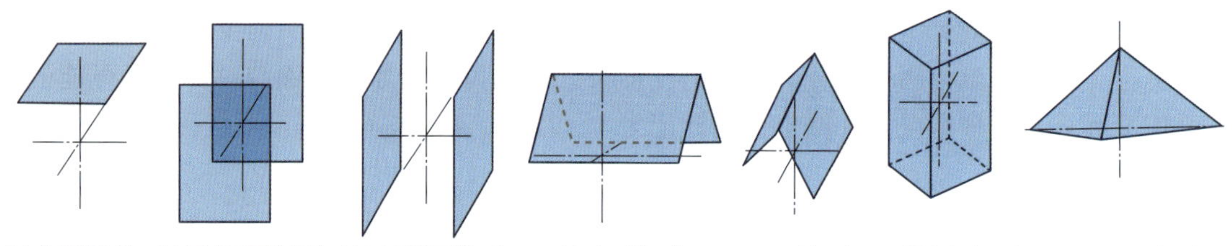

图 2-54　对称型 L^22P 推导出的 7 种单形

按照以上方法，可以对七大晶系中全部 32 种对称型进行单形推导。因为单形晶面与对称要素的相对位置关系最多仅有 7 种，所以，每一种对称型至多只能导出 7 种单形，32 种对称型总共可推导出 146 种单形，也称为 146 种结晶单形。

单形的推导也可以利用极射赤平投影进行，下面以点群 $4/mmm$ 和 $m\bar{3}m$ 为例进行说明。

例 1　推导点群 $4/mmm$ 的单形。

图 2-55 是点群 $4/mmm$ 的极射赤平投影图。从投影图中可知，L^4、L^2 和 P 的投影将整个投影图分成 8 个完全相同的弧形三角形，每个弧形三角形的三个顶点均由 L^4 和两个 L^2 的投影点组成，而边则是 3 个 P 的投影。由于 8 个弧形三角形的环境和对称意义完全相同，所以只需要考虑一个弧形三角形的情况就能反映该点群中对称要素和晶面的相对关系。

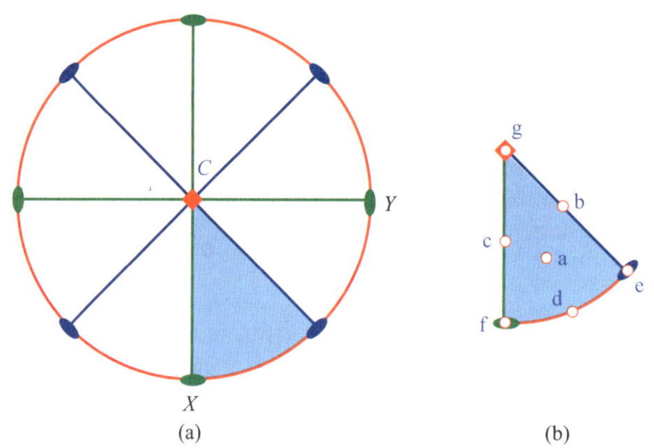

图 2-55　点群 $4/mmm$ 的极射赤平投影（a）及原始晶面的可能位置（b）

在一个弧形三角形中，原始晶面的位置最多只能有 7 种情形［图 2-55（b）］，分别如下：

a：（hkl），一般形，与三个晶轴斜交，晶面指数可变，推导出的单形为复四方双锥；

b：（hhl），在 L^4 和 L^2 之间，也在 X、Y 轴平分线上，与 Z 轴斜交，推导出的单形为四方双锥；

c：（$h0l$），在 L^4 和 L^2 之间，与 Z 轴斜交，推导出的单形为四方双锥；

d：（$hk0$），在两个 L^2 之间，也在 X 轴和 Y 轴之间，与 Z 轴平行，推导出的单形为复四方柱；

e：（110），在 L^2 出露点，也在 X 轴、Y 轴平分线上，与 Z 轴平行，推导出的单形为四方柱；

f：（100），在 L^2 出露点，也在 X 轴上，与 Z 轴平行，推导出的单形为四方柱；

g：（001），在 L^4 出露点，也是投影中心和 Z 轴出露点，与 XOY 面平行，推导出的单形为平行双面。

例 2　推导点群 $m\bar{3}m$ 的单形。

点群 $m\bar{3}m$ 的极射赤平投影如图 2-56 所示。分析投影图可知，P 的投影将整个投影图分成 24 个对称意义相同的弧形三角形，每个弧形三角形的三个顶点分别由 L^4、L^3 和 L^2 的投影出露点组成。所以，只需要考虑一个弧形三角形中晶面的分布情况就能反映该点群中晶面与所有对称要素的相对关系。

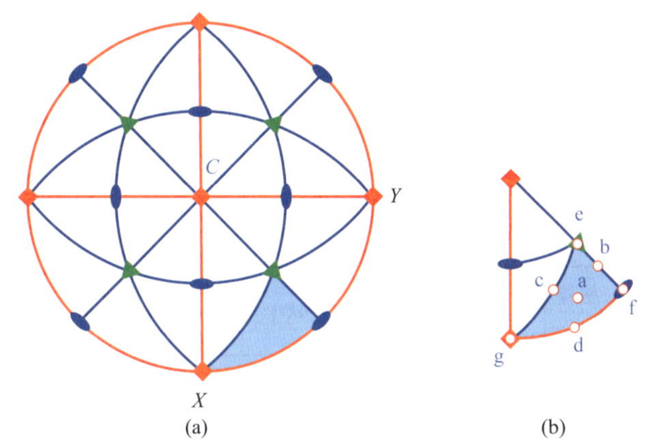

图 2-56　点群 $m\bar{3}m$ 的极射赤平投影（a）及原始晶面的可能位置（b）

同样，在每个弧形三角形中，晶面与对称要素的关系按 7 种情形考虑，分别如下：

a：（hkl），一般形，与 L^4、L^3 和 L^2 斜交，晶面指数可变，推导出的单形为六八面体（见图 2-50）；

b：（hhl），在 L^3 和 L^2 之间，推导出的单形为三角三八面体；

c：（hkk），在 L^4 和 L^3 之间，推导出的单形为四角三八面体；

d：（$hk0$），在 L^4 和 L^2 之间，推导出的单形为四六面体；

e：（111），在 L^3 出露点，推导出的单形为八面体；

f：（110），在 L^2 出露点，推导出的单形为菱形十二面体；

g：（100），在 L^4 出露点，推导出的单形为立方体。

因此，在单形的推导过程中，对于不同晶系的对称型，由于原始晶面与对称要素的相对位置关系不同，因此极射赤平投影图上原始晶面初始位置的选择也有差异，各晶系原始晶面初始位置的选择如下：

① 低级晶族的对称型，考虑 $\{hkl\}$、$\{0kl\}$、（$h0l\}$、$\{hk0\}$、$\{100\}$、$\{010\}$ 和 $\{001\}$；

② 四方晶系的对称型，考虑 $\{hkl\}$、$\{hhl\}$、$\{h0l\}$ 或 $\{0kl\}$、$\{hk0\}$、$\{110\}$、$\{100\}$、$\{001\}$；

③ 三、六方晶系的对称型，考虑 $\{hkil\}$、$\{hh\overline{2h}l\}$ 或 $\{2k\bar{k}\bar{k}l\}$、$\{h0\bar{h}l\}$ 或 $\{0k\bar{k}l\}$、$\{11\bar{2}0\}$ 或 $\{2\bar{1}\bar{1}0\}$、$\{10\bar{1}0\}$ 或 $\{01\bar{1}0\}$、$\{0001\}$；

④ 高级晶族的对称型，考虑 {*hkl*}、{*hhl*}、{*hkk*}、{*hk*0}、{111}、{110} 和 {100}。146 种结晶单形具体如表 2-10 ～表 2-16 所示。

表 2-10　三斜晶系的单形

对称型（点群） \ 单形符号		{*hkl*}	{0*kl*}	{*h*0*l*}	{*hk*0}	{100}	{010}	{001}
1	L^1	单面（1）						
$\bar{1}$	C	平行双面（2）						

表 2-11　单斜晶系的单形

对称型（点群） \ 单形符号		{*hkl*}	{0*kl*}	{*hk*0}	{*h*0*l*}	{100}	{010}	{001}
2	L^2	（轴）双面（2）			平行双面（2）			单面（1）
m	P	（反映）双面（2）			单面（1）			平行双面（2）
$2/m$	L^2PC	斜方柱（4）			平行双面（2）			平行双面（2）

表 2-12　斜方晶系的单形

对称型（点群） \ 单形符号		{*hkl*}	{0*kl*}	{*h*0*l*}	{*hk*0}	{100}	{010}	{001}
222	$3L^2$	斜方四面体（4）	斜方柱（4）			平行双面（2）		
$mm2$	L^22P	斜方锥（4）	双面（2）		斜方柱（4）	平行双面（2）		单面（1）
mmm	$3L^23PC$	斜方双锥（8）	斜方柱（4）			平行双面（2）		

表 2-13　四方晶系的单形

对称型（点群） \ 单形符号		{*hkl*}	{*hhl*}	{*h*0*l*} {0*kl*}	{*hk*0}	{110}	{100}	{001}
4	L^4	四方锥（4）			四方柱（4）			单面（1）
$4/m$	L^4PC	四方双锥（8）			四方柱（4）			平行双面（2）
$4mm$	L^44P	复四方锥（8）	四方锥（4）		复四方柱（8）	四方柱（4）		单面（1）
422	L^44L^2	四方偏方面体（8）	四方双锥（8）		复四方柱（8）	四方柱（4）		平行双面（2）
$4/mmm$	L^44L^25PC	复四方双锥（16）	四方双锥（8）		复四方柱（8）	四方柱（4）		平行双面（2）
$\bar{4}$	L_i^4	四方四面体（4）			四方柱（4）			平行双面（2）
$\bar{4}2m$	$L_i^42L^22P$	复四方偏三角面体（8）	四方四面体（4）	四方双锥（8）	复四方柱（8）	四方柱（4）	四方柱（4）	平行双面（2）

表 2-14　三方晶系的单形

对称型（点群）\ 单形符号		$\{hkil\}$	$\{hh\overline{2h}l\}$ $\{2k\bar{k}\bar{k}l\}$	$\{h0\bar{h}l\}$ $\{0k\bar{k}l\}$	$\{hki0\}$	$\{11\bar{2}0\}$ $\{2\bar{1}\bar{1}0\}$	$\{10\bar{1}0\}$ $\{01\bar{1}0\}$	$\{0001\}$
3	L^3	三方锥（3）			三方柱（3）			单面（1）
$\bar{3}$	L^3C	菱面体（6）			六方柱（6）			平行双面（2）
$3m$	L^33P	复三方锥（6）	六方锥（6）	三方锥（3）	复三方柱（6）	六方柱（6）	三方柱（3）	单面（1）
32	L^33L^2	三方偏方面体（6）	三方双锥（6）	菱面体（6）	复三方柱（6）	三方柱（3）	六方柱（6）	平行双面（2）
$\bar{3}m$	L^33L^23PC	复三方偏三角面体（12）	六方双锥（12）	菱面体（6）	复六方柱（12）	六方柱（6）	六方柱（6）	平行双面（2）

表 2-15　六方晶系的单形

对称型（点群）\ 单形符号		$\{hkil\}$	$\{hh\overline{2h}l\}$ $\{2k\bar{k}\bar{k}l\}$	$\{h0\bar{h}\}$ $\{0k\bar{k}l\}$	$\{hki0\}$	$\{11\bar{2}0\}$ $\{2\bar{1}\bar{1}0\}$	$\{10\bar{1}0\}$ $\{01\bar{1}0\}$	$\{0001\}$
6	L^6	六方锥（6）			六方柱（6）			单面（1）
$6/m$	L^6PC	六方双锥（12）			六方柱（6）			平行双面（2）
$6mm$	L^66P	复六方锥（12）	六方锥（6）		复六方柱（12）	六方柱（6）		单面（1）
622	L^66L^2	六方偏方面体（12）	六方双锥（12）		复六方柱（12）	六方柱（6）		平行双面（2）
$6/mmm$	L^66L^27PC	复六方双锥（24）	六方双锥（12）		复六方柱（12）	六方柱（6）		平行双面（2）
$\bar{6}$	L_i^6	三方双锥（6）			三方柱（3）			平行双面（2）
$\bar{6}2m$	$L_i^63L^23P$	复三方双锥（12）	六方双锥（12）	三方双锥（6）	复三方柱（6）	六方柱（6）	三方柱（3）	平行双面（2）

表 2-16　等轴晶系的单形

对称型（点群）\ 单形符号		$\{hkl\}$	$\{hhl\}$ $h>l$	$\{hkk\}$ $h>k$	$\{111\}$	$\{hk0\}$	$\{110\}$	$\{100\}$
23	$3L^24L^3$	五角三四面体（12）	四角三四面体（12）	三角三四面体（12）	四面体（4）	五角十二面体（12）	菱形二十面体（12）	立方体（6）

续表

对称型（点群） \ 单形符号		{*hkl*}	{*hhl*} *h* > *l*	{*hkk*} *h* > *k*	{111}	{*hk*0}	{110}	{100}
$m\bar{3}$	$3L^2 4L^3 3PC$	偏方复十二面体（24）	三角三八面体（24）	四角三八面体（24）	八面体（8）	五角十二面体（12）	菱形十二面体（12）	立方体（6）
$\bar{4}3m$	$3L_i^4 4L^3 6P$	六四面体（24）	四角三四面体（12）	三角三四面体（12）	四面体（4）	四六面体（24）	菱形十二面体（12）	立方体（6）
432	$3L^4 4L^3 6L^2$	五角三八面体（24）	三角三八面体（24）	四角三八面体（24）	八面体（8）	四六面体（24）	菱形十二面体（12）	立方体（6）
$m\bar{3}m$	$3L^4 4L^3 6L^2 9PC$	六八面体（48）	三角三八面体（24）	四角三八面体（24）	八面体（8）	四六面体（24）	菱形二十面体（12）	立方体（6）

注：146 种结晶单形名称后小括号内数字为单形的晶面数目。

从表 2-10 ～表 2-16 中推导的单形中可知，每个点群中都可推导出一个一般形，其单形符号为 {*hkl*}。一般形的原始晶面与点群中所有对称要素都是一般的斜交关系，晶面指数可变，32 种点群一般形的极射赤平投影见图 2-29。而其余的单形其原始晶面与对称要素之间总是有特殊关系，比如与某对称轴投影的出露点重合或落在某对称面投影线上等。

此外，从以上表中还可以看出，属于不同晶系的对称型却可以推导出相同的结晶单形，这是因为单形的名称是根据它的几何特征命名的。但是，不同对称型相同结晶单形之间的对称性却有差异，这种差异会体现在晶面的性质（如晶面花纹、蚀象等）上。例如，等轴晶系的 5 个对称型都可以推导出结晶单形立方体 {100}，但这些立方体的对称性是不同的，如图 2-57 所示。从图中可以看出，每个立方体晶面花纹的对称性不同，图（a）中晶面的对称要素为 L^2，立方体的对称型为 $3L^2 4L^3$；图（b）中晶面具有 $L^2 2P$ 对称，但 $2P$ 是平行于晶棱的，立方体的对称型为 $3L^2 4L^3 3PC$；图（c）中晶面只有 L^4，立方体具有 $3L^4 4L^3 6L^2$ 的对称型；图（d）中晶面具有 $L^2 2P$ 对称，立方体的对称型为 $3L_i^4 4L^3 6P$；图（e）中晶面具有 $L^4 4P$ 对称，立方体具有 $3L^4 4L^3 6L^2 9PC$ 的对称型。因此，从对称性角度上，可以看出 146 种结晶单形属于晶体学上的不同单形。

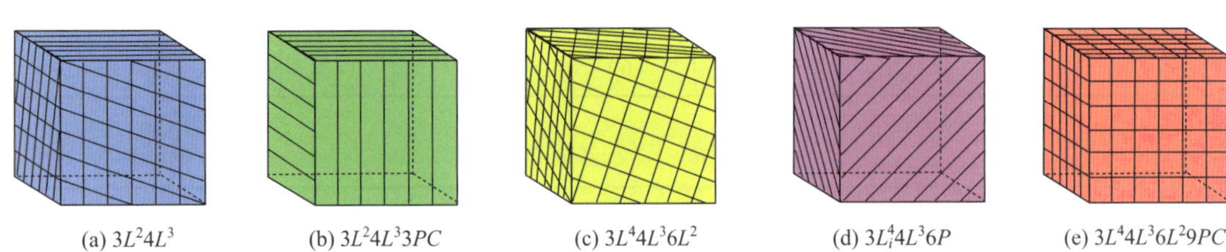

(a) $3L^2 4L^3$　(b) $3L^2 4L^3 3PC$　(c) $3L^4 4L^3 6L^2$　(d) $3L_i^4 4L^3 6P$　(e) $3L^4 4L^3 6L^2 9PC$

图 2-57　等轴晶系五个对称型的立方体结晶单形的晶面花纹对称性

2.4.3　47 种几何单形

如上节所述，晶体中的 32 种对称型从结晶学意义上可推导出可能的 146 种结晶单形。

但是，如果只考虑组成单形的晶面数目、各晶面间的几何关系（垂直、平行、斜交）以及单形的形状等几何特征，146 种结晶单形可以归并为 47 种几何单形，具体见图 2-58 ～图 2-61（图中不同单形的晶面用不同颜色表示）。表 2-10 ～表 2-16 中结晶单形的名称，就是根据单形的几何特征来命名的。

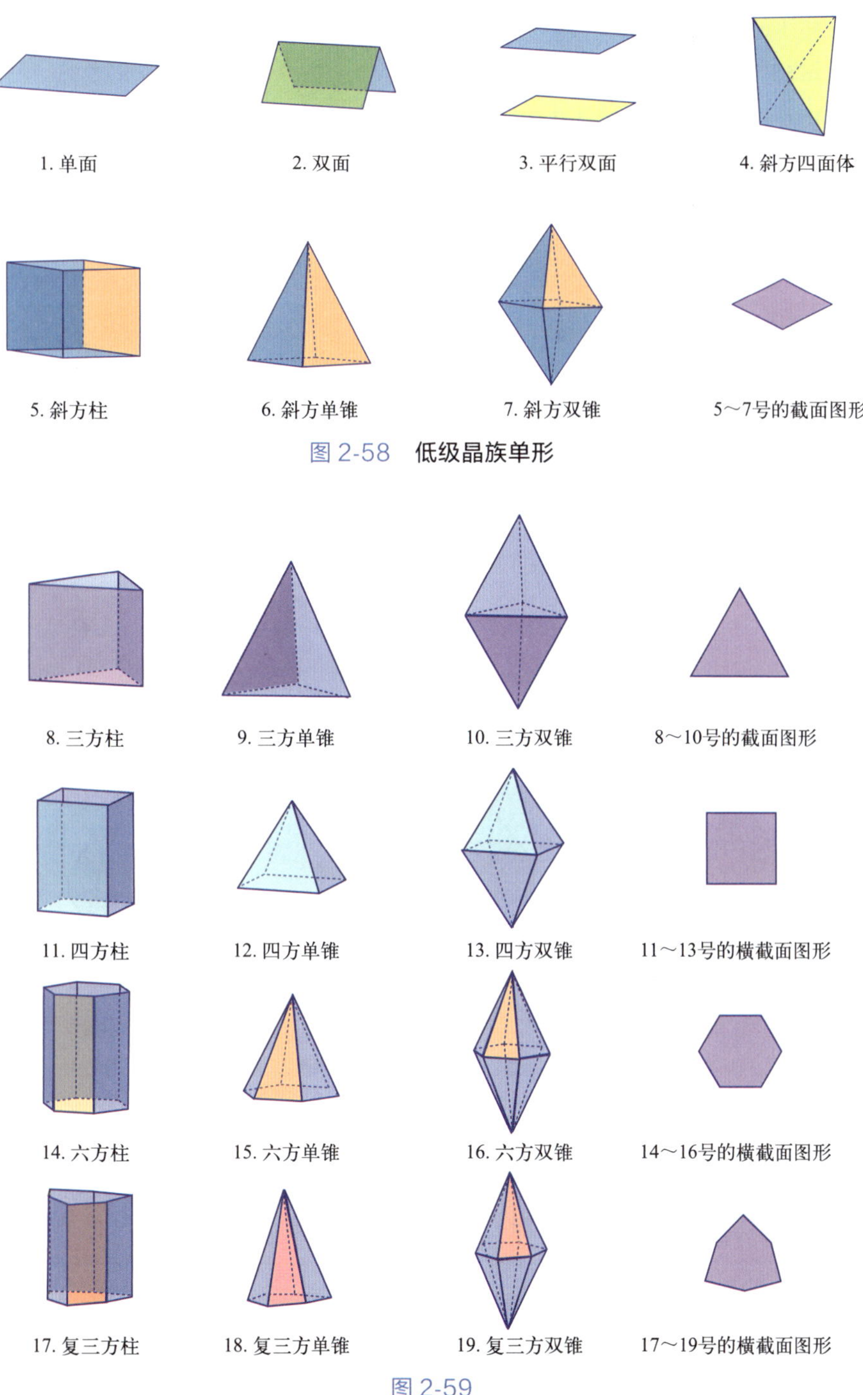

图 2-58　低级晶族单形

图 2-59

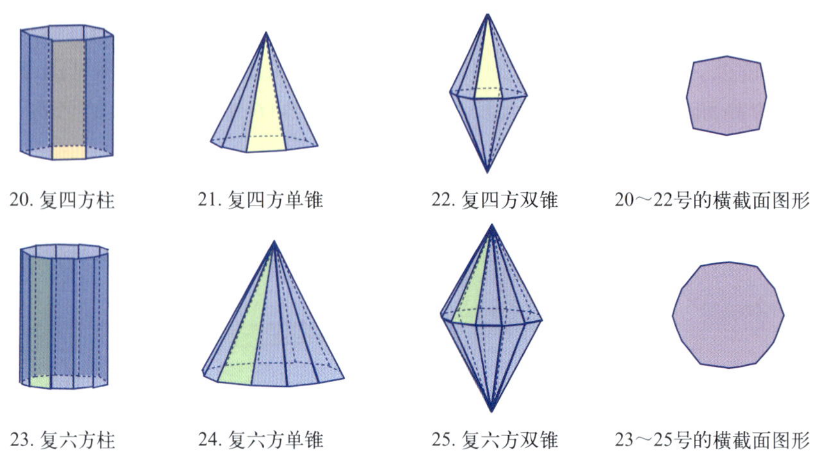

图 2-59 中级晶族柱类、单锥类和双锥类单形

（1）47 种几何单形的分类和特征

对单形的描述，通常包括晶面的形状、数目、晶面间相互关系、晶面与对称要素的相对位置以及单形横切面的形状等。当晶体的对称型和坐标系统确定后，晶面符号（单形符号）是识别单形最重要的依据。为了掌握 47 种几何单形的形态特点，下面将其作简略归类。

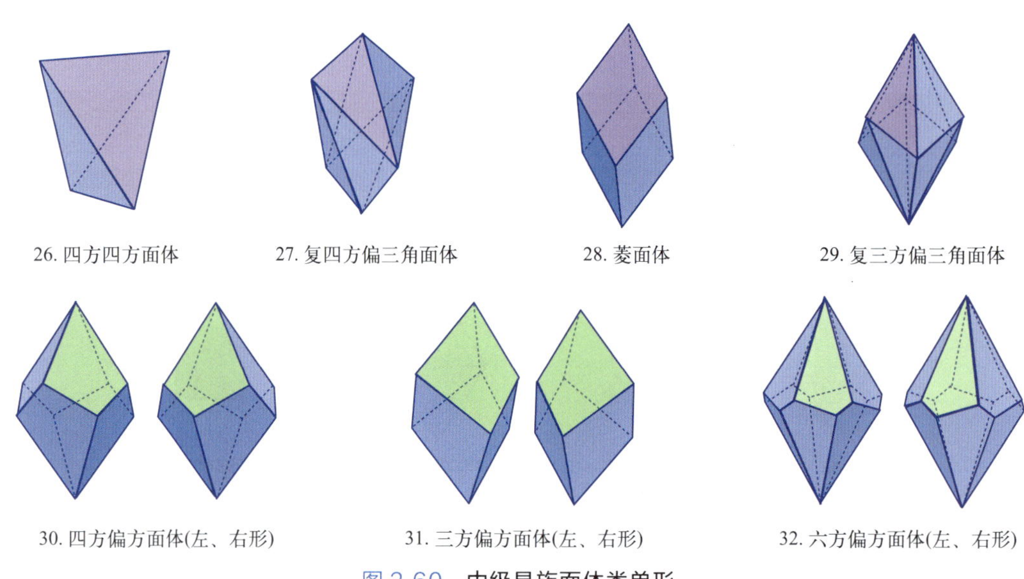

图 2-60 中级晶族面体类单形

① 中、低级晶族的单形可分以下 6 类：

a. 面类：包括单面、平行双面和双面。平行双面由一对互相平行的晶面组成；双面由两个相交的晶面组成（若二晶面由二次轴 L^2 相联系时称为轴双面，若由对称面 P 相联系时称为反映双面）。

b. 柱类：包括斜方柱、三方柱、四方柱、六方柱、复三方柱、复四方柱和复六方柱。其中，复三方柱、复四方柱和复六方柱的晶面交角特征为：相间的角相等而相邻的角不相等。

c. 单锥类：包括斜方单锥、三方单锥、四方单锥、六方单锥、复三方单锥、复四方单锥和复六方单锥。

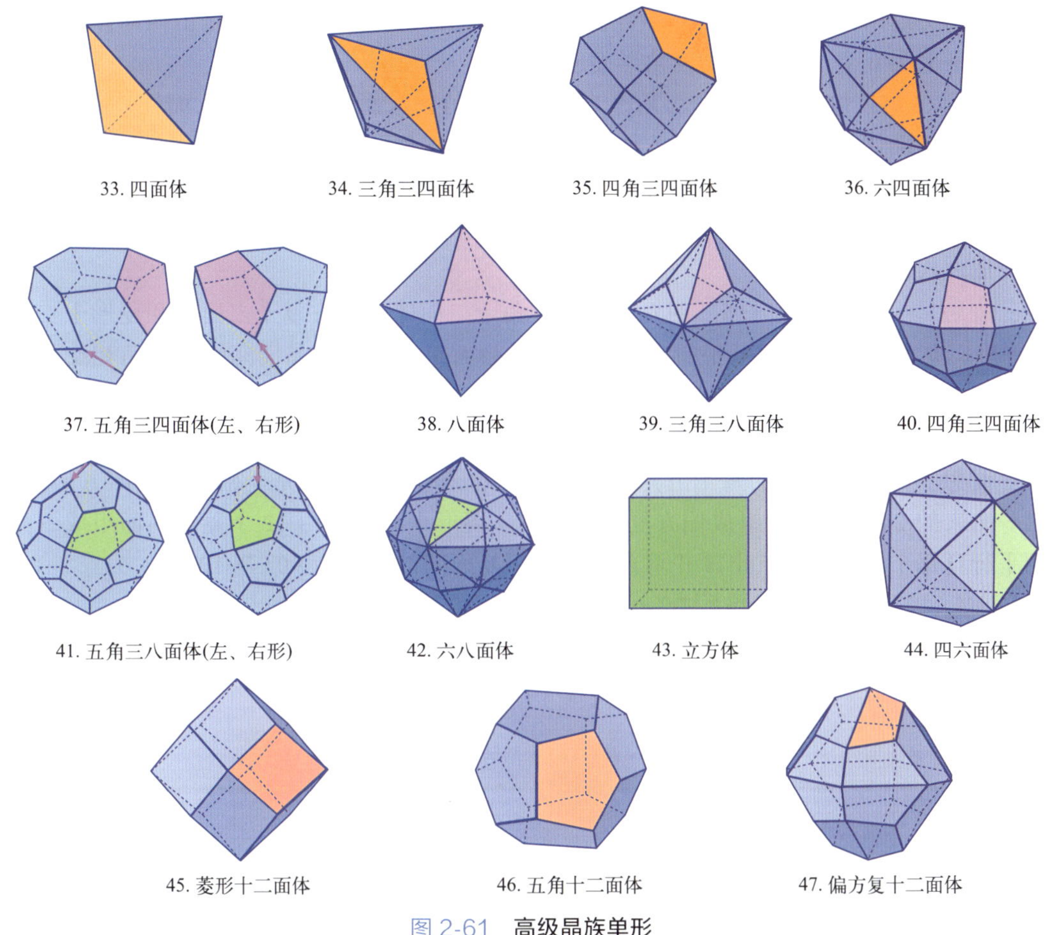

图 2-61 **高级晶族单形**

d. 双锥类：包括斜方双锥、三方双锥、四方双锥、六方双锥、复三方双锥、复四方双锥和复六方双锥。

上述柱类、单锥类和双锥类单形的横截面特点如图 2-59 所示，要特别注意复三方、复四方和复六方的柱、锥类单形的横截面特点。

e. 面体类：包括斜方四面体、四方四面体、菱面体、复三方偏三角面体和复四方偏三角面体。这些面体类单形的特点是：上半部的面与下半部的面错开分布，且上部（或下部）的晶面恰好在下部（或上部）两晶面的正中间，没有与 Z 轴垂直的对称面，即没有水平对称面，这一点与双锥类不同，除斜方四面体外，都有包含高次轴的直立对称面。

f. 偏方面体类：包括三方偏方面体、四方偏方面体和六方偏方面体。偏方面体类与面体类单形的晶面都呈上下面错开状分布，但偏方面体类单形的上部晶面与下部晶面错开的角度左右不等，故不存在包含高次轴的直立对称面，这使得其有左、右形之分。

② 高级晶族的单形分为以下 3 类：

a. 四面体类：包括四面体、三角三四面体、四角三四面体、五角三四面体和六四面体 5 种单形。四面体由 4 个等边三角形晶面组成，晶面与 L^3 垂直；晶棱的中点出露 L_i^4。三角三四面体是由四面体的每个晶面突起来平分为 3 个等腰三角形晶面而成。四角三四面体是由四面体的每个晶面突起来平分为 3 个边长相等的四角形晶面而成。五角三四面体是由四面体的每个晶面突起来平分为 3 个边长不等的偏五角形晶面而成。六四面体是由四面体的每个晶面突起来平分为 6 个边长不等的三角形而成。

b. 八面体类：包括八面体、三角三八面体、四角三八面体、五角三八面体和六八面体 5 种单形。与四面体类的情况相似，八面体由 8 个等边三角形晶面组成且晶面垂直于 L^3。设想八面体的每个晶面突起来平分为 3 个晶面，则根据晶面的形状又可分别形成三角三八面体、四角三八面体和五角三八面体；而设想八面体的每个晶面突起来平分为 6 个边长不等的三角形则形成六八面体。

c. 立方体类：包括立方体、四六面体、五角十二面体、偏方复十二面体和菱形十二面体 5 种单形。立方体由两两相互平行的 6 个正方形晶面组成，相邻晶面间均以直角相交。四六面体是由立方体的每个晶面突起来平分为 4 个等腰三角形晶面而成。设想立方体的每个晶面突起来平分为两个具有 4 个边长相等的五角形晶面，这样分出来的 12 个晶面组成五角十二面体。设想五角十二面体的每个五角形晶面再突起来平分为两个完全相同的偏四方形晶面，这样分出来的 24 个晶面则组成偏方复十二面体。菱形十二面体由 12 个菱形晶面组成，晶面两两平行且每个晶面的中点出露并垂直 L^2，相邻晶面间的交角为 90° 与 120°。

（2）47 种几何单形在各晶系中的分布

47 种几何单形中，有 15 种属于高级晶族，25 种属于中级晶族，5 种属于低级晶族所特有，另有 2 种在中级和低级晶族中均可出现（表 2-17）。

表 2-17　47 种几何单形在各晶系中的分布

晶系	面类	柱类	锥类		面体、偏方面体类
			单锥	双锥	
三斜晶系	单面、平行双面	—	—	—	—
单斜晶系	单面、双面 平行双面	斜方柱	—	—	—
斜方晶系	单面、双面 平行双面	斜方柱	斜方单锥	斜方双锥	斜方四面体
四方晶系	单面 平行双面	四方柱 复四方柱	四方单锥 复四方单锥	四方双锥 复四方双锥	四方四面体 四方偏方面体 复四方偏三角面体
三方晶系	单面 平行双面	三方柱 复三方柱 六方柱 复六方柱	三方单锥 复三方单锥 六方单锥	三方双锥 六方双锥	菱面体 三方偏方面体 复三方偏三角面体
六方晶系	单面 平行双面	六方柱 复六方柱 三方柱 复三方柱	六方单锥 复六方单锥	六方双锥 复六方双锥 三方双锥 复三方双锥	六方偏方面体
等轴晶系	四面体、三角三四面体、四角三四面体、五角三四面体、六四面体、八面体、三角三八面体、四角三八面体、五角三八面体、六八面体、立方体、菱形十二面体、五角十二面体、偏方复十二面体、四六面体				

注：“—”表示在该晶系中没有。

47 种几何单形除了在各晶系中的分布特征外，在各晶系中的分布还存在以下规律：

① 双面和名称中带有“斜方”的单形仅在低级晶族中出现。

② 单面和平行双面既可以在低级晶族中出现，又可以在中级晶族的各晶系中出现，但不能出现在高级晶族中。

③ 名称中带有“四方”的单形，仅在四方晶系中出现。

④ 在三方晶系中可以出现名称带有“六方”的单形，在六方晶系中也可以出现名称带有“三方”的单形；有些单形仅限于三方或六方晶系，如菱面体仅出现在三方晶系。

⑤ 等轴晶系的单形仅在本晶系中出现。

熟悉单形在各晶系中分布的规律性，是学习聚形章节内容的重要基础。

2.4.4 单形的分类和命名

单形的名称除了主要来自于整个单形形状、横切面形状、晶面数目和晶面形状之外，还可以从不同角度将 47 种几何单形划分为一般形与特殊形、开形和闭形等类型，这些名称也会经常用到，可以帮助更好地理解单形，具体划分如下。

（1）一般形（general form）与特殊形（special form）

这是根据单形晶面与对称要素之间的相对位置关系来划分的。凡是单形晶面处于特殊位置，即晶面垂直或平行于任何对称要素，或者与相同的对称要素以等角度相交，将这种单形称为特殊形；反之，如果单形晶面处于一般位置，既不与任何对称要素垂直或平行（等轴晶系中的一般形有时可平行于 L^3 的情况除外），也不与相同的对称要素以等角度相交，则这种单形称为一般形。很显然，一个对称型的所有单形中只有一个一般形，其单形符号为 $\{hkl\}$ 或者 $\{hkil\}$，剩余的其他单形都是特殊形。2.2.5 节中的 32 个晶类，其名称就是以单形的一般形来命名的。

（2）开形（open form）和闭形（closed form）

这是根据单形的晶面是否可以自相闭合来划分的。凡是单形的晶面不能封闭成闭合的空间称为开形，例如单面、平行双面、单锥以及柱类单形都是开形；反之，凡是单形晶面能够封闭成闭合的空间，称为闭形，如双锥类以及等轴晶系的单形都是闭形。开形共有 17 个，闭形共有 30 个。

（3）定形（fixed form）和变形（unfixed form）

这是根据单形晶面间角度是否为恒定值来划分的。若一种单形其晶面间的角度为恒定者，则属于定形；反之，即为变形。属于定形的单形有单面、平行双面、三方柱、四方柱、六方柱、四面体、立方体、八面体和菱形十二面体这 9 种单形，其余单形皆为变形。只要单形符号中的指数全为数字，如 {100}、{210}、{010} 等，就是定形；而如果单形符号中的指数含有字母，如 $\{hk0\}$、$\{hkil\}$ 等，则为变形。极射赤平投影时，定形的投影点是固定的，应位于投影圆最小重复单位（似三角形）的 3 个角顶；相反，变形的投影点可以不固定，位于投影圆最小重复单位的 3 条边或内部。定形与变形的划分只对几何单形有意义。

（4）左形（left-hand form）和右形（right-hand form）

这是根据某些单形晶面的空间取向位置来划分的。如果一种单形存在晶面形状完全相同而空间取向彼此相反的两个形体，且两者之间互为镜像，但不能借助旋转或反伸操作达到取向一致，则两者互为左右形，其中一个为左形，则另外一个为右形。只有那些仅含对称轴、不含对称面和对称中心以及旋转反伸轴的单形和聚形中才可能出现左、右形，例如：斜方四面体、三方偏方面体、四方偏方面体、六方偏方面体、五角三四面体和五角三八面体 6 种单形。图 2-60 和图 2-61 中分别给出了偏方面体类（包含四方、三方和六方）、五角三四面体和五角三八面体的左右形，图 2-62 为 α- 石英的左右形。

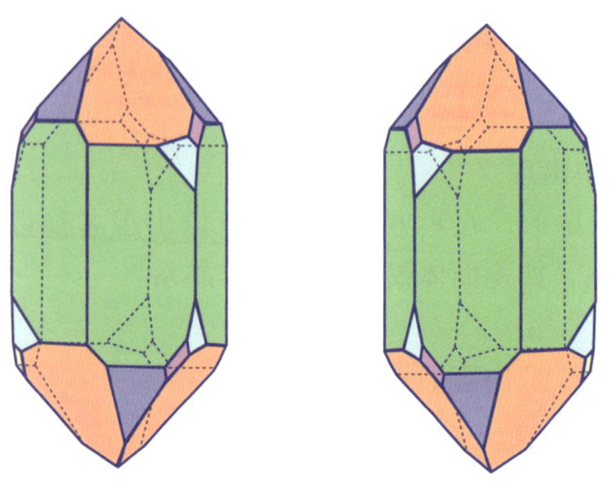

图 2-62　α- 石英的左形和右形

（5）正形（positive form）和负形（negative form）

同一晶体上取向不同的两个同种单形，若能借助于旋转操作（三、四轴定向分别旋转 90° 和 60°）而彼此重合，则两者互为正形和负形。图 2-63 分别为四面体、五角十二面体和菱面体的正形（左）和负形（右），四面体和五角十二面体的正形相当于负形旋转了 90°，而菱面体的正形相当于负形旋转了 60°。

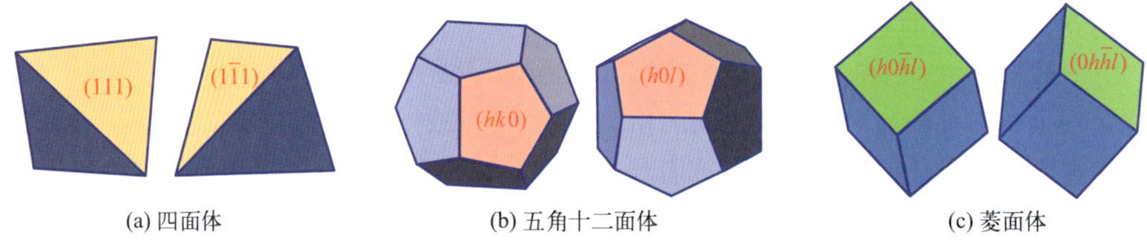

(a) 四面体　(b) 五角十二面体　(c) 菱面体

图 2-63　几种单形的正形和负形

正负形与左右形的本质区别：正负形是同一晶体的两个不同取向，且这两个取向可通过旋转 90° 或 60° 完成重合；正形与负形的划分也只对几何单形有意义。而左右形是两个形状相同但取向不同的两个晶体，两者之间只能通过反映而不能通过旋转或反伸重合。

2.4.5　聚形

（1）聚形的概念

聚形（combination）是指两个或两个以上单形的聚合。图 2-64 的聚形是由四方柱和四方双锥聚合形成。

根据上节内容可知，单形有开形和闭形之分，上述 17 种开形本身是不能封闭空间的，即不能构成凸几何多面体，只有与其他单形聚合在一起，才能封闭成一定的空间。因此，聚形的形成是必然的。

（2）单形聚合的原则

任何情况下，只有对称型相同的单形才能在一起形成聚形，即只有属于同一对称型的单形才可能相聚。此外，虽然一个对称型中可能出现的单形种数最多不超过 7 种，但一个聚形上可能出现的单形其个数却无限制，可以有两个或以上的同种单形同时并存，此时它们在聚形上的相对方位肯定不同，具有指数值不同的单形符号。或者说，聚形有多少种单形相聚，其上面就会有多少种不同的晶面。例如，图 2-62 的 α- 石英是由五种单形相聚而成，因此作图时可用五种不同的颜色表示这五种单形，以更清楚地知道它是由几种单形组成。

（3）聚形分析的方法和步骤

由于单形是由对称型中全部对称要素联系起来的一组晶面的组合，因此，对于理想形态的聚形而言，属于同一单形的各个晶面的大小、形状和性质也完全相同；不同单形的晶面，其大小、形状和性质不会完全相同。但是，由于聚形中各单形彼此之间相互割切，致使各单形晶面的形状与原来的形状相比可能会有较大变化，因此，不能单纯依据晶面的形状来判定组成该聚形的单形名称。所以，在分析组成聚形的各个单形时，必须按照以下方法和步骤进行。

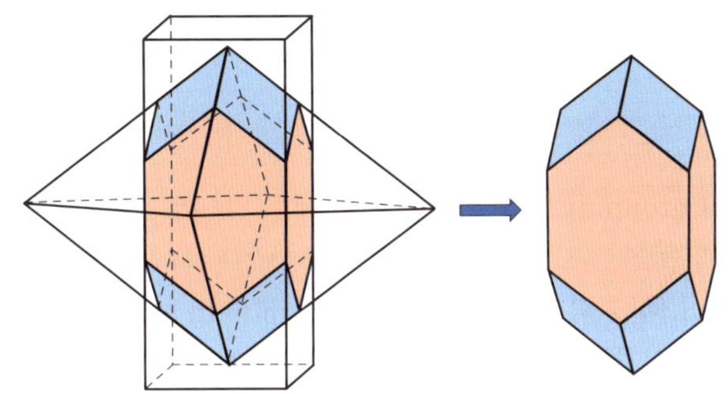

图 2-64 四方柱和四方双锥相聚示意图

① 确定对称型和晶系：在进行聚形分析时，首先确定晶体的对称型和晶系并进行晶体定向，因为只有属于同一种对称型的单形才能相聚，而每一种对称型都有自己的单形。

② 确定单形数目：观察聚形中各种晶面的大小和形状，如果聚形中有几种同形等大的晶面，则说明聚形就是由几种单形组成。

③ 确定单形名称：根据聚形的对称型和聚形的相聚原则，逐一分析每一组同形等大的晶面，根据它们的晶面数目、晶面与对称要素间的关系等，设想使各晶面延展而恢复其完整形状，从而准确地确定出各个单形的名称和单形符号。

④ 检查、核对：根据表 2-10 ～表 2-16 中各对称型的单形名称和单形符号，核对已确定的聚形中的单形名称和单形符号是否与表格中相一致，如果不一致则说明分析有误。

以图 2-65 中的方铅矿为例，说明聚形的分析方法。

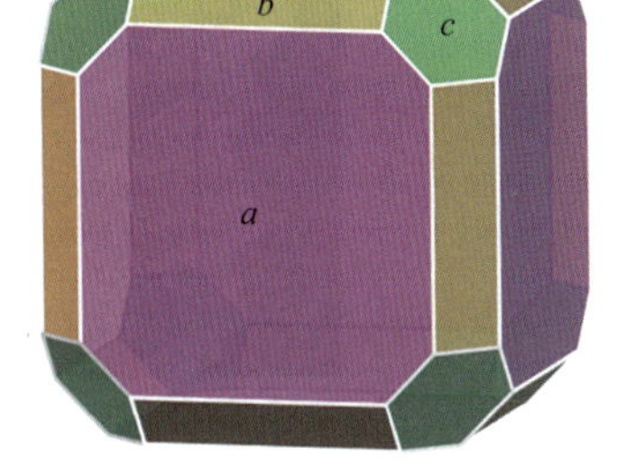

图 2-65 方铅矿晶体

① 确定对称型和晶系：仔细分析后得出该晶体的对称型为 $3L^4 4L^3 6L^2 9PC$，属于等轴晶系，定向时以 3 个 L^4 分别作为其 X、Y 和 Z 轴。

② 确定单形数目：很明显，该晶体上共有 a、b、c 三种大小和形状的晶面，说明是由 3 种单形组成。

③ 确定单形名称：根据对称型和单形相聚的原则，观察晶面的数目以及和对称要素间的关系，再结合各单形晶面扩展后的形状，可判断出 a、b、c 三种单形分别为立方体 {100}、菱形十二面体 {110} 和八面体 {111}。

④ 检查、核对：根据表 2-16 可知，属于 $3L^4 4L^3 6L^2 9PC$ 对称型的单形包含立方体、菱形十二面体和八面体这三种单形，说明分析结果正确。

2.5 晶体的规则连生

上节内容中的单形和聚形都是单晶体的理想形态。实际上，天然形成或人工合成的晶体，既能够以单晶体形态生长，也能够以多个单晶体彼此间联结的形态生长在一起，这就是晶体的连生。晶体的连生按形态分为规则连生和不规则连生。晶体的规则连生多是同种晶体之间的连生，包括平行连生和双晶；还有不同晶体之间的规则连生——浮生和交生。晶体规则连生的产生，是源于其内部结构上的相同（似）性。本节重点介绍双晶，简要介绍平行连晶、浮生和交生，不规则连生可参考其他资料。

由于晶体的规则连生体现在连生体的外形上彼此之间存在一定的几何关系，与前几节中的晶体对称、晶体定向和晶体学符号都密切相关，因此，本教材将“晶体的规则连生”章节的内容也归类到“几何结晶学基础”部分。

2.5.1 平行连生

平行连生（parallel grouping）也称为平行连晶，是指结晶取向（包括结晶轴、对称要素、晶面及晶棱的方向）完全一致的两个或两个以上的同种晶体连生在一起。平行连晶外形上表现为各晶体的所有几何要素相互平行，其连生部位出现凹入角。图 2-66 为石盐立方体晶体和水晶的平行连生，从图中可以看出，各个不同的立方体外表面上均表现为对应的晶面、晶棱彼此平行，且单体之间都存在凹入角。平行连晶从外形上看是多个晶体的连生体，但是从内部结构上看，各个单体之间的格子构造都是平行而连续的，实际无法划分各单体的界线，如图 2-67 所示。因此，从结构特点上来看，平行连晶与单晶体没有什么区别，仍可将平行连晶归属于单晶体范畴。

(a) 石盐　　(b) 水晶

图 2-66　石盐和水晶的平行连生体

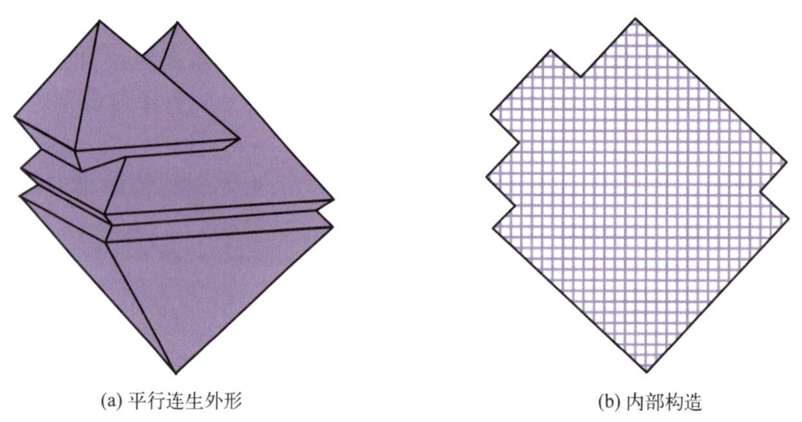

(a) 平行连生外形　　(b) 内部构造

图 2-67　磁铁矿的平行连生及其内部格子构造

平行连晶的成因可以理解为结晶取向完全一致且相邻近的同种晶核，在进一步长大的过程中其晶体边缘逐渐外延、靠拢并拼接在一起。已有的晶体上若形成结晶学取向完全相同的晶核并逐步长大也能构成平行连晶。在自然结晶条件下，结晶能力强或结晶速度快的晶体容易形成平行连生体。

2.5.2 双晶

（1）双晶的概念

双晶（twin，twinned crystal）也称为孪晶，是指由两个或两个以上的同种单体，彼此间按一定的对称关系相互取向而形成的规则连生。相邻的单体对应的面、棱、角并非完全平行，但是可以借助于对称操作——反映、旋转或反伸，使相邻的个体彼此重合或平行。

构成双晶的单体之间必有一部分结晶方向（晶面、晶棱等）彼此平行，但绝不可能是所有对应的结晶方向都平行一致。构成双晶的单体的格子构造互不平行连续（图 2-68），这是双晶与平行连晶的本质区别。此外，双晶在外形上多数都具有凹入角，但这并非必然，因为有的双晶外形上酷似单体，并不存在凹入角，其内部格子构造并非平行连续，而是呈共格或相似面网的衔接关系。

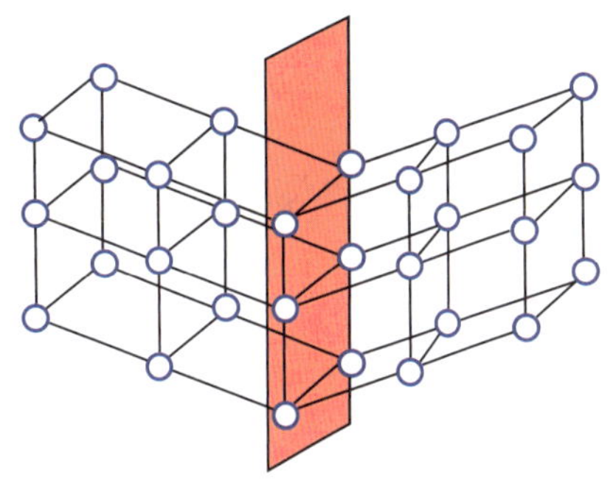

图 2-68 双晶内部格子构造示意图

（2）双晶要素和双晶接合面

双晶要素（twin element）是表示双晶中单体间对称取向关系的几何要素，是假想的点、线、面等几何要素，通过双晶要素对双晶进行反伸、旋转、反映等对称操作后，可使双晶的一个单体的方位发生变换而与另一个单体实现重合、平行或拼接成一个完整的晶体。双晶要素包括双晶面、双晶轴和双晶中心。

① 双晶面（twinning-plane）：双晶面是一个假想的平面，构成双晶的单体通过它的反映后可与另一个单体重合或平行。图 2-69 所示为石膏的接触双晶，绿平面 P 就是双晶面。从图中可以看出，通过双晶面的反映，石膏左右两个单体可以重合在一起。在实际双晶中，双晶面不可能是单体上的对称面，因为双晶单体之间的格子构造不连续。但是双晶面也是沿着某个面网分布的，双晶面必定平行于单体中的实际晶面或可能晶面。所以，双晶面可以用晶面符号来表达。在图 2-69 的石膏双晶中，由于双晶面平行于单晶体的（100）晶面，故可写作双晶面∥（100）。

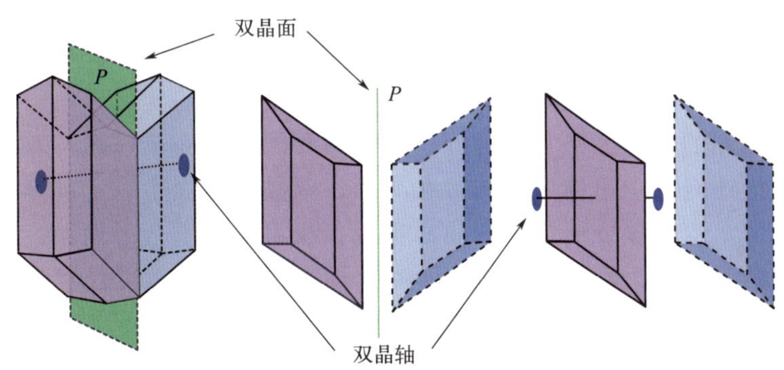

图 2-69 石膏接触双晶中的双晶面和双晶轴

② 双晶轴（twinning-axis）：双晶轴是一条假想的直线，双晶的一个单体围绕它旋转一定角度后（一般都为 180°），可与另一单体重合或平行，或恢复成一个单晶体。同样，在图 2-69 中，假使石膏双晶的一个单体不动，而另一个单体围绕垂直于平面 P 的直线旋转 180° 后，可以使两个单体平行，类似平行连晶的情况。所以，图中垂直于双晶面 P 的直线就是双晶轴。实际双晶中，双晶轴不可能平行于单晶体上的偶次对称轴，双晶轴常与结晶轴或单晶体的奇次对称轴方向一致，常垂直于单晶体的某个实际或可能的晶面，或平行于一个单晶体的某晶棱或晶带轴。所以，双晶轴的表示常用与其垂直的晶面或平行的晶棱的符号来表示。例如图 2-69 的石膏接触双晶中，双晶轴垂直于单晶体的（100）晶面，可写作双晶轴 ⊥（100）。类似的例子还有正长石的卡斯巴双晶（如图 2-70 所示），可以看出，若双晶的一个单体不动，而另一个单体绕 Z 轴旋转 180° 后两个单体重合，此时表示为双晶轴 //Z 轴。如果双晶轴与单体某晶带轴平行，也可以用晶带轴的符号来表示。

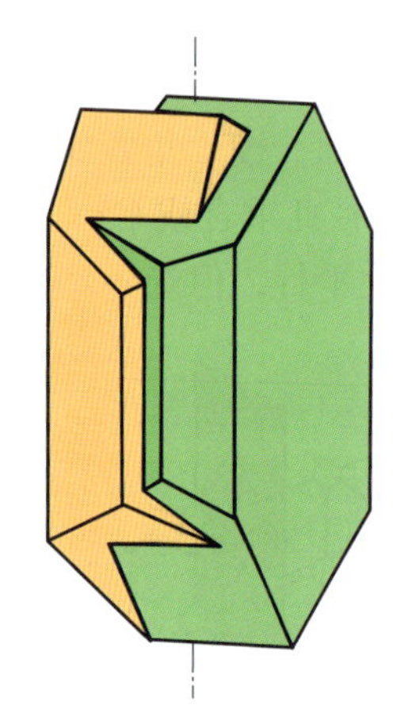

图 2-70　正长石的卡斯巴双晶

③ 双晶中心（twinning-center）：双晶中心是一个假想的点，通过它的反伸后，可使构成双晶的两个单体相互重合或平行。双晶中心只在没有对称中心的晶体中出现，并且只在单晶体没有偶次轴或对称面情况下才有独立意义，故一般双晶的描述中极少应用它。如果构成双晶的单晶体有对称中心，则双晶轴和双晶面将同时存在并且互相垂直（如图 2-69 所示的石膏双晶，其对称型为 L^2PC，双晶轴和双晶面同时存在且垂直）；如果单晶体没有对称中心，则双晶轴或双晶面常单独存在，即使有时两者同时出现，但两者必定互不垂直。

看似双晶中的 3 个双晶要素类似于晶体中的对称要素（对称面、对称轴和对称中心等），但绝不能将二者混为一谈，前者是针对双晶的不同单体之间而言，而后者则是针对的是一个单晶体。凭借双晶要素进行旋转、反映、反伸等对称操作后，并非使单晶体的相同部分完全重复，而是使双晶的单体方位发生变换而与另一个单体重合、平行或恢复成一个完整晶体。很显然，双晶面、双晶轴和双晶中心绝不可能平行任何单晶体中的对称面、对称轴和对称中心。此外，与对称要素类似，双晶中可能存在多个双晶面或多个双晶轴，它们共存在一起也会像对称要素那样按对称规律组合。一个双晶中单体间的取向关系只需描述其中一个双晶面或双晶轴就能确定，其他双晶要素往往省略。

④ 双晶接合面（composition plane 或 composition surface）：双晶中除上述双晶要素外，经常还会提到双晶接合面，是指双晶中相邻单体间彼此接合的实际界面，是属于两个单体的共用面网，其两侧的单体晶格互不平行连续，两者的取向亦不一致。双晶接合面不是双晶要素，它只是描述双晶中单体之间的接触界面；双晶接合面不一定都是平面，也可以是有一定规律的折面。双晶接合面可与双晶面重合，也可以不重合。例如，在石膏的接触双晶（图 2-69）中两者重合，且都平行于（100）；而在正长石的卡斯巴双晶（图 2-70）中两者不重合，其双晶面平行于（100）而双晶接合面平行于（010）。

（3）双晶律

双晶中单体结合的规律称为双晶律（twin law）。双晶律可用双晶要素和双晶接合面组合的方式命名。还可用专门的术语给双晶律命名。例如前面提到的卡斯巴律专指长石族矿物中以 Z 轴为双晶轴的双晶。此外，如钠长石律双晶是专门指三斜晶系的长石中以（010）为双晶面［或以垂直（010）面的直线为双晶轴］的双晶等。

有时双晶律也被赋予各种特殊的名称，有的以该双晶的特征矿物命名，如尖晶石律、云母律、钠长石律、文石律等；有的是以该双晶初次被发现的地点命名，如长石双晶的卡斯巴律（捷克斯洛伐克的 Carlsbad）、曼尼巴律、巴温诺律，石英双晶的道芬律（法国的 Dauphine）、巴西律、日本律等；有的是以双晶的形态命名，如石膏的燕尾双晶、锡石的膝状双晶、方解石的蝴蝶双晶、十字石的十字双晶等；有的则是以双晶面或双晶接合面的特征命名，如正长石的底面双晶就是以（001）为双晶面及接合面的。

（4）双晶类型

除了双晶律之外，根据双晶单体间连接方式的不同，还可以将双晶划分出不同的类型，简要介绍如下。

① 接触双晶（contact twin）：是指双晶单体之间以简单的平面相接触构成的双晶。接触双晶又可进一步划分出简单接触双晶、聚片双晶、环状双晶和复合双晶等类型。

简单接触双晶（simple contact twin）：两个单体以一个平面接合在一起而成的双晶，如石膏的燕尾双晶、方解石的蝴蝶双晶、石英双晶、尖晶石双晶等，如图 2-71 和图 2-72 所示。

(a) 石膏的燕尾双晶

(b) 方解石蝴蝶双晶

(c) 石英双晶

图 2-71　三种简单接触双晶

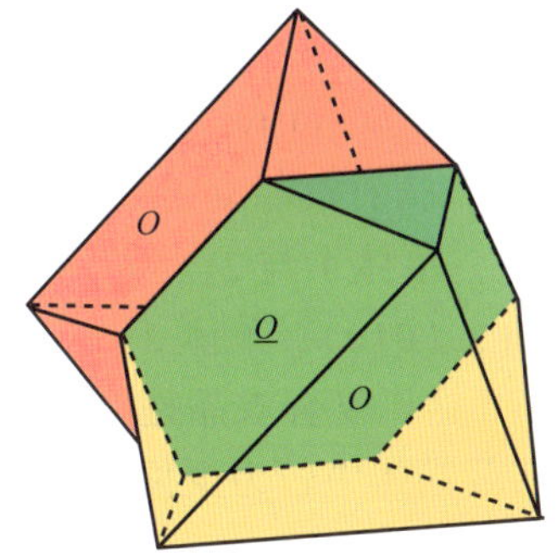

图 2-72　尖晶石双晶示意图及其实际双晶

聚片双晶（polysynthetic twin）：由多个单晶体以双晶接合面彼此平行的关系生长在一起构成的双晶。例如，斜长石的聚片双晶是由多个板状斜长石晶体以一组平行（010）的双晶接合面连生而成的双晶，其相间单晶体片的结晶学取向相同（图 2-73）。

图 2-73　斜长石聚片双晶示意图及其实际双晶（显微镜图）

环状双晶（cyclic twin）：也称轮式双晶，是指由两个以上的单体彼此间以简单接触关系呈环状或轮辐状连生而形成的双晶。环状双晶中相邻单体的接合面为平面，多个接合面则呈等角度放射状排列。按组成双晶的单体个数，环状双晶进一步可分为三连晶（trilling）、四连晶（fourling）、五连晶（fiveling）、六连晶（sixling）（图 2-74）、八连晶（eightling）等。

图 2-74　金绿宝石轮式双晶示意图及其实际双晶

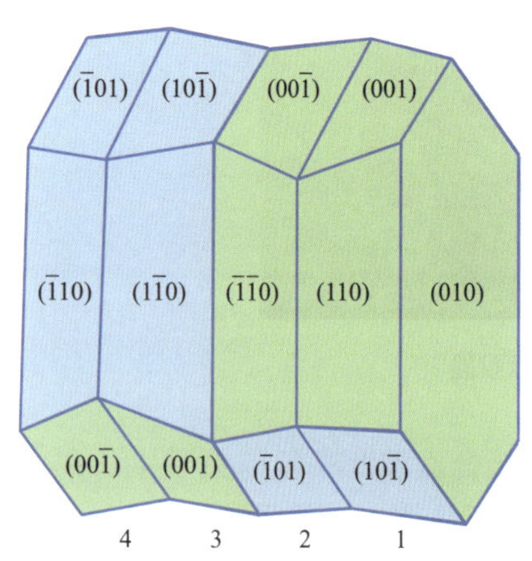

图 2-75　斜长石的卡钠复合双晶

复合双晶（compound twin）：由两种以上的单体以简单接触关系形成的双晶复合体。例如，图 2-75 的卡钠复合双晶中，单体 1 与 2、3 与 4 彼此间按钠长石律接合，双晶轴 ⊥（010）；单体 2 与 3 之间按卡斯巴律接合，双晶轴 //Z 轴。复合双晶是接触双晶中较为复杂的双晶类型，实际晶体中较为少见。

② 穿插双晶（penetrate twin，interpenetrate twin，亦称贯穿双晶）：是由两个或多个单体彼此相互穿插而形成的双晶。与简单接触双晶相比，穿插双晶的穿插接触关系复杂，其接合面呈复杂折面。穿插双晶中，简单的穿插关系可以通过双晶接合面加以描述，但穿插关系太复杂时只能描述其接合面的主要特征。穿插双晶可以

呈现多种不同的形态，见图 2-76 ～图 2-78。

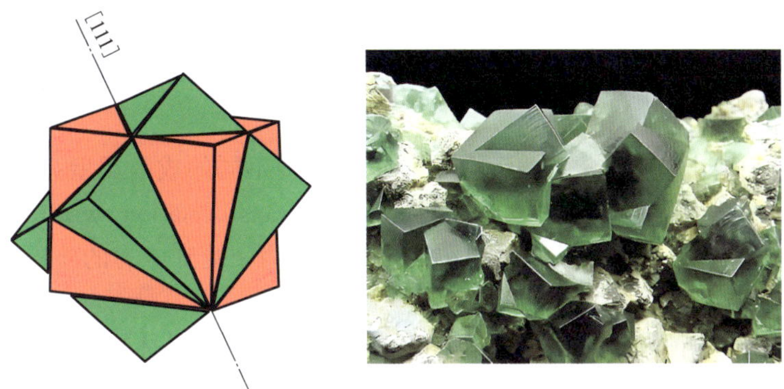

图 2-76　萤石穿插双晶示意图及其实际双晶

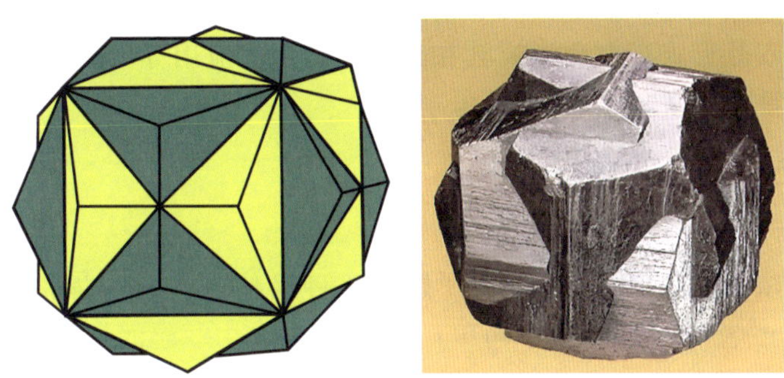

图 2-77　黄铁矿穿插双晶示意图及其实际双晶

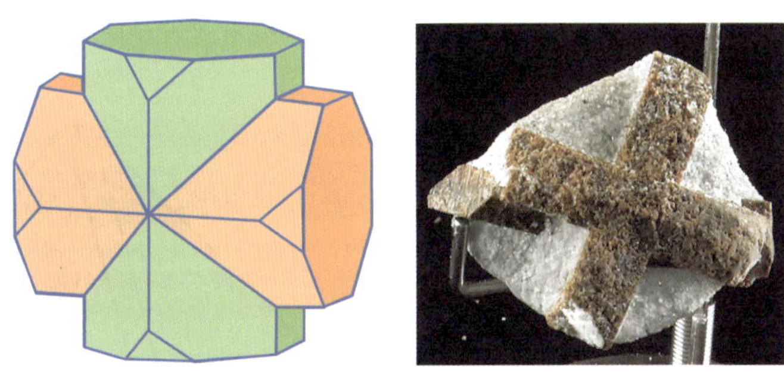

图 2-78　十字石穿插双晶示意图及其实际晶体

（5）双晶识别

双晶因为其外观的明显特征易于识别，在识别双晶的时候，常根据下列标志识别双晶。

① 凹入角：单晶为凸多面体，而多数双晶有凹入角，所以同种晶体上出现凹角有可能构成双晶。但需要注意，凹入角既不是识别双晶的必要条件，也不是识别双晶的充分条件，尚需结合下述标志进一步鉴别。

② 双晶缝合线和双晶纹：双晶的接合面可在晶体表面出露，称之为“缝合线”，双晶缝合线是一根孤立的线条，可以是直线，也可以是折线或曲线。双晶缝合线两侧的单体在晶面花纹、性质等方面一般会有差异。双晶纹通常是一组平行线。有时不能直接观察到缝合线和双晶纹，利用显微镜观察或者现代仪器进行分析，能更准确地识别出双晶。

③ 蚀象：蚀象也是识别双晶的标志之一。对于容易风化和溶蚀的晶体，其表面常常留有风蚀坑或溶蚀坑，称为蚀象。由于双晶中单体的取向不一致，因而相邻单体中的蚀象取向也不一致，据此可以判断双晶的存在。此外，由于双晶接合面的格子构造不连续，容易出现结构“缺陷”，也是易于被风化的薄弱部位，所以沿双晶缝合线有时会出现线状排列的蚀象。

（6）双晶的成因

根据双晶形成的机理，通常可将双晶分为以下三种不同的成因类型：生长双晶（growth twin），即晶体在生长过程中形成的双晶；转变双晶（transformation twin），是在同质多象转变过程中所产生的双晶；机械双晶，是晶体在生成以后由于受到应力的作用而形成的双晶。

（7）研究双晶的意义

双晶是晶体中的一种较为常见的规则连生现象。对于某些晶体来说也是很重要的一种性质，它在矿物鉴定和某些晶体的研究中，都有重要的意义。如自然界矿物机械双晶的出现可以作为地质构造变动的标志，因此它还具有一定的地质学意义。此外，双晶的存在往往会影响某些矿物的工业利用，必须加以研究和消除。如 α- 石英呈双晶形态就不能作为压电材料；同样，方解石若以双晶形式存在会影响其在光学仪器中的应用等。因此双晶的研究在理论和实际应用上都具有重要意义。

2.5.3 浮生和交生

（1）浮生

浮生（overgrowth），又称外延生长，是指一种晶体以一定的面网或取向关系附生于另一种晶体表面，或者同种晶体以不同单形的晶面附生在一起的规则连生。例如，碘化钾的（111）面网与白云母的（001）面网在结构上都是呈等边三角形面网分布，这种相似的面网使得碘化钾晶体以（111）面浮生于白云母的（001）面上（见图 2-79）。另外，如图 2-80 所示，由于具有相似的面网，赤铁矿与磁铁矿之间也会形成浮生关系，较小的赤铁矿会以（0001）面浮生在个体较大的磁铁矿（111）面上。

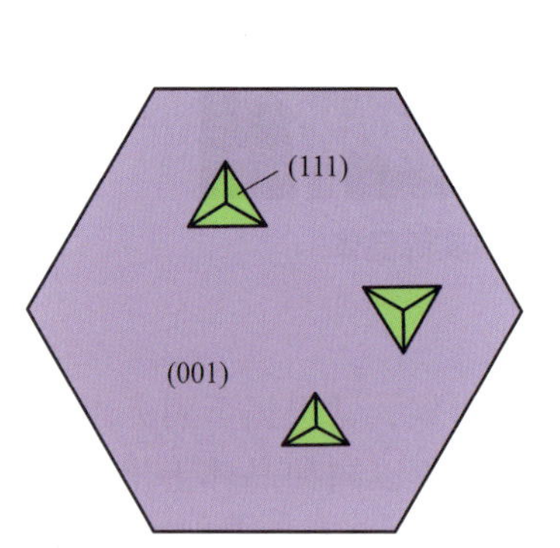

图 2-79　碘化钾晶体以（111）面浮生于白云母晶体的（001）面上

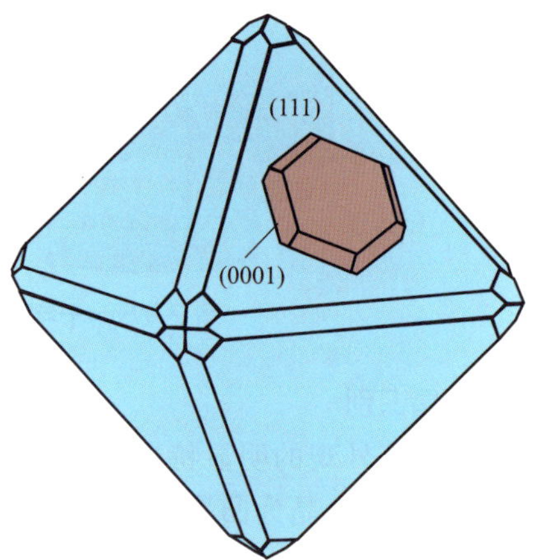

图 2-80　赤铁矿以（0001）面浮生在磁铁矿（111）面上

（2）交生

交生（intergrowth）是指两种不同的晶体彼此间以一定的结晶学取向关系交互连生，或一种晶体嵌生于另一种晶体之中的现象。例如，磷钇矿以对应结晶轴均相互平行的取向关系可以和锆石形成交生，如图 2-81 所示。此外，同种矿物晶体以相同面网或相似面网连生在一起，但并不是双晶关系，也可被称为交生。

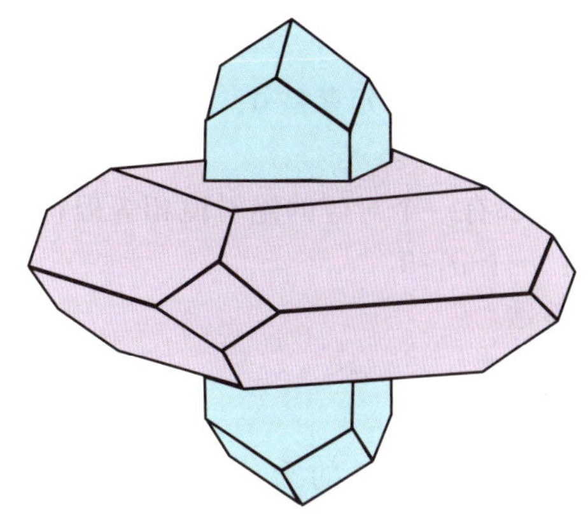

图 2-81　磷钇矿（粉红色）与锆石（青蓝色）的交生

延伸阅读 1

群论在晶体对称理论中的应用

一、群论基础

1. 群的概念

群是按照某种规律相互联系着的一组元素的集合。群的元素可以是字母、数字等，在晶体对称理论中，群的元素是对称操作。

在元素的集合 G 上定义一种结合法（或称为乘法，但这个乘法是广义的，不能理解为仅是两个数字之间相乘的简单乘法），若 G 对于给定的乘法满足下列 4 个条件，则称 G 为一个群（group）。

（1）封闭性　群内任意两个元素或两个以上的元素（相同的或不同的）的结合（积）都是该集合的一个元素。即若 a 和 b 是 G 中的元素，则它们的乘积 ab 也是 G 中的元素。

一般情况下，$ab \neq ba$，即不满足交换律，所以，元素书写的顺序是有意义的；如果一个群中所有元素间的乘法都满足交换律 $ab=ba$，则称该群为互易群。

（2）结合律　虽然群元素不要求满足交换律，但必须满足结合律，即要求下式成立：

$$(ab)c=a(bc) \tag{2-25}$$

（3）单位元素　集合内存在一个单位元素 e，它和集合中任何一个元素的积都等于该元素本身，即 $ae=ea=a$，$be=eb=b$。

（4）逆元素　集合内任一元素均有一对应的逆元素，即元素 a 有一逆元素 a^{-1}，使 $aa^{-1}=e$。

元素的集合如果满足上述 4 个条件，就称为群。在这个群中元素的个数就是群的阶（order）。

例如：所有的整数构成一个群 $\{\cdots, -3, -2, -1, 0, 1, 2, 3, \cdots\}$。该群所对应的结合法为加和。

（1）封闭性　任意两个或两个以上的整数加和，还是一个整数。

（2）结合律　$(a+b)+c=a+(b+c)$。

（3）单位元素　整数群中的单位元素是 0，因为任意整数与 0 的加和还是这个整数本身，$a+0=a$。

（4）逆元素　任意整数都有一个对应的绝对值相等但符号相反的整数，这两个符号相反的整数互为逆元素：$a+(-a)=0$。

以上 a、b、c 为任意整数。

2. 群的性质

（1）母群、子群、不变子群

定义：如果群的子集 H 对于群 G 的乘法也构成一个群，则称 H 为 G 的子群（sub-group），而 G 称为 H 的母群（supergroup）。

例如：所有偶数构成整数群中的一个子群。偶数群也满足上述的 4 个条件，同时请思考：所有奇数构成群吗？

定义：设 H 为群 G 的一个子群，若对 G 的任何元素 g 都有：

$$gHg^{-1}=H \tag{2-26}$$

则称 H 为 G 的一个不变子群（invariant subgroup）。

对于对称操作中的点群，可以形象地理解为：对称型中所有对称要素的操作不改变某一对称要素的位置，则这一对称要素对应的操作称为该点群中的不变子群。

（2）共轭性　设 a 与 b 是群 G 的两个元素，若 G 中可找到一元素 x，使得：

$$b=xax^{-1} \tag{2-27}$$

则称 b 与 a 共轭，或称 b 是 x 对 a 共轭变换的结果。

对于对称操作中的点群，可以形象地理解为：通过某一对称要素 x 的操作使对称要素 a 的位置发生了改变，变到对称要素 b 的位置，a 与 b 为同一种类型的对称要素，称 a、b 为同一共轭类。

（3）直积性

定义：设有两个群 $H=\{1, h_2, \cdots, h_r\}$；$P=\{1, p_2, \cdots, p_s, \}$，若① H 与 P 除单位元 1 之外没有任何公共元；②群 H 的元与群 P 的元之间的乘法服从交换律：

$$h_ip_j=h_jp_i \tag{2-28}$$

则群 H 中任一元 h_i 与群 P 中任一元 p_j 乘积的集合：

$$G=\{h_ip_j\}=\{h_jp_i\}\ (i=1, 2, \cdots, r;\ j=1, 2, \cdots, s) \tag{2-29}$$

称为群 H 与群 P 的外直积，记为：$G=H\otimes P=P\otimes H$。

按上述定义的外直积具有下述性质：①群 H 与群 P 的外直积 $G=\{h_ip_j\}$ 构成群，称为 H 与 P 的外直积群 G；②外直积群 G 中，两个直积因子群 H 与 P 都是 G 的不变子群；③外直积群 G 的阶 q 为 H 的阶 r 与 P 的阶 s 的乘积：$q=rs$。

定义：设有两个群 $H=\{1, h_2, \cdots, h_r\}$；$P=\{1, p_2, \cdots, p_s\}$，若① H 与 P 除单位元 1 之外没有公共元；②在群 P 任一元素 P_j 的共轭变换下，群 H 是不变的，即

$$p_j H p_j^{-1}=H \tag{2-30}$$

则 H 中任一元与 P 中任一元乘积的集合 $G=\{h_i p_j\}$（$i=1, 2, \cdots, r$；$j=1, 2, \cdots, s$）称为群 H 与 P 的半直积，记为：$G=H \wedge P$。

半直积具有下述性质：①群 H 与群 P 的半直积 $G=\{h_i p_j\}$ 构成群，称为 H 与 P 的半直积群；②在半直积群 G 中，第一直积因子群 H 为 G 的不变子群；③半直积群 G 的阶 q 为 H 的阶 r 与 P 的阶 s 的乘积：$q=rs$。

二、群论在晶体对称理论中的应用

对称要素组合在一起构成对称型时，与其对应的对称操作的复合就构成点群，即这种对称操作的复合是符合数学中群的定义的。这里具体讨论群论这一数学工具（或语言）在对称操作中的运算（或描述）。

用群论的数学工具来运算晶体中的对称操作时，每一对称要素的对称操作（或者一个对称要素的每一次对称操作）就是一个群元素，这个群所定义的乘法为对称操作的复合，而对称操作的复合的运算就是对称操作矩阵的乘积。这样，借助于矩阵运算，就可以对具体的对称操作进行运算。所以，首先必须给出对称操作的矩阵表达。

1. 对称操作的矩阵表达

对称操作用数学的方法来描述，就是在一个固定坐标系中，对称操作前后空间所有的点的坐标发生了改变。

设空间中的一点（x, y, z）经对称操作 $\boldsymbol{R}$ 得到另一点（x', y', z'），则

$$(x', y', z')=\boldsymbol{R}(x, y, z) \tag{2-31}$$

可以通过一个矩阵变换来表示 $\boldsymbol{R}$

$$\begin{Bmatrix} x' \\ y' \\ z' \end{Bmatrix}=\begin{Bmatrix} a_{11} & a_{12} & a_{13} \\ a_{21} & a_{22} & a_{23} \\ a_{31} & a_{32} & a_{33} \end{Bmatrix}\begin{Bmatrix} x \\ y \\ z \end{Bmatrix} \tag{2-32}$$

其中

$$\boldsymbol{R}=\begin{Bmatrix} a_{11} & a_{12} & a_{13} \\ a_{21} & a_{22} & a_{23} \\ a_{31} & a_{32} & a_{33} \end{Bmatrix} \tag{2-33}$$

称为对称变换矩阵，任一对称变换都有唯一的对称变换矩阵。那么两种对称操作的复合就是这两种对称操作的对称变换矩阵的乘积，矩阵乘积的算法为：

$$\begin{Bmatrix} a_{11} & a_{12} & a_{13} \\ a_{21} & a_{22} & a_{23} \\ a_{31} & a_{32} & a_{33} \end{Bmatrix}\begin{Bmatrix} b_{11} & b_{12} & b_{13} \\ b_{21} & b_{22} & b_{23} \\ b_{31} & b_{32} & b_{33} \end{Bmatrix}=\begin{Bmatrix} c_{11} & c_{12} & c_{13} \\ c_{21} & c_{22} & c_{23} \\ c_{31} & c_{32} & c_{33} \end{Bmatrix} \tag{2-34}$$

其中，$c_{ij}=a_{i1} \cdot b_{1j}+a_{i2} \cdot b_{2j}+a_{i3} \cdot b_{3j}$（$i, j=1, 2, 3$）。

简单地说就是：前面一个矩阵的第 i 行的 3 个矩阵元素 a_{i1}、a_{i2}、a_{i3} 与后面一个矩阵的第 j 列的 3 个矩阵元素 b_{1j}、b_{2j}、b_{3j} 分别相乘后相加，就得到作为乘积结果矩阵中

的第 i 行第 j 列的矩阵元素 c_{ij}。

所以，两个相乘矩阵的前后位置是有意义的，不能随便交换位置，即矩阵运算不满足交换律。

下面给出一些主要的对称要素的对称操作变换矩阵。

（1）对称面所对应的变换矩阵

$$R\{m[100]\}=\begin{Bmatrix}-1 & 0 & 0\\ 0 & 1 & 0\\ 0 & 0 & 1\end{Bmatrix}$$

$$R\{m[010]\}=\begin{Bmatrix}1 & 0 & 0\\ 0 & -1 & 0\\ 0 & 0 & 1\end{Bmatrix}$$

$$R\{m[001]\}=\begin{Bmatrix}1 & 0 & 0\\ 0 & 1 & 0\\ 0 & 0 & -1\end{Bmatrix} \tag{2-35}$$

注意，这里对称面的方位用其法线标定，即 [100]、[010]、[001] 方向为对称面 m 的法线，使用了晶棱符号 $[rst]$。

例如，对称面 $m[010]$ 对点（x, y, z）操作：

$$R\{m[010]\}(x,y,z)=\begin{Bmatrix}1 & 0 & 0\\ 0 & -1 & 0\\ 0 & 0 & 1\end{Bmatrix}\begin{Bmatrix}x\\ y\\ z\end{Bmatrix}=\begin{Bmatrix}x\\ -y\\ z\end{Bmatrix} \tag{2-36}$$

即点（x, y, z）在对称面 $m[010]$ 的作用下变换成（x, $\overline{y}$, z）。

（2）对称轴所对应的旋转操作变换矩阵　在直角坐标系下，绕 z 轴或绕 y 轴旋转的矩阵分别为：

$$R\{n[001]\}=\begin{Bmatrix}\cos\alpha_n & -\sin\alpha_n & 0\\ \sin\alpha_n & \cos\alpha_n & 0\\ 0 & 0 & 1\end{Bmatrix} \tag{2-37}$$

$$R\{n[010]\}=\begin{Bmatrix}\cos\alpha_n & 0 & \sin\alpha_n\\ 0 & 1 & 0\\ -\sin\alpha_n & 0 & \cos\alpha_n\end{Bmatrix} \tag{2-38}$$

式中 α_n 的角度是有正、负之分的，规定顺时针旋转为正。

例如，绕 z 轴的二次轴对点（x，y，z）的操作表示为：

$$R\{2[001]\}(x,y,z)=\begin{Bmatrix}-1 & 0 & 0\\ 0 & -1 & 0\\ 0 & 0 & 1\end{Bmatrix}\begin{Bmatrix}x\\ y\\ z\end{Bmatrix}=\begin{Bmatrix}-x\\ -y\\ z\end{Bmatrix} \tag{2-39}$$

从而得到点（$\bar{x}$，$\bar{y}$，z）。

但三次轴和六次轴不适合用上述矩阵，因为对于三方、六方晶系，习惯采用四轴定向法，即采用 H 坐标系。在这种坐标系下，有

$$R\{3[001]\}(x,y,z)=\begin{Bmatrix}0 & -1 & 0\\ 1 & -1 & 0\\ 0 & 0 & 1\end{Bmatrix}\begin{Bmatrix}x\\ y\\ z\end{Bmatrix}=\begin{Bmatrix}-y\\ x-y\\ z\end{Bmatrix} \tag{2-40}$$

$$R\{6[001]\}(x,y,z)=\begin{Bmatrix}1 & -1 & 0\\ 1 & 0 & 0\\ 0 & 0 & 1\end{Bmatrix}\begin{Bmatrix}x\\ y\\ z\end{Bmatrix}=\begin{Bmatrix}x-y\\ x\\ z\end{Bmatrix} \tag{2-41}$$

可以证明，两次 L^6 的操作即等于 L^3 的操作（即两次旋转 60° 等于一次旋转 120°）。

$$\begin{Bmatrix}1 & -1 & 0\\ 1 & 0 & 0\\ 0 & 0 & 1\end{Bmatrix}\begin{Bmatrix}1 & -1 & 0\\ 1 & 0 & 0\\ 0 & 0 & 1\end{Bmatrix}=\begin{Bmatrix}0 & -1 & 0\\ 1 & -1 & 0\\ 0 & 0 & 1\end{Bmatrix} \tag{2-42}$$

同理，这里对称轴的方位也用晶棱符号表示。

当对称轴的轴次 n=1 时，就是恒等操作，因为 n=1 就是旋转 360° 只重复 1 次，任何物体围绕任意直线旋转 360° 都可以恢复原状（重复 1 次），所以恒等操作似乎无实际意义，但它在对称操作的点群中起着重要的单位元的作用。恒等操作的对称变换矩阵为：

$$\begin{Bmatrix}1 & 0 & 0\\ 0 & 1 & 0\\ 0 & 0 & 1\end{Bmatrix}$$

每一个对称操作的反向操作就是它的逆操作，那么对称操作和它的反向操作的复合（即相当于两者之积）肯定为恒等操作。一般将某操作 $\boldsymbol{R}$ 的逆操作写成 $\boldsymbol{R}^{-1}$。

（3）对称中心所对应的反伸操作的变换矩阵　对于晶体的宏观对称，对称中心一定位于晶体中心，即坐标原点，故反伸操作的变换矩阵为：

$$R\{\bar{1}\}=\begin{Bmatrix}-1 & 0 & 0\\ 0 & -1 & 0\\ 0 & 0 & -1\end{Bmatrix} \tag{2-43}$$

空间一点（x, y, z），经对称中心操作，则

$$R\{\bar{1}\}(x,y,z)=\begin{Bmatrix}-1 & 0 & 0\\ 0 & -1 & 0\\ 0 & 0 & 1\end{Bmatrix}\begin{Bmatrix}x\\ y\\ z\end{Bmatrix}=\begin{Bmatrix}-x\\ -y\\ -z\end{Bmatrix} \tag{2-44}$$

从而得到点（$\bar{x}$，$\bar{y}$，$\bar{z}$）。

2. 对称型中所有对称要素的对称操作构成群——点群

现在说明与对称型对应的对称操作的点群。

例如：对称型 $2/m$ 包含 3 个对称要素 $2, m, \bar{1}$，它们的对称操作构成一个群，群元素可以理解为每个对称要素所对应的对称操作，表示为 $2/m\{2, m, \bar{1}, 1\}$，它满足群的 4 个基本性质。

（1）封闭性　可以用矩阵运算验证，上述 4 个群元素中任 2 个或 3 个的乘积（操作的复合或操作矩阵的乘积）还是这 4 个群元素之一。例如：$2\times m=\bar{1}$。矩阵表达为（设 2 和 m 的法线都是 [010] 方向）：

$$\begin{Bmatrix} -1 & 0 & 0 \\ 0 & 1 & 0 \\ 0 & 0 & -1 \end{Bmatrix}\begin{Bmatrix} 1 & 0 & 0 \\ 0 & -1 & 0 \\ 0 & 0 & 1 \end{Bmatrix}=\begin{Bmatrix} -1 & 0 & 0 \\ 0 & -1 & 0 \\ 0 & 0 & -1 \end{Bmatrix} \tag{2-45}$$

（2）结合律　同样可以用矩阵运算验证，$(2m)\bar{1}=2(m\bar{1})$。

（3）单位元　群中的 1 即为单位元。

（4）逆元素　群中每一元素都有逆元素，逆元素为每个元素的反向操作。由此可见，$2/m$ 是一个群。

所有对称型所对应的对称操作都可构成一个群，称点群。

但是，这里要做两点说明：

第一，有的对称型只有一个对称要素，这时，群元素就是这个对称要素的每一次对称操作。例如：对称型 4（L^4）的各种旋转操作就构成一个群，表示为 $4\{4^1, 4^2, 4^3, 4^4=1\}$（其中 4^n 表示绕四次轴顺时针旋转 $n\times 90°$）。这时群元素的乘积为两个群元素所对应操作的相继连续施行，也可用矩阵的乘积表达（其中 4^n 的操作变换矩阵为四次轴的变换矩阵自乘 n 次）。同样也可证明群 $4\{4^1, 4^2, 4^3, 4^4=1\}$ 中的 4 个元素满足群的 4 个基本条件。

第二，每个对称要素的对称操作实际上就是这个对称型所对应的点群中的子群，而不是群元素。例如，上述点群 $2/m\{2, m, \bar{1}, 1\}$ 中，也可以将每个群元素看成是子群，2 这个子群包含两个群元素，表示为 $2\{2^1, 2^2=1\}$；同样 m, $\bar{1}$ 这两个子群也可以分别表示为 $m\{m^1, m^2=1\}$，$\bar{1}\ \{(\bar{1})^1, (\bar{1})^2=1\}$。但是，有些对称型却不能将每个对称要素的对称操作看成群元素，只能看成是子群，例如 $4/m$ 这个对称型，它包含 3 个对称要素 $4, m, \bar{1}$，这时，如果将每个对称要素看成是群元素而将点群 $4/m$ 表示为 $4/m\{4, m, \bar{1}, 1\}$，就不能验证群的封闭性，因为 m 与 $\bar{1}$ 的对称操作的复合（或矩阵的乘积）只能产生 2，表面上看，2 不是上述 4 个群元素之一，所以就不能验证该点群的封闭性，这时一定要将 4 这个群元素看成是子群，即 4 可表示为 $4\{4^1, 4^2=2^1, 4^3, 4^4=2^2=1\}$，其中包含了 2，所以 m 与 $\bar{1}$ 的乘积等于 2，就可以满足群的封闭性了。

总结以上两点，可以看出点群中群元素之间的运算包含两个层次：一是同一个对称要素的各次对称操作之间的复合；二是不同对称要素的对称操作之间的复合。

3. 点群中存在的一些母群 - 子群关系

从前面可以知道，在群 $4\{4^1, 4^2=2^1, 4^3, 4^4=2^2=1\}$ 中，群元素 $4^2=2^1$, $4^4=2^2$，所以群 4 中的 4^2 和 4^4 构成一个子群 2，即 4 包含 2 这个子群，那么 4 就是 2 的母群。同样 6 包含 3 这个子群，因为 $6\{6^1, 6^2, 6^3, 6^4, 6^5, 6^6=1\}$ 中，群元素 $6^2=3^1$, $6^4=3^2$, $6^6=3^3$，所以群 6 中的 6^2、6^4、6^6 构成一个子群 3，即 3 为 6 中的一个子群；此外，6 还包含 2 这个

子群，因为 $6^3=2^1$, $6^6=2^2$，所以群 6 中的 6^3 和 6^6 构成一个子群 2。同理还可以证明 2 也是 $\bar{4}$ 中的子群，因为 $\bar{4}$ $\{(\bar{4})^1, (\bar{4})^2, (\bar{4})^3, (\bar{4})^4\}$ 中，$(\bar{4})^2=2^1$，$(\bar{4})^4=2^2=1$，即 $(\bar{4})^2$ 和 $(\bar{4})^4$ 构成子群 2。

除了高次轴包含低次轴的子群外，在每个对称型所对应的点群中，每一对称要素所对应的操作就是这个点群中的子群。

三、对称型（点群）中有关群论的一些总结

① 点群的封闭性对应于对称型中所有对称要素的完整性，即在点群的任何对称操作前后，对称要素守恒，没有对称要素的消失和产生，也没有对称要素布局的可识别变化。

② 对称型中若干对称要素的对称操作可组成这个对称型所对应的点群的一个子群。每一对称要素的对称操作都是一个群或子群；低次对称轴往往是高次对称轴的子群。

③ 点群 G 的不变子群 H 的几何意义为：G 中的任何对称操作均不改变 H 的对称要素的位置。例如：L^33P（$3m$）中的任何对称操作不改变 L^3 的位置，即 L^3 为 L^33P 中的不变子群。

④ 若点群中存在着使一组对称要素互易位置（但不可辨别）的对称操作，则称这组对称要素相互共轭，即为同一共轭类。例如 L^33P 中的 3 个 P。

⑤ 对称要素（或对称型）与对称要素（或对称型）的组合可以形成另一对称型，对应于点群 H 与点群 P 的直积可以形成另一点群。但是，点群的直积要受直积的条件限制，点群 H 与点群 P 可构成外直积群 G 的几何证据是：一个点群的对称要素不被另一点群的对称操作所改变，这是群 H 与群 P 都作为群 G 的不变子群的要求，例如 L^2[001] 与 L^2[010] 可以外直积，因为它们的对称操作不改变它们的位置，形成 $3L^2$ 这个外直积群。点群 H 与点群 P 可构成半直积群 G 的几何判据是：作为 G 中不变子群的 H，其对称要素不被点群 P 的操作所改变，但子群 P 的对称要素允许被子群 H 的操作变换为与之共轭的对称要素，例如 L^n 与垂直它的 L^2 可以半直积，因为 L^2 的操作不改变 L^n 的位置，但 L^n 的操作会改变 L^2 的位置，形成 L^nnL^2 这个半直积群，其中有一些 L^2 是由 L^n 的操作而相互复制的，为同一共轭类。所以，对称要素的组合中，对称要素的相交角度不能是任意的，它要保证至少有一个对称要素的位置保持不变，否则，将无穷尽地产生对称要素，就不能满足群的封闭性。

延伸阅读 2

双晶形成的内部结构机制

前文双晶的内容只是从宏观形态上讨论了其定义、识别和成因等。双晶是否可以形成，还要受到晶体内部结构的制约。这方面的研究最典型的代表是马拉德定律（Marllard law），后经过傅里德（Friedel）的进一步发展，形成了关于双晶结构的理论体系，简单介绍如下。

双晶内部结构机制主要是研究组成双晶的两个或多个单体的空间格子必须达到相互协调与匹配。其中的基本概念是双晶空间格子（twin lattice），具体是指：当形成双晶的两个或多个单体的晶体结构的空间格子相互穿插在一起时，这两个或多个空间格子的共同结点所组成的空间格子。如图 2-82 所示，双晶中单体 1 的空间格子（蓝色实线）与单体 2 的空间格子（蓝色虚线）中间存在一个双晶面（绿色粗实线表示），这两个格子的共同结点用重叠的红点与蓝色圆圈表示，将这些共同结点连接起来就形成了双晶空间格子（用蓝色粗点线画出的格子）。

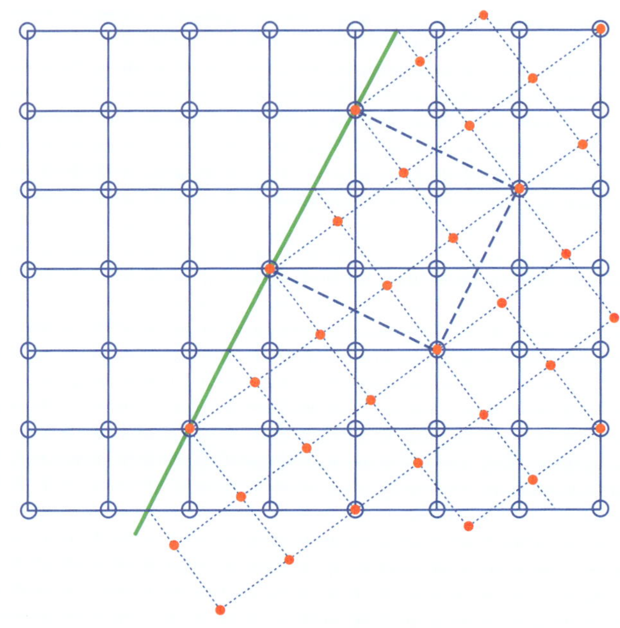

图 2-82　双晶格子示意图

双晶空间格子的最小重复单位中所包含的单体空间格子的结点数目，称为双晶指数（twin index），它反映了双晶空间格子与单体空间格子的体积比，图 2-82 中的双晶指数为 5（内部包含 4 个结点，角顶上的 4 个结点折算成 1 个）。

双晶指数是衡量双晶空间格子与单体空间格子协调、匹配程度的重要参数，双晶指数越近于 1，两个单体之间形成双晶结构的匹配程度越高，该双晶从内部结构上就越容易形成。当双晶指数等于 1 时，两个单体空间格子之间的所有结点都是共有的，双晶空间格子与单晶体空间格子完全相同，这种双晶从内部结构上是最稳定的。许多常见双晶就有这样的结构特点，例如：石英的道芬律双晶与巴西律双晶，其双晶指数就等于 1。但也有些常见双晶律的双晶指数大于 1，如尖晶石律双晶的双晶指数等于 3。一般来说，双晶指数大于 3 的双晶就不太常见了。

衡量双晶结构的稳定协调性除了双晶指数外，还有一个倾斜角（obliquity）参数，它是指双晶轴法线之间的夹角。如果晶体具有对称中心，则一旦有双晶面存在，就会产生一个垂直双晶面的双晶轴。当双晶面与双晶轴严格垂直时，倾斜角等于 0，这种双晶很常见，如尖晶石律、萤石律、黄铁矿的铁十字律等等，在这些双晶律中，双晶面是有理指数面 {111} 或 {110}，而垂直双晶面的双晶轴也为有理指数方向 [111] 或 [110]，这些面与轴严格垂直，这种垂直关系是由晶体的对称性决定的。但是，锡石的膝状双晶律倾斜角不为 0，因为锡石膝状双晶的双晶面（011）

与双晶轴 [011] 不严格垂直，双晶面（011）的法线与双晶轴 [011] 有一个非常小的角度，这个角度就是倾斜角，这个角度还随锡石晶胞参数的变化而变化。在这种双晶中，双晶轴的晶棱符号指数非常高，不是有理指数，所以，这种双晶律相对来说不太稳定。一般来说，较常见的双晶的倾斜角小于 6，如上述锡石双晶的倾斜角等于 2。

综上所述，双晶形成的内部结构机制用两个参数来衡量，一个是双晶指数，一个是倾斜角，双晶指数越接近于 1，倾斜角越接近于 0，这种双晶的内部结构中两单体之间的空间格子越匹配兼容，因而越稳定，越容易形成。

延伸阅读 3

晶体学中的对称之美与和谐社会构建

在晶体学中，对称是一个核心概念。晶体的对称性体现在其外观形态的规律性以及内部结构的周期性重复上，不同的对称操作和对称要素组合形成各种各样的晶体对称类型。这种对称性不仅赋予了晶体独特的美学价值，更反映了自然界的一种秩序和规律。

通过晶体对称的规律性与稳定性，可以让我们理解规则和秩序在社会生活中的重要性。晶体对称的规律性体现了公平、正义、和谐的价值观念，也说明了社会秩序的重要性。就像晶体中的原子严格按照对称规律排列才能形成稳定的结构一样，社会中的每个人也需要遵循法律法规、道德规范等，才能构建一个和谐稳定的社会。因此，大家在学习讨论晶体的对称性时，可以类比社会各个部门之间相互协作、相互制约的关系，只有各部门在规则框架内各司其职、协同配合，整个社会“结构”才能高效运转。晶体的稳定性则象征着只有国家稳定、民族团结，珍惜当前美好生活，才能为实现民族复兴贡献力量。

晶体学的发展历程中科学家们经过对晶体对称规律的不懈探索，最终发现了晶体对称的科学规律和本质，这也体现了他们在研究晶体对称过程中追求卓越的科学精神和创新意识。许多科学家为了揭示晶体的对称奥秘，经历了无数次的实验失败和理论推导困境，但始终坚持不懈。这种坚韧不拔和持之以恒的科学精神可以激励我们在面对学习和未来科研工作中的困难时，要有勇于探索、不怕挫折的精神，为推动科技进步和社会发展贡献自己的力量。同学们在了解了晶体学科学家的故事后，可以阅读相关的科学文献或传记片段，然后分享自己的感悟，并将这些科学精神运用到自己的学习和研究计划中，制订个人的学习目标和克服困难的策略。

另外，从晶体对称的多样性出发，能够启发我们尊重文化和个体差异。晶体有着丰富多样的对称形式，却都能和谐共存于自然界。这恰似人类社会中不同的文化、民族和个体，虽然各具特色，但都能在全球这个大“体系”中相互交融、相互促进。因此，对于整个人类社会，应树立多元包容的价值观，积极促进文化交流与合作，摒弃偏见与歧视，共同构建人类命运共同体。

因此，在学习晶体对称的基本概念和分类时，通过不同晶体的精美图片或模型，不仅可以直观感受到晶体的对称之美，还可以思考晶体对称背后所蕴含的哲理对人类社会运行的启示。同学们在实验环节也可以进行小组讨论，分享个人对晶体对称之美以及社会规则和秩序的理解，并举例说明在日常生活中遵守规则的重要性。

总之，晶体对称的多样性与和谐共存的特点，不但可以让我们明白社会规则和秩序的重要性，而且可以深入理解人类社会多元文化的个性与差异，让我们在社会发展进程中尊重他人，包容多样，共同发展。

思考题

1. 在球面投影和极射赤平投影中，大圆和小圆的根本区别是什么？
2. 面角与晶面夹角是什么关系？为什么在晶体投影和作图时往往采用面角而非实际的夹角？
3. 方位角和极距角各自的含义是什么？
4. 请简述极射赤平投影的原理。
5. 按极射赤平投影法，对立方体各平面进行目估投影，且投影时分别使立方体的棱、面对角线和体对角线垂直于投影面。
6. 吴氏网中的基圆、直径、大圆弧和小圆弧，各是什么切面的投影？
7. 晶体上一对相互平行的晶面，它们在极射赤平投影图上是什么关系？
8. 当某一晶面与赤平面平行、斜交和垂直时，作图说明该晶面的投影点与基圆之间的位置关系。
9. 极射赤平投影中，某晶面的极距角为 ρ，投影点与圆心的距离为 h，请证明如下关系：$h=r\tan(\rho/2)$，其中 r 为基圆的半径。
10. 已知晶面 A 的球面坐标为 $\rho=60°$，$\varphi=200°$，作图求其极射赤平投影点，并作出垂直 A 晶面的晶面投影点。
11. 晶体外形上的对称与常见生活中的各种对称有什么本质不同？
12. 下图给出了几种正多边形，它们的对称性是什么样的？如果将每一个正多边形作为一个基本单元，哪些正多边形能没有空隙地排列并充满整个二维平面？哪些不能？

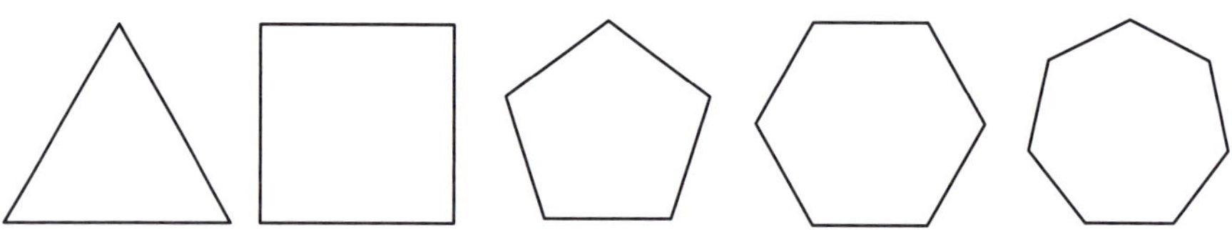

13. 怎样理解晶体的格子构造决定了所有晶体都是对称的，晶体的格子构造也限制了有些对称在晶体中是不能出现的？
14. 晶体上的对称要素有哪些？总结对称轴、对称面的特点以及在晶体上可能出现的位置。
15. 什么是晶体的对称定律？怎样从晶体的格子构造来理解晶体的对称定律？请结合余弦函数证明晶体的对称定律。
16. 如空间中一个点的坐标为（3，1，2），经过对称轴的对称操作变换后到达另一点（x，y，z）。分别求出在二、三、四和六次轴作用下具体的（x，y，z）数值。
17. 对称要素组合是什么含义？任意两个对称要素都可以组合吗？两个对称要素以任意角度相交都可以组合吗？
18. 什么是对称型？对称型一共有多少种？限制对称型的数目的主要原因是什么？
19. 对称要素的多个组合定理是否可以同时体现在同一晶体上？分析下列对称型中对称要素共存

符合哪一条组合定理？L^2PC，L^22P，$3L^23PC$，L^33L^23PC，L^33L^24P，L^66L^27PC，$L_i^4\ 2L^22P$。

20. 判断下列对称型的对与错，并说明原因。L^2P，L^2C，L^3C，L^33L^23P，L^66L^26PC，$L_i^4\ L^2P$，$3L^23PC$，L^33L^24PC。
21. 旋转反伸轴包含两个操作：旋转 + 反伸，那它就一定等于对称轴与对称中心组合吗？为什么？
22. 根据对称型 L^66L^27PC 和 L^44L^25PC 中的对称要素组合规律，能否得到对称型 L^33L^24PC？为什么？
23. 至少有一端通过晶棱中点的对称轴只能是几次对称轴？一对正六边形的平行晶面之中点的连线可能是几次对称轴的方位？
24. 在只有一个高次轴的晶体中，能否有与高次轴斜交的 P 或 L^2 存在？为什么？
25. 当 n 为奇数时，下列对称要素的组合所导致的结果是什么？（1）$L^n \times C$；（2）$L^n \times P_{\perp}$；（3）$L_i^n \times P_{//}$。
26. 为什么晶体按对称特点进行分类是科学而合理的？总结晶体对称分类（晶族、晶系、晶类）的原则，晶类与对称型是什么关系？它们分别强调什么？
27. 在选定坐标轴的时候，坐标系的原点可以不经过晶体中心吗？为什么？
28. 三方、四方和六方晶系的名称是根据晶体中唯一高次轴的对称特点而命名的。你认为斜方、单斜和三斜晶系的名称是依据什么而得名的？等轴晶系的名称又来源于晶体的什么特点？
29. 晶面的米氏符号是怎么得出来的？等轴晶系、四方晶系、斜方晶系的（100）、（110）、（111）晶面与三根晶轴各是什么关系？
30. 有一斜方晶系的晶体，已知某晶面（111）与 X、Y、Z 轴的截距比为 1.5∶1∶2.2。今有 A 面与晶轴截距比为 0.75∶1∶1.1；B 面截距比为 3∶2∶6.6；C 面与 X、Y 轴截距比为 3∶4，和 Z 轴平行。试求 A、B、C 面的米氏晶面符号。
31. 在一晶体的宏观形态上，某晶面与三根晶轴不等距离相交时，其晶面符号表示为（hkl），请问该晶面在等轴晶系中可能是（111）吗？在斜方晶系中可能是（111）吗？为什么？
32. 简述米氏晶面指数的一般规律并理解其意义。
33. 对三方晶系的晶体，既可以进行三轴定向也可以四轴定向，两种定向在几何常数上有什么差别吗？
34. 请写出六方柱和四面体中各个晶面的米氏符号。
35. 什么是整数定律？整数定律与面网密度有什么关系？
36. 写出（$10\bar{1}0$）、（$11\bar{2}0$）、（$11\bar{2}1$）的三指数晶面符号；写出[$10\bar{1}0$]、[$11\bar{2}0$]、[$11\bar{2}1$]的三指数晶棱符号。
37. 单斜晶系中的 [100] 代表什么方向？（用与结晶轴间的相对关系表达）
38. （021）晶面是否属于 [112] 晶带？（$21\bar{3}1$）晶面是否属[$1\bar{3}1$]晶带？
39. 已知某晶面既与（010）和（001）晶面在同一晶带中，又与（111）和（241）晶面在同一晶带中，你如何用最简捷的方法直接心算得出该晶面之米氏符号？
40. 已知二晶面（110）与（111），求出由这两个晶面所决定的晶带，并判断（021）、（201）和（131）晶面是否属于这个晶带。
41. 下列晶面哪些属于 [001] 晶带？哪些属于 [010] 晶带？哪些晶面为 [001] 与 [010] 两晶带所共有？

（100）（010）（001）（ $\bar{1}00$ ）（ $0\bar{1}0$ ）（ $00\bar{1}$ ）（ $\bar{1}\bar{1}0$ ）（110）（011）
（ $0\bar{1}\bar{1}$ ）（101）（ $\bar{1}01$ ）（ $1\bar{1}0$ ）（ $\bar{1}10$ ）（ $10\bar{1}$ ）（ $\bar{1}0\bar{1}$ ）（ $01\bar{1}$ ）（ $0\bar{1}1$ ）

42. 区别下列几组易于混淆的点群的国际符号，并作出其对称要素的极射赤平投影：23 与 32，$3m$ 与 $m\bar{3}$ ，$3m$ 与 $\bar{3}m$ ，$6/mmm$ 与 $6mm$，$4/mmm$ 与 mmm。
43. 为什么等轴晶系的单形都是闭形，而单斜和三斜晶系的单形都是开形？
44. 原始晶面与任何一个对称型的位置关系最多只能有 7 种，是否可以说一个聚形上最多只能有 7 个单形相聚？
45. 由于立方体和五角十二面体的对称型不同，二者能否相聚形成聚形，为什么？
46. 在聚形中如何区分下列单形：斜方柱与四方柱；斜方双锥、四方双锥与八面体；菱形十二面体与五角十二面体。
47. 在 $2/m$、mmm、$m\bar{3}$ 、$6/mmm$ 几种点群的极射赤平投影图中确定出最小重复单位，并按 7 个原始晶面位置推导单形。
48. 单形有特殊形和一般形的区别，为什么每一个对称中的 $\{hkl\}$ 或 $\{hkil\}$ 单形都是一般形，其原因何在？
49. 六方晶系中为何可以出现三方柱、三方双锥等单形？（提示：它们只出现在哪类点群中）
50. 面体类（菱面体、四方四面体）与偏方面体类（三方偏方面体、四方偏方面体）单形怎么区别?
51. 为什么偏方面体类单形的名称中有一个“偏”字? 其本质何在?
52. 写出各晶系常见单形及单形符号，分析以下单形符号在各晶系中代表什么单形：$\{100\}$、$\{110\}$、$\{111\}$、$\{10\bar{1}0\}$ 、$\{10\bar{1}1\}$ 。
53. 为什么在三方（除 3 外）和六方（除 $\bar{6}$ 外）晶系中其他点群都有六方柱这一单形? 它们的对称特点相同吗? 为什么?
54. 左形和右形是什么关系? 正形和负形又是什么关系?
55. 什么是聚形? 单形相聚的条件是什么?
56. 同一聚形中，能否出现两种相同的单形?
57. 下列单形能否相聚? 为什么?

    八面体与四方双锥、六方柱与菱面体、斜方柱与四方柱、三方双锥与六方柱、五角十二面体与平行双面。
58. 双晶与平行连晶在晶体结构上有什么本质区别?
59. 双晶面为什么不能平行单晶体的对称面？双晶轴为什么不能平行单晶体的偶次对称轴？双晶中心为什么不可能与单晶体的对称中心并存？
60. 双晶要素与对称要素的区别与联系有哪些?
61. 什么是双晶接合面? 双晶面和双晶接合面有何异同?
62. 双晶的类型和成因有哪些？
63. 双晶识别的标志有哪些?
64. 怎样描述双晶律?
65. 浮生和交生的成因是什么?

第 3 章 晶体构造学基础

在第一章中已经介绍，晶体是具有格子构造的固体，其内部质点在三维空间都是呈周期性重复排列的。因为每种晶体都有一定形式的内部结构，所以不同晶体其内部格子构造也有所差异。与晶体外形上的晶面、晶棱之间一样，晶体结构内部的质点相互间也都有一定的几何关系。不过，晶体结构是一种微观的无限图形，而晶体的几何外形则是属于宏观范畴的有限图形，两者之间存在着一个根本的差异，即在晶体结构中必定有平移出现。实际上，晶体结构中质点的周期性重复排列就是平移的一种表现，而空间格子的形式则体现了平移的组合关系。

在本章中，首先讨论晶体结构的空间格子规律，其次是如何来确定空间格子的形式，即空间格子的划分问题。不过，空间格子讨论的对象只是纯粹几何意义上的一系列等同点，而在具体的晶体结构中，都是实在的质点。由此，相应地将引出晶胞的概念。至于质点间排列的对称关系，由于平移的出现，将导致产生新的对称要素，它们的组合构成空间群。由空间群中的对称要素联系起来的一组相等的质点，则组成等效点系。一个具体的晶体结构，即其中质点的具体排列形式，就可以由以上诸方面的几何特征予以表征。

3.1 晶体的空间格子规律

晶体内部结构最基本的特征是质点（原子、离子或分子）在三维空间有规律地周期性重复排列，也即格子构造，意指可用格子形状来表征晶体内部结构的对称特征。空间格子（lattice）就是表示晶体内部结构中质点周期性重复规律的几何图形。因为具体的晶体结构是很复杂的，往往含有许多原子、离子，使人很难看清楚这些原子、离子的重复规律，但如果避开具体的原子、离子，从具体的晶体结构中找出周期重复规律性，画出可代表结构中质点重复规律的空间格子这一几何图形，就会使得具体、复杂的晶体结构的周期重复规律性变得一目了然。

人类利用 X 射线测出的第一个晶体结构是氯化钠的结构。现以氯化钠为例，说明空间格子的构成。氯化钠的结构如图 3-1 所示。

由图 3-1 可以看出，沿立方体任何一条棱的方向，氯离子和钠离子均是作等距相间排列，每隔 0.5628nm 重复一次；沿立方体对角线方向，两种离子各自以 0.3988nm 的间距等距排列；在立方体的其他方向，两种离子的排列亦是规则的，只是排列方式与重复规律不同。为了进一步揭示这种规律，可以对结构进行抽象：首先，在结构中任选一几何点，这个点可以在氯离子或者钠离子的中心，或在它们中间的任意一点，然后，以此点为基准，在整个结构中把所有相同的点全部找出来，由此得出的每一个点，都应该是结构中占据相同位置且周围具有相同环境的等同点，称为相当点。相当点必须满足以下两个条件：

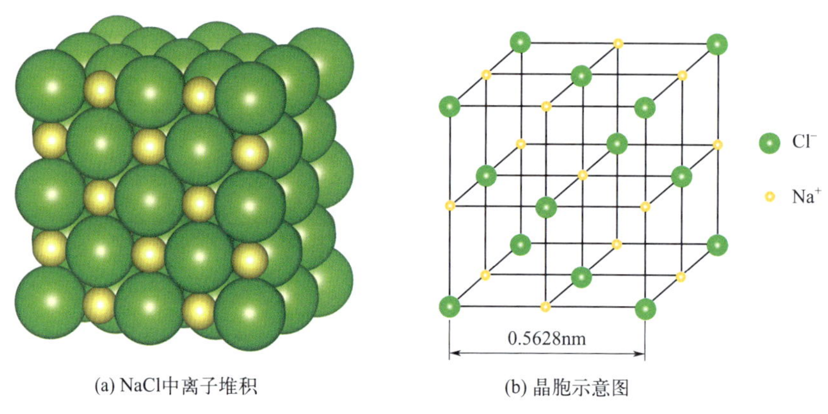

图 3-1 氯化钠结构

第一，如果原始点选在质点中心，则质点种类要相同。

第二，相当点周围的环境、方位要相同，即相当点周围相同方向上要有相同的质点。

图 3-2（a）表示氯化钠结构中 Cl^- 和 Na^+ 在平面上的分布。若原始点选在 Cl^- 的中心，相当点的分布如图 3-2（b）所示；选在 Na^+ 的中心或其他任何部位，相当点的分布也相同。所以相当点的分布能够反映晶体结构中所有质点的重复规律。

相当点在一维直线上的分布，构成直线点阵；相当点在二维平面内的分布，就构成了晶体结构的平面点阵，用直线连接相当点，就构成平面格子；相当点在三维空间也规则排列，形成空间点阵，用直线连接三维空间的相当点，就构成空间格子。为了研究晶体内部质点的重复规律而不受晶体自身大小的影响，设想相当点是在三维空间无限重复排列的，即空间格子是无限图形。

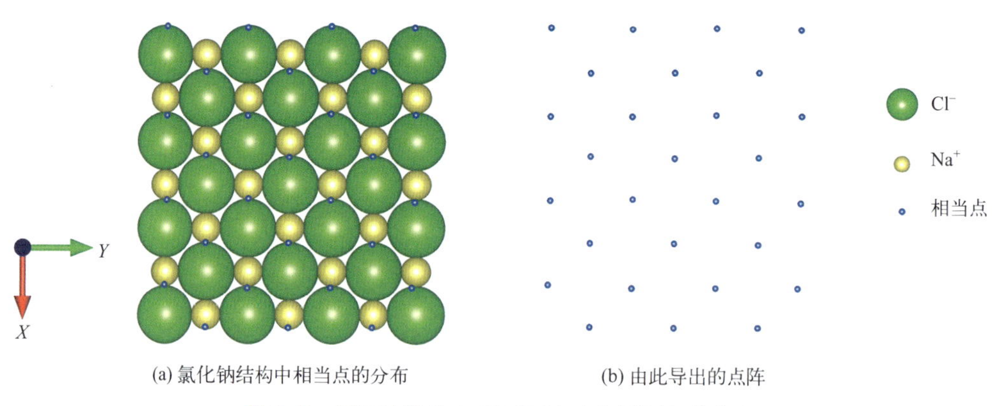

图 3-2 氯化钠结构中 Cl^- 和 Na^+ 在平面上的分布

再举一个导出空间格子的例子。图 3-3 是金红石（TiO_2）的晶胞结构示意图，其体心的 Ti 和角顶的 Ti 虽属于同种质点，但并不是相当点，由于 Ti^{4+} 周围的 O^{2-} 分布有两种取向，它们的周围环境不同，因而体心 Ti 和角顶 Ti 属于两套相当点。从这个例子可以看出，晶体结构中的同种质点并不一定是相当点，还要考虑它们的周围环境。那么，图 3-3 中的 O^{2-} 分属几套相当点呢？请找出 O^{2-} 的相当点并画出空间格子。

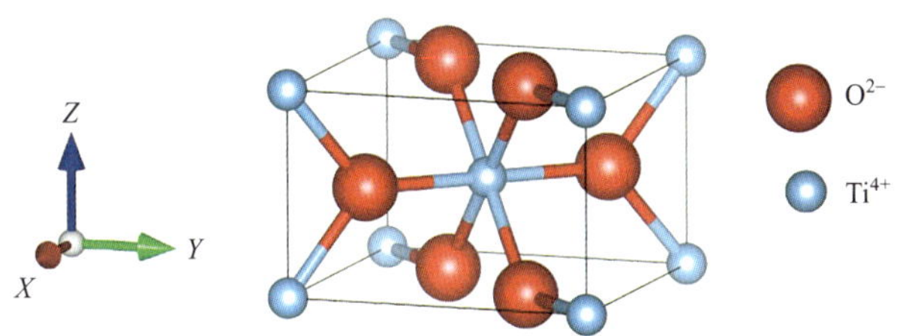

图 3-3 金红石晶胞结构示意图

任何复杂的晶体结构，只要找出相当点，抽象出空间格子（点阵），复杂晶体结构的重复规律就变得一目了然了。在晶体构造学中，研究晶体内部结构，主要是研究空间格子及其对称规律，并不涉及具体晶体结构中的离子、原子等。空间格子这一简单的几何图形包含了晶体结构中最重要、最本质的规律，它在研究晶体宏观与微观对称等方面起着非常重要的作用。

3.1.1 空间格子要素

空间格子的组成要素包括：结点、行列、面网和单位平行六面体。

（1）结点（阵点）

空间格子中的点，它代表晶体结构中的相当点。在实际晶体中，结点的位置可以为同种质点所占据，但就结点本身而言，它并不表示任何质点，只具有几何意义，为几何点。

（2）行列（直线点阵）

分布在同一直线上的结点构成行列。显然，由任意两结点就决定一个行列。行列中相邻两个结点间的距离为该行列上的结点间距。同一行列的结点间距相同；相互平行的行列，结点间距相同；不同方向的行列，结点间距一般不同（图 3-4）。

（3）面网（平面点阵）

结点在平面上的分布即构成面网。显然，任意两相交的行列即可构成一个面网（图 3-5）。面网上单位面积的结点数为面网密度。相互平行的面网，面网密度相同；互不平行的面网，面网密度一般不同。

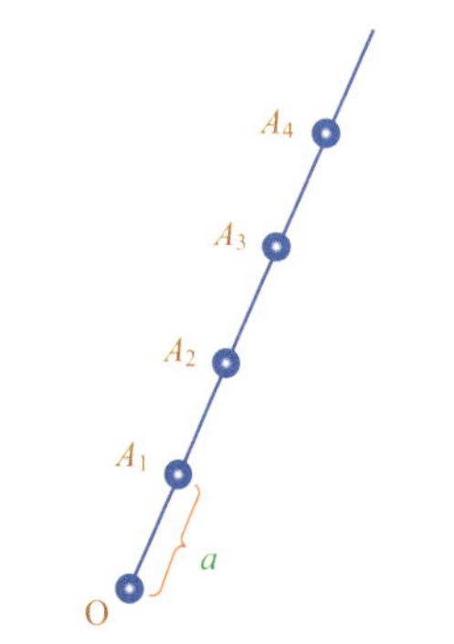

图 3-4 空间格子的行列

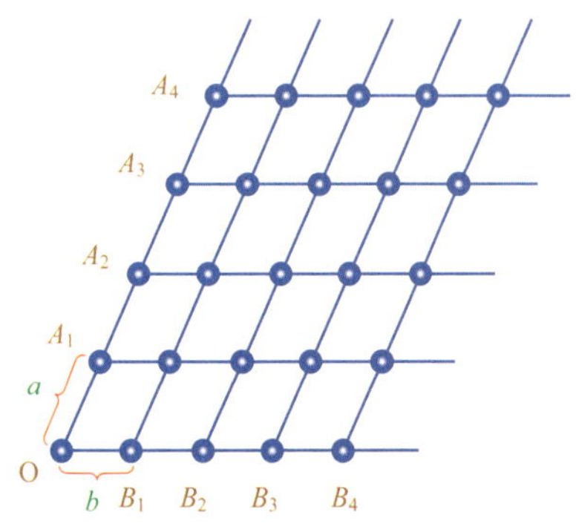

图 3-5 空间格子的面网

图 3-6 是空间格子在平面上的投影图，每个点都代表一个垂直于图面的行列，AA' 则代表垂直图面的面网。其中 AA'、BB'、CC'、DD' 的面网密度依次减小，它们的面网间距 d_1、d_2、d_3、d_4 也依次减小。因此，从图中可知，晶体结构中面网密度与面网间距成正比关系。

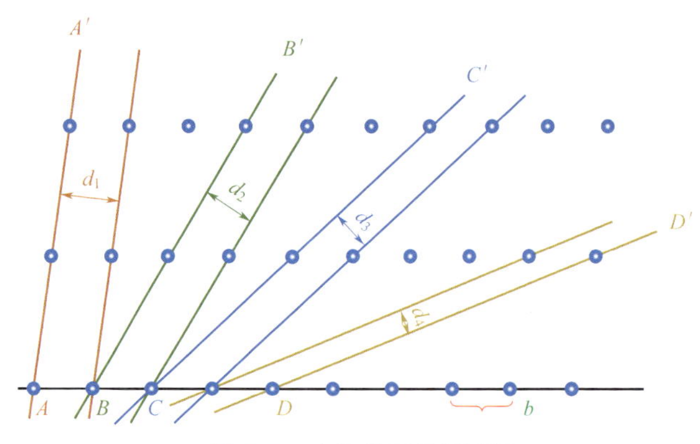

图 3-6　空间格子的投影图

（4）单位平行六面体（空间点阵）

从三维空间来看，空间格子可以划分出一个最小的重复单位，称为单位平行六面体，它由 6 个两两平行且相等的面构成，其大小和形状由 3 条交棱的长度和夹角决定（图 3-7）。单位平行六面体是空间格子的最小重复单位，整个空间格子可以看成是单位平行六面体的堆砌（图 3-8）。

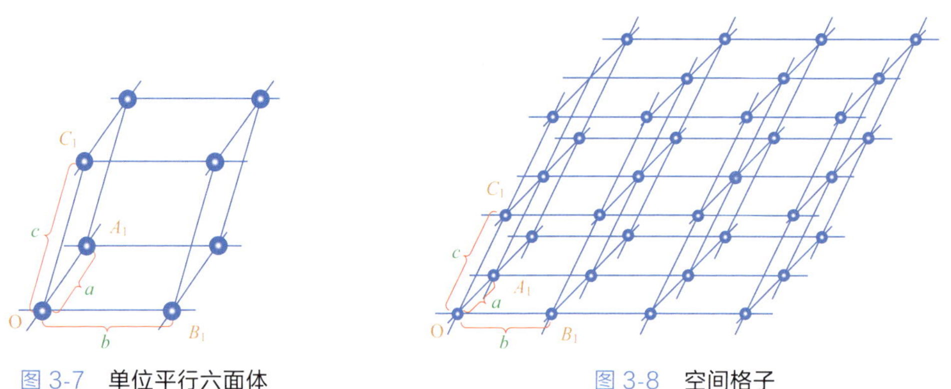

图 3-7　单位平行六面体

图 3-8　空间格子

3.1.2　单位平行六面体的选择

从 3.1.1 节中可知，对每一个晶体结构，都可以抽象出相应的空间点阵，点阵中各个结点在空间分布的重复规律，便体现了具体晶体结构中质点排列的重复规律。这种重复规律，可以由一系列不同方向的行列和面网来予以表征，这些不同方向的行列和面网把整个空间点阵连接成格子状，构成空间格子。根据空间格子规律已知，由 3 组不共面的行列就可以决定一个空间格子。此时，整个空间格子将被划分成无数相互平行叠置的平行六面体，而上述 3 组相交的行列便是这些平行六面体的棱。

不难想象，在一个平面点阵中可以划分出无数不同形状和大小的平行四边形；同样，在一种格子构造中，由于有很多不同方向的行列，也可划分出无数不同形状和大小的平行六面体。因此，必须根据晶体结构的对称性特征，只能划分出一种能够反映格子构造基本特征的平行六面体作为代表，这就是单位平行六面体。所以，单位平行六面体是空间格子的最小组成单位。各晶系空间格子的单位平行六面体按以下原则划分：

① 所选取的单位平行六面体应能反映格子构造中结点分布的固有对称性。

② 在满足第一的前提下，棱与棱之间的直角最多。

③ 在满足第一、第二的前提下，体积最小。

图 3-9（a）所示为一垂直于 L^4 的面网上单位平行六面体一个面（平行四边形）的选取。图中示出了 6 种不同选法。显然，4、5、6 三种选法中，在图形上没有 L^4，违反原则①，1、2、3 三种选法中均有 L^4 而且各棱相互垂直，符合①、②两条原则，但以 1 选法的体积最小，符合单位平行六面体选取的所有 3 条原则，可选作为单位平行六面体的一个面。图 3-9（b）所示为一垂直于 L^2 的面网上单位平行六面体一个面的选取，图中示出的 7 种选法只有 1 选法所选取的图形全部满足单位平行六面体的 3 个选取原则。2、5、6、7 选取的图形虽然体积更小，但违反选取原则②，即棱与棱之间不垂直；4 所选取的图形虽然满足①、②两条原则，但体积不是最小的，都不能作为单位平行六面体的一个面。对图 3-9（a）和（b）另外两个面的选取亦做类似处理，即可得到其空间格子的单位平行六面体。

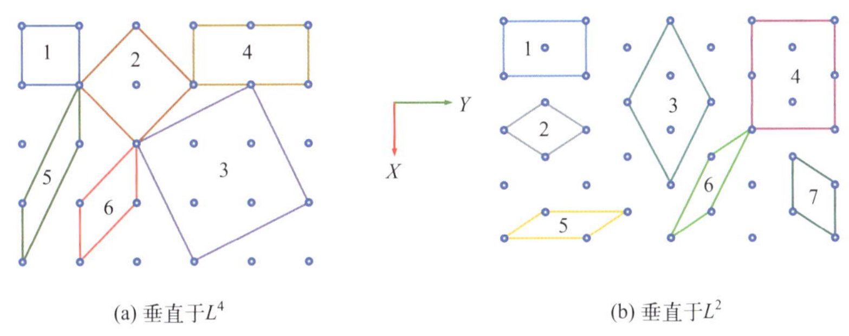

图 3-9　垂直于 L^4 和 L^2 面网上单位平行六面体一个面的选取

如果所选的平行六面体能同时满足以上三个条件，那么，它就是所在空间格子的单位平行六面体。下面以图 3-10（a）格子为例，说明在空间格子中单位平行六面体的选取过程。通过观察，发现图 3-10（a）所示部分格子的对称性属于 $m\bar{3}m$ 空间群，那么，图 3-10（a）格子的（001）面网与（100）和（010）面网相同。由于平面图形比立体图形容易观察，故先考察在平面上选取平行六面体上一对面的过程。图 3-10（b）是该格子（001）面网⊥[001] 的投影图，图中示出了 3 种平面格子的选择。其中只有平面格子 1 和 3 中存在 L^4，符合空间格子的对称性，故在选之列；当然，图 3-10（b）示出的整个格子范围也可以被选作一个平面格子，因它包含了平面格子 1 和 3，不满足选择原则③，故不必考虑。就面积而言，在平面上，平面格子 1 比平面格子 3 更符合原则，但在空间格子的 [110] 方向，平面格子 1 的正面没有 L^4；这不符合选择原则①，而平面格子 3 仍符合选择原则①。两者的区别可以从图 3-10（c）看出：平行六面体 1 是一个四方柱，而平行六面体 3 仍是一个立方体；由于没有比平行六面体 3 更小且合适的平行六面体了，因此，平行六面体 3 就是图 3-10（a）所示空间格子的单位平行六面体。

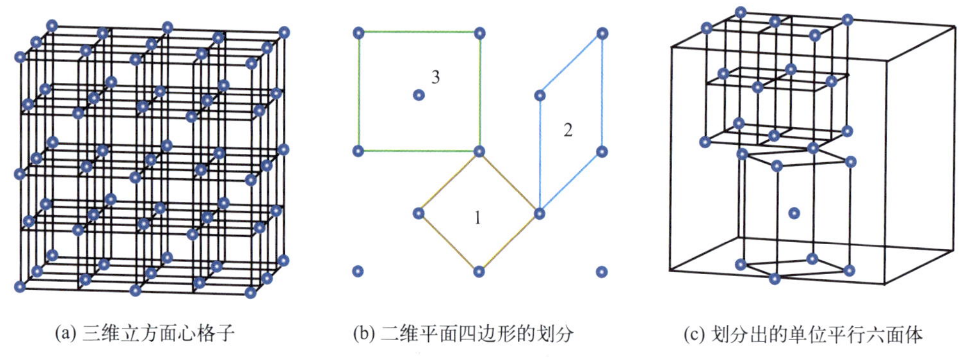

(a) 三维立方面心格子　(b) 二维平面四边形的划分　(c) 划分出的单位平行六面体

图 3-10　立方面心格子中平行六面体的选择

在空间格子中，按以上原则选择出来的平行六面体，即为单位平行六面体。它的 3 条棱的长度 a、b、c 以及棱之间的交角 α、β、γ，是表征其本身形状、大小的一组参数，称为单位平行六面体参数。不同晶系的对称特点不同，单位平行六面体的形状也不同（图 3-11）。对单位平行六面体的描述包括其形状、大小和结点的分布情况。选定了单位平行六面体，实际上也就选定了空间格子的坐标系。单位平行六面体的 3 根交棱便是 3 个坐标轴的方向。棱的交角 α、β、γ 也就是坐标轴之间的交角，棱长 a、b、c 是坐标系的轴单位。所以单位平行六面体参数也是表征空间格子中坐标系性质的一组参数。

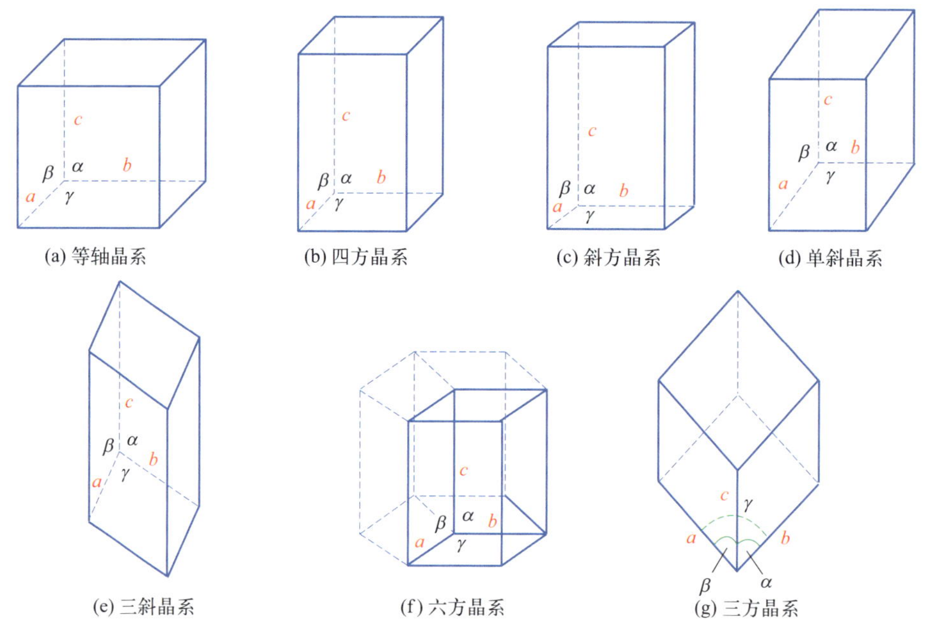
(a) 等轴晶系　(b) 四方晶系　(c) 斜方晶系　(d) 单斜晶系　(e) 三斜晶系　(f) 六方晶系　(g) 三方晶系

图 3-11　不同晶系单位平行六面体的形状和参数

实际上，如果从晶体外形上进行正确的晶体定向，则晶体外形上的 3 个结晶轴方向应当与单位平行六面体 3 组棱的方向对应一致；晶体几何常数 a、b、c、α、β、γ 则应与单位平行六面体参数 a、b、c、α、β、γ 一致。区别在于：对于晶体几何常数，重要的是轴率 $a:b:c$；对于单位平行六面体参数，重要的是单位平行六面体的 3 根棱长 a、b、c。前者是相对大小，后者是绝对长度。

3.1.3 晶体结构中确定空间格子的方法

一个晶体结构可以由一种或多种质点构成。尽管这些质点在三维空间规律地周期重复排列，当多种质点重复排列时，晶体结构就显得非常复杂难懂。例如，图 3-12（a）是四种质点构成的镁铝榴石晶体［$Mg_3Al_2(SiO_4)_3$，立方晶系］及其晶体结构图。在晶体结构中发现其中质点重复规律的过程就是提取空间格子的过程。

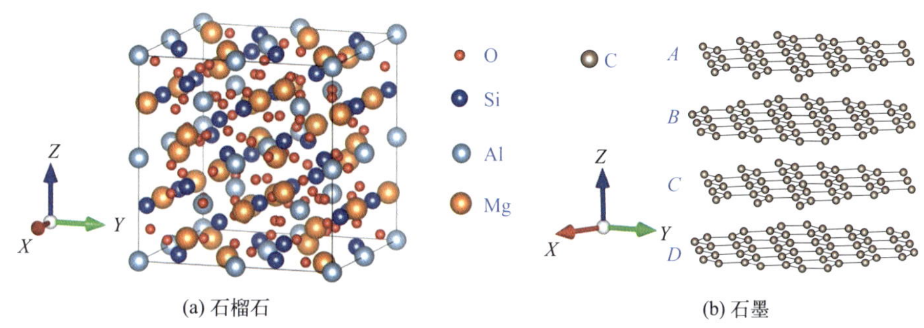

图 3-12　两种不同组成的晶体结构

以石墨为例介绍从晶体结构中提取空间格子的方法。图 3-12（b）是石墨晶体（六方晶系）及其晶体结构图。图 3-13（a）是图 3-12（b）中面网 *A* ⊥ [0001] 方向的投影图。图 3-13（a）中字母 *a*′、*b*′、*c*、*d* 分别代表四套相当点位置；图 3-13（b）示出相当点 *a*、*b* 构成的两套平面格子。在面网 *A* 中任取一质点的中心为原始点（如 *a*′ 所示），点 *a*′ 周围有三个 *b*′ 质点形成的、尖角向上的等边三角形。根据这一特征，容易将该平面图中点 *a*′ 的相当点都找出来；根据平行六面体的选择原则，将这些相当点用直线连接起来就构成了一套平面格子 *a*，在图 3-13（b）中用虚线连接。图中点 *b*′ 不是点 *a*′ 的相当点，但是点 *b*′ 的相当点自己也构成了一套平面格子 *b*，如图 3-13（b）中的实线格子。平面格子 *a* 和 *b* 的最小重复单位是同一个菱形，但彼此错开了一定距离；平面格子 *b* 沿菱形的长对角线方向平移 1/3 对角线长就得到平面格子 *a*。同理，如果将平面格子 *b* 沿对角线方向平移 2/3 对角线长就得到第三套平面格子 *d*；如果将平面格子 *b* 平移并使其中一个结点落在点 *c* 的位置，就可得到第四套平面格子 *c*；如此平移下去，只要不重复，就可以得到一套新的平面格子。然而，无论得到多少套平面格子，它们的最小重复单位却是一样的，这表明它们反映的是同一个规律。从这个例子可以总结出一个结论：一个晶体结构只存在一种空间格子。

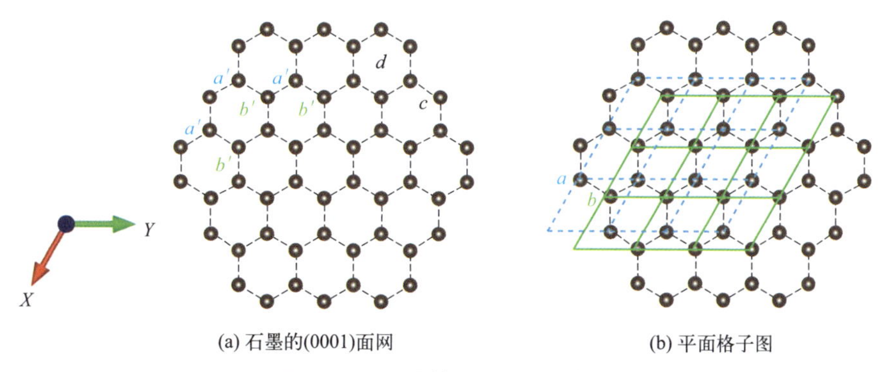

图 3-13　石墨的面网和平面格子

下面找出石墨晶体结构的单位平行六面体。图 3-14（a）示出相当点 a 在 Z 轴方向的环境特点。相当点 a// [$000\bar{1}$] 方向在面网 B 存在一个质点，且质点周围三个质点构成的等边三角形的角顶朝下，在面网 C 中找到一相当点 a。可以想象，石墨结构面网 A 中的平面格子 a 平移一定距离（d）即与面网 C 中的平面格子 a 重合；平面格子 a 分别沿[$000\bar{1}$] 和 [0001] 方向，按距离 d 无限平移即可获得石墨的空间格子。图 3-14（b）示出石墨的部分空间格子及其单位平行六面体（阴影部分）。

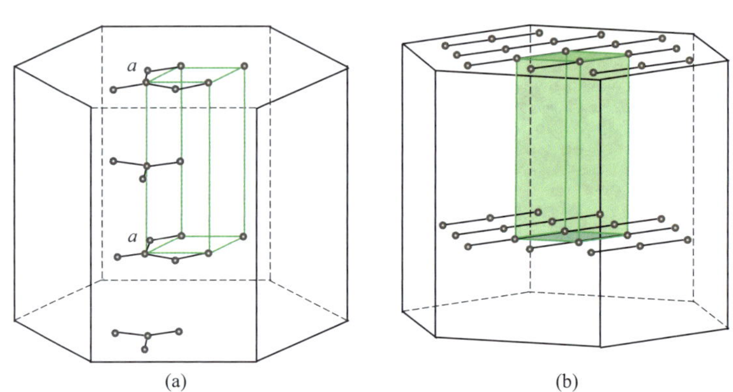

图 3-14　石墨结构中相当点在 Z 轴方向的特征和空间格子图

3.1.4　十四种布拉维空间格子

单位平行六面体是空间格子的最小重复单位，完整反映了晶体结构中质点的重复规律。经布拉维研究证明，所有空间格子中只存在十四种不同的单位平行六面体，所以，后来习惯将这十四种单位平行六面体叫作十四种布拉维空间格子。通常所说的某具体晶体的空间格子都是用其单位平行六面体来表示，而不再考虑整个空间格子的无限图形。本教材亦沿用这一习惯，凡此后文中出现的“空间格子”或“布拉维格子”都是指单位平行六面体。布拉维格子包含两个内容：格子形状和结点分布。

（1）布拉维格子的形状

布拉维格子的形状由单位平行六面体参数（a、b、c；α、β、γ）决定，实际晶体中为晶格常数。由于 7 个晶系具有如下的晶格常数特点，因此，七个晶系就有七个不同形状的格子，见图 3-11。

立方晶系：$a=b=c$；$\alpha=\beta=\gamma=90°$。

四方晶系：$a=b\neq c$；$\alpha=\beta=\gamma=90°$。

六方晶系及三方晶系［四轴坐标系（H）］：$a=b\neq c$；$\alpha=\beta=90°$，$\gamma=120°$。

三方晶系［三轴坐标系（菱面体，R）］：$a=b=c$；$\alpha=\beta=\gamma\neq 90°$，60°，109°28′16″。

斜方晶系：$a\neq b\neq c$；$\alpha=\beta=\gamma=90°$。

单斜晶系：$a\neq b\neq c$；$\alpha=\gamma=90°$，$\beta>90°$。

三斜晶系：$a\neq b\neq c$；$\alpha\neq\beta\neq\gamma\neq 90°$。

（2）布拉维格子中结点的分布

单位平行六面体中，按结点分布特征，有 4 种格子类型（见图 3-15）。

① 原始格子（P；菱面体格子 R）：结点分别分布于平行六面体的 8 个角顶上。

② 底心格子（C）：结点分别分布于平行六面体的 8 个角顶以及上下面的面心上。如果那两个结点分布在左右面的面心上，就叫 B 心格子（B）；如果那两个结点分布在前后面的面心上，就叫 A 心格子（A）。

③ 体心格子（I）：结点分别分布于平行六面体的 8 个角顶和体中心。

④ 面心格子（F）：结点分别分布于平行六面体的 8 个角顶和 6 个面的面中心。

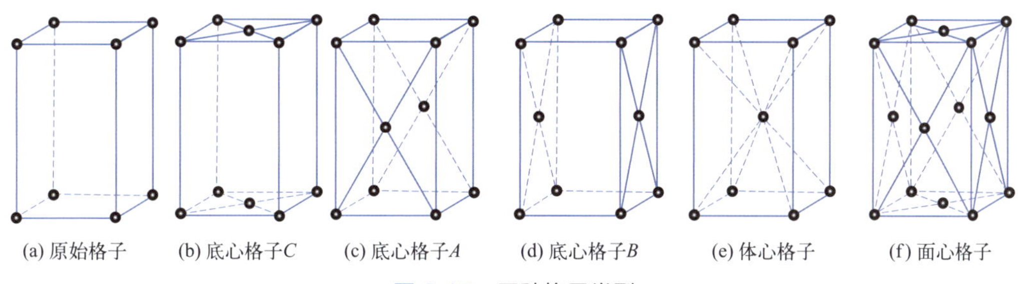

图 3-15　四种格子类型

（3）14 种布拉维格子

既然单位平行六面体有 7 种形状和 4 种格子类型，为什么不是 7×4=28 种空间格子而只有 14 种呢？这是因为某些类型的格子彼此重复并可转换，还有一些不符合某晶系的对称特点而不能在该晶系中存在。现举几例说明之。

图 3-16（a）中浅蓝色线示出的是一个三斜面心格子，但是，在该格子中可以选出一个体积更小的三斜原始格子（红粗实线），所以，三斜晶系中就不可能存在三斜面心格子。图 3-16（b）中浅蓝色线示出的是一个四方底心格子，但在该格子中可以选出一个体积更小的四方原始格子（红粗实线）。图 3-16（c）示出的是一个六方底心的格子，而且平行 Z 轴有 L^6，但是，该格子是一个八面体而不是六面体；将这个八面体一分为三，可形成三个相同的菱方柱（横截面为菱形）状的原始格子，它们中每一个都完好地体现了六方晶系的晶格常数，而且也是体积最小的平行六面体，所以，六方晶系（包括三方晶系）只有一个斜方柱状的原始格子，如图 3-16（c）中的粗实线格子。

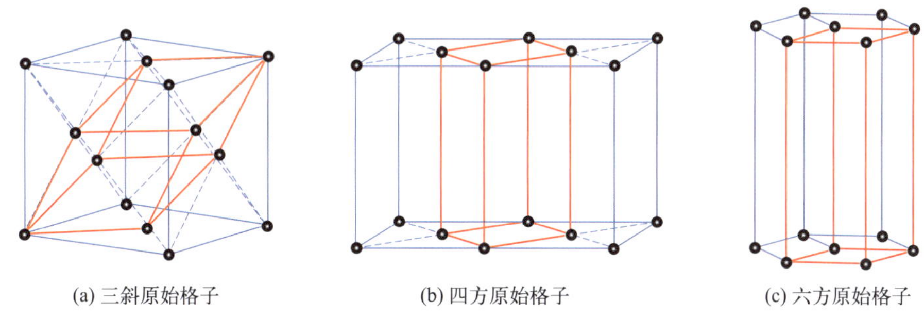

图 3-16　几种布拉维格子的正确选取

在立方晶系中，若在立方格子中的一对面中心安置结点，则格子的对称程度立即降低成四方对称，所以，立方晶系中不能存在立方底心格子。

综合考虑单位平行六面体的形状、结点的分布情况和格子的对称属性，当去掉一些重复的、不可能存在的空间格子后，从晶体结构中只可能抽象出 14 种不同形式的空间格子。由于这 14 种空间格子是布拉维于 1855 年最先推导出来的，故也称为 14 种布拉维空间格子。14 种布拉维格子列于表 3-1 中。

表 3-1　14 种布拉维格子

晶系	原始格子 ***P***	底心格子 ***C***	体心格子 ***I***	面心格子 ***F***
三斜晶系	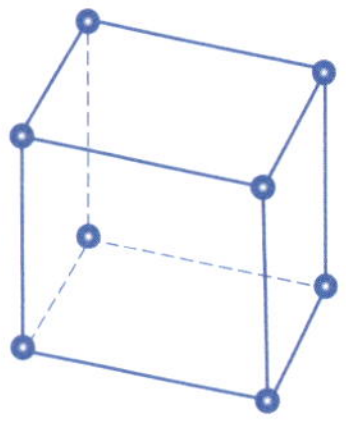	*C*=*P*	*I*=*P*	*F*=*P*
单斜晶系	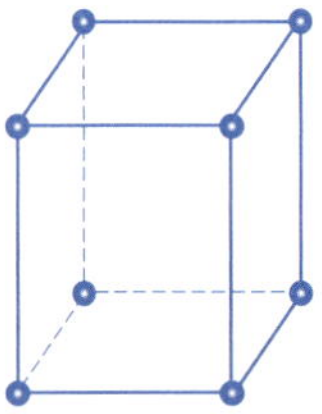	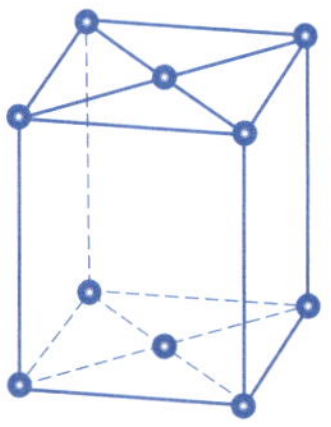	*I*=*C*	*F*=*C*
斜方晶系	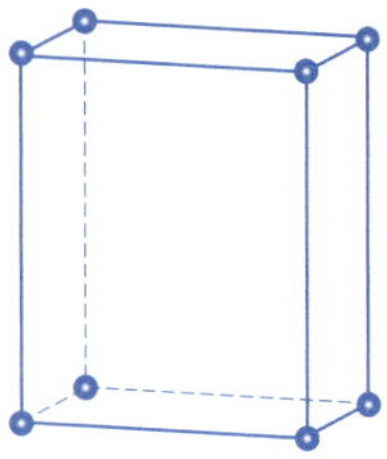	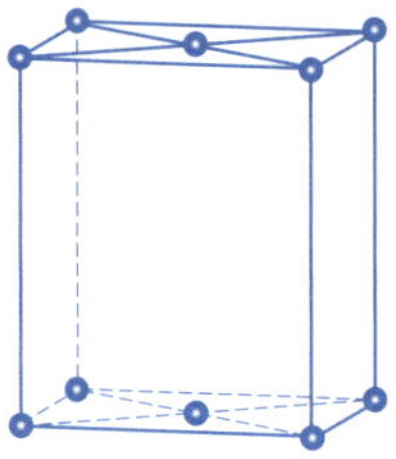	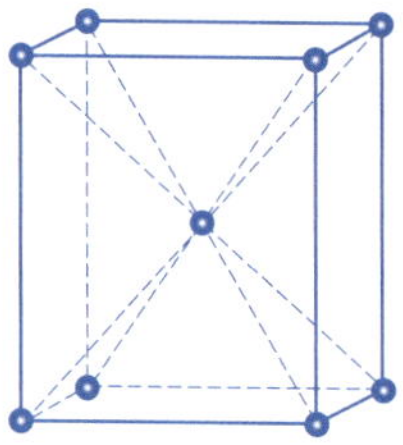	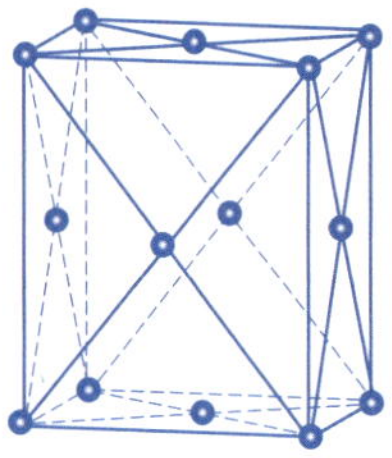
四方晶系	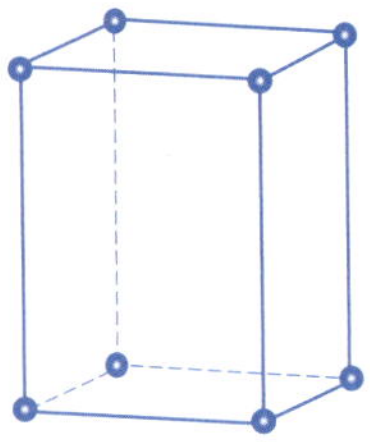	*C*=*P*	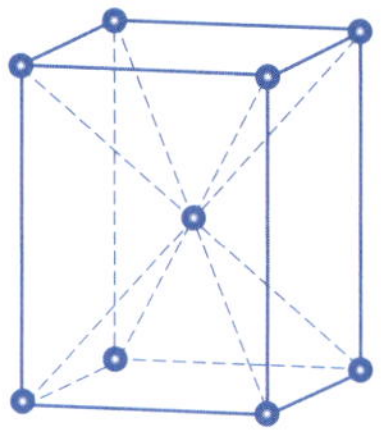	*F*=*I*
三方晶系	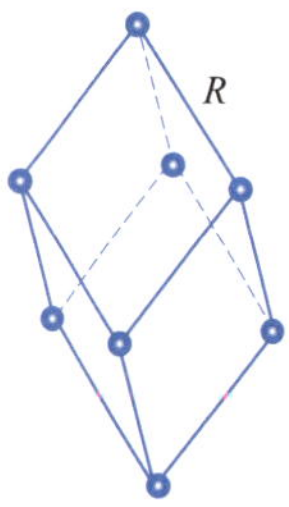	与本晶系对称不符	*I*=*R*	*F*=*R*

续表

晶系	原始格子 *P*	底心格子 *C*	体心格子 *I*	面心格子 *F*
六方晶系		不符合六方对称	与空间格子的条件不符	与空间格子的条件不符
等轴晶系		与本晶系对称不符		

此外，在三、六方晶系中，六方原始格子（*H*）可以转换为具有双重体心的菱面体格子（*R*），转换后的 *R* 格子的体积是六方原始格子的 3 倍［见图 3-17（a）］，即与包括 3 个六方原始格子的六方柱状的底心格子的体积相当。同样，三方菱面体格子也可转换为具有双重体心的六方格子［见图 3-17（b）］，它的体积相当于菱面体格子的 3 倍。显然，上述转换后的格子都是不符合选择原则的。

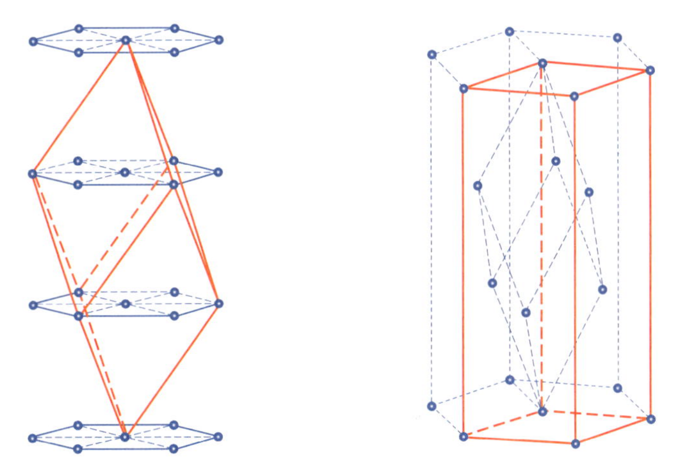

(a) 六方原始格子转换为菱面体双重体心格子　(b) 菱面体格子转换为双重体心的六方格子

图 3-17　三方格子和六方格子的互相转换

3.2　晶胞

从前面内容中已经知道，空间格子可由具体的晶体结构导出；空间格子是由无任何物理和化学特性的几何点构成的，而晶体结构则是由实在的具体质点组成。但晶体结构中质点在空间排列的重复规律，与相应空间格子中结点在空间排列的重复规律完全一致。所以，这两者间既相互区别，又是相互统一的。如果在晶体结构中引入相应的单位平行六面体的划分单位，这样的划分单位称为单位晶胞，简称为晶胞。所以单位晶胞是指：能够充分反映整个晶体结构特征的最小构造单位。晶胞的形状和大小由晶胞参数 a、b、c、α、β、γ 来表征，其数据与对应的单位平行六面体参数完全一致。

图 3-18（a）所示是从氯化钠晶体结构中抽象出来的空间格子，代表结构中两种质点的重复规律，只有几何意义；它表现为立方面心格子，其棱长等于 0.5628nm。图 3-18（b）是从氯化钠晶体结构中按照上述立方面心格子的范围划分出来的一个单位晶胞，其棱长相当于相邻角顶上两个 Cl^- 中心的间距，虽然同样也等于 0.5628nm，但晶胞的内部包含有实际化学元素离子，它由 4 个 Na^+ 和 4 个 Cl^- 各自均按立方面心格子的形式分布而组成。显然，晶胞是晶体结构的基本组成单位，由一个晶胞出发，就能借助于平移而重复出整个晶体结构。因此，以后在描述某个矿物的晶体结构时，通常只需阐明它的晶胞特征就可以了。不过，为了便于看清楚晶胞中所有质点的分布情况，通常在绘制晶胞图时，都把晶胞中各种质点的半径缩小，使得实际上相互接触的质点彼此分开，如图 3-18（c）所示。

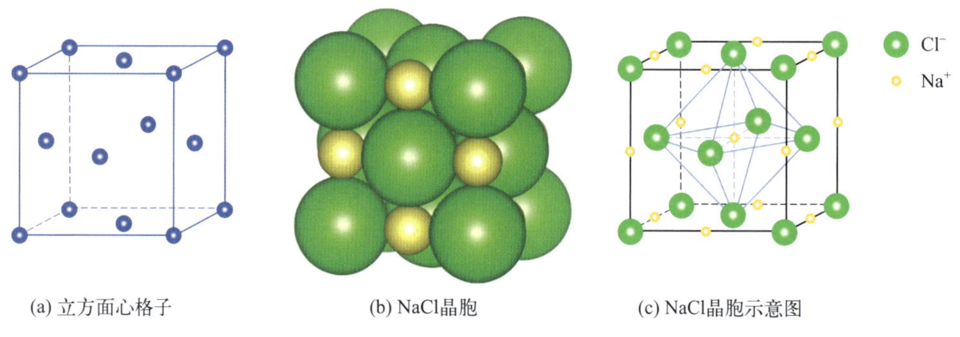

(a) 立方面心格子　　(b) NaCl晶胞　　(c) NaCl晶胞示意图

图 3-18　NaCl 晶体结构

从以上分析可知，布拉维格子与晶胞之间有如下关系：

布拉维格子是空间格子的最小重复单位，反映了晶体中质点的重复规律；而晶胞是晶体结构的最小重复单位，其中的质点是实在的化学组成元素，这些元素在晶胞的不同位置上按照布拉维格子规律在三维空间周期重复排列。因此，一种晶体结构中只有一种布拉维格子。在实际的晶体结构中，尤其在那些多种质点构成的晶体结构中找出它们的晶胞不是一件容易的事，所以，人们发明了用空间格子来确定晶胞的方法。

通过相当点的方法很容易从看似复杂的晶体结构中抽象出它的空间格子，然后确定出它的布拉维格子；或者说实际晶体结构是由多种质点以化学键结合在一起，重复规律不易看出，而布拉维格子可以使多种质点的重复规律简单化，比实际晶体结构简单得多。因此，布拉维格子和晶胞在几何形态和尺寸上完全一致，当一个晶体结构的布拉维格子确定后，它的晶胞就确定了。布拉维格子和晶胞的关系，前者是一个几何图像，后者是一个物质实体，构成该实体的质点，无论同种还是异种，都在各自的结构位置上按布拉维格子所示的规律在三维空间周期重复排列。

3.3　空间格子中点的坐标、行列及面网符号

空间格子中，可以用一定的符号把其中的结点、行列和面网表示出来，这就需要在空间

格子中建立坐标系统。前已述及，由于晶体宏观、微观结构对称性的统一，一旦选定了单位平行六面体，就选定了空间格子中的坐标系。单位平行六面体的 3 条棱就是坐标轴 X、Y、Z，坐标原点通常置于单位平行六面体左侧后下方的角顶，坐标轴的度量单位就是单位平行六面体的棱长 a、b、c（图 3-19）。

3.3.1 空间格子中点的坐标

对于空间格子中点的坐标，有些教材用 u、v、w 表示，以和直角坐标系进行区别。以免符号过多易于出错，本教材仍采用类似于直角坐标系中的 X、Y、Z 来表示空间格子中点的坐标；用单位平行六面体的棱长 a、b、c 作为坐标轴度量单位时的坐标系数。当在单位平行六面体内确定某个点的坐标时，一般采用分数坐标（将轴单位看作单位长度，所以坐标最大值不超过 1），如图 3-19（a）所示。

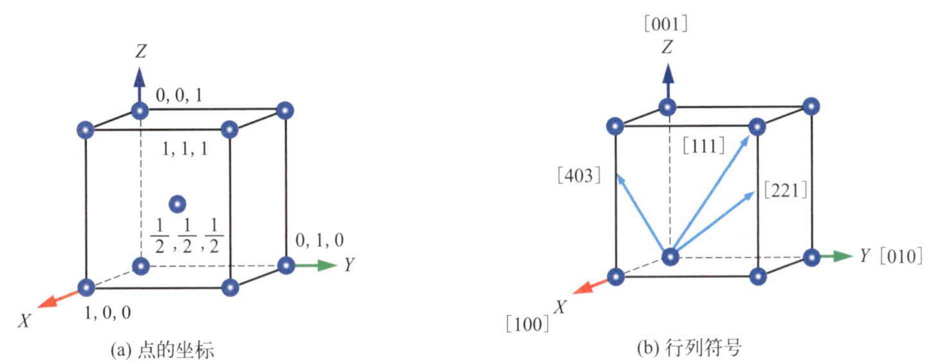

图 3-19 空间格子中的坐标

3.3.2 行列符号

空间格子中的行列符号在表示方法及形式上与晶棱符号完全相同。如果行列经过坐标原点，则把该行列上距离原点最近的结点坐标 x、y、z 放在“[]”内，[xyz] 即为该行列的行列符号。或者在行列上任取一点，把该点的坐标用 a、b、c 度量，取坐标系数，将坐标系数进行连比，再化简成无公约数的整数，放在“[]”中即为行列符号，如图 3-19（b）所示。行列符号只和行列的方向有关，而与它的位置无关，表示一组互相平行的行列。

3.3.3 面网符号

空间格子中的面网符号在形式上与晶体外形上的晶面符号基本相同，用（hkl）表示面网与空间格子各结晶轴的交截关系，$h:k:l$ 为面网在各晶轴上截距系数的倒数比（图 3-20）。

在一组互相平行的面网中，相邻的面网间距用 d_{hkl} 表示，面网间距存在以下关系：$d_{nhnknl}=\frac{1}{n}d_{hkl}$。例如，（010）面网的面网间距为 d_{010}，则 d_{020} 的面网间距为 d_{010} 的 1/2；d_{030} 表示面网间距为 d_{010} 的 1/3 的一组面网，如图 3-21 所示。

尽管面网符号与晶面符号的表示方法及形式基本相同，但面网符号与晶面符号之间还是有区别的，主要体现在以下三个方面：

① 晶面符号表示的是晶体外形上某一晶面的方位，而面网符号则代表晶体结构中一组互相平行且面网间距相等的面网。

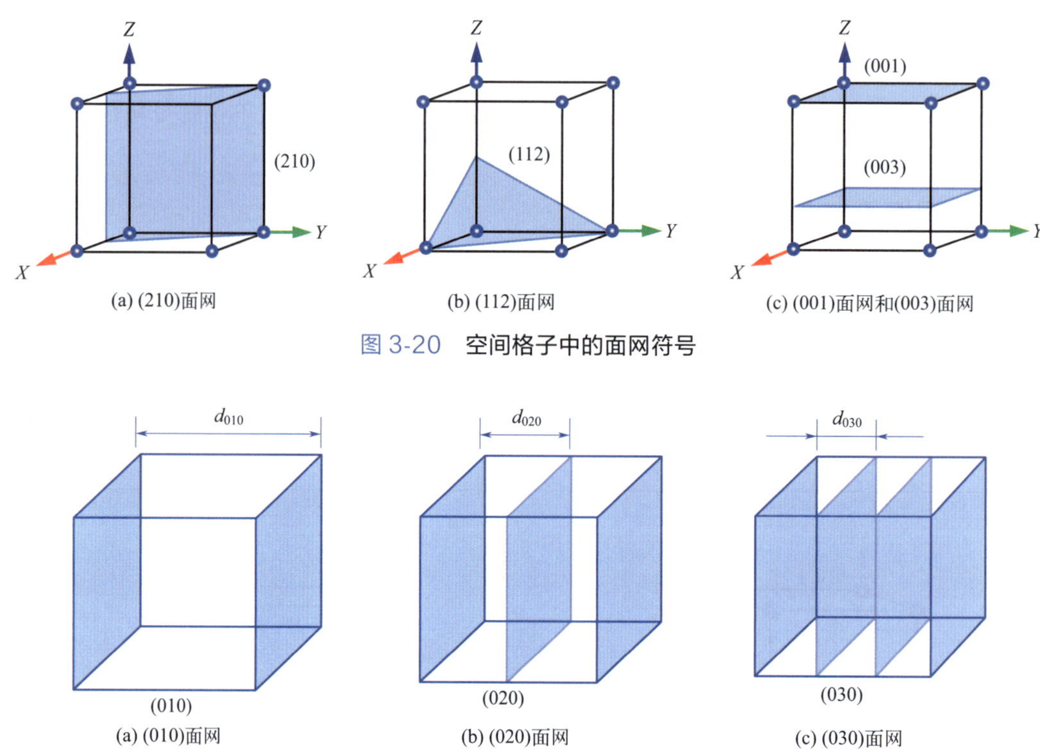

图 3-20 空间格子中的面网符号

图 3-21 平行于（010）晶面的几组面网的符号

② 对于面网符号为（hkl）的一组面网，面网间距用 d_{hkl} 表示，hkl 绝对值愈小（各项指数的绝对值相加），d_{hkl} 愈大，面网密度也大；hkl 绝对值越大，d_{hkl} 越小，面网密度也越小。

③ 晶面符号（hkl）中晶面指数间无公约数，但对于面网符号（hkl），可以有公约数。

不同晶系其面网间距的计算方法也不同，主要和各晶系的晶体常数 a、b、c、α、β、γ 有关，七大晶系面网间距的计算方法如下：

三斜晶系：

$$\frac{1}{d^2}=\frac{1}{V^2}(S_{11}h^2+S_{22}k^2+S_{33}l^2+2S_{12}hk+2S_{23}kl+2S_{13}lh) \tag{3-1}$$

其中：

$$
\begin{aligned}
S_{11} &= b^2c^2\sin^2\alpha \\
S_{22} &= a^2c^2\sin^2\beta \\
S_{33} &= a^2b^2\sin^2\gamma \\
S_{12} &= abc^2(\cos\alpha\cos\beta-\cos\gamma) \\
S_{23} &= a^2bc(\cos\beta\cos\gamma-\cos\alpha) \\
S_{13} &= ab^2c(\cos\gamma\cos\alpha-\cos\beta)
\end{aligned}
$$

单斜晶系：

$$\frac{1}{d^2}=\frac{h^2}{a^2\sin^2\beta}+\frac{k^2}{b^2}+\frac{l^2}{c^2\sin^2\beta}-\frac{2lh\cos\beta}{ca\sin^2\beta} \tag{3-2}$$

斜方（正交）晶系：

$$\frac{1}{d^2}=\frac{h^2}{a^2\sin^2\beta}+\frac{k^2}{b^2}+\frac{l^2}{c^2\sin^2\beta}-\frac{2lh\cos\beta}{ca\sin^2\beta} \tag{3-3}$$

四方晶系：

$$\frac{1}{d^2}=\frac{h^2+k^2}{a^2}+\frac{l^2}{c^2} \tag{3-4}$$

三方晶系（菱面体晶胞）：

$$\frac{1}{d^2}=\frac{(h^2+k^2+l^2)\sin^2\alpha+2(kl+lh+hk)(\cos^2\alpha-\cos\alpha)}{a^2(1-3\cos^2\alpha+2\cos^3\alpha)} \tag{3-5}$$

六方晶系及三方晶系（六方晶胞）：

$$\frac{1}{d^2}=\frac{4}{3}\left(\frac{h^2+hk+k^2}{a^2}\right)+\frac{l^2}{c^2} \tag{3-6}$$

单轴（立方）晶系：

$$\frac{1}{d^2}=\frac{h^2+k^2+l^2}{a^2} \tag{3-7}$$

3.4 晶体内部结构的对称要素

晶体结构中可能出现的对称要素包括两部分：一是在晶体外形上也能出现的宏观对称要素，即对称轴、对称面、旋转反伸轴等；二是仅在晶体结构中出现的微观对称要素，包括平移轴、螺旋轴和滑移面。微观对称要素的特点在于它们的对称变换中都包含了平移操作，而平移操作在有限的图形中不能实现，故微观对称要素不能在晶体外形上出现。晶体结构中任一对称要素，均有无穷多与之平行的对称要素存在。

3.4.1 平移轴（平移群）

平移轴是晶体结构中的一个直线方向，沿此直线平移一定的距离以后，结构中的每一个质点都与相同的质点重合，整个结构亦自相重合。图 3-22 所示为氯化钠晶体结构中平行（001）面的一层面网，当沿 X 轴方向平行移动一个结点间距时，所有质点均与相同质点重合，故 X 轴方向就是一个平移轴；同样，沿 Y 方向、X+Y 方向或其他任意行列方向，每平行移动一个或数个结点间距，均可使相同质点重合。可见在晶体结构的空间格子中，任一行列方向都是一个平移轴。平移轴的移距为行列上的结点间距或其整数倍。

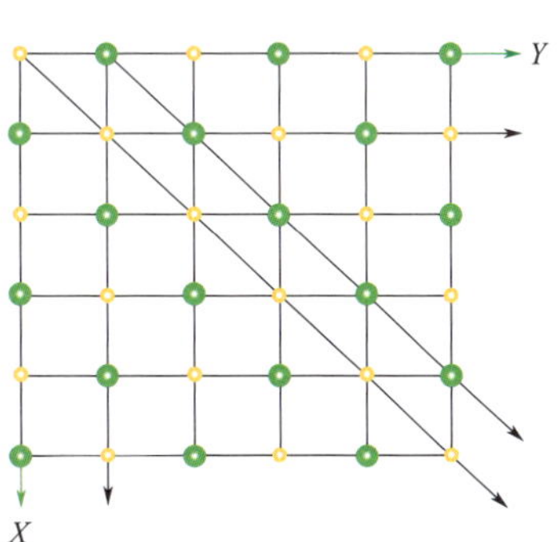

图 3-22　氯化钠晶格中的平移轴

由于空间格子中有无限多不同方向的行列，因此也就有无限多平移轴，所以一般不用平移轴描述晶体的微观对称。为了使平移轴有一个明确的概念，通常采用 3 个代表性平移轴的组合来表征，这种组合称为平移群。它是平移轴在三维空间的组合，基本图形就是单位平行六面体。因此，用 14 种布拉维空间格子来代表微观对称的平移群。

3.4.2 螺旋轴

（1）螺旋轴的概念

螺旋轴是晶体结构中的一条假想直线，围绕此直线旋转一定角度并沿此直线平移一定距离（移距）之后，结构中的每一个质点皆与相同的质点重合，整个结构亦自相重合。螺旋轴的国际符号一般写成 n_s，n 为轴次，s 为小于 n 的自然数，n=1、2、3、4、6；对应的基转角为 360°、180°、120°、90°、60°。

螺旋轴的移距（t）为：$t=(s/n)T$。T 为平行螺旋轴的行列上的结点间距。例如，2_1 为二次螺旋轴，基转角为 180°，移距为螺旋轴所在行列结点间距的 1/2。

（2）螺旋轴的类型

按轴次和移距的不同，螺旋轴共有 11 种，即 2_1、3_1、3_2、4_1、4_2、4_3、6_1、6_2、6_3、6_4、6_5。在以上 11 种螺旋轴的操作中，轴次为 n，移距为 $(s/n)T$，这个移距是以右旋为标准给出的。右旋是指，把右手的大拇指伸直，其余四指并拢弯曲，则四指方向为旋转方向，大拇指所指方向为平移方向，如图 3-23（b）所示。如果以左旋为标准，即旋转和平移都是按左手四指和拇指的方向进行，如图 3-23（a）所示，那么，对于螺旋轴 n_s，当一个质点绕其旋转并平移后，平移距离应变为 $(n-s)T/n$。例如，螺旋轴 3_2，如以右旋为标准转 120° 之后，沿轴平移距离为 $2T/3$，质点与相同质点重合；如果左旋 120°，沿轴平移 $(n-s)T/n=T/3$，质点与相同质点重合（图 3-24）。因此，一般规定：

$0<s<n/2$ 时为右旋螺旋轴，包括 3_1、4_1、6_1、6_2。

$n/2<s<n$ 时为左旋螺旋轴，包括 3_2、4_3、6_4、6_5。

$s=n/2$ 时为中性螺旋轴，包括 2_1、4_2、6_3。

当移距为零时，螺旋轴就蜕变为简单的对称轴，所以，对称轴可以看成是移距为零的螺旋轴。螺旋轴亦遵循晶体的对称定律，即晶体中不可能出现 5 次和高于 6 次的螺旋轴。现将晶体结构中可能出现的螺旋轴类型、螺旋轴周围点的分布特征和操作叙述如下（其图示符号见表 3-2）。

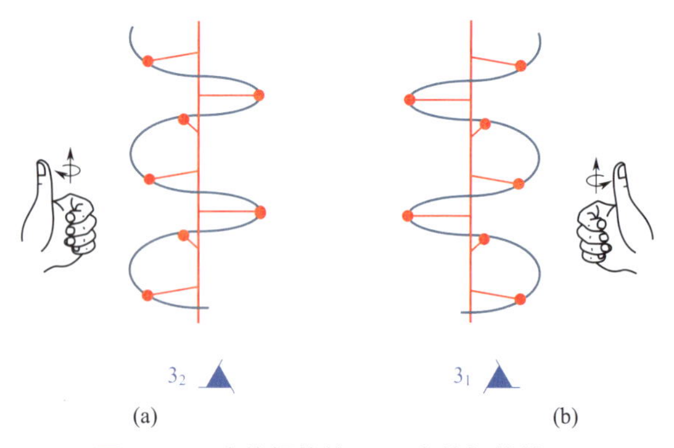

图 3-23 右旋螺旋轴 3_1 和左旋螺旋轴 3_2

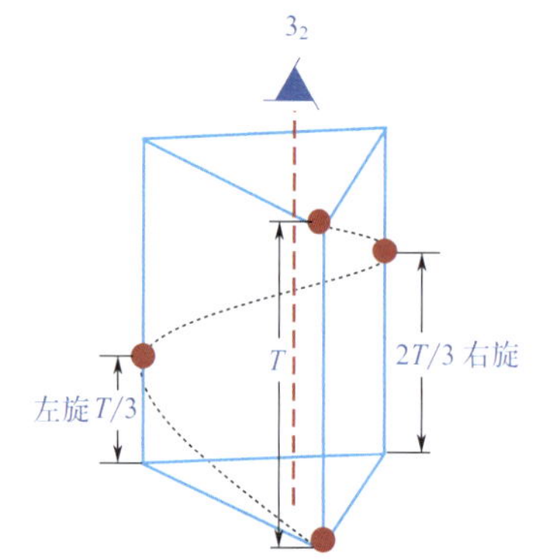

图 3-24 3_2 以右旋和左旋两种方式旋转时的移距图解

表 3-2　各种对称轴、螺旋轴及部分对称要素组合的图示符号

与图面的关系	图示符号	国际符号	与图面的关系	图示符号	国际符号	备注
		2			2	
		2_1				
		3			2_1	
		3_1				
		3_2			4	
		4				
		4_1	与图面平行		4_1	
		4_2				
		4_3			4_2	$\bar{1}$ 等效于对称中心；$\bar{2}$ 等效于对称面；与图面斜交的对称轴、螺旋轴的图示符号仅在等轴晶系晶体结构投影图中出现
		6				
与图面垂直		6_1			4_3	
		6_2				
		6_3			$\bar{4}$	
		6_4		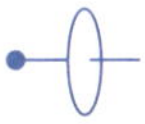	2	
		6_5				
		$\bar{1}$		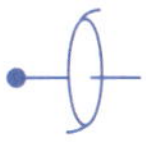	2_1	
		$\bar{3}$	与图面斜交			
		$\bar{4}$			3	
		$\bar{6}$				
		$2/m$			3_1	
		$2_1/m$				

续表

与图面的关系	图示符号	国际符号	与图面的关系	图示符号	国际符号	备注
与图面垂直		$4/m$	与图面斜交		3_2	$\bar{1}$ 等效于对称中心；$\bar{2}$ 等效于对称面；与图面斜交的对称轴、螺旋轴的图示符号仅在等轴晶系晶体结构投影图中出现
		$4_2/m$				
		$6/m$			$\bar{3}$	
		$6_3/m$				

1 次螺旋轴：旋转 360° 后平移，其效果与不旋转直接平移相同，即只进行平移操作就可使结构自相重合，所以 1 次螺旋轴就等于平移格子。

2 次螺旋轴：基转角为 180°，只有一种 2_1，移距为 $T/2$。当移距为 0 时即为 2 次对称轴，如图 3-25 所示。

3 次螺旋轴：基转角为 120°，有 3_1、3_2 两种。移距为 0 时即为 3 次对称轴，如图 3-26 所示。

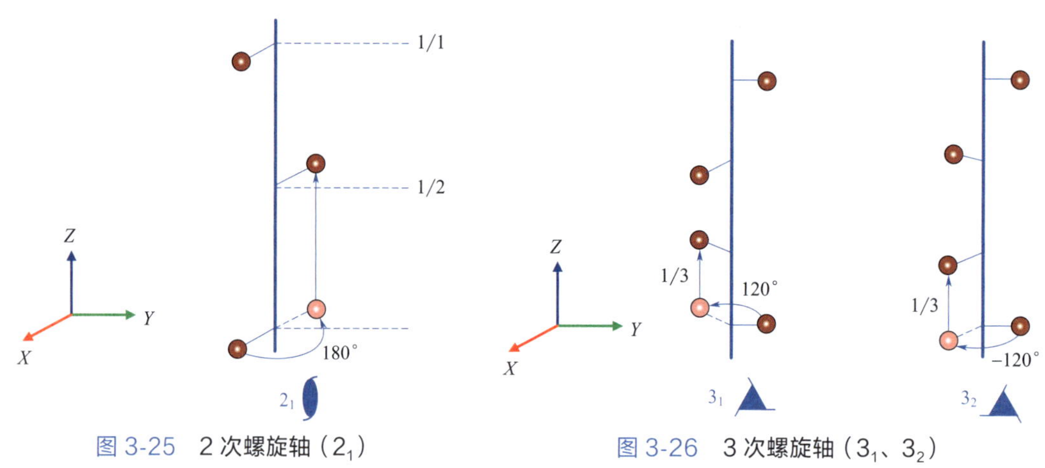

图 3-25　2 次螺旋轴（2_1）　　图 3-26　3 次螺旋轴（3_1、3_2）

4 次螺旋轴：基转角为 90°，有 4_1、4_2、4_3 三种，如图 3-27 所示。由图可以看出，4_2 在旋转和平移时有 2 个质点在垂直螺旋轴平面内同时动作，4_2 被称为双轨螺旋轴，质点绕着它旋转 360° 恢复原位时必须平移 2 个晶胞的距离。当移距为 0 时即为 4 次对称轴。

6 次螺旋轴：基转角为 60°，共有 6_1、6_2、6_3、6_4、6_5 五种，如图 3-28 所示。由图可以看出，6_2 和 6_4 均为双轨螺旋轴，6_2 和 6_4 在旋转和平移时有 2 个质点在垂直螺旋轴平面内同时动作，质点绕着它旋转 360° 恢复原位时必须平移 2 个晶胞的距离；6_3 为三轨螺旋轴，即在垂直螺旋轴的同层面网内有 3 个相同质点同时绕 6_3 旋转平移，旋转 360° 与相同质点重合时，需要平移 3 个晶胞的距离。当移距为 0 时即为 6 次对称轴。

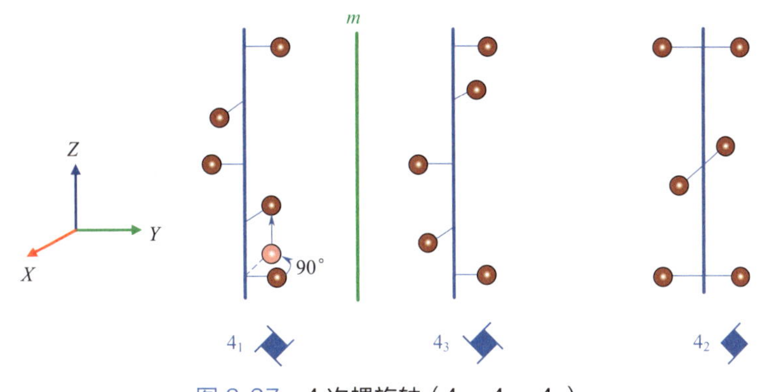

图 3-27　4 次螺旋轴（4_1、4_2、4_3）

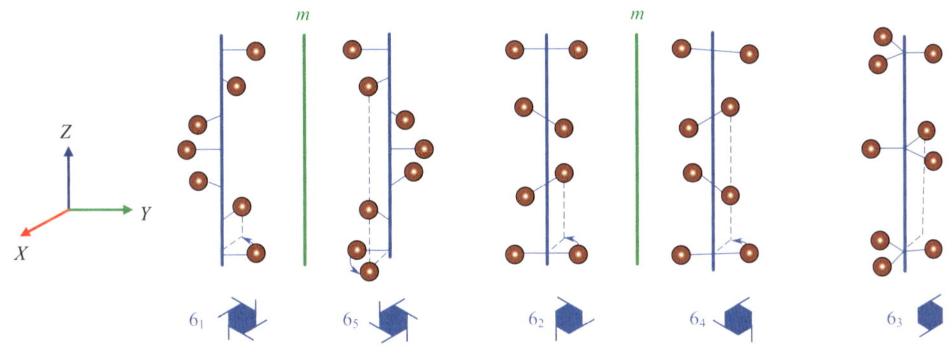

图 3-28　6 次螺旋轴（6_1、6_2、6_3、6_4、6_5）

3.4.3　滑移面

滑移面是晶体结构中的假想平面，当对此平面反映并沿此平面滑移一定距离之后，结构中的每一个质点皆与相同质点重合，整个结构亦相重合。滑移面按滑移方向和滑移距离不同可分为 5 种，用符号 a、b、c、n、d 表示。其中 a、b、c 滑移面为轴向滑移，滑移方向分别平行 X、Y、Z 轴，滑移距离为轴单位的 1/2，即 $a/2$、$b/2$、$c/2$；n 滑移面和 d 滑移面为对角线滑移，滑移方向主要为（$X+Y$）、（$Y+Z$）、（$X+Z$），其中 n 滑移面的滑移距离为 $(a+b)/2$、$(b+c)/2$、$(a+c)/2$，d 滑移面的滑移距离为 $(a+b)/4$、$(b+c)/4$、$(a+c)/4$。当移距为 0 时，滑移面就转化为对称面，以 m 表示。

滑移面按滑移方向分类，可以与晶体结构中不同方向的面网平行，其中比较重要的是平行于（100）、（010）、（001）面网的滑移面。图 3-29 所示为 NaCl 型晶体结构中的 a、b、c 滑移面［图 3-29（a）、（b）、（c）］以及滑移面在（001）面上的投影［图 3-29（d）］，这些滑移面分别平行于（100）、（010）、（001）面网，滑移距离分别为 $b/2$ 和 $c/2$、$a/2$ 和 $c/2$、$a/2$ 和 $b/2$。图 3-30 所示为 α-Fe 型晶体结构中的 n 滑移面［图 3-30（a）、（b）、（c）］，以及滑移面在（001）面上的投影［图 3-30（d）］，这些滑移面与（100）、（010）、（001）面网平行，滑移距离为 $(a+c)/2$、$(b+c)/2$、$(a+b)/2$。图 3-31 所示为金刚石晶体结构［图 3-31（a）］以及结构中的 d 滑移面在（001）面上的投影［图 3-31（b）］，这些滑移面分别平行于（100）、（010）、（001）面网，滑移距离为 $(b+c)/4$、$(a+c)/4$、$(a+b)/4$。

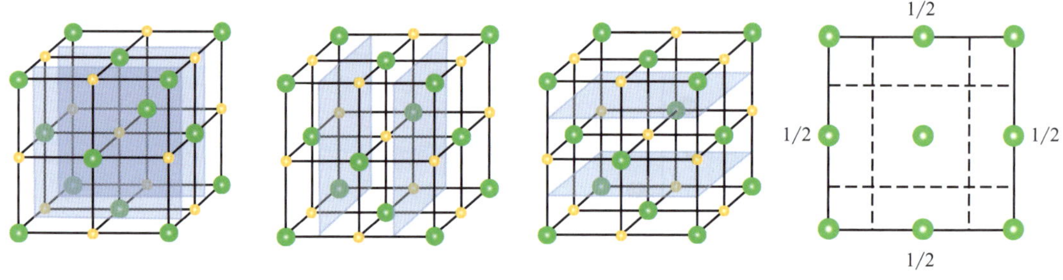

(a) 平行于(100)面网的b和c滑移面：滑移距离$b/2$和$c/2$　(b) 平行于(010)面网的a和c滑移面：滑移距离$a/2$和$c/2$　(c) 平行于(001)面网的a和b滑移面：滑移距离$a/2$和$b/2$　(d) 氯离子及a、b、c滑移面在(001)面上的投影

图 3-29　NaCl 型晶体结构中的 a、b、c 滑移面（蓝色阴影部分）示意图

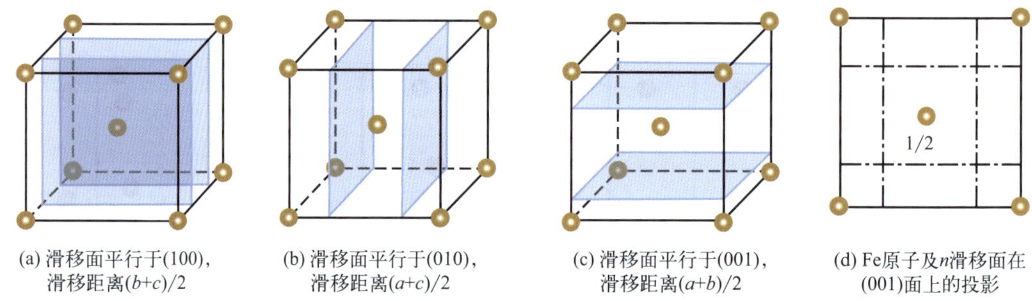

(a) 滑移面平行于(100)，滑移距离$(b+c)/2$　(b) 滑移面平行于(010)，滑移距离$(a+c)/2$　(c) 滑移面平行于(001)，滑移距离$(a+b)/2$　(d) Fe原子及n滑移面在(001)面上的投影

图 3-30　α-Fe 型晶体结构中的 n 滑移面示意图

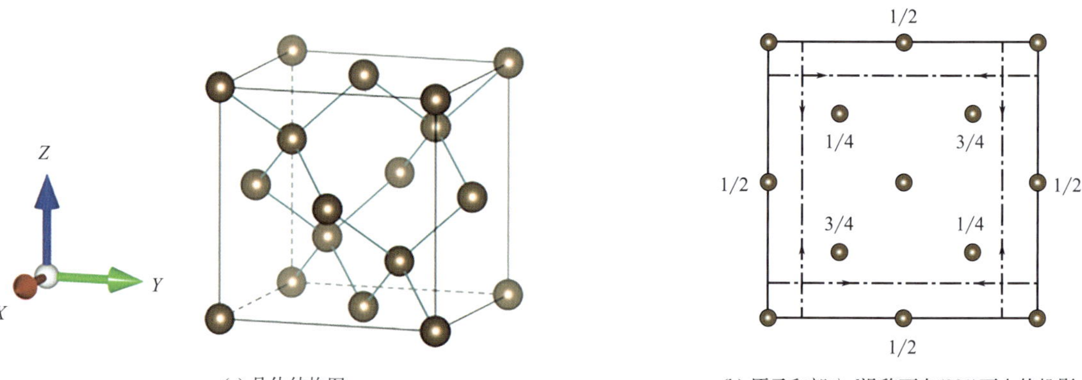

(a) 晶体结构图　(b) 原子和部分d滑移面在(001)面上的投影

图 3-31　金刚石晶体结构中的 d 滑移面示意图

综上，晶体结构中平行于（100）、（010）、（001）面网可能的滑移面的种类、滑移方向和滑移距离，可归结为图 3-32 所示。

除了上述平行于（100）、（010）、（001）面网的滑移面之外，还存在其他方向的滑移面。对于平行于其他面网方向的 n 滑移面和 d 滑移面，滑移方向应为相应面网的对角线方向。n 滑移面的滑移距离为相应对角线长度的 1/2，d 滑移面的滑移距离为相应对角线长度的 1/4。

综上所述，可以对晶体结构中的所有对称要素总结如下：平移群共有 14 种，即 14 种布拉维格子；面对称要素共有 6 种，即 1 种对称面（m）和 5 种滑移面（a、b、c、n、d），各种面对称要素的图示符号见表 3-3；轴对称要素共有 17 种，即 4 种对称轴、2 种旋转反伸轴和 11 种螺旋轴。

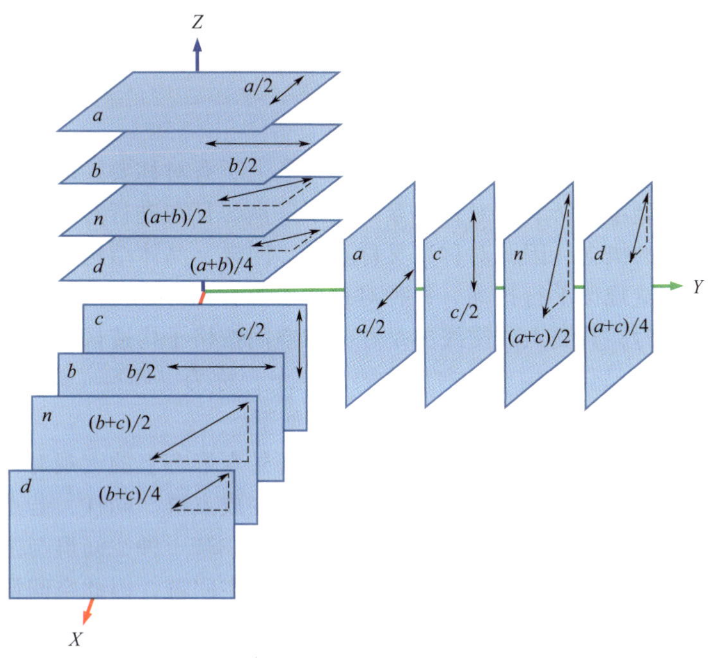

图 3-32 平行于（100）、（010）、（001）面网的滑移面（a、b、c、n、d）

表 3-3 晶体结构中各种面对称要素的表示方法

国际符号	图示符号		滑移的方向和距离
	垂直于图面	平行于图面	
m			无
a			a/2
b			b/2
c			c/2
n			(a+b)/2；(b+c)/2；(a+c)/2；(a+b+c)/2；(−a+b+c)/2；(a−b+c)/2；(a+b−c)/2；在六方格子中可为 (2a+b)/2；(2a+b+c)/2 等；在立方面心格子中还可为：(a+2b+c)/4；(2a+b+c)/4；(a+b+c)/4；(a+b+2c)/4
d		3/8　1/8	(a±b)/4；(b±c)/4；(±a+c)/4；(a±b±c)/4

注：箭头代表滑移方向。

3.5 晶体结构的空间群

3.5.1 空间群的概念

在前面几何结晶学的内容中已经讲过，晶体外形上所有对称要素的组合称为对称型。在晶体宏观形态的对称型中，所有的对称要素均交于一点，且在进行对称操作时至少有一个点不动，符合数学中群的概念，因此对称型又称点群。同样，晶体结构中对称要素的组合，是在三维空间按格子构造规律平行排列，每种对称要素皆有无穷多，而且不交于一点。晶体结构中的对称要素相交时，其交点或交线亦是在三维空间按格子构造规律平行排列，交点或交线亦有无穷多。所以，晶体结构中所有对称要素的组合称为空间群（space group）。晶体外观形态上的点群和内部结构的空间群的区别和联系如下。

相较而言，晶体结构中的微观对称才是本质，而外观形态上的宏观对称只是微观对称的外在表现。当微观对称要素的移距为 0 时，空间群就变成点群。同样，若点群中的对称要素有不同移距，即可分成不同的空间群。每一种点群都存在若干种空间群与之相对应，即外形上属于同一点群的晶体，内部结构可以分别属于不同的空间群，因此空间群的数目远超过点群的数目，共有 230 种（表 3-4）。例如，当点群为 4，在晶体外形上仅有一个 4 次轴；但从内部构造看，存在两种格子：四方原始格子（P）和四方体心格子（I），而外形上的 4，在内部结构中可以为 4_1、4_2、4_3。因此，对于外观形态上点群为 4 的晶体，内部结构中可以有 $P4$、$P4_1$、$P4_2$、$P4_3$、$I4$、$I4_1$ 共 6 种空间群（$I4_2$=$I4$、$I4_3$=$I4_1$）。

表 3-4 晶体结构中的 230 种空间群

晶系	点群		空间群								
	国际符号	申弗利斯符号									
三斜晶系	1	C_1	$P1$								
	$\bar{1}$	C_i	$P\bar{1}$								
单斜晶系	2	$C_2^{(1\sim3)}$	$P2$	$P2_1$	$C2$						
	m	$C_s^{(1\sim4)}$	Pm	Pc	Cm	Cc					
	$2/m$	$C_{2h}^{(1\sim6)}$	$P2/m$	$P2_1/m$	$C2/m$	$P2/c$	$P2_1/c$	$C2/c$			
斜方晶系	222	$D_2^{(1\sim9)}$	$P222$	$P222_1$	$P2_12_12$	$P2_12_12_1$	$C222_1$	$C222$	$F222$	$I222$	$I2_12_12_1$
	$mm2$	$C_{2v}^{(1\sim22)}$	$Pmm2$	$Pmc2_1$	$Pcc2$	$Pma2$	$Pca2_1$	$Pnc2$	$Pmn2_1$	$Pba2$	$Pna2_1$
			$Pnn2$	$Cmm2$	$Cmc2_1$	$Ccc2$	$Amm2$	$Abm2$	$Ama2$	$Aba2$	$Fmm2$
			$Fdd2$	$Imm2$	$Iba2$	$Ima2$					
	mmm	$D_{2h}^{(1\sim28)}$	$Pmmm$	$Pnnn$	$Pccm$	$Pban$	$Pmma$	$Pnna$	$Pmna$	$Pcca$	$Pbam$
			$Pccn$	$Pbcm$	$Pnnm$	$Pmmn$	$Pbcn$	$Pbca$	$Pnma$	$Cmcm$	$Cmca$
			$Cmmm$	$Cccm$	$Cmma$	$Ccca$	$Fmmm$	$Fddd$	$Immm$	$Ibam$	$Ibca$

续表

晶系	点群		空间群								
	国际符号	申弗利斯符号									
四方晶系	4	$C_4^{(1\sim6)}$	$P4$	$P4_1$	$P4_2$	$P4_3$	$I4$	$I4_1$			
	$\bar{4}$	$S_4^{(1\sim2)}$	$P\bar{4}$	$I\bar{4}$							
	$4/m$	$C_{4h}^{(1\sim6)}$	$P4/m$	$P4_2/m$	$P4/n$	$P4_2/n$	$I4/m$	$I4_1/a$			
	422	$D_4^{(1\sim10)}$	$P422$	$P42_12$	$P4_122$	$P4_12_12$	$P4_222$	$P4_22_12$	$P4_322$	$P4_32_12$	$I422$
			$I4_122$								
	$4mm$	$C_{4v}^{(1\sim12)}$	$P4mm$	$P4bm$	$P4_2cm$	$P4_2nm$	$P4cc$	$P4nc$	$P4_2mc$	$P4_2bc$	$I4mm$
			$I4cm$	$I4_1md$	$I4_1cd$						
	$\bar{4}2m$	$D_{2d}^{(1\sim12)}$	$P\bar{4}2m$	$P\bar{4}2c$	$P\bar{4}2_1m$	$P\bar{4}2_1c$	$P\bar{4}m2$	$P\bar{4}c4$	$P\bar{4}b2$	$P\bar{4}n2$	$I\bar{4}m2$
			$I\bar{4}c4$	$I\bar{4}2m$	$I\bar{4}2d$						
	$4/mmm$	$D_{4h}^{(1\sim20)}$	$P4/mmm$	$P4/mcc$	$P4/nbm$	$P4/nnc$	$P4/mbm$	$P4/mnc$	$P4/nmm$	$P4/ncc$	$P4_2/mmc$
			$P4_2/mcm$	$P4_2/nbc$	$P4_2/nnm$	$P4_2/mbc$	$P4_2/mnm$	$P4_2/nmc$	$P4_2/ncm$	$I4/mmm$	$I4/mcm$
			$I4_1/amd$	$I4_1/acd$							
三方晶系	3	$C_3^{(1\sim4)}$	$P3$	$P3_1$	$P3_2$	$R3$					
	$\bar{3}$	$C_{3i}^{(1\sim2)}$	$P\bar{3}$	$R\bar{3}$							
	32	$D_3^{(1\sim7)}$	$P312$	$P321$	$P3_112$	$P3_121$	$P3_212$	$P3_221$	$R32$		
	$3m$	$C_{3v}^{(1\sim6)}$	$P3m1$	$P31m$	$P3c1$	$P31c$	$R3m$	$R3c$			
	$\bar{3}m$	$D_{3d}^{(1\sim6)}$	$P\bar{3}1m$	$P\bar{3}1c$	$P\bar{3}m1$	$P\bar{3}c1$	$R\bar{3}m$	$R\bar{3}c$			
六方晶系	6	$C_6^{(1\sim6)}$	$P6$	$P6_1$	$P6_5$	$P6_2$	$P6_4$	$P6_3$			
	$\bar{6}$	$C_{3h}^{(1)}$	$P\bar{6}$								
	$6/m$	$D_{6h}^{(1\sim2)}$	$P6/m$	$P6_3/m$							
	622	$D_6^{(1\sim6)}$	$P622$	$P6_122$	$P6_522$	$P6_222$	$P6_422$	$P6_322$			
	$6mm$	$C_{6v}^{(1\sim4)}$	$P6mm$	$P6cc$	$P6_3cm$	$P6_3mc$					
	$\bar{6}2m$	$D_{3h}^{(1\sim4)}$	$P\bar{6}m2$	$P\bar{6}c2$	$P\bar{6}2m$	$P\bar{6}2c$					
	$6/mmm$	$D_{6h}^{(1\sim4)}$	$P6/mmm$	$P6/mcc$	$P6_3/mcm$	$P6_3/mmc$					

续表

晶系	点群		空间群								
	国际符号	申弗利斯符号									
等轴晶系	23	$T^{(1\sim5)}$	$P23$	$F23$	$I23$	$P2_13$	$I2_13$				
	$m\bar{3}$	$T_h^{(1\sim7)}$	$Pm3$	$Pn3$	$Fm3$	$Fd3$	$Im3$	$Pa3$	$Ia3$		
	432	$O^{(1\sim8)}$	$P432$	$P4_232$	$F432$	$F4_132$	$I432$	$P4_332$	$P4_132$	$I4_132$	
	$\bar{4}3m$	$T_d^{(1\sim6)}$	$P\bar{4}3m$	$F\bar{4}3m$	$I\bar{4}3m$	$P\bar{4}3n$	$F\bar{4}3c$	$I\bar{4}3d$			
	$m\bar{3}m$	$O_h^{(1\sim10)}$	$Pm\bar{3}m$	$Pn\bar{3}n$	$Pm\bar{3}n$	$Pn\bar{3}m$	$Fm\bar{3}m$	$Fm\bar{3}c$	$Fd\bar{3}m$	$Fd\bar{3}c$	$Im\bar{3}m$
			$Ia\bar{3}d$								

3.5.2 空间群的符号

空间群的符号与对称型（点群）的符号完全类似，既可以用国际符号和申弗利斯符号来表示，也可以将二者联合起来并用。

（1）空间群的申弗利斯符号

在其对称型符号的右上角加上序号即可。例如，对称型 L^4，申弗利斯符号 C_4，对应的 6 个空间群的申弗利斯符号为 C_4^1、C_4^2、C_4^3、C_4^4、C_4^5、C_4^6。

（2）空间群的国际符号

空间群的国际符号有两个组成部分。前一部分为格子类型，用 P、C、I、F 表示。后一部分与所属对称型的国际符号基本相同，只是将其中某些宏观对称要素换成内部结构中的微观对称要素。例如，与上述对称型 4 相对应的 6 个空间群的国际符号分别是 $P4$、$P4_1$、$P4_2$、$P4_3$、$I4$、$I4_1$。

表示空间群时，一般将两种符号并用。例如金红石，对称型 L^44L^25PC，国际符号是 $4/mmm$；空间群国际符号为 $P4_2/mnm$，申弗利斯符号为 D_{4h}^{14}，所以金红石的空间群在一般晶体学教科书中写成 D_{4h}^{14}—$P4_2/mnm$。在国际符号 $P4_2/mnm$ 中，P 表示格子类型为四方原始格子，$4_2/mnm$ 表示属于 $4/mmm$ 对称型（点群），Z 轴方向（第一序号位）存在 4 次中性螺旋轴 4_2 及垂直于它的 m；垂直于 X、Y 轴方向（第二序号位）存在滑移面 n；$X+Y$ 方向（第三序号位）存在 m。空间群国际符号后半部分的每一个序位所代表的方向，与所属对称型国际符号的每个序位所代表的方向完全相同。

由于晶体内部结构的对称要素比较多而且复杂，在同一个方向上可以有不同类型的对称要素甚至不同轴次的对称轴平行排列。所以，空间群国际符号中各方向代表性对称要素的选择，一般按下列原则和顺序进行：首先，根据有无高次轴及高次轴的方向数，无高次轴时根据 2 次轴及面对称要素的方向数确定晶系及空间格子类型。对于面对称要素，先选对称面 m；无对称面 m 时，则依次选 d、n 滑移面或 a、b、c 滑移面，两者都有尽量选前者。对于轴对称要素，如果某方向存在不同轴次的轴对称要素，首先选最高轴次；如果最高轴次有不同类型，则按对称轴、螺旋轴、旋转反伸轴的顺序选其一。

空间群除了可以用不同符号表示以外，还可以用图示方法表示空间群中对称要素在三维空间的分布，称为空间群的投影图示。它是把晶体结构中一个晶胞范围内的各种微观对称要素投影到（001）面上［图 3-33（b）］。

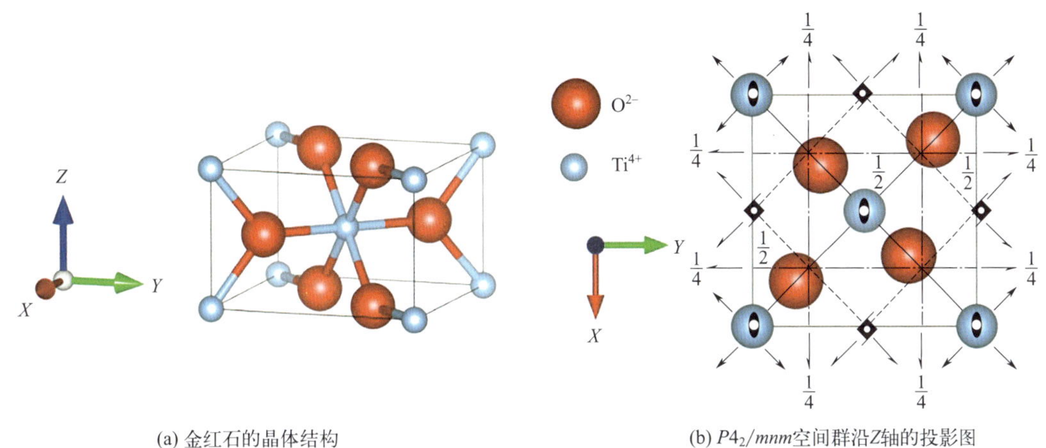

(a) 金红石的晶体结构

(b) $P4_2/mnm$空间群沿Z轴的投影图

图 3-33　金红石晶体结构及空间群投影图

点群和空间群之间既紧密联系又有区别，具体可概括如下：

① 区别：点群是晶体宏观形态上全部对称要素的组合，是表示宏观形态的对称性，重点强调晶体外形上晶面、晶棱和角顶的重复规律；而空间群是晶体结构中全部对称要素的组合，表示晶体微观结构的对称性，重点强调内部结构中各种质点（离子、原子、分子及基团）。

② 联系：微观结构的空间群就相当于宏观形态的点群，微观结构的对称才是本质，宏观形态的对称只是微观结构对称的外在表现形式；微观对称要素的移距为 0 时，空间群就变为点群。同样，点群中的对称要素有不同移距时，即可分裂成不同的空间群。

点群与空间群体现了晶体宏观形态对称性和微观结构对称性的统一。空间群是从点群中推导出来的，每种点群对应多种空间群，空间群的数目远超过点群数目，点群有 32 种，而空间群有 230 种。

3.6　等效点系

3.6.1　等效点系的概念

由空间群中对称要素联系起来的一组几何点的总和称为等效点系，即空间格子中借对称要素联系起来的一组几何点。也就是说，在一个已知空间群的空间格子中，由任一位置的原始几何点，通过空间群中所有对称要素的作用所得的一组几何点就是一套等效点系。同一等效点系的几何点称为等效点；等效点所占据的空间位置称等效位置；同一套等效点系中的等效位置，为一组等效位置。一个晶胞中等效点的数目为该等效点系的重复点数。

从单形的推导可知，同一种对称型，由于原始晶面与对称要素的相对位置关系不同，可以推导出不同的单形，且根据原始晶面与对称要素有无特殊关系把单形分为特殊形和一般形。同理，对同一种空间群，由于原始点与对称要素的关系不同，亦可导出若干套不同的等效点系，而且也有一般等效点系和特殊点系之分。特殊等效点系中的点，都位于空间群的某个或某些对称要素的位置上；一般等效点系中的点全部在对称要素之外。

3.6.2 等效点系的表示方法

对于等效点系的描述，主要包括以下几个方面：

（1）等效点系的魏科夫（Wyckoff）符号

在一个晶胞范围内，用 a、b、c、d、e、f、g…对不同的等效点系进行编号，即为等效点系的魏科夫符号。

（2）等效位置（点位置上的对称性）

等效点在晶胞中所占据的位置以及该点位置上的对称性。

（3）等效点系的重复点数

一套等效点系在一个晶胞范围内等效点的数目。

晶胞角顶的点与相邻 8 个晶胞共有，按 1/8 计数；晶胞棱上的点与相邻 4 个晶胞共有，按 1/4 计数；晶胞面上的点与相邻 2 个晶胞共有，按 1/2 计数。

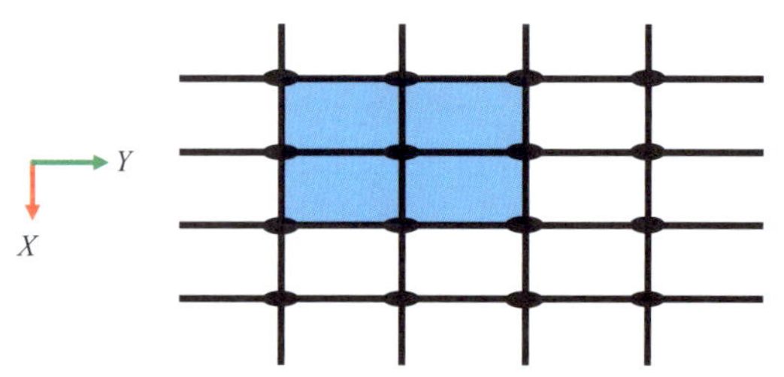

图 3-34 *Pmm*2 在（001）面上的投影，蓝色阴影区域为 1 个晶胞的范围

（4）等效点的坐标

用 x、y、z 表示等效点在一个晶胞范围内的空间位置。

现以空间群为 *Pmm*2 的空间格子为例说明等效点系的表示方法，其所有对称要素在（001）面上一个晶胞范围内（蓝色阴影区域）的分布，如图 3-34 所示。每隔 $a/2$ 和 $b/2$ 结点间距都有对称面，两个对称面的交线为 2 次轴。对于空间群 *Pmm*2，原始点的可能位置有 9 种，即可构成 9 套等效点系，这 9 套等效点系的魏科夫符号、点位置上的对称性、重复点数和等效点的坐标见图 3-35 和表 3-5。下面对原始点在 9 个不同位置时的等效点系进行详述。

位置 1，魏科夫符号编为 a；原始点位置在 $mm2$ 上，即点位置上的对称为 $mm2$；通过 m 或 L^2 的作用会产生位于晶胞棱上的 4 个点，即重复点数为 4×1/4=1；点的坐标为（0, 0, z）[图 3-35（a）]。

位置 2，魏科夫符号编为 b；原始点位置在离开 a 位置 $b/2$ 处，也在 $mm2$ 上，即点位置上的对称也为 $mm2$；通过 m 的作用会产生位于晶胞面上的 2 个点，即重复点数为 2×1/2=1；点的坐标为（0, 1/2, z）[图 3-35（b）]。

位置 3，魏科夫符号编为 c；原始点位置在离开 a 位置 $a/2$ 处的 $mm2$ 上，点位置上的对称也为 $mm2$；通过 m 的作用会产生位于晶胞面的 2 个点，重复点数也为 2×1/2=1，点的坐标为（1/2, 0, z）[图 3-35（c）]。

位置 4，魏科夫符号编为 d；原始点位置在离 a 位置（$a+b$）/2 处，也是 $mm2$ 位置，所以点位置上的对称同上；原始点在此处时 m 和 2 均不对其产生作用，重复点数为 1；点的坐标为（1/2, 1/2，z）[图 3-35（d）]。

位置 5，魏科夫符号编为 e；原始点位置在 m 上，即点位置上的对称为 m；通过 m 和 2 会产生位于晶胞面左右棱上的 4 个点，重复点数为 4×1/2=2；点的坐标为（x，0，z）、（$\bar{x}$，0, z）[图 3-35（e）]。

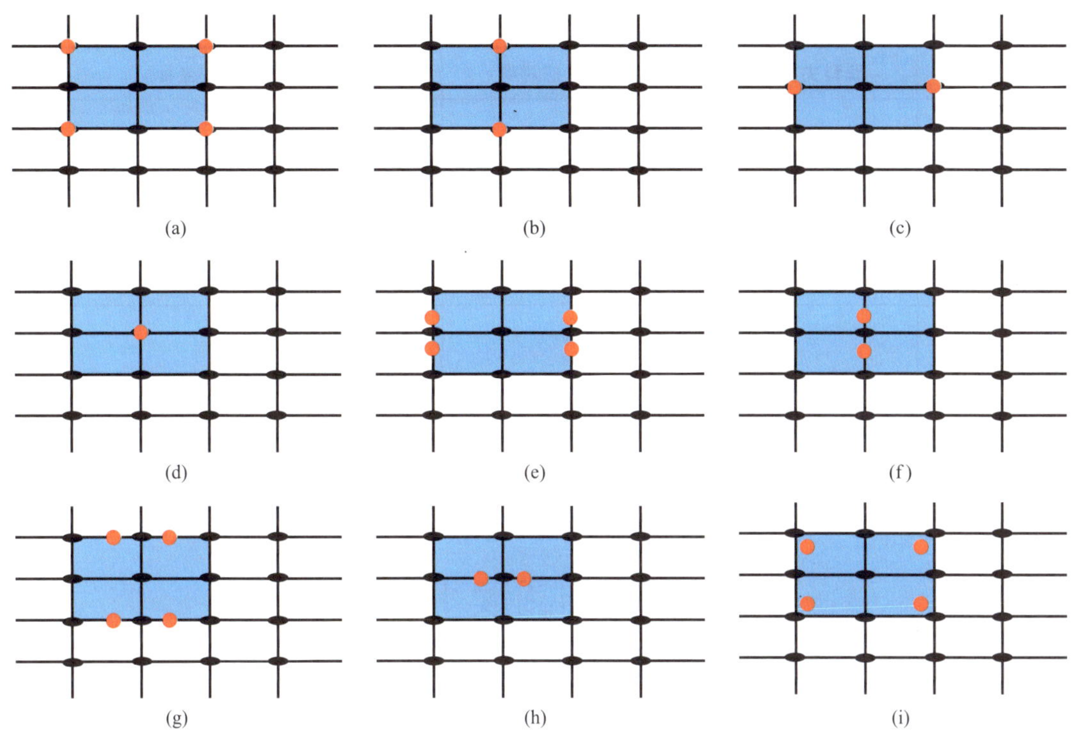

图 3-35　空间群 *Pmm*2 及其等效点系在（001）面上的投影

位置 6，魏科夫符号编为 *f*；原始点位置也在 *m* 上，即点位置上的对称也为 *m*；通过 *m* 和 2 的作用会产生 2 个点，重复点数为 2；点的坐标为（x, 1/2, z）、（$\bar{x}$, 1/2, z）［图 3-35（f）］。

位置 7，魏科夫符号编为 *g*；原始点位置同样在 *m* 上，所以点位置上的对称还是为 *m*；通过 *m* 和 2 的作用会产生 2 个点，重复点数为 2。点的坐标为（0, y, z）、(0, $\bar{y}$, z）［图 3-35（g）］。

位置 8，魏科夫符号编为 *h*；原始点位置还是在 *m* 上，所以点位置上的对称仍然为 *m*；通过 *m* 和 2 的作用产生 2 个点，重复点数为 2；点的坐标为（1/2, y, z）、（1/2, $\bar{y}$, z）［图 3-35（h）］。

位置 9，魏科夫编为符号 *i*；原始点位置不在任何对称要素上，为一般位置，所以点位置上的对称只能是 1；通过 *m* 和 2 的作用会产生 4 个位于晶胞内部的 4 个点，所以重复点数为 4；点的坐标为（x, y, z）、（$\bar{x}$, $\bar{y}$, z）、（x, $\bar{y}$, z）、（$\bar{x}$, y, z）［图 3-35（i）］。

不同的空间群，因为对称要素的种类和数目不同，所以等效点系的数目也就不同，230 种空间群的等效点系可以在晶体学国际表（International Tables for Crysallography）上查到。

表 3-5　空间群 C_{2v}^{1}—*Pmm*2 及其等效点系

重复点数	魏科夫符号	点位置上的对称	等效点的坐标
4	*i*	1	x, y, z；$\bar{x}, \bar{y}, z$；$x, \bar{y}, z$；$\bar{x}, y, z$
2	*h*	*m*	$1/2, y, z$；$1/2, \bar{y}, z$
2	*g*	*m*	$0, y, z$；$0, \bar{y}, z$

续表

重复点数	魏科夫符号	点位置上的对称	等效点的坐标
2	*f*	*m*	x, 1/2, z； $\bar{x}$, 1/2, z
2	*e*	*m*	x, 0, z； $\bar{x}$, 0, z
1	*d*	*mm*2	1/2, 1/2, z
1	*c*	*mm*2	1/2, 0, z
1	*b*	*mm*2	0, 1/2, z
1	*a*	*mm*2	0, 0, z

延伸阅读 1

空间格子的对称性与晶体结构对称性的区别

空间格子的对称性只考虑空间格子这个几何图形的对称性，不考虑具体原子、离子的占位情况，因而，它的对称性要比具体晶体结构的对称性高。例如，图 3-36（a）是某晶体结构平面示意图，其对称型是 2，而图 3-36（b）的该晶体结构对应的平面空间格子，其对称型是 *mm*2，由此可见，空间格子的对称性要比晶体结构的对称性高，而且往往都是母群-子群的关系。

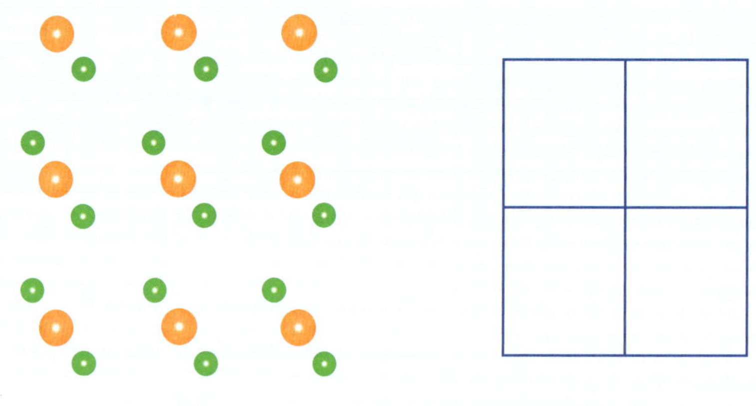

(a) 晶体结构示意图　　(b) 该晶体结构对应的空间格子

图 3-36　晶体结构的对称与空间格子的对称的区别

图 3-36 给出的空间格子对称与晶体结构对称都是点群，即给出的都是宏观意义上的对称性。对于空间格子的对称性，一般是用空间格子的几何形态的宏观对称（即空间格子的点群）来描述它的对称性，如图 3-36（b）对称型为 *mm*2 的空间格子的点群。对于晶体结构，在考虑原子、离子占位情况后，也可以得出一个宏观意义上的对称性，

如上述的图 3-36（a）的对称型为 2，但真正描述晶体结构的对称性应该用空间群，图 3-36（a）的可能空间群为：$P2$，$P2_1$，$C2$。在空间群的基础上，将螺旋轴、滑移面转化为对称轴、对称面，就形成了晶体的点群。这样，就有三个名词需要区别：空间格子的点群、晶体的点群、晶体的空间群。空间格子的点群往往是晶体点群的母群；晶体的点群中部分对称要素由相应的内部对称要素取代就变成了晶体的空间群，一个点群对应多个空间群。

对于晶体的点群，只有晶体形态上发育该点群的一般形时，这个晶体形态才能体现出该晶体的点群；而当晶体形态上只发育该点群的特殊形时，晶体形态往往体现出来的是该晶体的点群的母群，也就相当于该晶体空间格子的点群。例如：石英的空间格子的对称型（空间格子的点群）为：$6/m2/m2/m$，当石英的形态上只发育一个六方柱、两个菱面体，而且这两个菱面体晶面大小一样时（即两个菱面体的正形与负形关系不显示出来时），石英的形态体现的就是 $6/m2/m2/m$ 对称型，这个对称型就是石英的空间格子的点群［见图 3-37（a）］；当石英形态中的两个菱面体晶面大小差异显示出来后（即两个菱面体的正形与负形关系显示出来时），石英的形态体现出 $32/m$ 的对称型［见图 3-37（b）］，这个对称型是石英的空间格子点群的子群，但还不是石英晶体的点群，石英晶体的点群是 32，只有当石英晶体上发育三方偏方面体（该点群的一般形）时，石英的晶体形态才能体现出石英晶体的点群 32［见图 3-37（c）］。

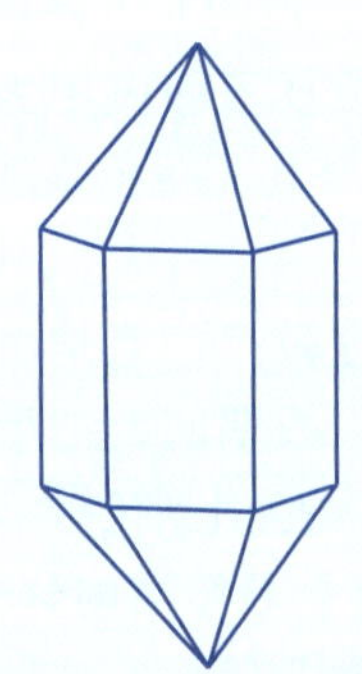

(a) 发育一个六方柱、两个菱面体且两个菱面体晶面大小一样

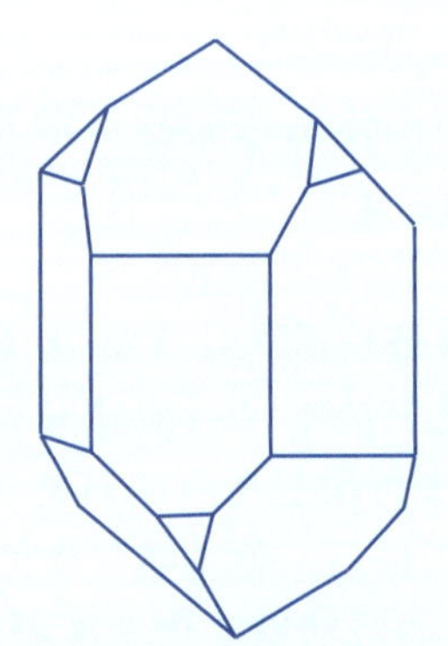

(b) 发育一个六方柱、两个菱面体且两个菱面体晶面大小不一样

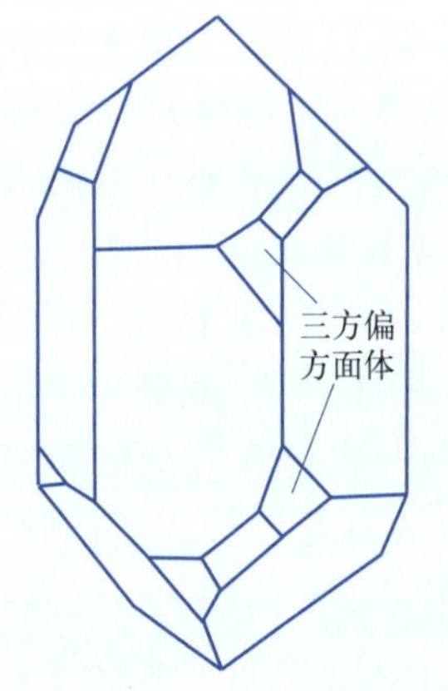

(c) 发育了一般形三方偏方面体

图 3-37　石英的各种形态

由此可见，晶体的点群不一定是晶体宏观形态的对称性，它也包含晶体内部结构对称性的意义。如上所述，石英晶体宏观形态上只发育六方柱、菱面体时，宏观形态就不体现晶体的点群，只有当石英发育三方偏方面体时，宏观形态才体现晶体的点群，而石英发育三方偏方面体是受其内部晶体结构制约的，所以，晶体的点群一定要考虑晶体内部结构因素。第 2 章中我们给出的晶体的对称型（即晶体的点群）的定义是：晶体形态上所有对称要素的组合，这个定义只适合于晶体几何形态模型（即没有内部结构），不适合具体的晶体，因为晶体的点群不能仅仅从宏观形态上得出，还要考虑晶体内部结构因素。

延伸阅读 2

平凡中的伟大——威廉·亨利·布拉格

一、人物介绍

威廉·亨利·布拉格（1862—1942）1862 年出生在英国威格顿，是一位英国物理学家，也是现代固体物理学的奠基人之一。布拉格因其在使用 X 射线衍射研究晶体原子和分子结构方面的开创性贡献，与儿子威廉·劳伦斯·布拉格（1890—1971）共同获得 1915 年诺贝尔物理学奖。布拉格父子提出了晶体衍射理论，即著名的布拉格公式（布拉格定律），这一理论极大地推动了对晶体结构理解的进步。威廉·亨利·布拉格还是一位杰出的社会活动家，是 20 世纪 20~30 年代英国公共事务中的风云人物。

二、主要贡献

1885 年，威廉·亨利·布拉格被澳大利亚阿德莱德大学聘为数学物理教授，并于 1886 年正式上任。1904 年，在但尼丁召开的一次澳大利亚科学促进会的会议上，他担任所在小组的主席，并发表了论文《气体电离理论的新发展》。后来，他又在这篇论文的基础之上进一步展开了研究，于 1912 年出版了他的第一本著作《放射能研究》。1907 年，威廉·亨利·布拉格当选为英国皇家学会会员。1908 年底，他从阿德莱德大学辞职。在这二十三年里，他见证了阿德莱德大学生人数的数倍增长，对物理学院的发展也做出了很大的贡献。

1909 年，威廉·亨利·布拉格到利兹大学担任卡文迪许实验室物理教授。他在这里继续 X 射线研究，最终大获成功。他发明了 X 射线分光计，并与他的儿子威廉·劳伦斯·布拉格创立了用 X 射线分析晶体结构的新学术领域。这项技术的应用为稍后 DNA 双螺旋结构的发现奠定了基础。正是因为这项成就，威廉·亨利·布拉格和他的儿子在 1915 年被授予诺贝尔物理学奖。

1915 年，威廉·亨利·布拉格被伦敦大学学院聘为奎恩物理教授，但是由于受到第一次世界大战的影响，直到战争结束以后他才开始工作。一战期间，威廉·亨利·布拉格主要为英国政府服务，进行潜艇探测的研究。1918 年，他回到伦敦，担任海军司令部的顾问。恢复在大学的工作后，他主要从事的研究仍然是晶体结构分析。

1923 年起，他成为皇家研究所的富勒里安化学教授和戴维 - 法拉第研究实验室的主任。在他的领导下，实验室发表了大量有价值的论文。1935 年，威廉·亨利·布拉格当选为英国皇家学会会长。

三、社会评价

威廉·亨利·布拉格是一位杰出的英国物理学家，他的社会评价非常高。他不仅在科学领域有着卓越的贡献，还是一位有影响力的社会活动家。布拉格父子的工作不仅推动了物理学的发展，还对化学、生物学等多个学科产生了深远的影响。他们的发现和成就至今仍在科学界产生着重要的影响，使得“布拉格”这个名字成为现代结晶学领域的一个代名词。

威廉·亨利·布拉格的科学精神体现在以下几个方面：

（1）创新与探索　布拉格对 X 射线的研究充满了创新精神，他与儿子威廉·劳伦斯·布拉格一起，通过对 X 射线谱的研究，提出了晶体衍射理论，并建立了著名的布拉格公式（布拉格定律），这一定律成为了现代结晶学的基础。

（2）勤奋与坚持　布拉格在科学研究上的勤奋和坚持是显而易见的。他在 40 岁之后才开始涉及重要的研究工作，但他的坚持最终使他成为了 X 射线晶体学领域的先驱。

（3）合作与传承　布拉格父子的合作是科学史上的佳话。他们的共同努力不仅推动了科学的进步，也为后来的科学家树立了合作与传承的典范。

（4）社会责任感　布拉格不仅是一位科学家，还是一位社会活动家。他在 20 世纪 20~30 年代是英国公共事务中的风云人物，体现了他对社会的责任感和对科学价值的深刻理解。

（5）科学普及与教育　布拉格在科学普及和教育方面的贡献也不容忽视。他的工作和发现不仅推动了科学的发展，也启发了公众对科学的兴趣和理解。

威廉·亨利·布拉格的故事激励着一代又一代的科学家，他的坚持和创新精神被视为科学探索的典范。威廉·亨利·布拉格的一生是对科学和教育的不懈追求，他的经历证明了不论出身如何，通过努力和坚持都可以取得卓越的成就。他的故事和成就在科学史上留下了浓墨重彩的一笔，被后人所敬仰和纪念。

思考题

1. 晶胞与空间格子中平行六面体的区别是什么？
2. 空间格子中选择的行列方向与宏观晶体形态上选晶轴是什么对应关系？
3. 根据结点在平行六面体中的分布特点，将平行六面体分成哪四种格子类型？
4. 为什么等轴晶系没有底心格子？等轴晶系的底心格子将使它的对称型从等轴晶系变为什么晶系？
5. 为什么只有 14 种空间格子而不是 28 种？
6. 空间格子是由相当点相连形成的，画格子（或选择平行六面体）的原则是什么？
7. 4_1 与 4_3 是什么关系？分别说明它们的旋转角度、旋转方向和移距。
8. 在一个实际晶体结构中，同种原子（或离子）一定是等效点吗？一定是相当点吗？如果从实际晶体结构中画出了空间格子，空间格子上的所有点都是相当点吗？都是等效点吗？
9. 图 3-38 的双重底心平面格子，其结点的分布形式是否符合面网的规律？能否按空间格子的选择原则将它重新划分为合乎要求的平面格子？请在图中具体标示并确定该平面格子的对称性。

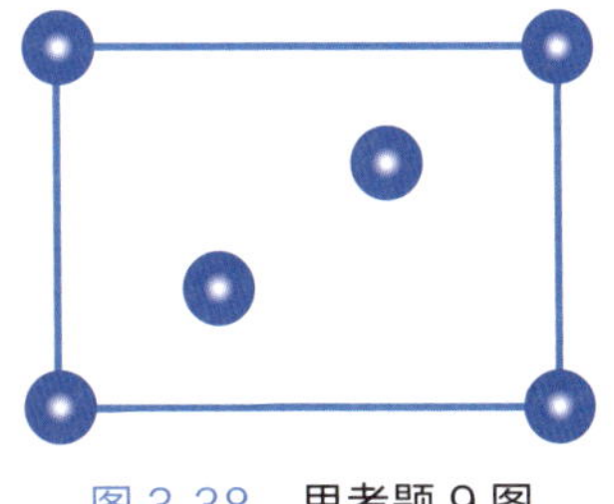

图 3-38　思考题 9 图

10. 一个晶体结构的单位晶胞与其对应的布拉维空间格子之间，其共同之处和根本不同之处分别是什么？

11. 滑移面所包含的平移对称变换，其平移距离必须等于该方向行列结点间距的一半；而对金刚石型滑移面 d 而言，其平移距离应是单位晶胞的面对角线或体对角线长度的 1/4。这两者间有无矛盾？由此推断，在具有 P 格子的晶体结构中能否有滑移面 d 存在？

12. 解释下列空间群符号的含义：$Pm3m$，$I4/mcm$，$P6_3/mmc$，$R3c$，$Pbnm$。

13. 已知某种晶体的晶体几何常数为 $a \neq b \neq c$，$\alpha=\beta=\gamma=90°$，有相同的原子排列在下列位置：

    (0.29，0.04，0.22)，(−0.29，−0.04，−0.22)，(0.79，0.46，0.28)，
    (0.21，0.54，0.72)，
    (−0.29，0.54，−0.22)，(0.29，0.46，0.22)，(0.21，−0.04，0.72)，
    (0.79，0.04，0.28)。

    试根据上述数据确定该晶体的空间群。

14. 图 3-39 是某晶体结构的相当点，已知点群为 $mm2$，请画出最小重复单位（即画出平面空间格子）。

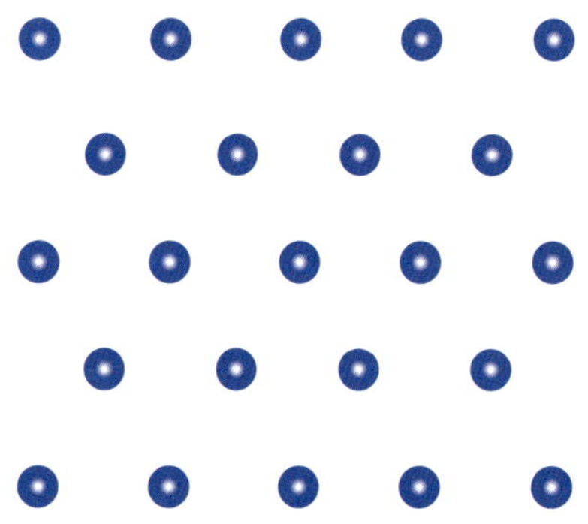

图 3-39　某晶体结构的相当点

15. 如果将思考题 14 中的相当点分布图的对称型改为 $3m$ 或 $6mm$，那么它的空间格子又变成什么样？

16. 面网密度与面网间距是什么关系？面网符号与晶面符号的区别是什么？

第 4 章
晶体化学基础

前面章节在讨论晶体结构的几何规律时，将晶体结构中的点看作几何点来讨论。但实际晶体中这些点是各种元素的原子、离子和分子，它们就是晶体的化学组成，当晶体的化学组成不同时，其性质也就不同。

晶体化学主要研究晶体的化学组成与晶体结构之间的关系，进一步探讨化学组成、晶体结构与性能、形成条件之间的关系。晶体的化学组成和内部结构是决定晶体性质的基本因素，两者之间既紧密联系又相互制约，有它们自己内在的规律。

本章将分别阐述组成晶体的质点本身的某些特性以及它们相互作用时的现象和规律，包括离子类型、晶格类型、原子和离子半径、离子极化、原子和离子结合时的堆积方式和配位方式、类质同象、同质多象、多型性以及晶体结构的有序 - 无序现象等。此外，本章还讨论了晶体结构的表达及晶格缺陷。

4.1　离子类型和晶格类型

4.1.1　离子类型

一切晶体都是由原子、离子或分子构成的，分子也都是由原子或离子构成的。因此，原子和离子是组成晶体结构的基本单位。

一个晶体其结构的具体形式，主要是由构成它的原子或离子各方面的性质所决定的。而原子和离子的化学行为，首先取决于它们外电子层的构型。

对于矿物晶体而言，大多数都属于离子化合物。组成矿物的阴离子的种类很少，阴阳离子间的结合，在很大程度上取决于金属阳离子的性质。因此，通常都是根据外电子层的构型将金属阳离子划分为以下三种不同的类型。

（1）惰性气体型离子

指最外层具有 8 个电子（ns^2np^6）或两个电子（$1s^2$）的离子。主要包括 ⅠA、ⅡA 主族全部及其右边主族中某些元素的离子。这些元素的电离能都较小，明显地趋向于形成离子键，在自然界主要形成卤化物、氧化物和含氧盐。

（2）铜型离子

指最外层具有 18 个电子（$ns^2np^6nd^{10}$）的离子（例如 Cu^+），以及次外层和最外层共为 18+2 个电子［$ns^2np^6nd^{10}(n+1)s^2$］的离子（例如 Pb^{2+}）。主要包括 ⅠB、ⅡB 副族及其相邻的某些元素的离子。这些元素的电离能较大，形成共价键的倾向较强，在自然界主要形成硫化物及其类似化合物和含硫盐。

（3）过渡型离子

指最外层电子数介于 8 ～ 18 之间的离子。主要包括各副族元素以及它们右邻的某些元素的离子。它们的性质视外层电子数接近于哪一方而分别接近于惰性气体型离子或铜型离子的性质。其中的 Fe^{2+} 具有 14 个外层电子（$3s^2 3p^6 3d^6$），是典型的双重倾向过渡型离子。

对于某些电价可变的元素而言，其不同价态的离子可能分别属于不同的离子类型。例如铜，Cu^+ 属于铜型离子；Cu^{2+} 则属于过渡型离子，但其性质很接近于铜型离子。此外，不要把过渡型离子与过渡元素离子两个概念等同起来。过渡元素离子包括所有副族元素的离子，其中虽然大部分是过渡型离子，但并不完全都是。例如过渡元素离子中的 Cu^+、Zn^{2+} 等，就属于铜型离子。

由于惰性气体型离子与铜型离子两者在外层电子构型上明显不同，因而两者所表现的一系列化学行为也有很大的差异。在晶体结构中，它们各自占有独特的地位，彼此间难以相互取代。由它们所组成的晶体，相互间在物理性质、形成条件等方面也都有很大的差异。至于过渡型离子，其性质介于上述两者之间。

4.1.2 晶格类型

晶体中原子间和分子间相互结合的化学键共有四种基本类型，即离子键、共价键、金属键和分子键。对应于这四种基本类型，可将晶体结构区分为以下四种不同的晶格类型。

（1）离子晶格

组成离子晶格的是失去价电子的阳离子和获得外层电子的阴离子，它们彼此间以静电作用力相互维系。在离子晶格中，一个离子可以同时与若干异号离子相结合，无方向性和饱和性的限制，离子间的具体配置方式主要取决于阴、阳离子的电价以及离子半径比值等因素。

（2）原子晶格

组成原子晶格的是彼此间以共价键相结合的原子。由于共价键具有方向性和饱和性，因而晶格中原子间的排列方式主要受共价键的取向所控制。

（3）金属晶格

组成金属晶格的是失去价电子的金属阳离子，它们彼此间借助于在整个晶格内运动着的“自由电子”而相互维系，形成金属单质或金属间化合物。在金属晶格中，由于每个原子的结合力都是呈球形对称分布的，没有方向性和饱和性，而且各个原子又具有相同或近于相同的半径，因而它们通常形成紧密堆积。

（4）分子晶格

在分子晶格中存在着真实的分子。分子之间由范德华力维系；它们相互间的空间配置方式主要取决于分子本身的几何特征。至于分子内部的原子之间，则一般均以共价键相结合。

另外，在许多氢氧化物矿物和其他含水矿物的晶格中，它们的羟基中还存在着一种特殊的键型——氢键。氢键的性质介于共价键和分子键之间，其键强大于分子键，但与分子键仍属同一量级，并且具有方向性及饱和性。除了在草酸铵石等少数矿物中之外，氢键在矿物晶体中不单独出现，一般也不占主导地位。

在有些晶体结构中，基本上只存在单纯的一种键性，例如金的晶体结构中只存在金属键，金刚石中只存在共价键。但在许多晶体结构中，其键性为某种过渡型键，从化学键的性质来说，它们具有过渡性。例如，金红石（TiO_2）中 Ti—O 之间的键，就是一种以离子键为主而向共价键过渡的过渡型键，它既包含有离子键的成分，又包含有少部分共价键的成分，但这两种键性融合在一起，不能相互分开，因而从键性本身来说，它仍然只是单一的一种过渡型键。

以上这些晶体结构，都属于单键型晶格。它们晶格类型的归属以占主导地位的键性为准。如金红石以离子键为主便归属于离子晶格。此外，还有许多晶体结构，如方解石 $CaCO_3$ 的结构，在 C—O 之间存在着以共价键为主的键性，而 Ca—O 之间则存在着以离子键为主的键性，这两种键性在晶体结构中是明确地彼此分开的。像这类晶体结构，则属于多键型晶格。它们晶格类型的归属，以晶体的性质主要取决于哪一种键为依据。因方解石所表现的一系列物理性质主要是由 Ca—O 之间的离子键力所决定的，所以方解石即归属于离子晶格。至于分子晶格，显然全都是多键型晶格。

4.2 原子半径和离子半径

晶体结构中原子和离子的大小，尤其是相对大小，具有十分重要的意义，它们的半径值是晶体化学中最基本的参数之一。每个原子或离子都有自身的作用范围，它是由原子或离子中绕核运动的电子在空间产生的电磁场所形成的，一般呈球形，球的半径就是原子或离子半径。

4.2.1 绝对半径和有效半径

按原子或离子的电子层构型从理论上计算得出的半径称为该原子或离子的绝对半径。

一种原子或离子，在不同晶体结构中所表现的半径值是可以变化的。这取决于与其相邻原子或离子的性质以及彼此的键合方式。晶体结构中，一个原子或离子与周围原子或离子相互作用达到平衡位置时所占据的空间范围为有效空间，其半径为原子或离子的有效半径。通常所说的原子或离子半径就是指其有效半径。有效半径受原子或离子本身电子层构型和化学键两方面因素的影响。同种元素的不同质点与其他元素的质点以不同键力结合时，所占据的空间范围大小不同，因此有效半径又有共价半径、金属原子半径和离子半径之分。

（1）共价半径

共价键单质晶体中相邻两原子中心间距的 1/2，就是该原子的共价半径。例如，金刚石为典型的共价键单质晶体，每个 C 原子与周围的 4 个 C 原子均以共价键相连，两相邻 C 原子中心间的距离均是 0.154nm，C 原子的原子半径即为 0.077nm。对共价化合物晶体而言，两个以共价键相结合原子中心之间的距离，就是这两个原子的有效共价半径之和。

（2）金属原子半径

金属单质晶体中相邻两原子中心间距的 1/2，就是该原子的金属原子半径。例如，自然金中两个相互接触的 Au 原子中心相距为 0.2884nm，Au 原子的原子半径为 0.1442nm。

（3）离子半径

离子化合物晶体中一对相互接触的阴、阳离子中心间距，就是这两个离子的半径之和，各自的半径值可以根据密堆原理及有关晶胞参数用比较法求出。

可见，不同的半径具有不同的含义，同种元素的离子半径、共价半径及金属原子半径是不同的。

4.2.2 原子半径和离子半径的变化规律

表 4-1 和表 4-2 按元素周期表形式分别列出了各种元素的共价半径和金属原子半径，以及各种元素与氧或氟结合时，在不同氧化态和不同配位数情况下的离子半径（即 Shannon 离子半径）。从表中所列的数据可以看出原子半径和离子半径具有如下规律：

表 4-1 元素的共价半径和金属原子半径

1	2	3	4	5	6	7	8	9	10	11	12	13	14	15	16	17	18
1 H 0.37																	2 He
3 Li 1.22 1.51	4 Be 0.89 1.18	原子序数——11 Na——元素符号 1.57——共价半径 (Å) 1.85——金属原子半径 (Å)										5 B 0.88	6 C 0.77	7 N 0.74	8 O 0.74	9 F 0.72	10 Ne
11 Na 1.57 1.85	12 Mg 1.37 1.60											13 Al 1.25 1.43	14 Si 1.17	15 P 1.10	16 S 1.04	17 Cl 0.99	18 Ar
19 K 2.02 2.25	20 Ca 1.74 1.96	21 Sc 1.44 1.63	22 Ti 1.32 1.45	23 V 1.22 1.31	24 Cr 1.17 立方 1.25 六方 1.35	25 Mn 1.17 1.20 ~ 1.50	26 Fe 1.16 1.24	27 Co 1.16 1.25	28 Ni 1.15 立方 1.24 六方 1.32	29 Cu 1.17 1.27	30 Zn 1.25 1.32 ~ 1.47	31 Ga 1.25 1.22 ~ 1.38	32 Ge 1.22	33 As 1.21	34 Se 1.17	35 Br 1.14	36 Kr
37 Rb 2.16 2.44	38 Sr 1.91 2.13	39 Y 1.61 1.81	40 Zr 1.45 1.60	41 Nb 1.34 1.42	42 Mo 1.29 1.36	43 Tc 1.34	44 Ru 1.24 1.33	45 Rh 1.25 1.34	46 Pd 1.28 1.37	47 Ag 1.34 1.44	48 Cd 1.4 1.48 ~ 1.65	49 In 1.50 1.62 ~ 1.68	50 Sn 1.41	51 Sb 1.41	52 Te 1.31	53 I 1.33	54 Xe
55 Cs 2.35 2.62	56 Ba 1.98 2.17	57 ~ 71 La ~ Lu	72 Hf 1.44 1.66	73 Ta 1.34 1.43	74 W 1.30 1.38	75 Re 1.28 1.37	76 Os 1.25 1.35	77 Ir 1.26 1.35	78 Pt 1.29 1.38	79 Au 1.34 1.44	80 Hg 1.44 1.50 ~ 1.73	81 Tl 1.55 1.67 ~ 1.70	82 Pb 1.54 1.74	83 Bi 1.52 1.55	84 Po 1.53	85 At	86 Rn
87 Fr	88 Ra	89 ~ 103 Ac ~ Lr															

镧系	57 La 1.69 1.87	58 Ce 1.65 1.82	59 Pr 1.65 1.82	60 Nd 1.64 1.82	61 Pm 1.80	62 Sm 1.66 1.80	63 Eu 1.85 2.04	64 Gd 1.61 1.79	65 Tb 1.59 1.77	66 Dy 1.59 1.77	67 Ho 1.58 1.75	68 Er 1.57 1.75	69 Tm 1.56 1.74	70 Yb 1.70 1.93	71 Lu 1.56 1.74
锕系	89 Ac	90 Th 1.65 1.80	91 Pa	92 U 1.42 1.53	93 Np	94 Pu	95 Am	96 Cm	97 Bk	98 Cf	99 Es	100 Fm	101 Md	102 No	103 Lr

注：1Å=0.1nm。

表 4-2　元素的离子半径（Shannon 离子半径）

<table>
<tr><td>3 Li
1 IV 0.68
VI 0.82</td><td>4 Be
2 III 0.25
IV 0.35</td><td colspan="10" rowspan="2">注：本数据（单位 Å）是基于阴、阳离子半径比的准则得出的，只对于阳离子同氟和氧结合的情况是精确适用的。元素符号左边的数字为原子序数，下面的阿拉伯数字表示氧化态，罗马数字表示配位数，L 和 H 分别表示低自旋和高自旋状态。</td><td>5 B
3 III 0.10
IV 0.20</td><td>6 C</td><td>7 N</td><td>8 O
−2 II 1.27
III 1.28
IV 1.30
VI 1.32
VIII 1.34</td><td>9 F
−1 II 1.21
III 1.22
IV 1.23
VI 1.25</td></tr>
<tr><td>11 Na
1 IV 1.07
V 1.08
VI 1.10
VII 1.21
VII 1.24
IX 1.40</td><td>12 Mg
2 IV 0.66
V 0.75
VI 0.80
VIII 0.97</td><td>13 Al
3 IV 0.47
V 0.56
VI 0.61</td><td>14 Si
4 IV 0.34
VI 0.48</td><td>15 P
5 IV 0.25</td><td>16 S
−2 V 1.56
VI 1.72
VIII 1.78
VI 0.20</td><td>17 Cl
−1 IV 1.67
VI 1.72
VIII 1.65
III 0.20
IV 0.28</td></tr>
<tr><td>19 K
1 VI 1.46
VII 1.54
VIII 1.59
IX 1.63
X 1.67
XII 1.68</td><td>20 Ca
2 VI 1.08
VII 1.15
VIII 1.20
IX 1.26
X 1.36
XII 1.43</td><td>21 Sc
3 VI 0.83
VIII 0.95</td><td>22 Ti
2 VI 0.94
3 VI 0.75
4 V 0.61
VI 0.69</td><td>23 V
2 VI 0.87
3 VI 0.72
4 VI 0.67
5 IV 0.44
V 0.54
VI 0.62</td><td>24 Cr
2 VI 0.81L
0.90H
3 VI 0.70
4 IV 0.52
VI 0.63
5 IV 0.43
6 VI 0.38</td><td>25 Mn
2 VI 0.75L
0.90H
VIII 1.01
3 V 0.66
VI 0.66L
0.73H
4 VI 0.62
6 IV 0.35
7 IV 0.34</td><td>26 Fe
2 IV 0.71H
VI 0.69L
0.86H
3 IV 0.57H
VI 0.63L
0.73H</td><td>27 Co
2 IV 0.65H
VI 0.73L
0.83H
IV 0.61L
0.69H</td><td>28 Ni
2 VI 0.77
3 VI 0.64L
0.68H</td><td>29 Cu
1 II 0.54
2 IV 0.70
V 0.73
VI 0.81</td><td>30 Zn
2 IV 0.68
V 0.76
VI 0.83
VIII 0.98</td><td>31 Ga
3 IV 0.55
V 0.63
VI 0.70</td><td>32 Ge
4 IV 0.48
VI 0.62</td><td>33 As
5 IV 0.42
VI 0.58</td><td>34 Se
−2 VI 1.88
VIII 1.90
6 IV 0.37</td><td>35 Br
−1 VI 1.88
VIII 1.84
7 IV 0.34</td></tr>
<tr><td>37 Rb
1 VI 1.57
VII 1.64
VIII 1.68
X 1.74
XII 1.81</td><td>38 Sr
2 VI 1.21
VII 1.29
VIII 1.33
X 1.40
XII 1.48</td><td>39 Y
3 VI 0.98
VIII 1.10
IX 1.18</td><td>40 Zr
4 VI 0.80
VII 0.86
VIII 0.92</td><td>41 Nb
2 VI 0.79
3 VI 0.78
4 VI 0.77
5 IV 0.40
VI 0.72
VII 0.74</td><td>42 Mo
3 VI 0.75
4 VI 0.73
5 VI 0.71
6 IV 0.50
V 0.58
VI 0.68
VII 0.79</td><td>43 Tc
4 VI 0.72</td><td>44 Ru
3 VI 0.76
4 VI 0.70</td><td>45 Rh
3 VI 0.75
4 VI 0.71</td><td>46 Pd
1 II 0.67
2 IV 0.72
VI 0.94
3 VI 0.84
4 VI 0.70</td><td>47 Ag
1 II 0.75
IV 1.10
V 1.20
VI 1.23
VII 1.32
VIII 1.38
3 IV 0.73</td><td>48 Cd
2 IV 0.88
V 0.95
VI 1.03
VII 1.08
VIII 1.15
XII 1.39</td><td>49 In
3 VI 0.88
VIII 1.10</td><td>50 Sn
2 VIII 1.30
4 VI 0.77</td><td>51 Sb
3 IV 0.85
V 0.88
5 VI 0.69</td><td>52 Te
4 III 0.60</td><td>53 I
−1 VI 2.13
VIII 1.97
VI 1.03</td></tr>
</table>

55 Cs	56 Ba	57 ～ 71	72 Hf	73 Ta	74 W	75 Re	76 Os	77 Ir	78 Pt	79 Au	80 Hg	81 Tl	82 Pb	83 Bi	84 Po	85 At
1 VI 1.78 VIII 1.82 IX 1.86 X 1.89 XII 1.96	2 VI 1.44 VII 1.47 VIII 1.50 IX 1.55 X 1.60 XII 1.68	La ～ Lu	4 VI 0.79 VIII 0.91	3 VI 0.75 4 VI 0.74 5 IV 0.72 VIII 0.77	4 VI 0.73 6 IV 0.50 VI 0.68	4 VI 0.71 5 VI 0.60 6 VI 0.60 7 IV 0.48 VI 0.65	4 VI 0.71	3 VI 0.81 4 VI 0.71	2 VI 0.68 4 VI 0.71	3 IV 0.78	1 III 1.05 2 II 0.77 IV 1.04 VI 1.10 VIII 1.22	1 VI 1.58 VIII 1.68 XII 1.84 3 VI 0.97 VIII 1.08	2 IV 1.02 VI 1.26 VIII 1.37 IX 1.41 X 1.47 XII 1.57 4 VI 0.86 VIII 1.02	3 V 1.07 VI 1.10 VIII 1.19	4 VIII 1.16	
87 Fr	88 Ra 2 VIII 1.56 XII 1.72	89 ～ 103 Ac ～ Lr														
镧系	57 La 3 VI 1.13 VII 1.18 VIII 1.26 IX 1.28 X 1.36 XII 1.40	58 Ce 3 VI 1.09 VIII 1.22 IX 1.23 XII 1.37 4 VI 0.88 VIII 1.05	59 Pr 3 VI 1.08 VIII 1.22 4 VI 0.86 VIII 1.07	60 Nd 3 VI 1.06 VIII 1.20 IX 1.17		61 Pm 3 VI 1.04	62 Sm 3 VI 1.04 VIII 1.17	63 Eu 2 VI 1.25 VIII 1.33 3 VI 1.03 VII 1.11 VIII 1.15	64 Gd 3 VI 1.02 VII 1.12 VIII 1.14	65 Tb 3 VI 1.00 VII 1.10 VIII 1.12 4 VI 0.84 VIII 0.96	66 Dy 3 VI 0.99 VIII 1.11	67 Ho 3 VI 0.98 VIII 1.10	68 Er 3 VI 0.97 VIII 1.08	69 Tm 3 VI 0.96 VII 1.07	70 Yb 3 VI 0.95 VIII 1.06	71 Lu 3 VI 0.94 VIII 1.05
锕系	89 Ac	90 Th 4 VI 1.08 VIII 1.12 IX 1.17	91 Pa 4 VIII 1.09 5 VIII 0.99 IX 1.03	92 U 3 VI 1.44 4 VII 1.47 VIII 1.50 IX 1.55 5 VI 1.44 VII 1.47 6 II 0.67 IV 0.72 VI 1.44 VII 1.47		93 Np 2 VI 1.18 3 VI 1.10 4 VIII 1.06	94 Pu 3 VI 1.09 4 VI 0.88 VIII 1.04	95 Am 3 VI 1.08 4 VIII 1.03	96 Cm 3 VI 1.06 4 VIII 1.03	97 Bk 3 VI 1.44 4 VIII 1.50	98 Cf 3 VI 1.03	99 Es	100 Fm	101 Md	102 No	103 Lr

第一，对于同种元素的原子半径来说，共价半径总是小于金属原子半径。这是因为原子成共价键结合时，形成共用电子对造成电子云发生相互重叠，从而缩小了原子间的距离。

第二，对于同种元素的离子半径来说，阳离子半径总是小于原子半径，而且正电价越高，半径就越小；相反，阴离子半径总是大于原子半径，而且负电价越高，半径就越大。这是因为阳离子是丢失了价电子的原子，其正电价越高，意味着丢失的电子数越多，半径自然就越小；而阴离子是获得外层电子，负电价越高，表明得到的电子数越多，电子间相互的斥力也随之而增大，从而导致半径的增大。

第三，对于氧化态相同的同种元素，离子半径随配位数的降低而减小。

第四，对于同一族元素的离子半径，随着周期数的增加而增大，其中 A 亚族比 B 亚族更为明显。显然，这是由于核外电子层的层数随着周期数依次递增的结果。

第五，对于同一周期的元素，随着族次的增加，阳离子的最高电价也相应增加，离子半径则随之而减小。这是因为在此种情况下，电子数保持不变而核正电荷相应增加，从而加大了对核外电子的吸引力，使半径减小。由上两项规律性综合导致的一个结果是，在元素周期表上沿着从左上到右下的对角线方向，各元素的阳离子半径彼此近于相等。

第六，对于镧系和锕系元素，同价元素的阳离子半径随着原子序数的增加而略有减小。这一现象称为镧系收缩和锕系收缩。这是因为当原子序数增加时，所增加的电子不是充填最外层而是充填次外层，结果使有效核电荷略有增加，增大了原子核对核外电子的吸引力，从而导致半径的收缩。由于镧系收缩的结果，不仅使镧系元素本身之间的离子半径比较接近，而且使镧系以后元素的离子半径均与同一族中上一个元素的半径相等或近于相等。

过渡元素离子半径的变化趋势较为复杂，但有它自己的规律性。

实际晶体结构中，阳离子半径可从 0.01nm 变化到 0.20nm，但多数介于 0.05 ～ 0.15nm，最大约可达 0.20nm；阴离子半径大致在 0.12 ～ 0.22 nm。一般情况下，阴离子半径都大于阳离子半径。

4.2.3 离子极化

上一节的讨论中把离子看成一个具有确定半径的圆球，而晶体结构便是这些圆球按一定方式相互配置的产物。与此同时，在一般情况下还把离子作为一个点电荷来对待，即认为离子中的正负电荷重心都位于离子的中心相互重合。但实际上，离子是一个具有电磁场作用范围的带电体，当处在外电场作用下时其正、负电荷的重心便可以不再重合，结果就产生了偶极现象，即发生了极化。此时，整个离子的形状将不再呈球形，大小亦有所改变。所以，离子极化就是指离子在外电场的作用下改变其形状和大小的现象。

在离子化合物晶体中，对阴离子来说，它将受到相邻阳离子电场的作用，结果使得它本身的电子云向阳离子方向靠近，正电荷则偏向相反方向，即发生极化；但同时，阳离子也将受到其相邻阴离子电场的作用，使阳离子本身的电子云移向背离阴离子的方向，正电荷则向阴离子方向靠近，同样也发生极化。最终，阴、阳离子间的电子云便发生相互穿插，从而缩短离子之间的距离，同时电子云本身相应地也发生变形（图 4-1）。

显然，离子的极化现象包含着两个相辅相成的方面，一方面是离子受到周围其他离子所产生的外电场作用，导致本身发生极化，即被极化；另一方面是离子以其本身的电场作用于周围的其他离子，使后者发生极化，即主极化。离子的被极化程度可以用极化率 α 来定量表示：

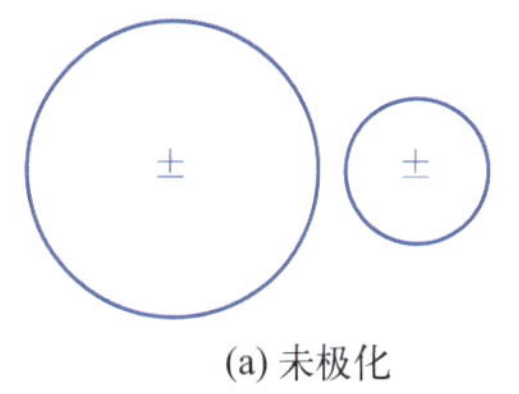

(a) 未极化

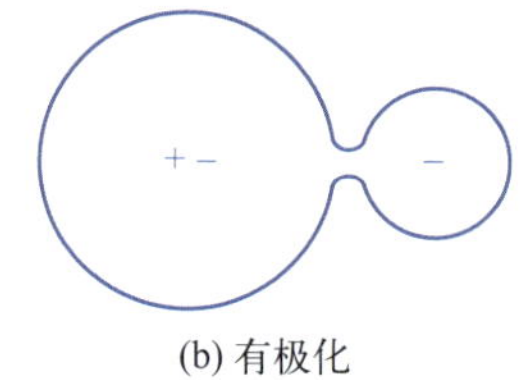

(b) 有极化

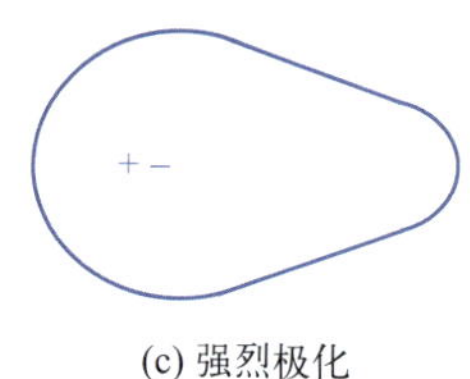

(c) 强烈极化

图 4-1　离子极化示意图

$$\alpha=\bar{\mu} / F \tag{4-1}$$

式中，F 为离子所在位置的有效电场强度；$\bar{\mu}$ 为诱导偶极矩。

$$\bar{\mu}=es \tag{4-2}$$

式中，e 为电荷；s 为极化后正负电荷中心之间的距离。

至于主极化能力的大小，则可用极化力 β 来衡量：

$$\beta=W/r^2 \tag{4-3}$$

式中，W 为离子电价；r 为离子半径。

不同的离子，由于它们的电子构型、离子半径和电价的高低等因素不同，因而它们的极化情况也有所不同，存在着如下的规律：

离子半径越大，极化率也越大，极化力则越小。阳离子电价越高，极化率就越小，极化力则越大。阴离子电价越高，极化率和极化力都趋于增大。最外层具有 d^n 电子（d 轨道具有 n 个电子）的阳离子，极化率和极化力都较大，且随着电子数的增加而增大；外层具有 18、18+2、8+2 或 2 个电子的阳离子，极化力更大；最外层具有 8 个电子的阳离子，极化力最弱。

基于以上规律，总的来看，阴离子主要因为半径大，因而易于变形，即易于被极化，且电荷越多，变形性就越大，但主极化能力较低。阳离子一般由于电荷较多，即本身的电场强度较强，同时半径较小，电荷集中，因此，阳离子主要表现为对周围阴离子的主极化作用，而本身被极化的程度较弱。不过，铜型离子由于其外层电子多，因此它既易于被极化，又具有大的主极化能力。因此，在离子化合物晶体中，离子间的极化效应主要是阳离子极化阴离子，使阴离子发生某种程度的变形，相应地在键性上使离子键有了少部分的共价键成分。但对于诸如 Cu^+、Ag^+、Zn^{2+}、Hg^{2+} 等铜型离子，与大半径的阴离子如 S^{2-}、I^- 等相结合时，阴阳离子都很易于被极化，结果使电子云发生相当大的变形，导致离子键向共价键转变，配位数则相应减小。

4.3　球体的紧密堆积原理

在晶体结构中，如果原子或离子的最外层电子构型为惰性气体构型或 18 电子构型，则其电子云分布呈球形对称，无方向性和饱和性。从几何角度来讲，这样的质点在空间的堆积，可以近似地认为是刚性球体的堆积，其堆积应该服从最紧密堆积原理。

4.3.1　最紧密堆积原理

按照晶体中质点的结合应遵循势能最低的原则，从球体堆积的几何角度来看，球体堆积的密度越大，系统的势能越低，晶体越稳定。此即球体最紧密堆积原理，该原理建立在质点的电子云球形对称分布特点以及无方向性和饱和性的基础上，故只有典型的离子晶体和金属晶体符合最紧密堆积原理，但不能用最紧密堆积原理来衡量原子晶体的稳定性。

4.3.2 最紧密堆积方式

根据质点的大小不同，球体最紧密堆积方式分为等大球和不等大球两种情况。等大球最紧密堆积有六方最紧密堆积和面心立方最紧密堆积两种。等大球最紧密堆积时，在平面上每个球与6个球相接触，形成第1层（球心位置标记为A），如图4-2所示。此时，每3个彼此相接触的球体之间形成1个弧线三角形空隙，每个球周围有6个弧线三角形空隙，其中3个空隙的尖角朝下（其中心位置标记为B），另外3个空隙的尖角朝上（其中心位置标记为C），这两种空隙相间分布。第2层球放上去时，只有将球心放在第1层球所形成的空隙上方，即B位或C位上方，才能形成最紧密堆积。假设第2层球心放在B位上方（放在C位上方是等价的），则第3层球放上去时就有两种情况。第一种是第3层球放在第2层球形成的弧线三角形空隙上方，即第3层球的球心正好在第1层球的正上方（A位正上方），亦即第3层球与第1层球的排列位置完全相同，球体在空间的堆积是按照ABAB… 的层序来堆积，见图4-3（a）。这样的堆积中可以取出一个六方晶胞，故称为六方最紧密堆积，见图4-3（b）。六方最紧密堆积中，ABAB…重复层面平行于（0001）晶面。第二种是第3层球放在C位正上方（贯穿一、二层球），与第2层球相互交错，这样第3层球的排列与第1、2层球并不重复，只有第4层球放上去时才重复第1层球的排列，在空间形成ABCABC…的堆积方式。从这样的堆积中可以取出一个面心立方晶胞，故称为立方最紧密堆积，见图4-4（a）。面心立方最紧密堆积中，ABCABC…重复层面平行于（111）晶面，见图4-4（b）。两种最紧密堆积中，每个球体周围同种球体的个数均为12。

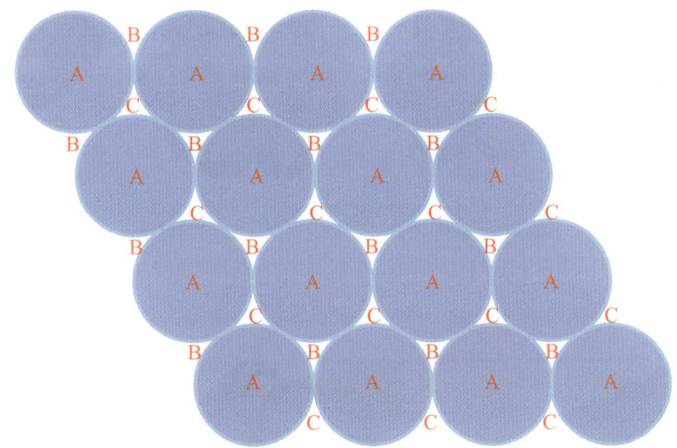

图4-2 球体在平面上的最紧密堆积

4.3.3 最紧密堆积空隙

由于最紧密堆积球体之间是刚性点接触堆积，所以上述两种最紧密堆积中仍然有空隙存在。从形状上看，空隙有两种：一种是四面体空隙，另一种是八面体空隙。四面体空隙由4个球体构成，球心连线构成一个正四面体。八面体空隙由6个球体构成，球心连线形成一个正八面体。四面体的空间取向有3种：上层1个球，下层3个球（四面体顶点朝上）；上层3个球，下层1个球（四面体顶点朝下）；上层2个球，下层2个球（相当于从垂直于四面体的边棱方向观察）。八面体的空间取向也有3种：上层1个球，中层4个球，下层1个球；上层 2 个球，中层 2 个球，下层 2 个球；上层 3 个球，下层 3 个球。可以证明，体积上四面体空隙小于八面体空隙。

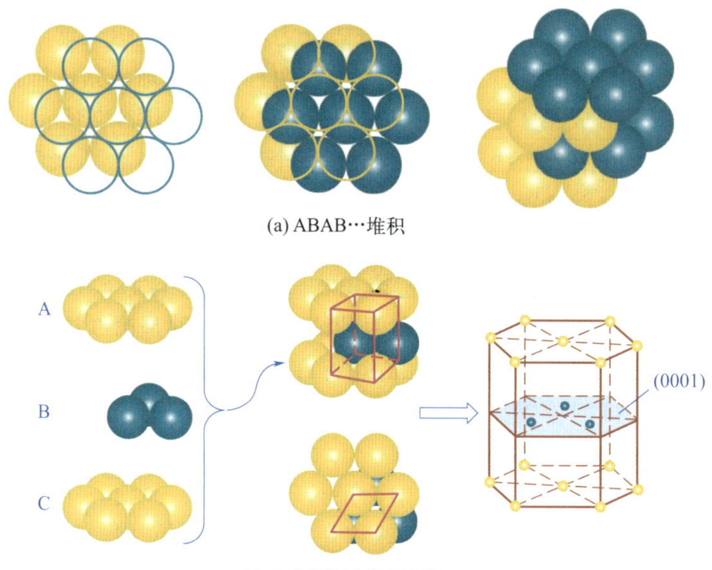

(a) ABAB…堆积

(b) 六方晶胞及堆积方向

图 4-3　六方最紧密堆积

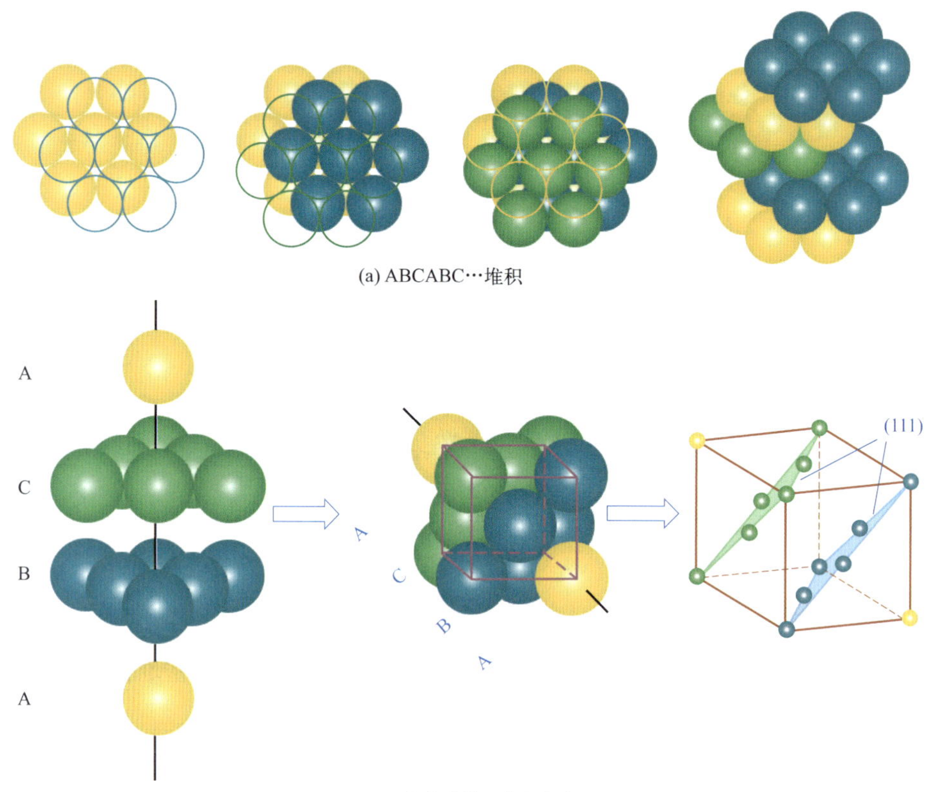

(a) ABCABC…堆积

(b) 立方晶胞及堆积方向

图 4-4　立方最紧密堆积

最紧密堆积中空隙的具体分布情况是：每个球体周围有 8 个四面体空隙和 6 个八面体空隙，从图 4-3 或图 4-4 中可以看出，第 2 层球放在 B 位上时，在 3 个 B 位形成了 3 个四面体空隙，而 3 个 B 位所夹的 A 位正上方形成 1 个四面体空隙，这 4 个四面体空隙与半个 A 球相接触；同理，3 个 C 位上形成 3 个八面体空隙与半个 A 球接触。故每个球周围有 8 个四面体空隙和 6 个八面体空隙。n 个等大球最紧密堆积时，整个系统的四面体空隙数为 $\frac{n\times 8}{4}=2n$ 个，八面体空隙数为 $\frac{n\times 6}{6}=n$ 个。

为了表达最紧密堆积中总空隙的大小，通常采用空间利用率（也称为原子堆积系数，pc）来表征，可定义为晶胞中原子体积与晶胞体积的比值。两种最紧密堆积的空间利用率均为 74.05%，空隙占整个空间的 25.95%。等大球面心立方堆积的空间利用率计算如下。

参阅图 4-4（b），晶胞内球体数目为 $8\times\frac{1}{8}+6\times\frac{1}{2}=4$，若球体半径为 r，晶胞参数为 a，则 $\sqrt{2}a=4r$，即 $a=2\sqrt{2}r$，于是：

$$\text{空间利用率（堆积系数）}\ \mathrm{PC}=\frac{4\times\frac{4}{3}\pi r^3}{a^3}=\frac{4\times\frac{4}{3}\pi r^3}{(2\sqrt{2}r)^3}=0.7405$$

同样可以计算出六方最紧密堆积的 PC 亦为 0.7405。通过比较晶体空间利用率的大小，可以判断晶体宏观物理性质密度、折射率等的相对大小，建立起结构和性质之间的相互关系。

在不等径球体的堆积中，可看成是较大的球作最紧密堆积，而较小的球视半径大小不同充填在四面体或八面体空隙中，形成不等径球体的最紧密堆积。在金属的晶体结构中，金属原子的结合可视为等大球体的最紧密堆积。在离子化合物晶体中，一般是阴离子作最紧密堆积，阳离子充填在四面体或八面体空隙中，从而形成不等大球体的最紧密堆积。例如，在氯化钠的晶体结构中，Cl^- 作立方面心最紧密堆积，Na^+ 充填了全部的八面体空隙，Na^+：Cl^- 个数为 1：1。

最紧密堆积只是在不考虑晶体中质点相互作用的物理化学本质的前提下，从纯几何角度对晶体结构的一种描述。实际上，晶体中的质点在结合时，其质点的相对大小对键性、键强、配位关系、质点间的交互作用等有着决定性的影响。因此，离子晶体的结构不能单从密堆积方面来考虑，它的配位数最多只能是 8。

影响晶体结构的因素有内在因素和外在因素两个方面。内在因素主要包括质点的相对大小、配位关系、离子间的相互极化等；外在因素主要有温度、压力等。

4.4 配位数和配位多面体

4.4.1 配位数和配位多面体的概念

在晶体结构中，一个原子或离子总是按某种方式与周围的原子或异号离子相邻结合，形成所谓的配位关系，可以用配位数和配位多面体来具体描述。

配位数（缩写为 CN）是指：晶体结构中，一个原子或离子周围与它直接相邻结合的原子个数或所有异号离子的个数。配位多面体则是指：在晶体结构中，以一个原子或离子为中心，将周围与之成配位关系的原子或异号离子的中心连接起来构成的几何多面体。阳离子（或中心原子）即位于配位多面体的中心，与它配位的各个阴离子（或配位原子）的中心则位于配位多面体的角顶上。

对于矿物晶体来说，具有重要意义的是离子化合物晶体中阳离子的配位数。如 4.3.3 小节中所述，在离子晶格中，通常是阴离子作最紧密堆积，阳离子充填其中的八面体空隙或四面体空隙。显然，在此情况下阳离子的配位数应分别为 6 和 4，相应的配位多面体分别为配位八面体和配位四面体［图 4-5（c）和（b）］。

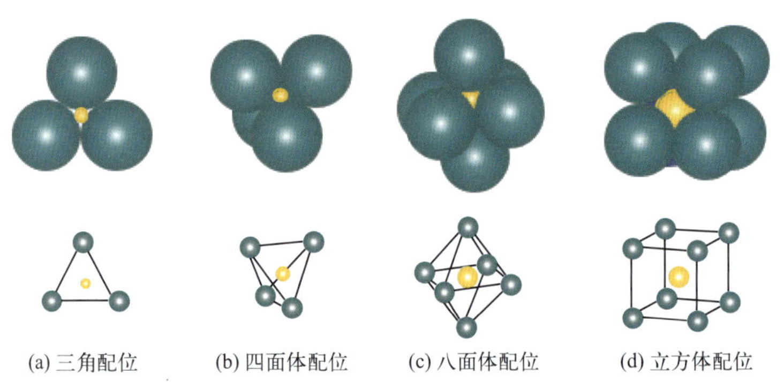

图 4-5　阳离子的几种典型配位方式及其配位多面体（图中各阴离子间正好相互直接接触）

根据实际资料分析，在大多数离子晶格中，阳离子的配位多面体确以八面体配位（CN=6）和四面体配位（CN=4）最为常见。但在阴离子不成最紧密堆积的情况下，也还存在着其他的配位数。那么究竟多大的球可以填充于四面体空隙和八面体空隙，这取决于离子间的相对大小。在 NaCl 晶体中，Cl^- 按照面心立方最紧密方式堆积，Na^+ 填充于 Cl^- 形成的八面体空隙中。这样，每个 Na^+ 周围有 6 个 Cl^-，即 Na^+ 的配位数为 6，如图 4-6 所示。而在 CsCl结构中，每个 Cs^+ 位于 8 个 Cl^- 简单立方堆积形成的立方体空隙中，即 Cs^+ 的配位数为 8，如图 4-7 所示。这是因为离子堆积过程中，为了满足紧密堆积原理，使系统能量最低而趋于稳定，每个离子周围都应尽可能多地被其他离子所包围。而 Cs^+ 半径（0.182nm）大于 Na^+ 半

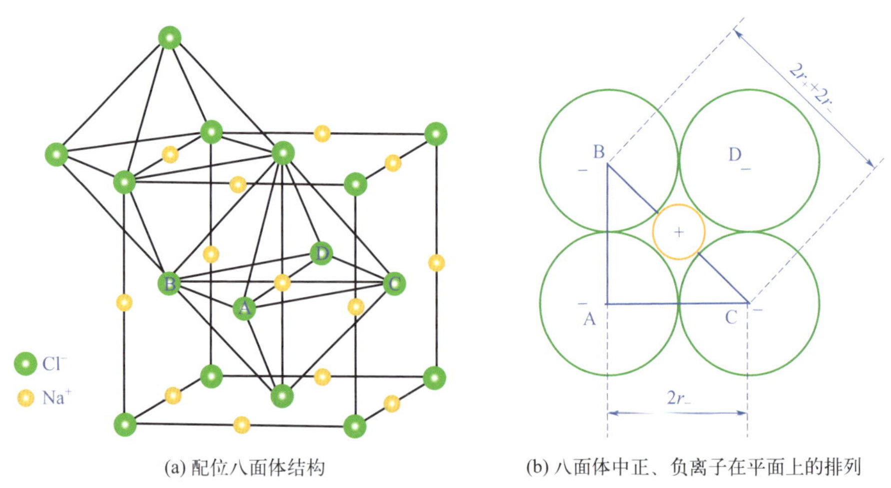

图 4-6　NaCl 晶体中的配位结构

径（0.110nm），使得它周围可以容纳更多的异号离子。由此可见，配位数的大小与正、负离子的半径比值（相对大小）有关。

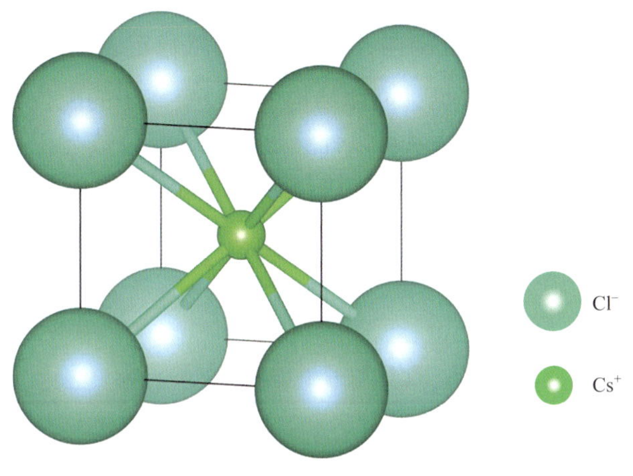

图 4-7　CsCl 的晶体结构

现以 NaCl、CsCl 晶体为例分析一下晶体结构中配位数与正负离子半径比之间的关系。从图 4-6（a）中可以看出，位于晶胞体心的 Na^+ 和 6 个面心上的 Cl^- 形成一个钠氯八面体 $[NaCl_6]$。图 4-6（b）是 1/2 晶胞高度的晶面上，4 个 Cl^- 和 1 个 Na^+ 的临界接触状况横截面图，从中可以取出一个直角三角形，根据边角关系可以得出形成 6 配位的八面体时，正、负离子间都能彼此接触的条件是：

$$\frac{2r^+ + 2r^-}{2r^-} = \sqrt{2}$$

$$\frac{r^+}{r^-} = 0.414$$

当 $\frac{r^+}{r^-} < 0.414$ 时，则正、负离子脱离接触，而负离子间彼此接触［见图 4-8（a）］，这时负离子间斥力很大，系统能量高，结构不稳定，配位数会降低，以使引力、斥力达到平衡。当 $\frac{r^+}{r^-} > 0.414$ 时，正、负离子间彼此接触，负离子间脱离接触［见图 4-8（c）］，正、负离子间引力很大，负离子间斥力较小，在一定程度内，系统引力大于斥力，结构稳定。但晶体结构不但要求正、负离子间密切接触，而且还要求正离子周围的负离子尽可能地多，即配位数愈高愈稳定。

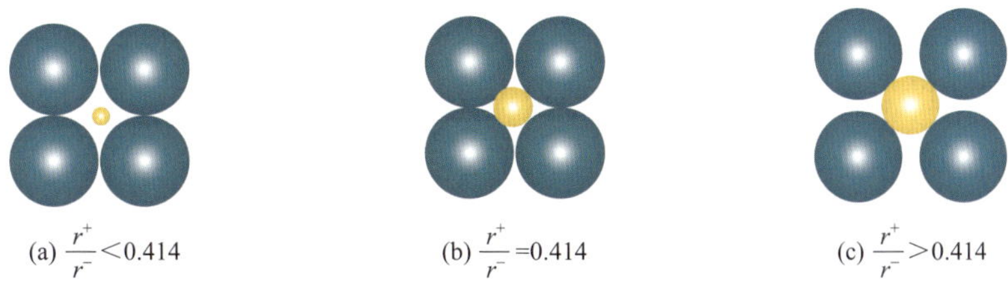

图 4-8　正负离子半径比对正八面体中正负离子在平面上排列的影响

根据这一原则，从图 4-7 的 CsCl 结构中可以推出，当 $\frac{r^+}{r^-}=0.732$ 时，正离子周围可以排列 8 个负离子，即正离子的配位数为 8。这也是一个正、负离子之间彼此均相互接触的临界状态。当 $\frac{r^+}{r^-}>0.732$ 时，在一定范围内，8 配位时仍然稳定。当 $\frac{r^+}{r^-}=1$ 时成为等大球最紧密堆积，此时配位数为 12。由此可见，晶体结构中正、负离子的配位数大小由结构中正、负离子半径的比值来决定，根据几何关系可以计算出正离子配位数与正、负离子半径比之间的关系。表 4-3 中列出了正离子（原子）配位数与正、负离子（原子）半径比之间的关系。因此，如果知道了晶体结构是由何种离子构成的，则从 $\frac{r^+}{r^-}$ 比值就可以确定正离子的配位数及其配位多面体的结构。

表 4-3　配位数与半径比之间的关系

半径比	配位数	配位多面体形状	实例
0.000 ～ 0.155	2	哑铃形	CO_2
0.155 ～ 0.225	3	三角形	B_2O_3
0.225 ～ 0.414	4	四面体	SiO_2、GeO_2
0.414 ～ 0.732	6	八面体	NaCl、MgO
0.732 ～ 1.000	8	立方体	CsCl、CaF_2
1.000	12	立方八面体	Cu

注：半径比 ≥ 0.225 时配位数为 4，其他类同。

在实际晶体中，正离子在其半径允许的情况下，总是要有尽可能多的配位数，使得正、负离子间接触而负离子间稍有间隔，以保证体系处于稳定状态。

值得注意的是，在许多硅酸盐晶体结构中，配位多面体的几何形状不像理想的那样有规则，甚至在有些情况下可能会出现较大的偏差。在有些晶体中，每个离子周围的环境也不一定完全相同，所受的键力也可能不均衡，因而会出现一些特殊的配位情况，表 4-4 给出了一些正离子（原子）与氧离子（氧原子）结合时常见的配位数。

从表 4-4 可以看出，在硅酸盐晶体结构中，Si^{4+} 经常以 4 配位形式存在于 4 个 O^{2-} 形成的四面体中心，构成硅酸盐晶体的基本结构单元硅氧四面体 $[SiO_4]$。Al^{3+} 一般位于 6 个 O^{2-} 围成的八面体中心，但也可以取代 Si^{4+} 而存在于四面体中心，即 Al^{3+} 与 O^{2-} 可以形成 6 与 4 两种配位关系。因此，在许多铝硅酸盐晶体中，Al^{3+} 一方面以铝氧八面体 $[AlO_6]$ 形式存在，另一方面也可以以铝氧四面体 $[AlO_4]$ 形式与硅氧四面体 $[SiO_4]$ 一起存在，构成硅（铝）氧骨干。在极少数情况下，如在红柱石晶体中，Al^{3+} 也存在于被 5 个 O^{2-} 所包围的八面体中心。Mg^{2+}、Fe^{2+} 一般则位于 6 个 O^{2-} 形成的八面体中心。

表 4-4　正离子（原子）与氧离子（氧原子）结合时常见的配位数

配位数	正离子（原子）
3	B^{3+}

续表

配位数	正离子（原子）
4	Be^{2+}，Ni^{2+}，Zn^{2+}，Cu^{2+}，Al^{3+}，Si^{4+}，P^{5+}
6	Na^{+}，Mg^{2+}，Ca^{2+}，Fe^{2+}，Mn^{2+}，Al^{3+}，Fe^{3+}，Cr^{3+}，Ti^{4+}，Nb^{6+}
8	Ca^{2+}，Zr^{4+}，Th^{+}，U^{+}，REE^{3+}
12	K^{+}，Na^{+}，Ba^{2+}，REE^{3+}

注：表中 REE^{3+} 代表稀土离子。

影响配位数的因素除了正、负离子半径比以外，还有温度、压力、正离子类型以及极化性能等。对于典型的离子晶体而言，在常温常压条件下，如果正离子的变形现象不发生或者变形很小时，其配位情况主要取决于正、负离子半径比，否则，应该考虑离子极化对晶体结构的影响。

4.4.2 离子极化对配位数的影响

极化会对晶体结构产生显著影响，主要表现为极化会导致离子间距离缩短，离子配位数降低；同时变形的电子云相互重叠，使键性由离子键向共价键过渡，最终使晶体结构类型发生变化；由于离子的极化作用，使其正负电荷中心不重合，产生电偶极矩，见图 4-9（b）。

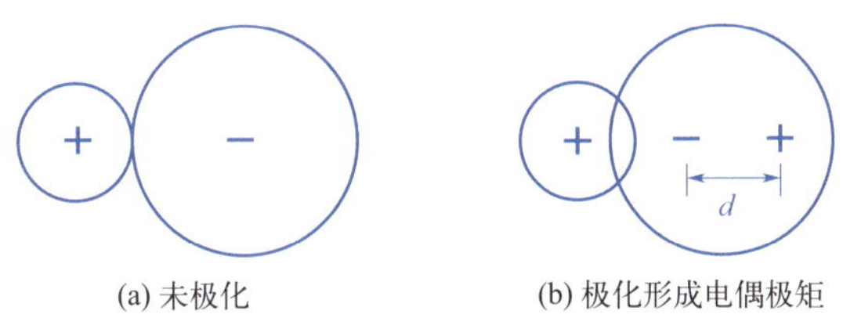

(a) 未极化　　(b) 极化形成电偶极矩

图 4-9　离子极化作用示意图

如果正离子的极化力很强，将使负离子的电子云显著变形，产生很大的电偶极矩，加强与附近正离子间的吸引力，使得正负离子更加接近，距离缩短，配位数降低，如图 4-10 所示。例如银的卤化物 AgCl、AgBr 和 AgI 按正负离子半径比预测，Ag^{+} 的配位数都是 6，属于 NaCl 型结构，但实际上 AgI 晶体属于配位数为 4 的立方 ZnS 型结构，见表 4-5。这是由于离子间很强的极化作用，使离子间强烈靠近，配位数降低，结构类型发生变化。由于极化使离子的电子云变形失去球形对称而相互重叠，导致键性由离子键过渡为共价键。极化对 AX_2 型晶体结构的影响结果示于图 4-11。

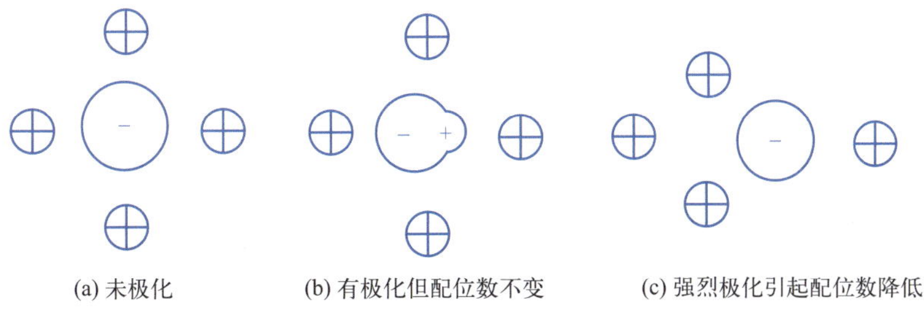

(a) 未极化　　(b) 有极化但配位数不变　　(c) 强烈极化引起配位数降低

图 4-10　负离子在正离子的电场中被极化使配位数降低

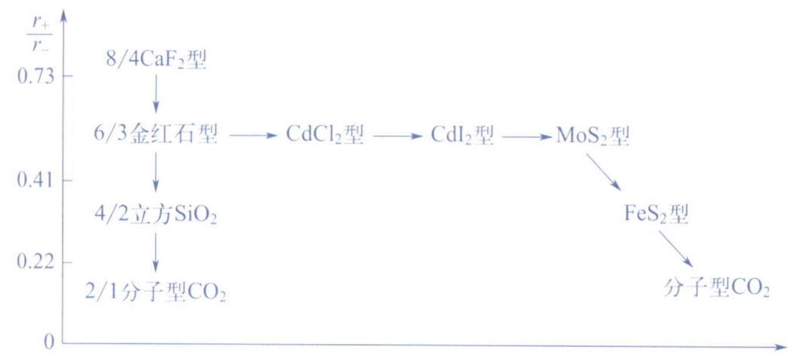

图 4-11 离子极化与 AX_2 型晶体的型变规律

表 4-5 离子极化与卤化银晶体结构类型的关系

项目	AgCl	AgBr	AgI
Ag^+ 和 X^- 半径之和 /nm	0.123+0.172=0.295	0.123+0.188=0.311	0.123+0.213=0.336
Ag^+-X^- 实测距离 /nm	0.277	0.288	0.299
极化靠近值 /nm	0.018	0.023	0.037
$\frac{r^+}{r^-}$	0.715	0.654	0.577
理论结构类型	NaCl	NaCl	NaCl
实际结构类型	NaCl	NaCl	立方 ZnS
实际配位数	6	6	4

综上所述，离子晶体的结构主要取决于离子间的数量（反映在原子比例方面）、离子的相对大小（反映在离子半径比上）以及离子间的极化等因素。这些因素的相互作用又取决于晶体的化学组成，其中何种因素起主要作用，要视具体晶体结构而定，不能一概而论。

戈德施密特（Goldschmidt）据此于 1926 年总结出结晶化学定律，即“晶体结构取决于其组成基元（原子、离子或离子团）的数量关系、大小关系及极化性能”。数量关系反映在化学式上，在无机化合物晶体中，常按数量关系对晶体结构分类，见表 4-6。

构成晶体结构基元的数量关系相同，但大小不同，其结构类型亦不相同。如 AX 型晶体由于离子半径比不同有 CsCl 型、NaCl 型、ZnS 型等结构，其配位数分别为 8、6 和 4。有时，组成晶体的基元的数量和大小关系皆相同，但因极化性能不同，其结构类型亦不相同。如 AgCl 和 AgI 均属 AX 型，其 $\frac{r^+}{r^-}$ 比值也比较接近，但因 Cl^- 和 I^- 的极化性能不同使得其结构分别属于 NaCl 型和 ZnS 型 。

表 4-6 无机化合物结构类型

化学式类型	AX	AX_2	A_2X_3	ABO_3	ABO_4	AB_2O_4
结构类型举例	氯化钠型	金红石型	刚玉型	钙钛矿型	钨酸铅型	尖晶石型
实例	NaCl	TiO_2	α-Al_2O_3	$CaTiO_3$	$PbMoO_4$	$MgAl_2O_4$

对于 AX 型化合物，当正、负离子为 1 价时，大多数为离子化合物；正负离子为 2 价时，形成的离子化合物减少，ZnS 即为共价型化合物；正负离子为 3 价、4 价时，则形成共价化合物，如 AlN、SiC 等。其原因与离子极化密不可分：对于 1 价正离子而言，最外层只有 1 个电子，很容易失去，其电负性比较小；对于 1 价负离子而言，最外层有 7 个电子，很容易得到 1 个电子而形成满壳层结构，其电负性比较大。两种 1 价离子形成化合物时因电负性相差较大，故多形成离子化合物。随着价态升高，正离子极化能力增强，负离子极化率增大，形成化合物时，极化效应很强。加之两元素之间电负性差值减小，故共价键成分增加，形成共价化合物。

4.5 鲍林规则

氧化物晶体及硅酸盐晶体大都含有一定成分的离子键，因此，在一定程度上可以根据鲍林规则来判断晶体结构的稳定性。1928 年，鲍林根据当时已测定的晶体结构数据和晶格能公式所反映的关系，提出了判断离子化合物结构稳定性的规则——鲍林规则。鲍林规则共包括五条，具体如下：

第一规则——负离子多面体规则

其内容是：在离子晶体中，在正离子周围形成一个负离子多面体，正负离子之间的距离取决于离子半径之和，正离子的配位数取决于正负离子半径之比。第一规则实际上是对晶体结构的直观描述，如 NaCl 晶体是由 $[NaCl_6]$ 八面体以共棱方式连接而成。

第二规则——电价规则

其内容是：在一个稳定的离子晶体结构中，每一个负离子的电荷数等于或近似等于相邻正离子分配给这个负离子的静电键强度的总和。

$$\text{静电键强度 } S,\quad S=\frac{\text{正离子电荷数}Z^{+}}{\text{正离子配位数}n},\quad \text{负离子电荷数 } Z^{-}=\sum S=\sum\frac{Z^{+}}{n}$$

电价规则有两个用途：其一，判断晶体是否稳定；其二，判断共用一个顶点的正离子多面体的数目。例如 $CaTiO_3$ 结构中，Ca^{2+}、Ti^{4+}、O^{2-} 的配位数分别为 12、6、6。O^{2-} 的配位多面体是 $[OCa_4Ti_2]$，则 O^{2-} 的电荷数 $Z^{-}=\frac{2}{12}\times4+\frac{4}{6}\times2=2$，与 O^{2-} 的电价相等，故晶体结构是稳定的。又如，一个 $[SiO_4]$ 四面体顶点的 O^{2-} 还可以与另一个 $[SiO_4]$ 四面体相连接（2 个配位多面体共用一个顶点），或者与另外 3 个 $[MgO_6]$ 八面体相连接（4 个配位多面体共用一个顶点），这样可使 O^{2-} 电价饱和。

第三规则——同种多面体共顶、共棱、共面规则

其内容是：在一个晶体结构中，同种正离子的配位多面体共棱特别是共面的存在会降低这个结构的稳定性；其中高电价、低配位正离子的这种效应更为明显。

假设两个四面体共顶连接时中心距离为 1，共棱、共面时各为 0.58 和 0.33。若是八面体，则各为 1、0.71 和 0.58。两个配位多面体连接时，随着共顶数目的增加，中心阳离子之间的距离缩短，库仑斥力增大，结构稳定性降低。因此，晶体结构中 $[SiO_4]$ 只能共顶连接，而 $[AlO_6]$ 却可以共棱连接，在有些结构如刚玉中，$[AlO_6]$ 还可以共面连接。

第四规则——不同配位多面体连接规则

其内容是：晶体结构中含有几种正离子，就会存在几种配位多面体，且高电价、低配位

的正离子多面体之间尽可能彼此互不连接。例如，在镁橄榄石结构中，有 $[SiO_4]$ 四面体和 $[MgO_6]$ 八面体两种配位多面体，但 Si^{4+} 电价高、配位数低，所以 $[SiO_4]$ 四面体之间彼此无连接，它们之间由 $[MgO_6]$ 八面体所隔开。

第五规则——节约规则

其内容是：在同一晶体中，组成不同的结构基元的数目趋向于最少。例如，在硅酸盐晶体结构中，不会同时出现 $[SiO_4]$ 四面体和 $[Si_2O_7]$ 双四面体结构基元，尽管它们之间符合其他几个规则。这个规则的结晶学基础是晶体结构的周期性和对称性，如果组成不同的结构基元较多，每一种基元要形成各自的周期性、规则性，则它们之间会相互干扰，不利于形成晶体结构。

4.6 同质多象

4.6.1 同质多象的概念

前面主要讨论了内因（化学组成）与晶体结构的关系，然而外因（温度、压力等）在一定条件下也是决定晶体结构的重要因素。从热力学角度来看，每一种晶体都有其形成和稳定存在的热力学条件。组成相同的物质，在不同的热力学条件下形成的晶体，其结构和性能截然不同。例如金刚石和石墨，化学成分都是碳，但金刚石是在高温高压下形成的，属于立方晶系，配位数为 4，而石墨则是在常压条件下形成的，属于六方晶系，配位数为 3。这种化学组成相同的物质，在不同的热力学条件下形成结构不同的晶体的现象，称为同质多象。由此所产生的每一种化学组成相同但结构不同的晶体，称为同质多象变体。例如 SiO_2 晶体就有多种同质多象变体，α- 石英和 β- 石英就是其中的两个，通常用 α 表示低温稳定的变体，β 和 γ 表示高温稳定的变体。同质多象在氧化物晶体中普遍存在，对研究晶型转变、材料制备过程中工艺制度的确定等具有重要意义。

4.6.2 同质多象的转变及类型

在同质多象变体中，由于各个变体是在不同的热力学条件下形成的，因而各个变体都有自己稳定存在的热力学范围。当外界条件改变到一定程度时，为在新的条件下建立新的平衡，各变体之间就可能发生结构上的转变，即发生同质多象转变。

根据转变时速度的快慢和晶体结构变化的不同，可将同质多象转变区分为以下三种基本类型。

（1）位移型转变

仅仅是结构畸变，转变前后结构差异小，转变时并不破坏任何键或改变最邻近的配位数，只是原子的位置发生少许位移，使次级配位有所改变，如图 4-12 所示的高对称结构（a）向（b）和（c）结构的转变。由于位移型转变仅仅是键长和键角的调整，未涉及旧键破坏和新键形成，因而转变速度很快，常在一个确定温度下发生。位移型转变也称为高低温型转变。α- 石英和 β- 石英在 573℃的晶型转变属于位移型转变。从图 4-12 中结构之间的能量关系来看，从高能量疏松形式的结构（a）转变为低能量折叠形式的结构（b）或（c），因中心质点与次级配位之间的距离缩短，体系能量降低，因此畸变形式是具有较低结构能量的低温型。

在硅酸盐晶体中具有位移型转变的变体之间，高温型变体常具有较高的对称性和疏松的结构，并有较大的比热容、热容和较高的熵，位移型转变可以使结构调整到密实的低能量状态。

（2）重建型转变

不能简单地通过原子位移来实现，转变前后结构差异大，必须破坏原子间的键，形成一个具有新键的结构，如图 4-12 中（a）到（d）的转变。因为破坏旧键并重新组成新键需要较大的能量，所以重建型转变的速度很慢。高温型的变体经常以介稳状态存在于室温条件下，如 α- 石英和 β- 鳞石英之间的转变，加入矿化剂可以加速这种转变的进行。

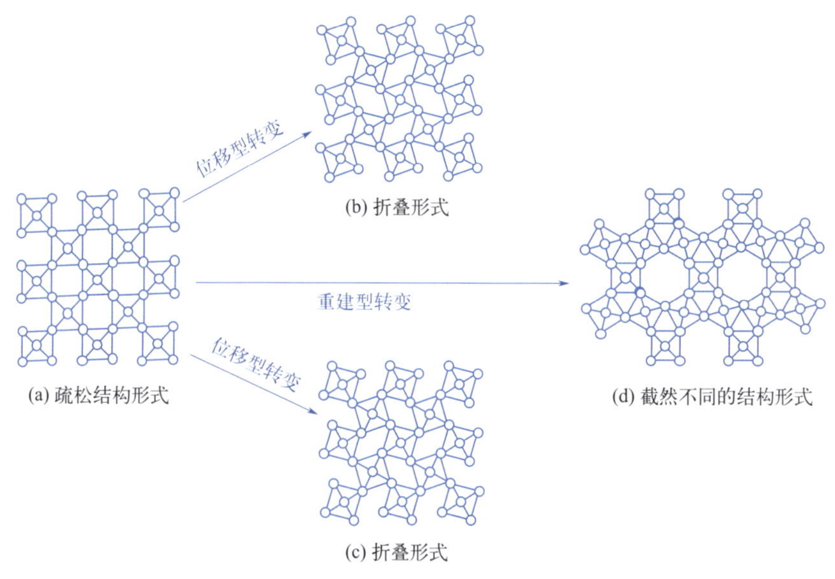

图 4-12　同质多象转变类型

（3）有序 - 无序转变

同质多象变体间的有序 - 无序属于成分有序 - 无序，其有序 - 无序转变是指：在一种物质的晶体结构中，两种不同成分的原子或离子在某些特定结构位置上的占位状态，呈现从高温无序向低温有序的转变（称为有序化）或是反向的转变（称为无序化）。

图 4-13（a）是 $CuFeS_2$ 之高温无序变体的晶体结构，S^{2-} 呈立方最紧密堆积，其中相间的半数四面体空隙由 Cu^{2+} 和 Fe^{2+} 共同随机占据，呈立方面心格子，属于闪锌矿（β-ZnS）型结构。当温度低于 $CuFeS_2$ 的有序 - 无序转变温度 550℃时，Cu^{2+}、Fe^{2+} 便通过扩散、调整分别占据各自特定的配位四面体位置［图 4-13（b）］，转变成有序结构（后者相对于原来的无序结构而被称为超结构，亦称超晶格或超点阵），并导致晶格的体积收缩和对称性降低；使原来由 Cu^{2+}、Fe^{2+} 随机共占的一组等效位置分裂为对称不等价的两组等效位置，分别由 Cu^{2+} 和 Fe^{2+} 单独占位；而其新的四方体心晶胞（相应地称为超晶胞）相当于由两个原来无序结构的单位晶胞（相对于超晶胞此时称它为亚晶胞）叠合而成。

有序 - 无序之间的转化，实际上也是一种相变。一般来说，高温无序，低温有序；有序变体对称性总是低于无序变体。

晶体结构的有序 - 无序状态用有序度来衡量和计算。有序度是用来表征不同质点在同种配位位置中排布有序程度的参数。有序度可以通过公式计算，随晶体结构的不同而异。完全有序和完全无序结构的有序度分别为 1 和 0。

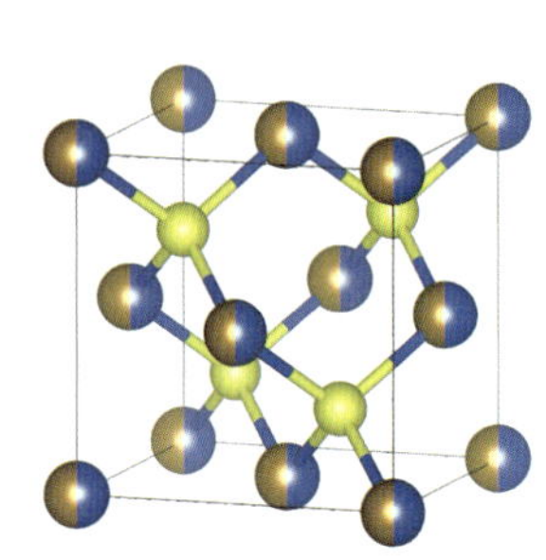

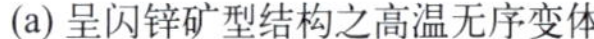

(a) 呈闪锌矿型结构之高温无序变体

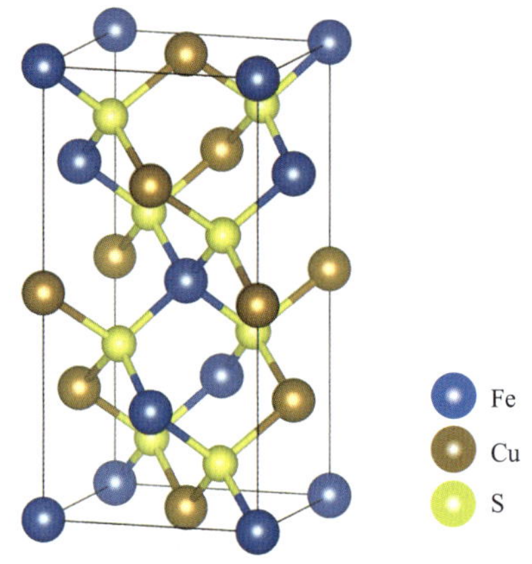

(b) 由两个高温变体亚晶胞叠合而成的低温有序变体(黄铜矿)

图 4-13 $CuFeS_2$ 两种同质多象变体的晶体结构

总之，不论何种类型，同质多象转变的发生都取决于最小自由能条件，亦即在一定的热力学条件下，如果晶体结构的改变能使体系的总自由能下降，这时就有发生同质多象转变的必然趋势。至于转变的快慢和是否可逆，以至有无可能抑制转变的实际发生，则取决于阻碍这种转变发生之能垒的高低。一般说来，压力的增高或温度的降低，会使阴离子体积减小，趋向于成最紧密堆积，并使同质多象转变向着阳离子配位数及晶体密度增高的方向进行；而且对于位移型转变而言，低温变体的对称性总是低于高温变体。

一种晶体在发生同质多象转变时，随着其结构的改变，各项物理性质也相应发生突变，但原来变体的晶形却并不因此而发生变化。新变体所继承的其原先变体之晶形，此时称为副象。它是曾发生过同质多象转变的重要证据。

4.7 类质同象和固溶体

“类质同象”一词源于无机化学，初始系指晶形发育上相同或很相似的某些盐类晶体间具有非常类似的化学式的现象。“固溶体”则源于金属物理学，早期仅指由单质原子（溶质）“溶解”于某种金属晶格（固态溶剂）中而成的合金相。这两者的概念历经长期的发展和演变，现基本上趋向于用作同义词。

4.7.1 类质同象的概念

现代关于类质同象的概念是指：在晶体结构中，本应由某种离子或原子占有的等效位置，可被他种离子或原子随机地所替代占有，共同结晶成均匀的、呈单一相的混合晶体（即类质同象混晶），但不引起键性和晶体结构型式发生质变。这种替代关系的两种组分，必须能在整个范围或确定的某个局部范围内，以不同的含量比形成一系列成分上连续变化的混晶，即组成类质同象系列的特性。例如镁橄榄石 $Mg_2[SiO_4]$ 晶体，其晶格中 Mg^{2+} 的部分配位八面体位置可以被 Fe^{2+} 所替代占据，由此形成的橄榄石 $(Mg, Fe)_2[SiO_4]$ 晶体就是一种类质同象混晶，其中的 Fe^{2+} 与 Mg^{2+} 构成了类质同象替代（或称类质同象置换）的关系。在此类质同象系列中，镁橄榄石晶格中 Mg^{2+} 被 Fe^{2+} 替代的数量可以从 0 一直变化到 100%，即最后可以变成纯粹的铁橄榄石 $Fe_2[SiO_4]$，其间 Mg∶Fe 为任意比值的橄榄石混晶都是存在的。又如在闪锌矿 ZnS 中，部分的 Zn^{2+} 可被 Fe^{2+} 所替代，虽然其替代量最大只能达到 45%，但在 0 ～ 45% 的范围内，任意比值 Zn∶Fe 的含铁闪锌矿混晶都是存在的。但在白云石 $CaMg[CO_3]$ 中，其 Ca∶Mg 的原子数之比基本上是确定的 1∶1 的关系，故白云石并不是由于 Mg^{2+} 替代方解石 $Ca[CO_3]$ 中半数的 Ca^{2+} 所形成的类质同象混晶，而是不同阳离子间有固定含量比的复盐。

在一个类质同象混晶中，凡相互成类质同象替代关系的一组不同离子或原子，在统计平均意义上它们都被视为在整个晶体结构中性质上相互等同。同时，对于同一类质同象系列中的一系列混晶而言，它们显然都是等结构的，并具有相似的化学组成，因而它们不仅表现出相同的晶形，而且它们的晶胞参数值和物理性质参数（例如密度、折射率等）也都彼此相近，且均随组分含量比的连续递变而呈线性变化。

在书写类质同象混晶的化学式时，凡相互间成类质同象替代关系的一组元素均写在同一圆括号内，彼此间用逗号隔开，按所含原子百分数由高到低的顺序排列。例如：橄榄石 $(Mg, Fe)_2[SiO_4]$，铁闪锌矿 (Zn, Fe)S，普通辉石 $(Ca, Na)(Mg, Fe^{2+}, Fe^{3+}, Al, Ti)[(Si, Al)_2O_6]$。在后者中，同时存在着三组各自独立但又互有关联的类质同象替代关系，分别发生在 CN 为 8、6 和 4 的不同结构位置上，且在 CN 为 6 的该组中有超过两种离子共同参与。矿物晶体中类质同象现象极为普遍和重要，虽然它们被替代范围的大小相差悬殊，但即使仅有痕量存在，也可能导致诸如晶体的颜色、半导体性能等物理性质发生明显的变化。

4.7.2 类质同象的类型

首先，根据不同组分间在晶格中相互替代的范围，可将类质同象区分为：

（1）完全类质同象

两种组分间能够以任意比例相互替代所组成的类质同象混晶系列。其两端的纯组分称为端员组分，主要由端员组分组成的矿物称为端员矿物。前述的 $Mg_2[SiO_4]$ 和 $Fe_2[SiO_4]$ 是此系列两端的端员组分，镁橄榄石和铁橄榄石则是相应的两种端员矿物。

（2）不完全类质同象

两种组分间只能在确定的某个有限范围之内，以不同的比例相互替代所组成的类质同象混晶系列。其中的次要组分常被称为杂质组分。例如 ZnS-$(Zn_{0.55}Fe_{0.45})$S 系列就属于不完全类质同象系列，Fe^{2+} 在 ZnS 中的替代量不能超 45%，否则就会导致晶格的破坏而不能形成混晶。

如果根据晶格中相互替代的离子电价是否相等，类质同象又可区分为：

（1）等价类质同象

彼此成替代关系的离子为同价离子（包括原子）间替代的类质同象。例如橄榄石 $(Mg, Fe)_2[SiO_4]$ 和铁闪锌矿 (Zn, Fe)S，以及银金矿 (Au, Ag) 等。

（2）异价类质同象

彼此成替代关系的离子为异价离子间替代的类质同象。霓辉石 $(Na, Ca)(Fe^{3+}, Fe^{2+})[Si_2O_6]$ 就是异价类质同象的一个例子。

4.7.3 决定和影响类质同象的因素

类质同象的发生是内因与外因综合的结果，主要影响因素如下。

（1）化学键和离子类型

化学键是决定晶体结构特性的基本因素，因此离子类型和键性不同的元素一般不能形成类质同象替代，至少是不易形成。对于离子晶格而言，离子类型与键性及电负性、极化性质等密切相关，因而铜型离子与惰性气体型离子间难以进行类质同象替代；过渡型离子按其电子构型近于哪一方可与惰性气体型离子或铜型离子形成类质同象关系；其中处于中间过渡地位者，尤以 Fe^{2+} 最为典型，与另两方离子均可发生替代，具有明显的双重性。

（2）离子（或原子）半径和电价

为避免引发晶体结构的质变，被替代和替代离子（或原子）的半径 r_1 和 r_2 须尽可能相近。在等价替代中，仅就半径因素而言，当 $|(r_1-r_2)/r_1| < 15\%$ 时，易于形成类质同象；介于 15% ～ 30% 时，只能有限替代且较少见；若＞ 30%，一般难以进行替代。在异价替代情况下，保持替代的电价平衡为首要条件，而对半径的限制会有所放宽，但相互替代离子间的电价之差一般不超过 1 价。

（3）温度和压力

温度是外因中对类质同象影响最为显著的一个因素。相当于在真正的溶液中那样，温度的增高一般可使溶解度增大，有利于类质同象的形成。某些在常温下不能形成类质同象的组分，在高温下就可以形成；原来只能形成不完全类质同象的，高温下则可形成完全类质同象。但随着温度的降低，溶解度将相应减小，当达到过饱和后，多余的溶质便将析出，导致原来呈单一结晶相的类质同象混晶分离成为两种或更多种成分不同的结晶相。这一作用称为离溶或出溶。压力作用的效果正好与温度相反。由于它的增大将使晶格趋于紧密，因而会减小类质同象混溶的能力，只是影响不如温度那样显著。

除以上因素外，替代时混晶晶格能量变化的趋向，结晶时介质中其他某些组分的浓度大小，以及混晶本身的晶格特点等因素，对于类质同象发生的难易也都有程度不等的影响。但在诸多因素中，以离子（或原子）半径、键性和温度三者具有最重要而普遍的意义。

由于组分间的类质同象替代受到以上种种因素的制约，因而能够相互替代的离子或原子间常有一定的组合关系。例如 Fe^{2+} 常分别与 Mg^{2+} 或 Mn^{2+} 相互替代；Nb^{5+} 则常与 Ta^{5+}、Ti^{4+} 形成类质同象替代。另外，一些本身很少形成或根本不形成独立矿物的稀有分散元素，在自然界主要是以类质同象的形式赋存于一定矿物的晶格中。例如 In 和 Cd 常存在于闪锌矿中，Re 总是赋存于辉钼矿内；在地球化学中常特称它们为内潜同晶。

4.7.4 固溶体的概念

固溶体的现代（或者说广义的）概念是指：由一种或多种被视为溶质的元素或化合物，混溶于作为固态溶剂的单质或化合物晶格中而组成的呈单一均匀相的晶体。固溶体中溶质与溶剂的组分含量比能在相当宽乃至整个范围内连续变化而并不导致溶剂的晶体结构发生质变。此概念与早期（或狭义的）概念的差异，主要在于其溶质或溶剂的范围都已扩大到了化合物，且所组成的固溶体也不再局限于合金相。

固溶体中，其溶质与溶剂间能以任意的组分含量比混溶者称为完全固溶体，与完全类质同象系列相当；反之则称为有限固溶体，与不完全类质同象系列相当。此外，若溶质原子是以替代的方式占据溶剂晶格本身的固有结构位置者，称为替位固溶体（亦称置换固溶体），它等价于典型的类质同象混晶；若是充填于溶剂晶格内的间隙位置中者（这些空隙位置在正常的晶格中是不被原子占据的），则称填隙固溶体（亦称间隙固溶体）。后者都是由 C、B、N

或 H 等半径很小的非金属原子，随机地分布于过渡元素金属的晶格间隙中所形成的合金有限固溶体，例如碳素钢就是仅由 C 原子充填于 α-Fe 立方体心晶格或 γ-Fe 立方面心晶格的八面体空隙中所成。此外还有所谓的缺位固溶体，即溶剂晶格中原子的固有结构位置上出现空位的固溶体。但它实际上只是替位固溶体的一种特殊形式。此外，在有的学科中还有一种所谓的“有序固溶体”，但是它的化学组成是基本固定的，而且呈有序结构，所以它并不符合固溶体的定义。之所以在传统上称它为“有序固溶体”，是因为当其处于有序 - 无序转变温度以上时，它将呈无序结构并成为真正的固溶体，故而相对地称其有序结构为有序固溶体，但这并不意味着它是真正的固溶体。

综上所述，类质同象与固溶体两者间的现代概念基本上是一致的，但严格说来类质同象混晶只与替位固溶体等价，而与填隙固溶体等价的“类质同象混晶”，目前从概念到实例都还值得商榷。

4.8 多型和多体

4.8.1 多型的概念及其特点

多型（polytype）是指由同种化学成分所构成的晶体，当其晶体结构中的结构单位层相同，但结构单位层之间的堆垛顺序或重复方式不同时形成的结构上不同的变体。多型出现在广义的层状结构晶体中，同种物质的不同多型只是在结构层的堆积顺序上有所不同，也就是说，多型的各个变体仅以堆积层的重复周期不同相区别，从这个角度，也可以说多型就是一维的同质多象。

结构单位层是构成层状结构晶体以及多型的基本单元，它可以是单独的原子面，如石墨中的单位层就是以六方环状的碳原子构成的面。沿 *X* 轴堆垛时，如果周期为两层一重复，那么就是 2*H* 多型石墨（图 4-14）；如果重复周期是三层，则是 3*R* 多型石墨。更多的情况下，结构单位层是以多原子（离子）构成的有一定厚度的结构层，如云母中的结构层，就是以上下两层硅氧四面体夹一层八面体构成的。

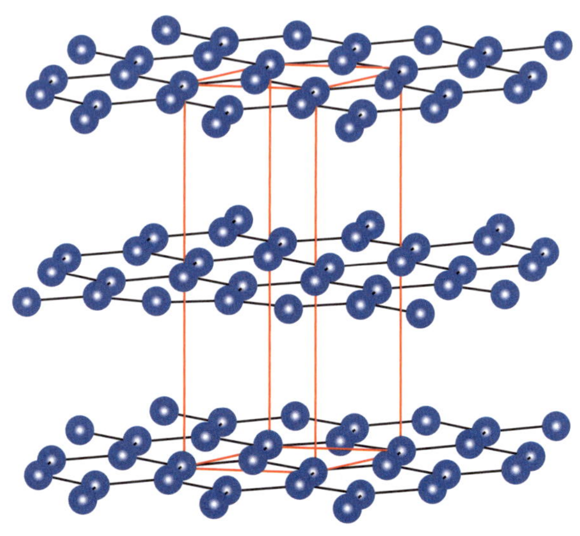

图 4-14 2*H* 多型石墨的结构

从几何角度考虑，在平行结构单位层内，同一物质的各多型晶胞参数（a 和 b）一般是对应相等的，或者存在简单的几何关系；但在垂直结构单位层方向上，各个多型的单胞高度或晶胞参数（c）是单位层高度的整数倍，此数值也同时反映了多型结构的重复周期和重复层数。如上述石墨的 $2H$ 和 $3R$ 多型，其重复层数分别为 2 和 3，沿堆垛方向的单胞高度 c 分别是 6.70Å 和 10.05Å，恰好是一个周期（3.35Å）的 2 倍和 3 倍。显然，这是由于石墨内部的结构单位层都是相同的，仅仅是由于层的堆积顺序不同而造成的。同时，由于层的堆积顺序不同，还导致了结构的对称性——空间群也不相同。但是由于单位层的相似性，多型之间在外形和物理性质方面的差异性却不明显。目前所知的重复层数最多的多型是 α-SiC（一种金刚石的代用品）的一种，达 594 层，周期高度约为 150nm。

在矿物学中，通常把多型的不同变体仍看成是同一个矿物种。书写时，在矿物种名之后加上相应的多型符号，中间用横线相连。如石墨的 $2H$ 多型和 $3R$ 多型，可分别书写为石墨 -$2H$ 和石墨 -$3R$。表示多型的符号有多种，这里采用的多型符号是目前国际上常用的形式，它由一个数字和一个字母组成。前面的数字表示多型变体单位晶胞内结构单位层的数目，即重复层数，后面的大写斜体字母指示多型变体所属的晶系。如果有两个或两个以上的变体属于同一个晶系，而且有相等的重复层数时，则在字母右下角再加下标进行区别，如白云母 -$2M_1$、白云母 -$2M_2$ 等。多型符号中斜体字母的含义为：C——等轴晶系、Q 或 T——四方晶系、H——六方晶系、R——三方晶系原始格子（即菱面体格子）、O 或 Or——斜方晶系、M——单斜晶系、A 或 Tc——三斜晶系。

对于多型的产生，可以归因于多种原因，诸如热力学因素、晶格振动、晶体生长时的位错和堆垛层错等因素。多型现象在许多人工合成的晶体中和具有层状结构的矿物中都广泛被发现，是层状结构晶体的一种普遍现象。因此，对多型的研究，在晶体学、矿物学、固体物理学、冶金学和一些材料科学领域中，无论在理论上还是在实用上都有重要意义。

4.8.2 多体的概念

多体是指由两种（或两种以上）性质不同的结晶学模块，按不同比例或堆垛顺序构筑的结构和化学组成上不相同的晶体的特性。所谓结晶学模块，是一个相对独立的化学单元，具有稳定的化学组成和结构特征。作为一个完整的理论体系，多体的概念是由 J.B.Thompson 于 1970 年提出的。

自 20 世纪 70 年代以来，利用高分辨电镜，人们对链状硅酸盐矿物（辉石和闪石类）和层状硅酸盐矿物（云母类）晶体结构中的相似性有了更加深刻的认识，并提出用辉石结构模块和云母结构模块来构筑这类矿物结构的设想。根据这个设想，以一定方式连接这些模块，那么就可构筑其他层状和链状硅酸盐矿物的结构。如直闪石的结构可以看成是一个辉石（P）和一个云母（M）模块构筑而成。这种设想也从实验结果中得到了证实。例如，镁川石的三链结构，便可解释为由两个 M 模块和一个 P 模块构筑的（图 4-15）。其中的 M 模块和 P 模块就是多体，它们共同构筑了一个多体系列。

所谓的云辉闪石类矿物就是基于上述认识重新定义的，它是指在结构中含有云母、辉石和角闪石结构模块的硅酸盐矿物。如闪川石，可以看成是一个双链和一个三链结构的组合，构筑其结构的模块为 MMP • MP。也有根据多体理论预测但尚未发现的结构，如单链和双链的结构组合，它的构筑模块应该为 MP • P。

多体理论和结晶学模块的划分，在晶体化学理论方面有独特的贡献。它不仅把多体作为一个有机的整体来考虑，并揭示看起来结构和化学组成不一致矿物之间的内在联系，而且在系统了解已知多体的基础上，还可以预测和发现新化合物的化学式、晶体结构和物理化学性质等。

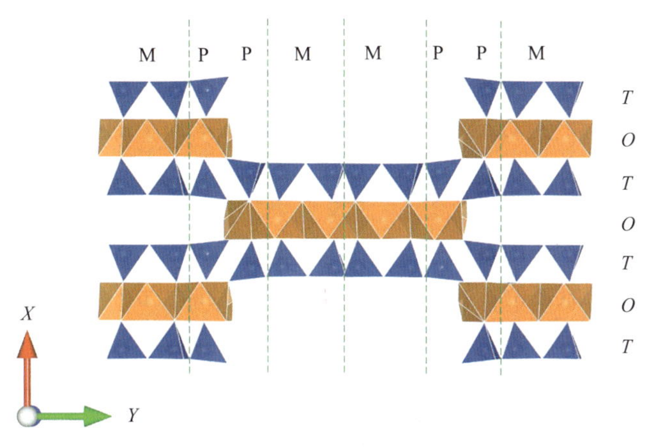

图 4-15　镁川石的三链结构

4.9　晶体结构描述及表达

4.9.1　晶体结构描述

根据晶体结构的周期性特点，在描述和表达一个晶体的结构时，主要通过一些参数来体现。这些参数以晶体学语言体现，主要包括晶体的对称性、晶胞参数、晶胞内包含的分子数、晶胞原子的坐标参数和热参数等，下面分别讨论。

（1）晶体的对称性

晶体的对称性由空间群来表达。空间群中包含晶体所属的晶系、所有对称要素等基本信息。由于空间群包含了平移对称和点群对称两部分，所以一个晶体结构可以视为由原子或离子构成的若干平移格子相互叠加而成，而同种原子或离子的格子则是由点群联系起来。在晶体的 230 个空间群中，共分为 7 个晶系。晶系表达出晶体所具有的特征对称要素，而空间群表达晶体所具有的全部微观对称要素。例如 NaCl 结构，其晶胞可视为由 Na^+ 构成的立方面心格子和 Cl^- 构成的立方面心格子叠加而成。

（2）晶胞

晶胞是组成晶体的最基本单位。晶胞可以有多种划分方式，不同方式划分的晶胞，其形状、大小不同，当然其相应的原子坐标参数也不同，有时其微观对称要素的记号也不同。对一个具有一定空间点阵类型的晶体而言，由于在晶胞选定上有了一些约定，所以晶胞划分的结果基本是一致的。描述单位晶胞（也称为单胞）的参数为轴长 a、b、c 和轴角 α、β 和 γ。

（3）单胞分子数（Z）

指单位晶胞内的分子数，常以记号“Z”表示。Z 的数值表示晶胞内含有的晶体化学式的数量。由于晶体可以由原子组成，也可以由离子或分子组成，有时由两种不同的分子组成（例如有机晶体中常常包含溶剂分子），所以一般先写出晶体的化学式，代表晶体的化学组成，再用 Z 表示单胞中包含化学式的数量。在实际计算中，需要考虑该晶胞与相邻晶胞共享原子的情况。如位于角顶上的原子为 8 个晶胞所共有，所以平均一个晶胞只占用该原子的 1/8。

（4）原子坐标

单位晶胞内的原子坐标（x, y, z），表示该晶体所含原子（离子、分子）在单胞中的具体位置，其中的 x、y、z 是晶轴指向。原子坐标通常以表格的形式给出，在形式上表现为小于 1 的数，为分数坐标。所以，知道坐标参数，那么原子或离子在单胞内的空间位置就可以准确地确定。通过原子坐标，可以绘制立体结构图或在某平面上的投影图。原子坐标可以因为原点选择的不同而有所差异，但各个原子之间的相对值是不变的。

（5）原子的热参数

晶胞内原子的热参数，是度量原子（离子）随温度在平衡位置振动的参量，用以表征单胞内原子随温度变化时偏离原来位置的情况。原子在热振动时，由于各向异性使得原子变成椭球体的形状，通常用 6 个各向异性的原子的振动振幅 U_{11}、U_{22}、U_{33}、U_{12}、U_{13}、U_{23} 来描述。有时只考虑各向同性的热参数，此时热参数便简化为 $B=8\pi^2\mu^2$，其中 μ 为等效的热运动振幅。

4.9.2 晶体结构查询

上述的晶系、空间群、晶胞参数、单胞内分子数以及原子坐标等晶体结构信息，可以具体给出一个晶体结构的几何特征。通过这些数据，可绘制直观的晶体结构图，也可以进行一系列晶体学计算，如计算键长、键角、分子构型等。国际晶体学协会（The International Union of Crystallography，IUCr）在 1991 年制定了一种 CIF（Crystallographic Information File）格式的文件，作为国际晶体学电子文件交换的标准格式（文件后缀名 .cif）。CIF 文件记录了一个晶体结构所含有的所有信息以及作者和数据来源等，这些信息可以直接由众多晶体学软件直接读取并进行相关的结构图绘制和计算。一些常见的晶体结构模拟、计算以及绘制相关结构图件的计算机软件大都支持 CIF 格式文件的输入和输出。各种晶体结构的 CIF 文件可通过网上多种数据库和搜索引擎进行查询。其中，无机晶体结构信息可通过 ICSD（Inorganic Crystal Structure Datebase）数据库进行查询，也可以通过它的终端软件 Findit 进行查询。下面以钙钛矿为例说明 CIF 文件的基本内容，具体实例见表 4-7。

表 4-7　钙钛矿（$CaTiO_3$）的 CIF 文件内容

条目	内容	含义
Col Code	ICSD Collection Code 62149	ICSD 数据编号
Chem Name	Calcium titanate	化学名称
Min Name	Perovskite	矿物名称
Structure	$Ca(TiO_3)=CaO_3Ti$	化学式
ANX	ABX_3	化合物类型
Title	Orthorhombic perovskite $CaTiO_3$ and $CaTiO_3$：structure and space group	文献题目
Reference	Acta Crystallographica C：Crystal Structure Communications，(1987)，43，1668-1674.	期刊、卷、年份、页码
Author(s)	Sasaki S，Prewitt C T，Bass J D	作者
Unit Cell	a=5.3796(1) b=5.4423(3) c=7.6401(5) 90.0　90.0　90.0	晶胞参数
Vol，Z	V=223.7　Z=4	单胞体积、分子数

续表

条目	内容							含义
Space group Cryst Sys	*Pbnm*（62） orthorhombic							空间群 晶系
Atom	OX	SITE	*X*	*Y*	*Z*	SOF	H	原子坐标及其误差、化合价、占位度
Ca	2.000	4c	0.00676(7)	0.03602(6)	0.25	1	0	
Ti	4.000	4b	0	0.5	0	1	0	
O1	2.000	4c	0.0714(3)	0.4838(2)	0.25	1	0	
O2	2. 000	8d	0.7108(2)	0.2888(2)	0.0371(2)	1	0	

4.9.3 晶体结构绘图

对于一个具体的晶体结构，除了用上述的数据形式表达之外，往往用几何图形的方式来描述会更加直观和清楚。晶体结构的几何图形通常有以下几种方式：显示结构中原子或离子的堆积情况、显示化学键的连接情况，以及显示配位多面体及其连接情况。图 4-16 表示的是一个单胞金刚石结构的几种立体图形，其中图 4-16（a）表示的是 C 原子球体堆积，（b）是添加上了C—C 共价键，（c）是利用配位多面体的形式来表达，而（d）则是综合了化学键、球体堆积和配位多面体的表达方式。

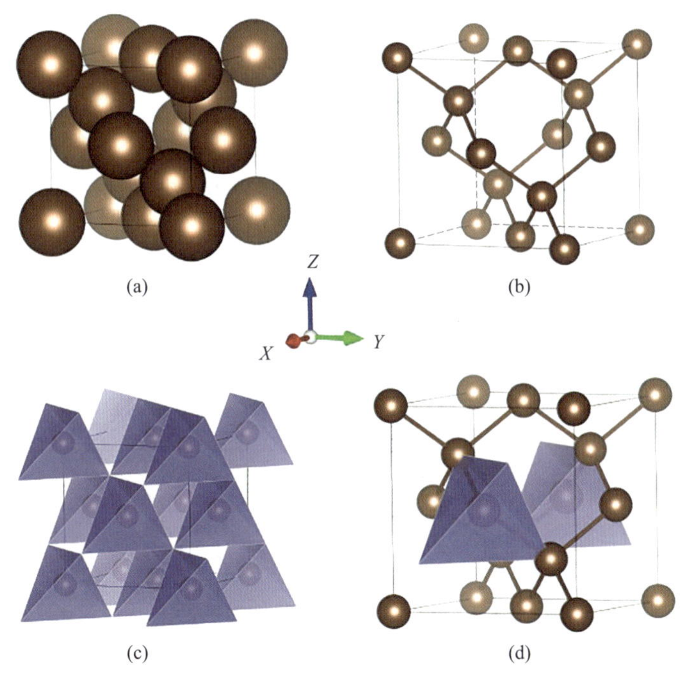

图 4-16 金刚石晶体结构的几种表达方式

一般而言，利用球体堆积来表示晶体结构似乎不太严格，因为原子或离子只有在单独存在时才呈现球形，如果再考虑热振动以及晶体内各向异性等因素，原子或离子不会保持球形的形态。而利用配位多面体来表达结构可以避免这种情况，同时可以囊括原子或离子周围的各向异性情况，更能反映晶体结构的实质，因而这种表达应用也越来越广泛。事实上，人们往往根据所强调的内容，侧重表达某些特性，可以将球体、配位多面体或化学键表达在同一图中。目前，计算机技术的发展以及相应晶体学软件的开发，使得晶体结构图的绘制比较简单，上述各种表达可根据实际需要很容易实现。

4.10　晶格缺陷

晶格缺陷是指：在晶体结构中的局部范围内，原子或离子的排列违反了周期性重复的格子构造规律而形成的晶体结构上的缺陷。

实际晶体结构中或多或少都有晶格缺陷，但它们只是无序地分布于晶格中相对极细微的许许多多点、线、面上，从总体上来看，整个晶格基本上仍符合格子构造规律，因而在许多场合下晶格缺陷往往可以忽略不计。

晶格缺陷有的属生长现象，有的则由热振动或应力作用等引起。此外，晶格缺陷自身间还可发生相互作用，并可在晶格内运动，以至消失。晶格缺陷的存在会对晶体的生长、变化以及物理和化学性质产生显著的影响，在此情况下，必须充分考虑晶格缺陷的作用。

晶格缺陷根据其展布范围的特点而可分为点缺陷、线缺陷和面缺陷三类，其中后两者亦统称为伸展型缺陷。

4.10.1　点缺陷

点缺陷是指大致上只涉及一个原子大小范围的晶格缺陷。点缺陷的基本表现形式（图 4-17）如下：

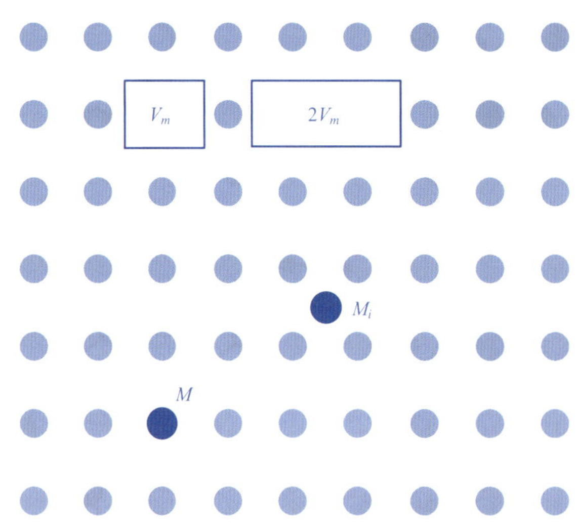

图 4-17　点缺陷的主要表现形式

V_m—空位；$2V_m$—双空位；M_i—填隙；M—替位

（1）空位

在正常结构中应有原子或离子分布的晶格位置，实际上缺失了原子或离子而留下的空位。

（2）填隙

额外的原子或离子在正常晶格空隙中的充填。这种填隙的原子或离子既可以是晶体本身固有成分中的原子或离子，也可以是其他杂质成分的原子或离子。

（3）替位

杂质成分的原子或离子对固有成分原子或离子及其结构位置的替位取代。有时还将杂质原子或离子的填隙与替位一起统称为杂质缺陷。

以上点缺陷间常互有关联。例如，当一个离子离开原来位置而转为填隙离子时，其原来位置便成了一个空位。这样的填隙 - 空位对特称为弗仑克尔缺陷。另一种情况是晶体最外层的离子可转移到晶体表面之外，并在原位上留下一个空位，且后者还可通过相邻离子的递补占有而将空位传输到晶体内部。这样的离子空位特称为肖特基缺陷。

此外，阴离子空位在局部晶格中是一个带正电荷的中心，故能捕获电子并形成新的局部能级。若其激发态与基态的能量差与可见光的波长相当，它便能选择吸收一定波长的色光而使晶体呈色，故特称此类缺陷为色心。上述捕获了电子的阴离子空位便是一种最常见的、称为 F 心的电子色心。而当电价较低的杂质阳离子替位电价较高的阳离子时，则易于导致阴离子外层成对电子中丢失一个电子，由此所留下的一个空穴与另一个不成对电子组合的缺陷则是称为 V 心的一种空穴色心。实际上各种色心都是点缺陷缔合体。

4.10.2 线缺陷

线缺陷是指沿着晶格中的某条线，在其周围约几个原子间距范围内所出现的晶格缺陷。线缺陷的表现形式是所谓的位错。

晶体在受到应力作用发生塑性形变时，一种是形成形变滑移双晶，另一种是依循一定的原子面两部分毗邻的晶格间发生相对滑移。在后者中，如果其滑移面是贯穿晶格的，滑移距离是滑移方向晶格重复周期的整数倍，滑移后并不破坏晶格的完整性，称为晶格滑移，简称滑移。

反之，若滑移面并不贯穿晶格，这意味着仅有部分晶格参与了滑移，因而沿着晶格中已滑移部分和未滑移部分的分界线，亦即滑移面在晶格内部的终止线［图 4-18（a）和图 4-19（a）中的 *AD* 线］，其周围原子的排列必定不能遵守格子构造的周期性重复规律，由此所产生的线缺陷被称为位错，而上述的分界线则称为位错线。

先考虑一个晶格，设其晶胞的三个矢量为 a、b 和 c，则对于完整的晶格而言必有：

$$pa+qb+rc+p(-a)+q(-b)+r(-c)=0$$

（p、q、r 均为整数）

若将各矢径首尾相接任意作一环线的话，其起点 S 与终点 E 必定重合。但若在环线内晶格存在位错，则其环线将不再闭合，而是必定有一闭合差存在［图 4-18（b）和图 4-19（b）］，此矢径称为该位错的伯格斯矢量（符号 b）。按其与位错线间的取向关系，可将位错分为以下两种基本型式：

（1）刃位错

刃位错是指位错线与伯格斯矢量垂直的位错（图 4-18）。从图 4-18（b）可见，滑移面右侧的部分晶格在滑移了一个原子间距后，它的 n 个原子面被挤压到了与左侧（n-1）个原子面所占间距相当的范围内。此时从整个晶格来看，相当于晶格的右半部额外多了半个插入的原子面，后者在位错线处终止［图 4-18（c）］。符号“⊥”为指示刃位错的位错线露头记号。

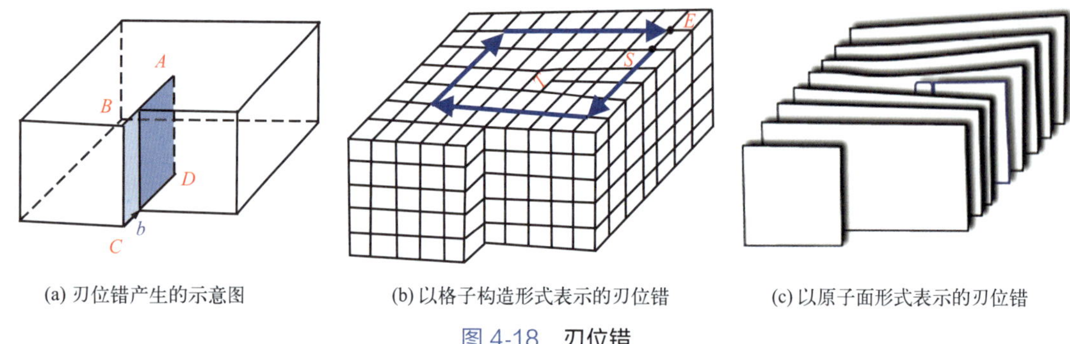

图 4-18　刃位错

图（a）中 $ABCD$ 为滑移面，箭头 b 为伯格斯矢量，即滑移方向，AD 为位错线；图（b）中给出了确定伯格斯矢量的环路之一例

（2）螺位错

位错线与伯格斯矢量平行的位错（图 4-19）。从图 4-19（b）可见，由于部分晶格间的相对滑移，结果产生了一个台阶。但此台阶到位错线处即告终止，整个原子面并未完全错断，而是如图 4-19（c）所示成为一个盘旋上升的螺旋面。

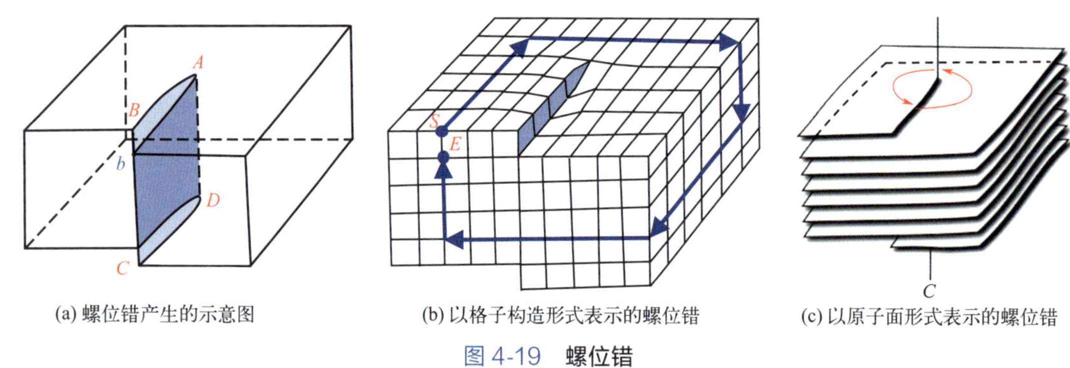

图 4-19　螺位错

图（a）中 $ABCD$ 为滑移面，箭头 b 为伯格斯矢量，即滑移方向，AD 为位错线；图（b）中给出了确定伯格斯矢量的环路之一例；图（c）中点画线代表位错线，垂直位错线的原子面以位错线为轴，形成一个盘旋上升的螺旋面

位错线可为直线亦可为曲线，甚至可形成自相封闭的环状位错线，称为位错环。对任一给定的位错而言，其伯格斯矢量保持恒定。但在位错环内部，其各部位的位错属性则随着相关位错线段走向的不同而变化。当某段位错线与伯格斯矢量较近于平行，交角较小者，其相应部分的位错基本上属于螺位错；若较近于垂直，交角较接近 90° 者，属于刃位错；交角居于两者之间者，则称为混合型位错，它明显兼具两种位错的属性。

应当说明，此前关于位错与晶格滑移的区分，仅是就静态现象而言。实际上晶格滑移过程并非是两部分晶格间的刚体相对运动，而恰恰是如图 4-20 所示，借助于刃位错（也可由螺位错）的逐步运动，最终位错线移出晶格、位错消失而完成的。此过程所需的应力远远要小于做刚体运动时之所需。在剪切应力（箭头所示）作用下一个刃位错（位错线垂直图面）产生并从下向上运动，滑移区域（图中虚线）相应地随之扩展，最终造成相差一个结点间距的滑移。

4.10.3　面缺陷

面缺陷是指沿着晶格内或晶粒间某个面的两侧，在大约几个原子间距范围内所出现的晶

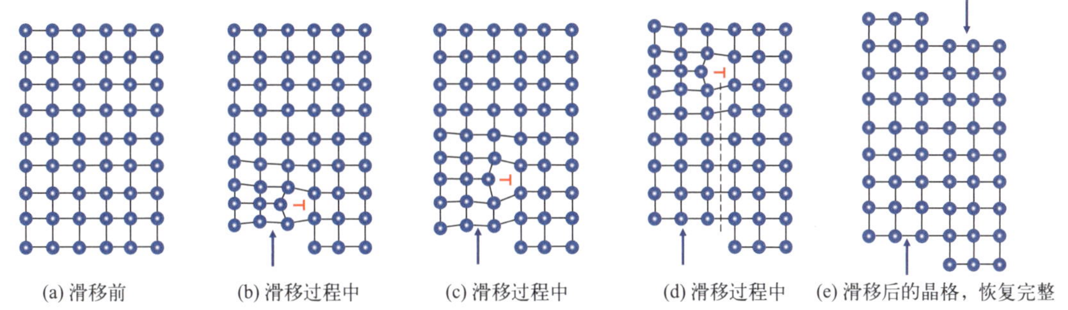

图 4-20　借助于位错运动而实现晶格滑移之发展过程的示意图

格缺陷。主要包括以下几种型式。

（1）堆垛层错

在广义的层状结构晶体中，一个结构层（例如球体最紧密堆积中的球体紧密排列层，黏土矿物结构中由若干平行的配位多面体片组合成的晶层等）存在于违反其自身固有堆垛顺序的"错误"位置上，致使在该处出现堆垛周期性的中断而产生的一种面缺陷。图 4-21 为堆垛层错等面缺陷的电子显微像。

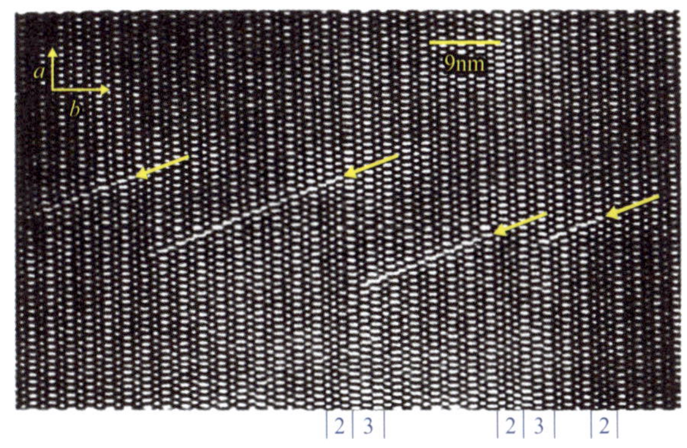

图 4-21　闪川石中堆垛层错的高分辨电子显微像

图 4-21 中箭头所指呈雁行排列的斜线为（110）面的堆垛层错面的迹线，沿其两侧的晶格有一平移错断（从书本下方以与图面成< 20° 的视角观察，更为明显）。图中纵向排列的白色圆点列和椭圆点列分别对应于由双重链和三重链排成的（010）结构层。在正常结构（图上半部）中两者相间交替排列，但在层错面之下局部出现连续三列的双链层（图下方"2"所指）或三链层（"3"所指），违反了固有的周期性规律，这也是一种晶格缺陷，称为链宽缺陷。

有多种过程均可产生堆垛层错。例如在立方最紧密堆积中，沿（111）面两侧的晶格间可发生按 $(a+b-2c)/6$ 的平移，从而使原来的 ABC ABC ABC…堆垛顺序变为 ABC A | C ABC ABC…其中画竖线处便是滑移面，即现在的层错面之所在。这一结果也相当于从正常的三层重复顺序中抽走了一个 B 层，而这样的过程在实际中也是可以发生的。反之，也可能在正常顺序中额外插入一个层，成为如同 ABC | B | ABC …这样，只是这种堆垛层错总是含有两个连续的层错面。以上这些堆垛层错都是由应力作用所致，属于形变堆垛层错。此外，与之相

对应的还有生长堆垛层错，它是随着生长双晶的形成而产生的，双晶接合面即是层错面，其两侧原子层的堆垛顺序呈镜像对称关系。

（2）畴界

一个晶格中其某个局域范畴与相邻局域范畴间若存在某种不连续现象，这样的局域范畴便称为晶畴，例如呈双晶取向的双晶畴等，而相邻晶畴之间的分界面即为畴界，是晶格的周期性出现中断之处。图 4-22 是常见的反相畴，图中 Au、Cu 原子占位的相对位相关系在相邻晶畴中正好相反，原子分布的规律性在反相畴界上中断。反相畴的特征可由相应的一个位移矢量来表征，通过该矢量的平移可使相邻晶畴间的位相达到一致。其他类型的晶畴间亦可通过相应的对称操作而相互联系，例如双晶畴间的平面反映等等。图 4-23 为反相畴界的电子显微像。

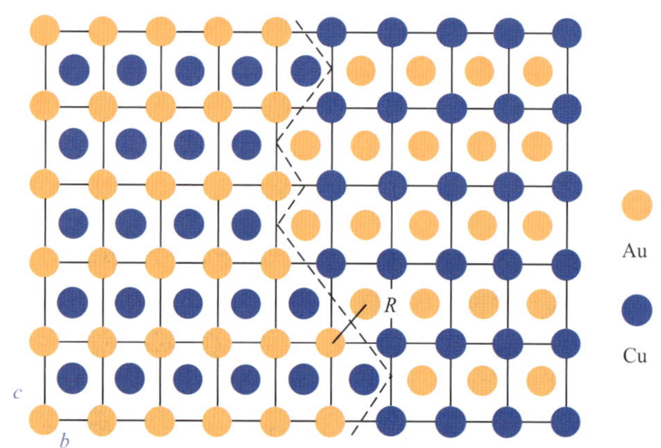

图 4-22　AuCu 四方体心晶格中的反相畴结构沿 a 轴的投影

虚线为反相畴界，在畴界两侧，Au、Cu 的占位正好互换，反相畴位移矢量 $R=\frac{1}{2}(a+b+c)$

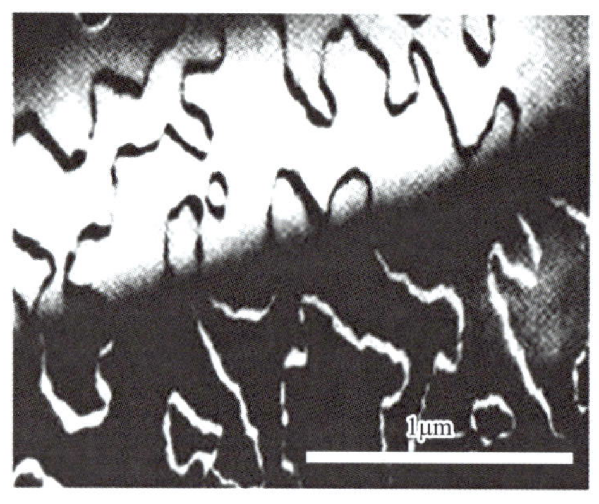

图 4-23　变质成因钙长石中之反相畴界的暗场电子显微像

（3）小角晶界

晶粒内部的两部分晶格间不相平行，而是以一个小角度相交所形成的界面。常见者一般都属于倾斜边界，即两部分晶格间相对倾斜而连接的界面。它们系由一系列刃位错平行排列所构成（图 4-24），是晶格中原本呈不规则分布的位错通过运动和相互作用而形成规则网状排布的结果；一般亦称之为亚晶界，其相邻畴间取向的偏差角在 1° ～ 10° 之间。当一个晶体中有不少相同性质的小角晶界同时存在时，在晶面上将会呈现诸如嵌木地板状或其他的花纹并导致晶面、晶棱的弯曲。

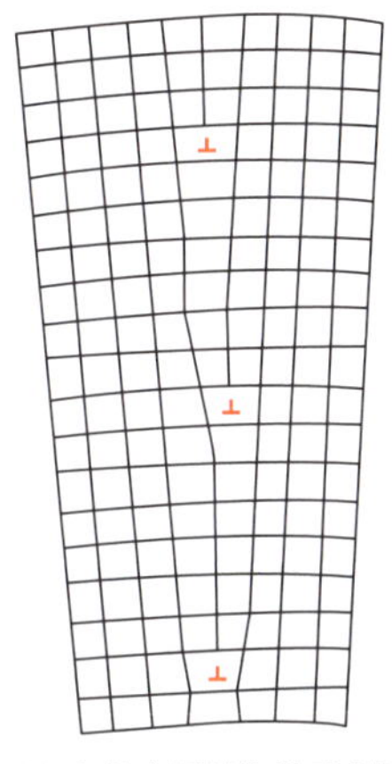

(a) 小角度倾斜边界示意图

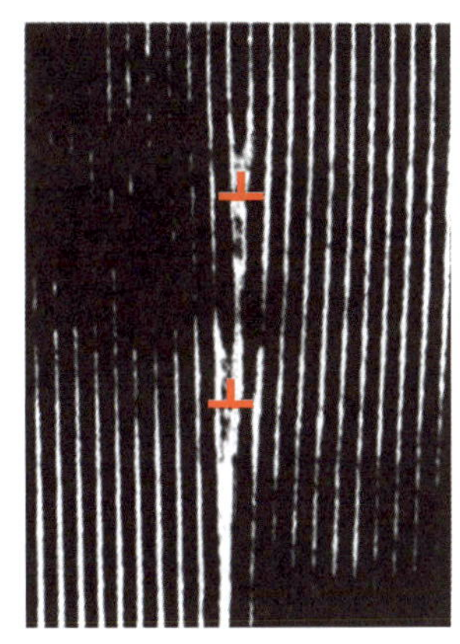
(b) 晶格条纹中的亚晶界由一系列平行排列的刃位错所构成

图 4-24　小角度倾斜边界和对应的晶格条纹像

面缺陷除堆垛层错外，主要都是一些界面现象。值得注意的是，当面缺陷呈随机分布时，它们只是晶格缺陷而已；但若呈周期性分布，它们就参与构成新的晶格。例如在 ABC ABC⋯的三层重复堆垛中，若每隔 3 层产生一个平移 $(a+b-2c)/6$ 的层错面，最终便形成（ABC BCA CAB）九层重复的新结构，类似的情况在晶体中并不少见。

延伸阅读 1

模块结构

在描述一个晶体的具体结构时，最根本的当然是其晶胞所含全部原子或离子的三维坐标值。但在一般情况下，若以直接罗列原子或离子坐标的方法进行表述，不仅相当繁冗而且不直观，更难以彰显结构的特点。为此，通常采用较大的结构单元，例如配位多面体以及由它们进一步联结而成的多面体组元环、链、带、层以至更大的组合层，还有多型的结构组元层以及多体模块等，因为由它们可以简洁、直观地了解结构的特征并与晶体的其他性质联系起来。这样的一些不同层级的结构单元都可视为是构筑整个晶体结构的组成单元，在广义上可通称为结晶学模块；而由结晶学模块组装所成的完整结构则为模块结构。不过，值得倍加关注的是如同多体那样的结晶学模块，它们都具有与各自母体相同的晶体结构和化学组成两方面的基本特征及加和性，当它们组装成模块结构时，这些各自带有“遗传基因”的模块共同构成一个有“血缘关系”的家族系列。而且，由于结构基因和化学基因都是多效性的，故两者还全面控制着成员的其他性质。这就使人们将一些不同的晶体纳入到一个统一的系列中，从模块结构的视角来系统分析它们的个性和共性，以及相互的内在联系和规律性，并作出相应的前瞻预测。

自 1914 年首次测定出晶体结构以来，以配位多面体及其联结而成的“结构模块”来阐明晶体结构以及结构与物化性质间的关系，早已在无机晶体化学中广泛而有效地应用。而 20 世纪 60 ～ 70 年代多体概念的建立和多体性理论的提出，则为无机晶体化学注入了新的强大动力，如今已发展形成了结晶学的一个新分支领域——模块结晶学。它从原来基本上聚焦于层状模块的基础上，现已扩展到一维延伸的杆状模块以至三维空间的块状模块。除了在同一系列中的模块其性质都是相同的一般情况以外，模块的性质还可能在细节上存在差异，并据此已定义了包括多体系列在内的四种模块系列的类型，从而进一步拓展了晶体模块结构的内涵，也推进了相应理论的新发展。

延伸阅读 2

中国晶体学和结构化学的主要奠基人——唐有祺

一、人物介绍

唐有祺（1920—2022）1920 年 7 月出生于江苏南汇（现上海浦东新区），中国共产党党员，物理化学家，化学教育家，中国科学院院士。唐有祺是中国晶体学和结构化学的主要奠基人，毕生致力于促进国际交流合作，是我国化学和晶体学研究走向世界的主要推动者。1978 年 8 月，他率团参加华沙第十一届国际晶体学大会，使我国加入了国际晶体学联合会。1987 年，他当选为国际晶体学联合会副主席，为我国赢得了 1993 年第十六届国际晶体学大会在北京的举办权，开创了我国举办大规模晶体学国际会议的先河。他发起并创办了中国晶体学会，并出任第一届理事长，为我国晶体学科学家面向世界搭建了平台，促进了中国晶体学的发展。

二、主要贡献

唐有祺 1943 年考取中央大学研究生，以及中国化工方向公费赴美留学名额。为了服务饱受战火蹂躏的祖国，他怀揣实业救国的理想，暂时放弃了学业，先后投身兵工厂、制磷厂、钢铁厂、电解厂工作，直至抗战胜利后，才于 1946 年 8 月赴美进入加州理工学院学习，师从两次获得诺贝尔奖的鲍林教授攻读博士学位，主攻 X 射线晶体学和化学键本质，旁及量子力学和统计力学。在此期间，攻克了当时晶体学界的两个挑战性前沿问题，一是确定了铂铜合金的晶体结构，二是阐明了六次甲基四铵与金属盐形成沉淀复合物的本质，于 1950 年 7 月获得博士学位后留在鲍林实验室进行博士后研究，开始用 X 射线解析蛋白质结构，成为国际上首批从事蛋白质晶体学及分子生物学研究的少数学者之一，为日后推动中国化学生物学的建立和发展奠定了基础。

新中国成立后，一心希望学成报效祖国的唐有祺毅然决定中断在鲍林实验室进行得非常顺利的研究工作，利用 1951 年 5 月到瑞典参加国际学术会议的机会，克服重重困难，突破英国、法国方面的重重封锁，历时 3 个多月，于 1951 年 8 月回到新中国。1951 年 9 月，唐有祺受聘清华大学化学系，开设“分子结构和化学键本质”新课程。1952 年院系调整时，唐有祺转入新北京大学化学系，此后的 70 年间，唐有祺一直在北京大学执教。1952 年秋，唐有祺开始在北京大学开设国际上首门“结晶化学”课程。在 20 世纪 50 年代，他培养了一批从事结构化学研究的研究生和进修人员，取得了新中国第一批结构化学研究成果，为中国结构化学的发展做出了影响深远的奠基性工作，所培养的人才在我国结构化学发展，特别是在胰岛素晶体结构的测定中发挥了重要作用。编著的《结晶化学》《统计力学及其在物理化学中的应用》《对称性原理》等书籍被用作高等学校教材，《统计力学及其在物理化学中的应用》一书获得全国高等学校优秀教材奖。

唐有祺的研究主要分为以下几类：晶体体相结构和晶体化学；生物大分子晶体结构和生命过程化学问题的研究；功能体系的表面、结构和分子工程学等的研究。在晶体化学研究中，唐有祺带领团队在 X 射线晶体学研究中取得了一系列创新性重要成果，完成了具有高临界温度氧化物超导体系 Y-Ba-Cu-O、ZSM-5 分子筛等的合成与结构测定，揭示了结构与性能关系；系统研究了多核铜、银、钼、钨等过渡金属簇合物的合成、结构及成键规律；与国内多家单位合作开展了重要化学体系的结构与功能关系研究。这些成果对高温超导、分子筛催化剂等功能体系的研发起到重要的指导作用，相关研究成果获 1987 年国家自然科学奖二等奖等奖励。在生物大分子晶体结构研究中，唐有祺受命担任胰岛素晶体结构测定项目的负责人，组建了研究队伍，克服重重困难，终于在 1971 年成功解出猪胰岛素晶体结构，该项工作于 1982 年获国家自然科学奖二等奖。从 1982 年起他领导团队在北大恢复蛋白质结构分析工作，系统测定了多种胰蛋白酶抑制剂与胰蛋白酶复合物的晶体结构，揭示了蛋白抑制剂与胰蛋白酶的结合模式，利用高分辨晶体结构确定了抑制剂片段的氨基酸序列，为相关酶的催化机理研究奠定了结构基础，相关工作于 1991 年获国家自然科学奖三等奖。

三、社会评价

唐有祺是中国晶体化学的主要奠基人、化学生物学的倡导者、分子工程学的开创者，为中国的教育和科研事业呕心沥血，为中国化学学科的健康发展作出了卓越贡献。唐有祺不仅是结构化学研究领域的专家，还是一位科研谋略者，他为中国的晶体结构和结构化学研究做了奠基和发展工作，并在推动中国化学乃至中国科学的国际化，倡导中国在国家层面重视基础研究、建立科学研究资源和奖励的分配机制，关注科学研究人才的培育等方面作出诸多贡献。

思考题

1. 等大球最紧密堆积有哪两种基本形式？等大球最紧密堆积形成的结构的对称特点是什么？所形成的空隙类型与空隙数目怎样？
2. 什么是配位数和配位多面体？如果阴离子做等大球最紧密堆积，阳离子充填到空隙，那么阳离子的配位数只能是什么？配位多面体又只能是哪两种？
3. 某阴离子做立方最紧密堆积，阳离子充填一半的四面体空隙，那么该晶体的化学式中，阴阳离子数量比是多少？如果阳离子充填一半的八面体空隙，阴、阳离子数量比又是多少？
4. 什么是类质同象？发生类质同象的条件（内因和外因）是什么？研究类质同象的意义是什么？
5. 判断下列晶体化学式中，哪些离子之间是类质同象的关系？

   $(Ca, Na)(Mg, Fe^{2+}, Fe^{3+}, Al, Ti)[(Si, Al)_2O_6]$；$(Mg, Fe, Mn)_3Al_2[SiO_4]$；

$CaMg[CO_3]_2$；$(Ca, Mg)[CO_3]$

6. 什么是同质多象？发生同质多象转变需要什么外部条件？同质多象转变有哪些类型？
7. 同质多象转变中，高压形成的变体，其结构有何特点？
8. 什么是多型？举例说明。
9. 2*H*- 辉钼矿与 3*R*- 辉钼矿是什么含义？它们属于同一矿物晶体吗？
10. 说明多型与同质多象有何联系与区别。
11. 晶体结构中可以看成是由配位多面体连接而成的结构体系，也可以看成是由晶胞堆垛而成的结构体系，那么配位多面体与晶胞怎么区分？
12. CsCl 晶体结构中，Cs^+ 为立方体配位，此结构中 Cl^- 是做最紧密堆吗？
13. 以 NaCl 的晶体结构为例说明鲍林第二规则。
14. 试述类质同象、同质多象之间的有机联系。
15. 图 4-25 为晶体结构中离子分布情况示意图，请判断：哪种情况中，A 与 B 两种阳离子为类质同象的关系？为什么？

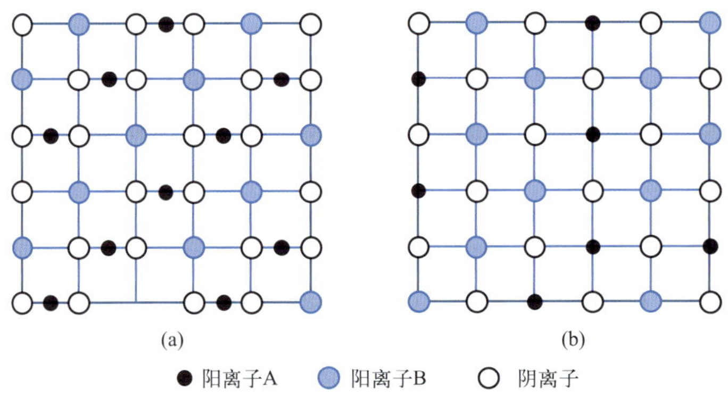

图 4-25　晶体结构中离子分布情况示意图

第 5 章 晶体生长学基础

通过晶体的定义和性质可知，晶体是具有格子构造的固体。晶体生长过程实际上就是在一定的条件下，质点按照格子构造规律排列堆积的过程。晶体生长的整个过程受系统热力学条件和动力学因素控制，外界条件也对晶体生长有很大影响。本章介绍晶体生长的一般知识和基本规律，包括晶体的形成、晶体生长理论及晶面发育规律、影响晶体生长的外因、晶体生长方法和重要人工晶体简介。

5.1 晶体的形成

5.1.1 晶体的形成方式

自然界的物质有气态、固态和液态三种基本状态，它们在一定条件下可以互相转变。晶体主要由结晶作用所形成，实际上是物质相态改变的一种结果。根据相态转变的不同形式，晶体的形成主要有以下三种途径。

（1）由气相转变为晶体

当气体处于它的过饱和蒸气压或在过冷却温度条件下，可直接由气相凝华结晶转变为晶体。如冬季时玻璃窗上的冰花就是由空气中的水蒸气直接结晶的结果。又如从火山口喷发出来的含硫气体由于温度压力的突然降低从而结晶形成自然硫晶体。

（2）由液相转变为晶体

液相有熔体和溶液两种基本类型。当温度下降到低于熔体的熔点时（即过冷却），熔体直接结晶转变为晶体。如高温熔融态的岩浆随着温度降低结晶形成橄榄石、辉石等矿物晶体，工业上通过熔体过冷却结晶生产各式铸锭、钢锭等。当降低温度或蒸发溶剂使溶液达到过饱和状态时，溶液中的溶质结晶形成晶体。自然界中从溶液中结晶的例子很多，如盐湖中的溶液因蒸发作用而达到过饱和可结晶形成石盐、硼砂等晶体。

（3）由固相转变为晶体

固相物质有非晶态和晶态两种。对于非晶态的固体，由于其内部质点排列不规则，相对于晶体来说其内能较大而处于不稳定状态，因此非晶态的固体可以自发地向内能更小、更稳定的晶体转化，如玻璃的脱玻化。火山玻璃中细小的石英、长石微晶是典型的由非晶态的固相经脱玻化转变为晶体的实例。

对于晶态的固相物质，当其所处的物理化学条件发生改变时，造成原晶体赖以稳定的条件消失，其内部质点就要重新进行排列而形成新的结构，从而使原来的晶体转变成另外一种晶体。根据晶体转变方式的不同，可以分为以下几种情况。

① 同质多象转变：某种晶体在热力学条件改变时转变为另一种在新条件下稳定的晶体，转变前后两种晶体的化学成分相同，但结构不同。例如，高于 573℃时 SiO_2 可形成高温 β-石英，而低于 573℃时高温 β- 石英可转变为结构不同的低温 α- 石英。

② 固相反应结晶：两种或两种以上的粉晶原料，混合进行高温热处理，各原料之间发生化学反应，形成新的化合物晶体，此为固相反应结晶。很多新型无机材料的制备就是利用固相反应原理，例如，在生产钛酸钡陶瓷时，先把 TiO_2 和 $BaCO_3$ 原料粉体按比例混合，在 1100 ～ 1200℃的条件下进行高温合成，生成钛酸钡（$BaTiO_3$）晶体，再经成型、烧结后制得钛酸钡陶瓷。

③ 固溶体分解：固溶体是两种或两种以上的物质在一定的温度条件下形成的类似于溶液的一种均一相的结晶相固体。当温度、压力或温度与压力两者同时改变时，均匀的固溶体分离为两种或两种以上不同结晶相的过程，这就是固溶体的分离现象。例如，闪锌矿（ZnS）和黄铜矿（$CuFeS_2$）在高温条件下可按一定比例形成均一相的固溶体，而在低温时分离出闪锌矿和黄铜矿两种独立的晶体。条纹长石中钠长石在钾长石中的分离也是一种固溶体分离现象。由于固溶体分离作用是一种固溶体的分解反应，因此，分离后的各晶体化学成分之和在理论上应等于分离前固溶体的化学组成。

再结晶作用：再结晶作用是指在温度和压力的影响下，通过质点在固态条件下的扩散，由细粒晶体转变成粗粒晶体的作用。在这一作用过程中，没有新晶体的形成，只是原来晶体的颗粒由小变大。例如，由细粒方解石组成的石灰岩在与岩浆岩接触时，受到热力烘烤作用，细粒方解石结晶成粗粒方解石晶体，石灰岩变质为大理岩。

5.1.2 晶核的形成与生长

由晶体形成的途径可知，晶体的形成是一个相变过程，晶体生长包括晶核形成和生长两个阶段。晶核是指从结晶母相中初始析出或借助于外来物的诱导而产生，并达到某个临界尺寸，而得以继续长大的微小晶粒。形成晶核的过程为成核作用。在均匀无相界面的结晶母相体系内，自发地发生相变形成晶核的过程为均匀成核作用；借助于外来物质的诱导，在体系的某些局部区域首先形成新相而产生晶核的过程为非均匀成核作用，外来物质可以是溶液中悬浮的杂质微粒、凹凸不平的容器壁等。此外，若晶核由体系中已存在的晶体作为外来物诱导产生时，称为二次成核作用，也属于非均匀成核作用的范畴。

由热力学原理可知，凡是自由能减小的过程均能自发进行，直到自由能不再减小。然而，有些过程的自由能虽然是减小的，但是相变并不能自发进行，体系处于亚稳状态。只有在体系的相变驱动力足够大时，相变才能自发进行。相变驱动力（ΔG）为体系内始态摩尔自由能（G_α）与终态摩尔自由能（G_β）的差值，$\Delta G=G_\alpha-G_\beta$，只有 ΔG 足够大的体系，相变才能自发进行。通过改变气相系统的蒸气压强，溶液的过饱和度或熔体的过冷却度均可调节相变驱动力，控制结晶过程。

（1）均匀成核作用

根据热力学原理，在母相未达过饱和或过冷却条件下，每单位体积母相的化学自由能 $g_{母}$ 与相应结晶相的自由能 $g_{晶}$ 之间必有 $g_{晶}>g_{母}$，此时由于无驱动力存在结晶作用不能发生；反之，若 $g_{晶}<g_{母}$，则结晶相从母相中的析出将有利于降低体系的总自由能，因而有发生结晶作用的倾向。但与此同时，结晶相的析出使得体系的相数从一个变为两个，并在两相之间

产生界面，而相界表面具有表面自由能，因而结晶相的出现从另一方面又会导致体系的总自由能增高。

设结晶相与母相两者之间的体积自由能的差值为 ΔG_v，两相界面的表面自由能为 ΔG_s，当结晶相从母相中析出时，体系总自由能的变化 ΔG 等于 ΔG_v 与 ΔG_s 之和。若析出结晶相的微粒半径为 r，则 ΔG 是 r 的函数，ΔG 随着 r 的变化曲线如图 5-1 所示。由图可知，此曲线的 ΔG 从原点开始持续上升，直至 r_c 处抵达峰顶，然后开始下降。这意味着只有 $r \geqslant r_c$ 的结晶相微粒才能作为晶核，因为此时它的增大将导致体系的总自由能降低，使得晶核继续成长成为可能。所以 r_c 是作为晶核所需的临界尺寸，粒径为 r_c 的晶核称为临界晶核。r_c 值除与物质的种类和环境温度有关外，还取决于介质过饱和度或过冷却度的大小，其值越大，r_c 值就越小。

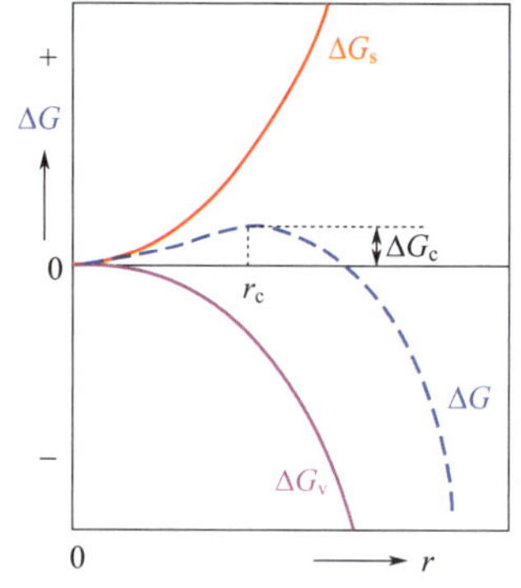

图 5-1　晶核大小与体系自由能的关系图

然而，在达到临界尺寸 r_c 之前，即在 $r < r_c$ 时，$\Delta G > 0$，此时结晶相微粒的增大会导致体系总自由能的增高。这意味着在此阶段中，结晶相微粒需要吸收能量才能得以成长，直到其粒径达到 r_c 时为止。所以，临界晶核的形成需要一定的能量，这一能量 ΔG_c 称为成核能。成核能一般可借助体系内部的能量起伏来获得。这是因为在一个体系中的不同空间和时间内，它们的化学自由能实际上是此起彼伏地在平均值上下波动，因而瞬间、局部的多余能量就可作为成核能。

由前述内容还可知，介质的过饱和度或过冷却度越高，晶核的临界尺寸 r_c 及其成核能 ΔG_c 越小，成核的概率则越大，从而单位时间内形成的晶核总体积即成核速率也越高。反之，则 r_c 以及 ΔG_c 越大，此时 ΔG_c 的值可能会超出体系内能量起伏的最大变化幅度，因而尽管此时介质已达过饱和或过冷却，但仍不会有晶核自发形成，而是能够长期保持准稳定而不结晶。由此可知，均匀成核需要克服相当大的表面能势垒，即需要相当大的过饱和度或过冷却度才能成核。

（2）非均匀成核作用

与均匀成核的情况相似，非均匀成核也需要一定的成核能 $\Delta G_c'$。与相同条件下均匀成核的成核能 ΔG_c 相比，若 $\Delta G_c'=\Delta G_c$，这表明晶核与固相外来物之间完全没有亲和力，因而不发生非均匀成核。若 $\Delta G_c'=0$，这意味着固相外来物与所结晶的物质是同一种晶体，此时两者之间完全亲和，因而在体系中必然优先二次成核。在一般情况下，$\Delta G_c > \Delta G_c' > 0$，且固相外来物与所结晶物质两者的内部结构越近似，$\Delta G_c'$ 就越小，即越易于发生非均匀成核。

均匀成核只有在非常理想的情况下才能发生，实际成核过程都是非均匀成核，即体系里总是存在杂质、热流不均、容器壁不平不均匀的情况，这些不均匀性有效地降低了成核时的表面能势垒，晶核就率先在这些部位形成。所以人工合成晶体总是人为地制造不均匀性使成核容易发生，如放入籽晶、成核剂等。

5.2　晶体生长的几种基本理论

临界晶核形成之后，质点继续在晶核上堆积时，体系的总自由能将随着晶核的增大而迅速下降，因而晶核就能自发地生长，晶体进入生长阶段。下面介绍迄今被广泛接受的几种关于晶体生长的经典基本理论。

5.2.1 层生长理论

晶体的层生长理论（layer-by-layer growth mechanism）是由科赛尔（W. Kossel）提出后经斯特兰斯基（I. Stranski）发展而成的晶体生长模型，又称科塞尔-斯特兰斯基二维成核生长机理（Kossel-Stranski two-dimensional nucleation growth mechanism）。该理论模型的基本原理为：晶体的生长是质点面网一层接一层地不断向外平行移动的结果，可用图 5-2 所示的情况简要说明。

假设晶核为一单原子构成的立方格子，相邻质点间距为 a，在晶核上存在三种不同位置，即三面凹角、二面凹角和一般位置。每种位置各有为数不等的邻近质点吸引新的质点，其具体情况列于表 5-1。表中只列出了距离最近和较近的 3 种质点数，较远的质点作用很小，可以忽略。三面凹角周围分布的相邻质点数最多，进入该位置的质点与周围相邻质点之间形成的化学键最多，释放的能量最大，结构最稳定，而且由于引力与距离的平方成反比，因此质点向晶核上聚集时，将优先落在三面凹角位置，其次是二面凹角位置，最后落在一般位置。

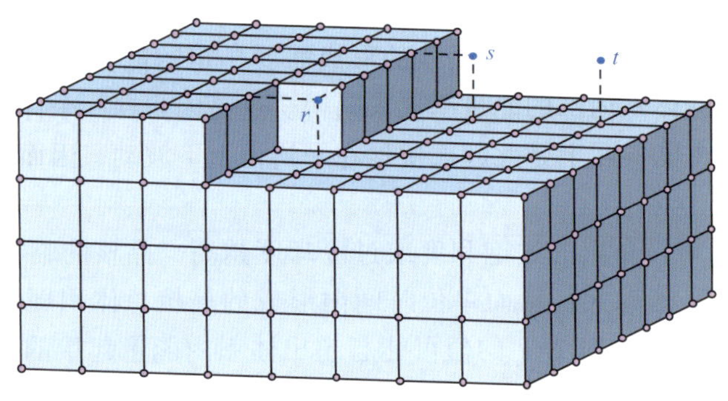

图 5-2 晶体理想生长过程中原子的堆积顺序图解

r—三面凹角；s—二面凹角；t—一般位置

表 5-1 三种位置上不同距离的质点数

位置	距离		
	a	$\sqrt{2}a$	$\sqrt{3}a$
三面凹角	3	6	4
二面凹角	2	6	4
一般位置	1	4	4

由图 5-2 可以看出，当一个质点落在三面凹角位置以后，三面凹角并不消失，只是向前移动了一个结点间距；如此逐步前移，直到质点占据整个行列时，三面凹角才消失。继续生长时，质点将落在一个二面凹角的位置，并产生新的三面凹角。然后再重复先前的生长过程，直到这一行列又全部被质点占据。如此反复，直至堆满一层网面。此时三面凹角和二面凹角全部消失，质点只有落在一般位置，而且一旦堆积，立刻就有二面凹角产生，随后又产生三面凹角。再重复上一网层的生长过程，直到新网层长满。

由此，在理想情况下，晶体在晶核基础上生长时，先形成一条行列，然后生长相邻的行列；长满一层面网后，再开始生长第二层面网，如此晶体面网逐层向外平行生长。生长停止后，最外层的面网即发育为晶体的晶面，相邻面网的交棱就是实际晶棱。整个晶体就成为被晶面包围的几何多面体，表现出晶体的自限性。

晶体层生长理论可以很好地解释一些晶体生长现象。例如，晶体常常生长成为面平、棱直的多面体形态等；对于同种晶体的不同个体，无论晶面的大小、形状是否相同，对应晶面间的夹角不变。此外，在晶体生长的过程中，晶体的生长环境可能有所变化，不同时期生成的晶体在物性（颜色）和成分等方面可能有细微的变化，在晶体内部留下当时轮廓的痕迹。例如，在石英晶体的断面上经常看到的环带构造（图 5-3）可由该理论很好地解释。环带的各对应边互相平行，并平行于晶体的最外层晶面，由此推测在晶体生长过程中，晶面是平行向外推移的。类似地，某些晶体由中心向外生长，在内部出现晶面由小到大向外平行移动的痕迹，从而构成以晶体中心为顶点的锥状体，这种内部出现的生长锥（图 5-4）或沙钟构造（图 5-5）也可由该理论进行解释。

图 5-3　石英横截面上的环带构造图

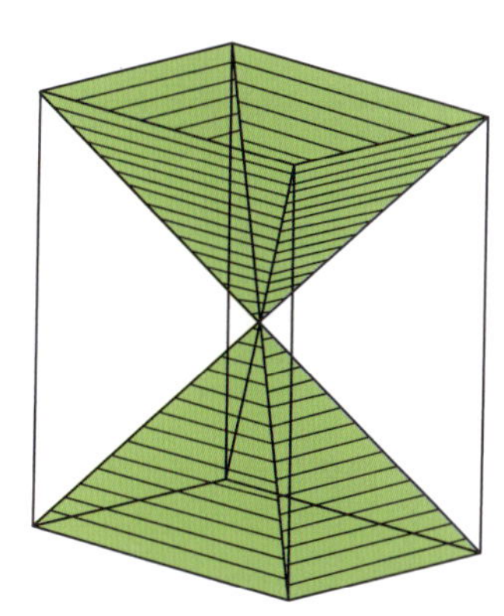
图 5-4　生长锥示意图

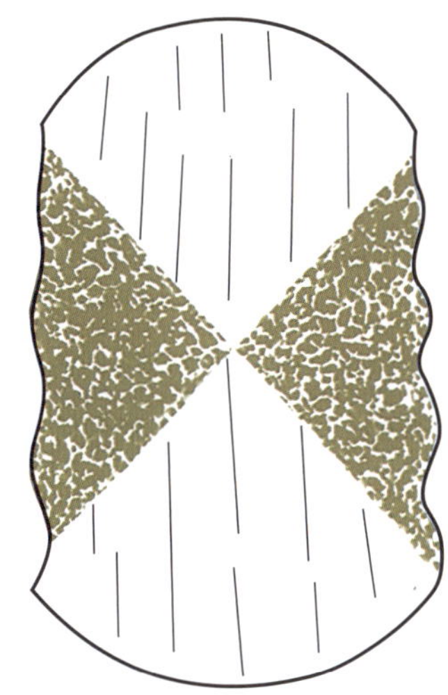
图 5-5　普通辉石的沙钟构造

5.2.2　阶梯生长理论

层生长理论对于阐明理想条件下晶体的生长过程具有重要意义，但是实际情况要复杂得多。首先，由于质点总是存在热振动，体系也不会是绝对均匀的，实际质点的堆积过程往往并不按前述方式和顺序进行。比如，在一个行列还没有长满时，相邻行列就可能已经开始生长了；其次，依据层生长理论，在长满一层面网之后，再在其上生长第二层面网时，质点只能落到一般位置上。然而，该位置对溶液中质点的引力较小，不易克服质点的热振动使质点堆积，此时单个质点在一般位置上是不能稳定存在的，故不能在一层完整的面网上形成新的凹角，如此，相邻的一层面网也就无法继续生长了。

因此，安舍列斯（O. M. Ahgenec）指出，在实际情况下，晶体生长不是一层一层生长的，一次黏附在晶面上的不是一个分子层，而是几万甚至是十几万个，其厚度取决于溶液的过饱和度。根据与三维成核完全相似的热力学分析，一般认为，在晶体生长过程中，质点是以二维晶核的形式（单个原子或分子厚的质点层）呈孤岛状堆积到晶体上去的，并由此产生新的凹角位置，使质点得以继续堆积，直到长满一层为止，然后再重复这一过程。与形成三维晶核的情况相似，二维晶核也需要一定的临界尺寸。大于临界尺寸的二维晶核才可以稳定存在。同样，形成临界二维晶核也需要有一定的成核能，此部分能量也需要借体系的能量起伏来获得，并且远小于相同条件下三维晶核的成核能。

如果溶液的过饱和度很大，三维晶核的成核能也很小，成核速度很大。此时，在晶体生长面上堆积的往往不再是二维晶核，而是三维晶核乃至微晶粒。由于晶体的棱和角顶接受质点的机会比晶面中心大，因此微晶粒将先从角顶和棱处堆积，形成一个小突起［图 5-6（a）中的 *ABEF*］。此时，在小突起的前方就产生了凹角，于是质点优先向凹角处进行堆积，并形成一个斜坡；斜坡形成后凹角并未消失，质点得以继续堆积，斜坡亦平行地向前推移，直到长满这一厚层为止。不过往往是在第一个斜坡还在向前推移、尚未消失的时候，在它的基础上又形成了第二、第三个新的突起。整个生长过程就成为一系列相互平行且层层高起、呈阶梯状分布的斜坡，同时平行向前推进［图 5-6（b）］。而且，这样的斜坡在晶体生长的过程中永远不会消失，因为当前面的斜坡消失以后，还会产生新的斜坡。这样，当晶体生长结束后，晶面上的斜坡就会被保留下来，使晶体表面不平坦，形成晶面生长条纹。以上就是晶体的阶梯生长理论，又称为安舍列斯生长理论。

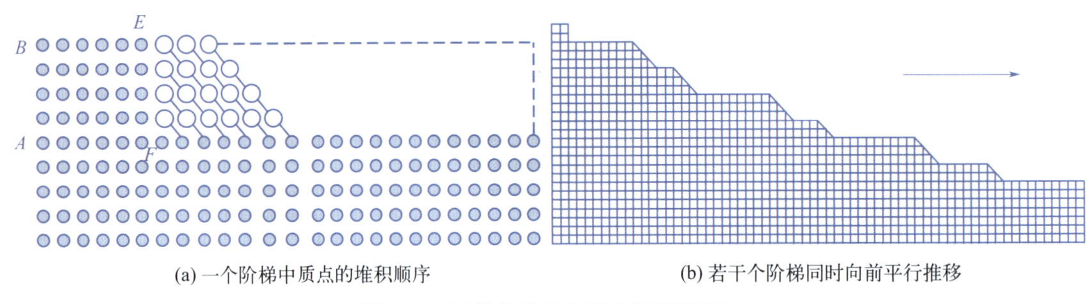

图 5-6　晶体阶梯生长的剖面示意图

5.2.3　螺旋生长理论

晶体的螺旋生长理论（spiral growth mechanism），亦称 BCF 理论，是 1949 年弗兰克（F. C. Frank）首先提出，后由布顿（W. K. Burton）和卡勃雷拉（N. Cabrera）加以发展所形成。该理论认为，在实际晶体的内部结构中，经常存在着不同形式的缺隙，其中有一种叫螺旋位错。晶面上存在的螺旋位错露头点可以作为晶体生长的台阶源，促进光滑界面的生长。该理论可用图 5-7 进行简要阐述。

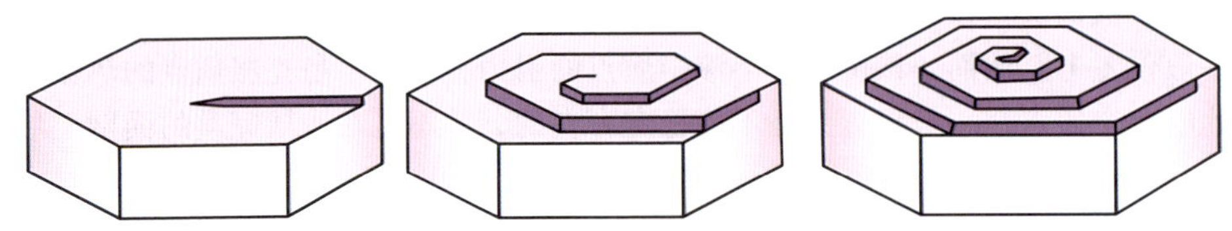

图 5-7　α-SiC 晶体（0001）晶面上的螺旋生长过程示意图

一般认为，在晶体生长的初期，质点是按照层生长模式进行堆积。随着质点的不断堆积，由于杂质或热应力的不均匀分布，在晶格内部产生了内应力，当应力累积超过一定限度时，致使晶格沿着面网发生相对剪切位移而形成螺旋位错。晶体结构中一旦产生了螺旋位错，在滑移面处就必然会出现晶格台阶和相应的凹角，从而使介质中的质点通过表面吸附和扩散方式优先向凹角处堆积，同时形成三面凹角，并且在整个过程中二面凹角和三面凹角不会因质点的堆积而消失，只是凹角所在的位置随着质点的不断堆积而绕位错线呈螺旋式上升，使晶面逐层旋转着向外推移，并且在晶面上形成螺旋状生长锥。

位错的出现在晶体的界面上提供了一个永不消失的台阶源，它不会随着原子面网一层层生长而消失，从而使螺旋式生长持续下去，因此不需要形成二维晶核。这一理论成功地解释了晶体在低过饱和度和低过冷却度条件下晶体面网能够连续生长的问题，而且生长出光滑的晶体界面的现象。印度结晶学家弗尔麻（Verma）1951 年在 SiC 晶体表面上观察到生长螺旋纹（图 5-8），证实了这个模型在晶体生长过程中的重要作用。

(a) 起源于单个螺位错的六边形生长螺纹

(b) 分别起源于不同螺位错的三个螺旋线

图 5-8　SiC（0001）晶面上生长螺纹的相衬显微像

5.3　晶面发育的规律

由晶体生长理论可知，晶体的晶面都是由面网发育而成。在晶体的生长过程中，其形态由各晶面间的相对生长速度关系所决定，而各晶面生长速度的不同，本质上受晶体结构所控制，遵循一定的规律。

5.3.1　布拉维法则

法国结晶学家布拉维（A. Bravais）从晶体的格子构造几何概念出发，论述了实际晶面与空间格子中面网之间的关系，得出了实际晶体的晶面常常是由晶体格子构造中面网密度大的面网发育而成的结论，或者说实际晶体往往为面网密度大的晶面所包围。这一结论被称为布拉维法则（law of Bravais），其基本原理可由图 5-9 进行阐明。

由前述章节已知，在晶体的生长过程中，晶面是平行向外推移的。晶面在单位时间内沿着其法线方向向外推移的距离称为晶面生长速度。图 5-9（a）表示某晶体格子构造的一个切面，AB、BC、CD 为与此切面垂直的三个面网和该切面相交的迹线，其相应的面网密度关系为 $AB > CD > BC$。由于面网密度大的面网其面网间距也大，按引力与距离的平方成反比关系，对外的质点吸引力就小，质点就不易生长上去。所以，当晶体继续生长时，质点将优先堆积在 1 点位置，其次是 2，最后是 3，即面网密度最小的晶面 BC 将优先生长，CD 次之，AB 最慢。这意味着面网密度越小，晶面生长速度越快；面网密度越大，晶面生长速度越慢。

如果将图 5-9（a）中各晶面生长的全过程按它们各自的生长速度作图，即可得到如图 5-9（b）所示的图形。可以看出：面网密度小的 *BC* 晶面在晶体生长过程中面积逐渐缩小，最终被面网密度大、生长速度慢的相邻晶面 *AB* 和 *CD* 所淹没。如此，晶体的最终形态通常由晶体格子构造中面网密度大的晶面所构成。

布拉维法则只考虑了格子构造的几何因素，并没有考虑环境因素（温度、涡流、杂质、组分浓度等）对晶面生长速度的影响。实际上，在晶体的生长过程中，由于受到各种环境因素的影响，各晶面的相对生长速度会发生改变，导致出现许多偏离布拉维法则的现象。这也是该法则不能解释为什么在不同的环境下，晶体结构相同的同一种物质的晶体经常出现不同结晶形态的实际情况。但总体而言，晶面的发育还是符合布拉维法则的：同一物质的各种晶体，通常大晶体的晶面种类少且简单，小晶体的晶面种类多且复杂。

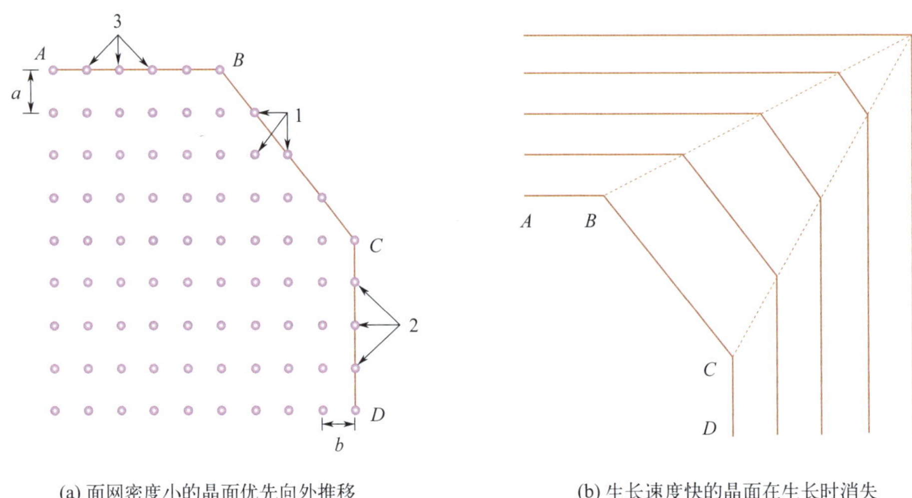

(a) 面网密度小的晶面优先向外推移　　(b) 生长速度快的晶面在生长时消失

图 5-9　布拉维法则示意图及面网密度与生长速度关系图

5.3.2　居里 - 乌尔夫原理

1885 年，法国科学家皮埃尔 • 居里（P. Curie）首先指出，当温度、晶体体积一定时，晶体生长所发育的平衡形态应具有最小表面能，称为晶体生长的居里原理。1901 年，俄国科学家乌尔夫（G. Wulff）在研究不同晶面的生长速度时，得出各晶面的垂直生长速度与表面张力之间的关系，进一步发展了居里原理，构成晶体生长的居里 - 乌尔夫原理；即在晶体生长中，就晶体的平衡态而言，各晶面的生长速度与该晶面的表面能成正比。当外界温度和晶体体积不变时，此原理可用下式表示：

$$\sum_{i=1}^{n}\sigma_i S_i = 最小$$

式中，σ_i 为任一晶面 i 的比表面能；S_i 为任一晶面 i 的表面积；n 为晶体上的晶面数。

由于居里 - 乌尔夫原理把晶体生长的平衡形态与其生长时所处的介质环境联系了起来，所以用它容易解释同一结构的晶体在不同的介质中生长时，为什么会出现不同结晶形态的问题。这是因为介质的性质改变使得晶体各个晶面的比表面能也有变化，故而晶体的形态出现变化。参考图 5-9 可以发现，面网密度大的晶面比表面能小，这种晶面与晶体中心的距离小，因而生长速度慢。因此，居里 - 乌尔夫原理与布拉维法则实际上是一致的，且这一原理从晶体的表面能出发，考虑了晶体和介质两方面的因素。但是，由于实际晶体都未达到平衡态，而且较难获得精确的各晶面表面能的实测数据，限制了这一原理的实际应用。

5.3.3 周期键链理论

1955 年，哈特曼（P. Hartman）和珀多克（N. G. Perdok）等基于晶体结构的几何特征和质点能量，提出了晶面生长发育的周期键链（periodic bond chain）理论，即 PBC 理论。该理论认为，在晶体结构中存在一系列周期性重复的强键链，其重复特征（周期及方向等）与晶体结构中质点的周期性重复特征一致，这样的强键链称为周期性键链。晶体均平行于键链生长，键力最强的方向晶体生长最快，平行强键链最多的面成为最终的晶面。

据此可将晶体生长过程中可能出现的晶面划分为 3 种类型，这 3 种晶面与 PBC 的关系如图 5-10 所示。图中箭头为强键方向，*A*、*B*、*C* 为 PBC 方向。

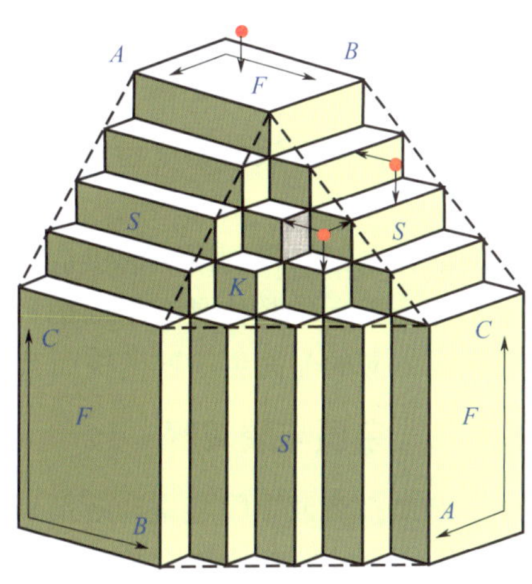

图 5-10　PBC 理论中的三种晶面

F 面：或称平坦面，有两个以上的 PBC 与之平行，面网密度最大，质点结合到 *F* 面上时，只形成一个强键，晶面生长速度慢，易形成晶体的主要晶面。*S* 面：或称阶梯面，只有一个 PBC 与之平行，面网密度中等，质点结合到 *S* 面上时，易与不平行该面的 PBC 成键，形成的强键至少比 *F* 面多一个，晶面生长速度中等。*K* 面：或称扭折面，不与任何 PBC 平行，面网密度小，扭折处的法线方向与 PBC 一致，质点极易从扭折处进入晶格，晶面生长速度快，为易消失的晶面。因此，晶体上最常见且发育较大的晶面为 *F* 面，而 *K* 面罕见或经常缺失。

以上三个理论，分别从不同的角度阐明了晶面的生长发育情况，但在实际晶体上发育的一些晶面仍然无法用上述理论做出完美的解释。这也表明，实际晶体的生长是一个相当复杂的过程，因为晶体生长在较大程度上还会受到外部环境条件的影响。

5.4 影响晶体生长的外因

晶体生长的形态主要由它的内部晶体结构所决定，同时，晶体生长过程中的各种外部环境因素对晶体形态也有较大影响。所以，实际晶体的生长形态是内部晶体结构和外部环境因素共同作用的结果。影响晶体生长形态的外部因素很多，不少因素还存在关联，且有的因素又有多方面的作用。总体来说，它们都是通过改变晶面间的相对生长速度而起作用。

5.4.1 温度

在不同的温度条件下，同一种晶体的不同晶面，其相对生长速度会有所不同，从而会影响其生长形态。介质温度的改变直接导致过饱和度及过冷却度的变化，同时使晶面的比表面能发生改变，不同晶面的相对生长速度也因此有所改变，使晶体具有不同的形态。例如，在较高介质温度下形成的方解石（$CaCO_3$）晶体常呈扁平状，而在常温的地表水溶液中则形成块状晶体（见图 5-11）。石英和锡石矿物晶体也有类似情况。

(a) 温度较高时形成

(b) 常温下形成

图 5-11　不同温度条件下形成的方解石晶体形态

5.4.2　涡流和介质流动方向

在晶体的生长过程中，随着晶体周围溶液中的溶质向晶体上的黏附和结晶潜热的释放，使得晶体周围溶液的密度相对下降并且温度升高，导致其向上移动，而稍远处的较冷、较重的溶液补充进来，由此形成涡流。涡流导致溶液对生长晶体的物质供应不均匀，悬浮在溶液中的晶体下部易得到溶质的供应，而贴着基底的晶体底部得不到溶质的供给，因此处于容器中不同位置上的晶体具有不同的形态。介质流动方向对晶体生长的影响与此类似，即面对介质来源方向的晶面生长速度快而其相反方向生长较慢，从而晶体生长形态不同。

5.4.3　杂质与酸碱度

杂质指溶液中除溶质和溶剂以外的其他物质，它们常被晶体表面所吸附。由于不同晶面的性质不同，它们吸附杂质的能力也不同。根据居里 - 乌尔夫原理，杂质的吸附将改变晶面的比表面能，从而使不同晶面的生长速度随之变化，进而影响晶体的形态。例如，在纯净水中结晶的石盐为立方体，当溶液中含有少量硼酸时则出现立方体与八面体的聚形。有的杂质仅需要极少量即可对晶体形态产生很大影响，有的杂质需大量存在才起作用。

因为晶体不同方向上面网的性质可以有明显差异，有的适合在碱性条件下生长而有的适合在酸性条件下生长，故而溶液的酸碱度也能影响晶体生长的形态。

5.4.4　介质黏度

晶体生长过程中，介质黏度可以影响物质的运移和供给。当介质黏度较大时，将妨碍对流作用的产生，溶质的供给主要以扩散方式进行，晶体在物质供给十分困难的条件下形成。由于晶体的棱角部分比较容易接受溶质，因此生长较快；而晶面中心生长较慢，甚至不生长，结果形成骸晶。许多物质的树枝状晶和骸晶（图 5-12）常常是在高黏度溶液中形成的。

(a) 石盐的漏斗状骸晶

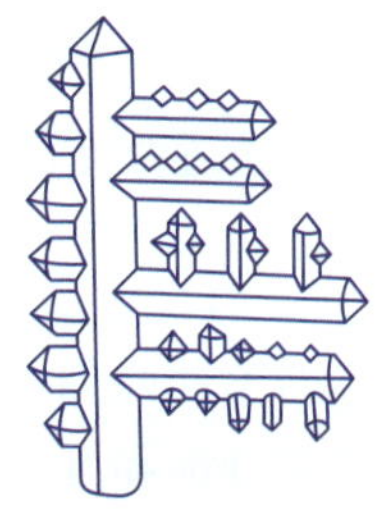

(b) 自然铜的枝晶

(c) 雪花的枝晶

图 5-12　几种骸晶和枝晶的形态

5.4.5 组分的相对浓度

对于化合物晶体，在不同性质的晶面上，质点的分布情况不同。当介质中各组分的相对浓度发生变化时，会导致晶面生长速度的相对变化，从而影响晶体形态。例如，对于钇铝榴石（$Y_3Al_2[AlO_4]_3$），当介质的成分富含 Al_2O_3 时，其晶形为菱形十二面体［见图 5-13（a）］，而富含 Y_2O_3 时，则同时还出现四角三八面体的小晶面［见图 5-13（b）橙色晶面］。

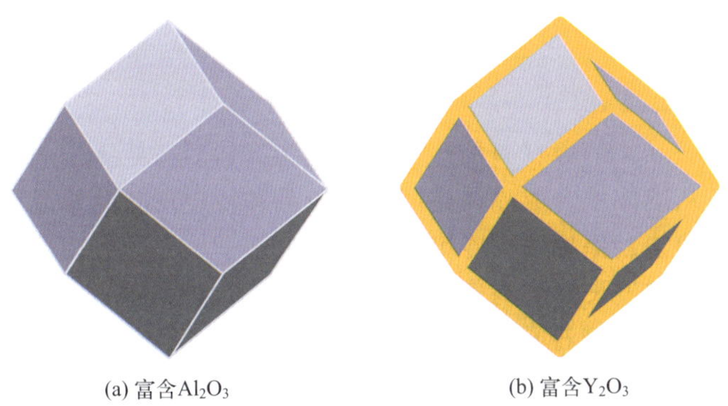

图 5-13　介质成分浓度不同时的钇铝榴石晶体形态

5.4.6 结晶速度

晶体生长时，结晶速度会影响晶体的成核速度。结晶速度越快，则形成的结晶中心越多，晶体不易生长，多为细小的颗粒。反之，结晶速度越慢，结晶中心的数量越少，越有利于晶体的长大，晶体多呈粗粒状。例如，岩浆在地下深处缓慢结晶时，形成的矿物晶体粗大，如花岗岩中的石英、长石矿物晶体等；但在地表快速结晶时，则形成细粒状的矿物晶体，如流纹岩中的石英、长石晶体等。另外，结晶速度还会影响晶体的纯净度，快速结晶的晶体往往包裹了一定的杂质。

5.4.7 生长顺序与生长空间

晶体的生长顺序与生长空间对晶体的生长形态影响较大。先析出的晶体具有较多的自由生长空间，晶形完整，呈自形晶；较后析出的晶体只能在已形成晶体的残留空间中生长，因此晶形一般不完整，常呈半自形晶或他形晶。如在花岗岩中早期结晶形成的长石晶形的自形程度总是高于晚期形成的石英。

影响晶体生长形态的还有很多其他外部因素，如应力作用等。对于在固相中形成的晶体而言，外部应力的作用十分重要，一般垂直于压应力轴的晶面较大，在剪切应力作用下形成的晶体可呈不对称椭球状或丝状。

5.5 晶体生长技术简介

晶体生长技术是利用物质（液态、固态、气态）的物理化学性质控制相变过程，获得具有一定结构、尺寸、形状和性能的晶体的技术。晶体生长就是通过一定的方法和技术使晶体由液态或气态结晶成长的过程。晶体生长方法可以根据其母相的类型大致分为熔体法生长、溶液法生长、气相法生长和固相法生长。

晶体生长有着悠久的历史，我国早在春秋战国甚至更早的时期，就有煮海为盐、炼制丹药等晶体生长的实践活动。然而，在漫长的历史中，晶体生长一直只是一种凭经验传授的技艺。直到 20 世纪初，随着现代科学技术原理不断用于晶体生长过程的控制，晶体生长开始了从技艺向科学的进化。特别是 20 世纪 50 年代以来，以单晶硅为代表的半导体材料的发展推动了晶体生长理论研究和技术的发展。近年来，多种化合物半导体等电子材料、光电子材料、非线性光学材料、超导材料、铁电材料、金属单晶材料的发展，引出一系列理论问题，并对晶体生长技术提出了越来越复杂的要求，晶体生长原理和技术的研究显得日益重要，成为现代科学技术的重要分支。

5.5.1 熔体生长法

熔体法是将拟生长晶体的原材料加热到熔融状态，然后按照一定的方式冷却使熔体结晶获得单晶体的方法。从熔体中合成晶体是制备大单晶和特定形状的单晶最常用的和最重要的一种方法，主要有焰熔法、提拉法、冷坩埚法等。电子学、光学等现代技术应用中需要的单晶材料，大部分是用熔体生长方法制备的，如 Si（单晶硅）、GaAs（砷化镓）、$LiNbO_3$（铌酸锂）、Nd-YAG（掺钕钇铝石榴石）、Al_2O_3（刚玉）等以及某些碱土金属和碱土金属的卤族化合物等。

（1）焰熔法

焰熔法又称维尔纳叶法（Verneuil method），是一种最简单的无坩埚生长方法。焰熔法主要用来生长红宝石、蓝宝石、尖晶石、氧化镍等高熔点晶体。其原理是利用氢气和氧气在燃烧过程中产生的高温，使材料粉末通过氢氧焰撒下熔融，并落在冷却的结晶杆上结晶形成单晶，其生长装置示意图见图 5-14。焰熔法生长晶体时，利用振动器敲击料筒振动粉料使之经筛网及料斗落下，氧气和氢气各自经入口在喷口处混合并燃烧，在结晶杆上端插有籽晶，通过结晶杆下降实现冷却，使落下的粉料熔体能保持同一高温水平而结晶。

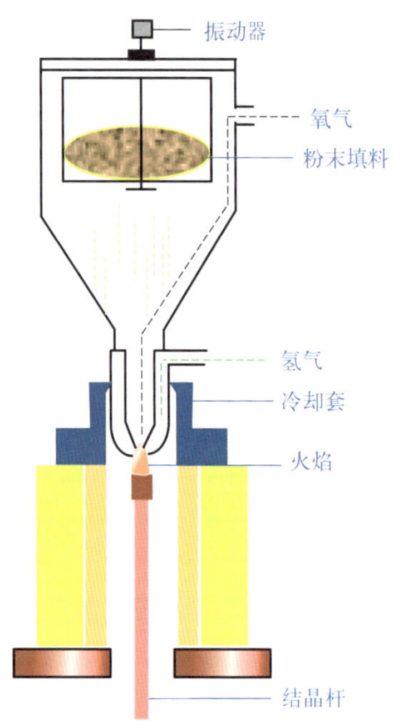

图 5-14　焰熔法生长晶体原理图

焰熔法的优点是无坩埚污染问题，可以生长高熔点氧化物晶体，生长速度快，可生长较大尺寸的晶体，而且所用设备简单，适用于工业生产。焰熔法的缺点是火焰温度梯度大，生长的晶体缺陷多，而且易挥发或易被氧化的材料不宜使用此方法。

（2）提拉法

提拉法又称丘克拉斯基法（Czochralski method，简称 Cz 法），此法是由熔体生长单晶的最主要方法。半导体锗、硅，氧化物单晶如钇铝榴石、钆镓榴石、铌酸锂等均用此方法生长。提拉法的原理是由高频感应电场或电阻加热金属或石墨坩埚，坩埚中盛放熔融的物料，籽晶杆带着籽晶由上而下插入熔体，由于固液界面附近的熔体维持一定的过冷度，熔体沿籽晶结晶并随籽晶的逐渐上升而生长成棒状单晶体，其生长装置示意图如图 5-15 所示。应用提拉法生长晶体时，影响晶体品质的主要因素是固液界面的温度梯度、提拉速率、旋转速率以及熔体的流体效应等。

提拉法的优点是通过精密控制温度梯度、提拉速度、旋转速度等，短时间内可以长出高质量的大单晶；采取一定工艺措施可以减少晶体缺陷，提高晶体完整性；晶体生长过程直观，便于观察；通过籽晶可制备不同晶体取向的单晶，不仅可以定向等径生长，而且容易控制。缺点是由于使用坩埚，因此容易污染；对于蒸气压高的组分，由于挥发不容易控制成分；另外，此生长方法不适用于固态下有相变的晶体。

（3）冷坩埚法

冷坩埚法又称“盔熔法”“壳熔法”，该方法没有专门的坩埚，而是巧妙地直接利用拟生长的晶体原料本身作为坩埚，使其内部熔化、外壳不熔，在其外部加设冷却装置，使最外层原料成为一层薄薄的熔壳，起到坩埚的作用。这种方法最早是俄罗斯科学院列别捷夫固体物理研究所的科学家们专为制造立方氧化锆而研制出来的一种晶体生长方法。由于合成立方氧化锆的熔点最高为2750℃，几乎没有什么材料可以承受如此高的温度而作为氧化锆的坩埚。

该方法将紫铜管排列成圆杯状“坩埚”（图5-16），外层的石英管套装高频线圈，紫铜管用于通冷却水，杯状“坩埚”内堆放氧化锆粉末原料。高频线圈处于固定位置，而冷坩埚连同水冷底座均可以下降。“坩埚”内部熔化的晶体材料依靠坩埚下降脱离加热区，熔体温度逐渐下降并结晶长大。

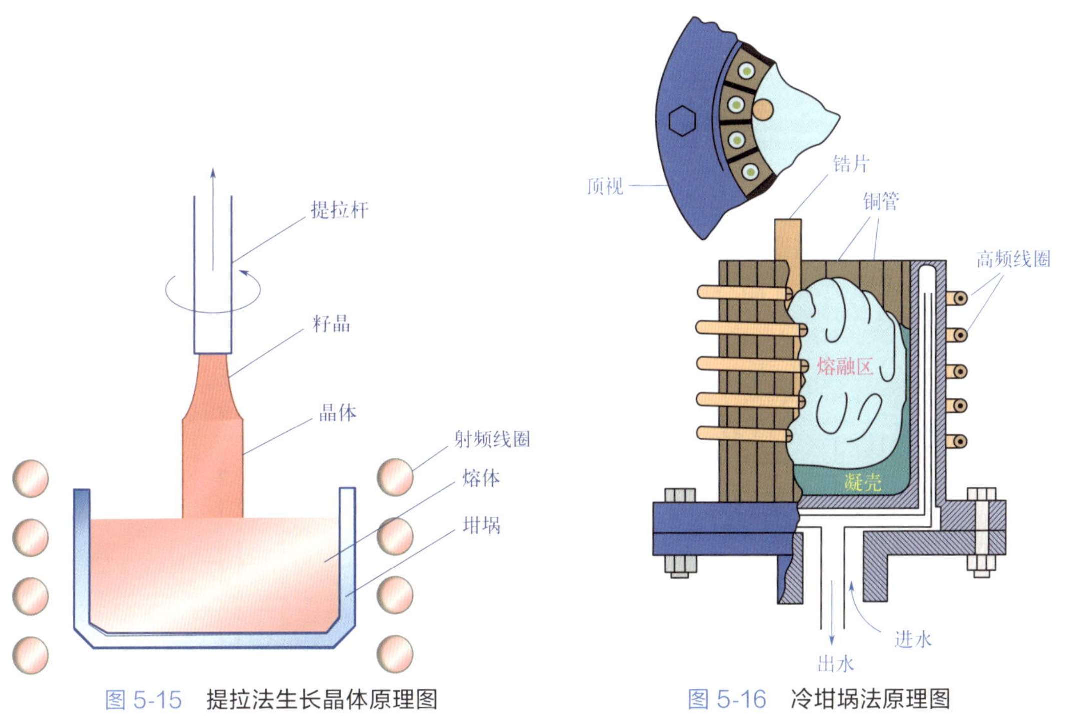

图5-15 提拉法生长晶体原理图

图5-16 冷坩埚法原理图

冷坩埚法用高频电磁场进行加热，且这种加热方法只对导电体起作用。冷坩埚法的晶体生长装置采用“引燃”技术，由于一般非金属材料如金属氧化物MgO、CaO等电阻率大，不导电，很难用高频电磁场直接加热熔制，但熔化了的非金属材料可以用高频电磁场有效加热。某些常温下不导电的金属氧化物在高温下却有良好的导电性能，可以用高频电磁场进行加热。氧化锆在常温下不导电，但在1200℃以上时便有良好的导电性能。为了使冷坩埚内的氧化锆粉末熔融，首先要让它产生一个大于1200℃的高温区，将金属的锆片放在“坩埚”内的氧化锆粉末中，高频电磁场加热时，金属锆片升温熔融为一个高温小熔池，氧化锆粉末就能在高频电磁场下导电和熔融，并不断扩大熔融区，直至氧化锆粉料除熔壳外全部熔融为止，此技术称为“引燃”技术。利用冷坩埚法合成的立方氧化锆晶体具有良好的物理性质，无色的合成立方氧化锆可作为钻石的仿制品；合成立方氧化锆易于掺杂着色，可获得各种颜色鲜艳的晶体。此外，该方法还可用于合成红宝石等宝石，具有产量高、成本低、质量优的特点。

冷坩埚法的优点：高效生产，通过高频电磁波加热，可以快速熔化并结晶析出晶体；成本低，不需要耐火材料和电极加热，降低了成本；环保，高温熔融物与冷坩埚壁不直接接触，减少了腐蚀和污染。缺点包括：技术复杂，需要精确控制高频电磁波的功率和温度变化；设备成本高，高频电磁波发生器和冷却系统等设备成本较高。

5.5.2 溶液生长法

溶液法是最古老的晶体生长方法，从溶液中合成晶体的历史最悠久，应用也很广泛。这种方法的基本原理是将原料（溶质）溶解在溶剂中，通过改变环境条件使溶液处于过饱和状态，使晶体材料按照设定方式析晶生长，形成单晶体。溶液生长法的溶剂包括水、有机溶液、无机溶液、熔盐等，其中最常用的溶剂是水。根据环境温度、压力的不同，从溶液中合成晶体的方法有常温溶液法、高温溶液法、水热法等。

（1）常温溶液法

常温溶液法有降温法、蒸发法、循环法、电解溶剂法等，目前很多功能晶体均由常温溶液法生长。由水溶液中生长晶体需要一个水浴育晶装置，如图 5-17 所示，它包括一个既保证密封又能自转的掣晶杆，使结晶界面周围的溶液成分保持均匀，通过控制水浴中水的温度来严格控制育晶器内溶液的温度并达到结晶。掌握合适的降温速度，使溶液处于亚稳态并维持适宜的过饱和度非常重要。对于具有负温度系数或溶解度温度系数较小的材料，可以使溶液保持恒温并且不断地从育晶器中移去溶剂而使晶体生长。

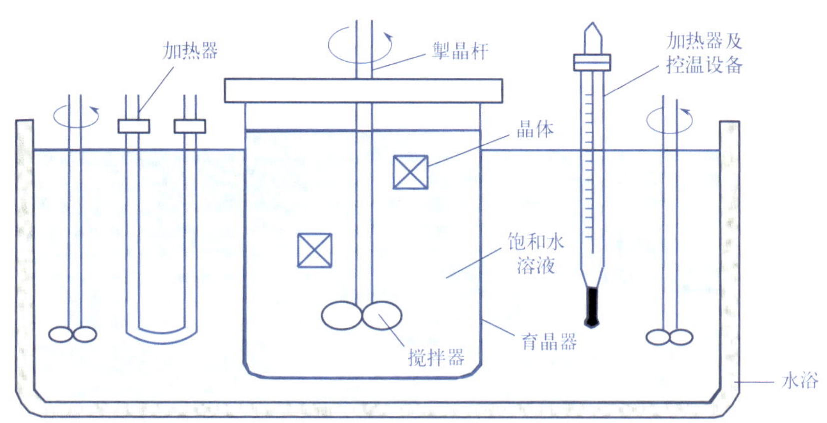

图 5-17　水溶液法生长晶体示意图

此方法具有以下优点：

① 晶体可在远低于其熔点的温度下生长。有些晶体不到熔点就分解或发生晶型转变，有的在熔化时有很高的蒸气压，溶液使这些晶体可以在较低的温度下生长，从而避免了上述问题。此外，在低温下使晶体生长的热源和生长容器也较容易选择。

② 降低黏度。有些晶体在熔融状态时黏度很大，冷却时不能形成晶体而成为玻璃体，

溶液法采用低黏度的溶剂则可避免这一问题。

③ 容易长成大块的、均匀性良好的晶体，并具有较完整的外形。

④ 在多数情况下，可直接观察晶体生长过程，便于开展晶体生长动力学方面的研究。

溶液法的缺点是组分多，影响晶体生长的因素比较复杂，生长速度慢，周期长（一般需要数十天乃至一年以上）。另外，溶液法生长晶体对控温精度要求较高。

（2）高温溶液法

高温溶液法又称助熔剂法，是生长晶体的一种重要方法，也是最早的炼丹术所采用的手段之一。该方法是将晶体的原材料在高温下溶解于低熔点的助熔剂熔体中，形成均匀的饱和溶液，然后通过缓慢降温或其他办法形成过饱和溶液而析出晶体。高温下从溶液或者熔融的盐溶剂中生长晶体，可以使结晶相在远低于其熔点的温度下进行生长。这种过程类似于自然界中矿物晶体从岩浆中结晶的过程。该方法适于高熔点材料、低温下存在相变的材料、组分中存在高蒸气压成分等材料的制备。

此法与其他方法相比具有如下优点：

① 适用性强，只要能找到适当的助熔剂或助熔剂组合，就能生长出单晶。

② 许多难熔化合物，在熔点极易挥发或高温时变价或有相变的材料，以及非同成分熔融化合物，都不能直接从熔体中生长或不能生长成完整的优质单晶，助熔剂法由于生长温度低，显示出独特能力。

高温溶液法制备晶体的缺点：晶体生长速度慢，不易观察，助熔剂常常有毒，晶体尺寸小，多组分助熔剂相互污染。

（3）水热法

水热法又称高压溶液法，是在高温高压条件下，将常规大气条件下不溶或难溶于水的物质，在碱性或酸性的水溶液中溶解或反应形成该物质的溶解产物，再在一定的过饱和度条件下进行结晶和生长的方法。这种方法主要用于合成水晶、刚玉、方解石、蓝石棉以及很多氧化物单晶。如图 5-18 所示，水热法生长晶体的关键设备是高压釜，它是由耐高温高压的钢材制成，通过自紧式或非自紧式的密封结构使釜内的温度和压力保持在 200 ～ 1000℃及 1000 ～ 10000Pa。培养晶体所需的原材料放在高压釜内温度稍高的底部，而籽晶则悬挂在温度稍低的上部。由于高压釜内上、下部分存在温差，下部的饱和溶液通过对流在上部形成过饱和析晶于籽晶上，析出溶质后的溶液流向下部高温区又溶解培养料。水热法就是通过这样的循环往复而生长晶体。

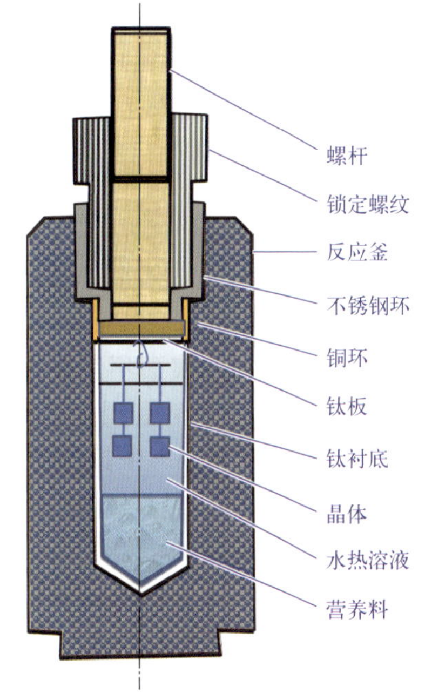

图 5-18 水热法生长晶体示意图

水热法的优点：可以生长熔点很高、在常温常压下不溶解或者溶解后易分解且不能再次结晶的晶体材料；生长熔化前后会分解、熔体蒸气压较大、高温易升华或者只有在特殊气氛中才能稳定的晶体；生长的晶体热应力小、宏观缺陷少、均匀性和纯度高。此方法的缺点：理论模拟与分析困难，重现性差；对装置的要求高；难于实时观察，参量调节困难。

5.5.3 气相生长法

气相生长法是将拟生长晶体的原材料通过物理或化学（如升华、蒸发、分解）等过程转化为气相，然后再通过改变环境条件使它成为过饱和蒸气，经冷凝结晶而生长成晶体。气相生长法包括升华法、外延法、化学气相沉积法等。利用气相法生长的晶体纯度高，晶体完整性好，但存在晶体生长速度慢、难以控制条件因素等不足。

（1）升华法

升华法是指在高温区将材料升华，然后输送到冷凝区使其成为饱和蒸气，经过冷凝成核而长成晶体（图 5-19），整个过程不经过液态的晶体生长方式。

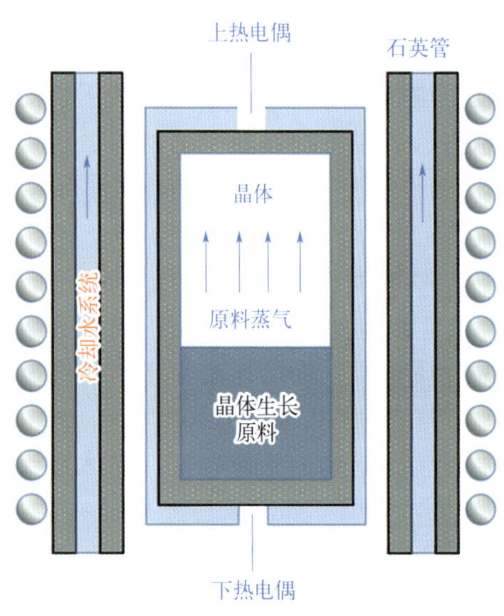

图 5-19 升华法晶体生长装置示意图

升华法主要应用于生长小块晶体、薄膜和晶须。砷、磷及化合物 ZnS、CdS、SiC 等都可以用升华法生长单晶。此外，为了得到完整的晶体，需要控制扩散速度和加惰性气体保护，升华室内一般都充有氮气或氩气。

（2）外延法

外延生长又名取向附生，是指在一块单晶片上再生长一层单晶薄层，这个薄层在结构上要与基体晶体（称为基片）相匹配。外延又可分为同质外延和异质外延，如在半导体硅片上再外延一层硅属同质外延，在白宝石基片上外延一层硅则属异质外延。外延生长方法主要有气相外延、分子束外延等。

气相外延法是指在气相状态下沉积到单晶基片上生长单晶薄膜的方法。气相外延有开管和闭管两种方式。半导体制备中的硅外延和砷化镓外延，多采用开管外延方式。

分子束外延（MBE）技术是指在超高真空条件下，一种或几种组分的热原子束或分子束喷射到加热的衬底表面，与衬底表面反应沉积生成薄膜单晶的外延工艺。到达衬底表面的组分元素与衬底表面不但要发生物理变化（迁移、吸附和脱附等），还要发生化学变化（分解、化合等），最后利用化学键合与衬底结合成为致密的化合物。分子束外延的晶体生长速度（约 1μm/h）慢，生长温度低，可随意改变外延层的组分和进行掺杂，可在原子尺度范围内精确地控制外延层的厚度、异质结界面的平整度和掺杂分布，目前已能一个原子层接一个原子层精确地控制薄膜生长的水平。

分子束外延是制备半导体多层单晶薄膜的外延技术，现在已扩展到金属、绝缘介质等多种材料，成为现代外延生长技术的重要组成部分。分子束外延技术是目前生长半导体晶体、半导体超晶格晶体的关键技术，所用的原料纯度非常高。可以制备ⅢA～ⅤA 族化合物半导体 GaAs/AlGaAs，ⅣA 族元素半导体 Si、Ge，ⅡB-ⅥA 族化合物半导体 ZnS、ZnSe 等。

（3）化学气相沉积法

化学气相沉积法是将金属的氢化物、卤化物或金属有机物蒸发成气相，或用适当的气体作为载体，输送至使其冷凝的较低温度带内，通过化学反应，在一定的衬底上沉积形成所需要的固体薄膜材料（图 5-20）。薄膜可以是晶态，也可以是非晶态，主要有以下两种类型：

① 热分解反应气相沉积：利用化合物的热分解，在衬底表面得到固态薄膜的方法，称为热分解反应气相沉积。

② 化学反应气相沉积：由两种或两种以上气体物质在加热的衬底表面发生化学反应而沉积成为固态薄膜的方法称为化学反应气相沉积。

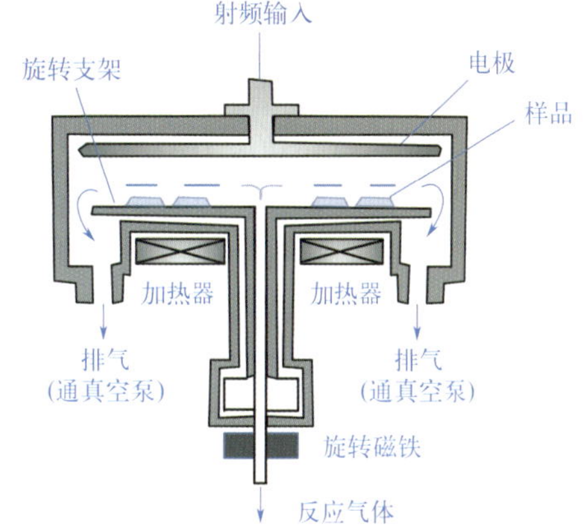

图 5-20 化学气相沉积法晶体生长装置示意图

5.5.4 高温高压法

高温高压法（HPHT）是指利用高温（500℃以上）超高压（1.0×10^9Pa 以上）设备，使晶体原料（粉末样品）在高温超高压条件下，以变质成矿作业方式产生相变或熔融而进行生长晶体的方法。该法目前主要用于生产金刚石和超硬材料。由于金刚石具有特殊的结构和物理性质，在一般条件下不能进行合成。自 19 世纪初，已有许多科学家开始尝试合成钻石，经过一百多年的探讨，至 1953 年和 1954 年才分别由瑞典工程公司和美国通用电气公司在实验室合成金刚石晶粒获得成功。1970 年，美国通用电气公司又成功合成出 1 克拉重的宝石级金刚石单晶；1990 年戴比尔斯（De Beers）公司的钻石研究实验室合成出重 14.2 克拉的钻石单晶。我国在 1963 年用 HPHT 法生产工业级合成金刚石，每次合成只能获得 10 ～ 15 克拉的小颗粒合成金刚石，现在每次合成能得到 60 克拉的合成金刚石，颗粒明显增大。目前，宝石级合成钻石在市场上已非常普遍，我国是 HPHT 法合成金刚石第一生产大国。

钻石单晶的 HPHT 合成方法（图 5-21），是将石墨原料放置于叶蜡石圆筒中，以金属镍为催化剂，种晶放在叶蜡石圆筒两端，并用镍金属包裹。再将整个叶蜡石圆筒装置放在压机中加高压至 $(5.5\sim6.0)\times10^9$Pa，同时加高温至 1650℃，将两端温度控制在 1550℃（低于中间温度），这样中部碳活性高于两端，使碳由较热的中间向较冷的两端迁移，并沉淀围绕籽晶缓慢结晶。

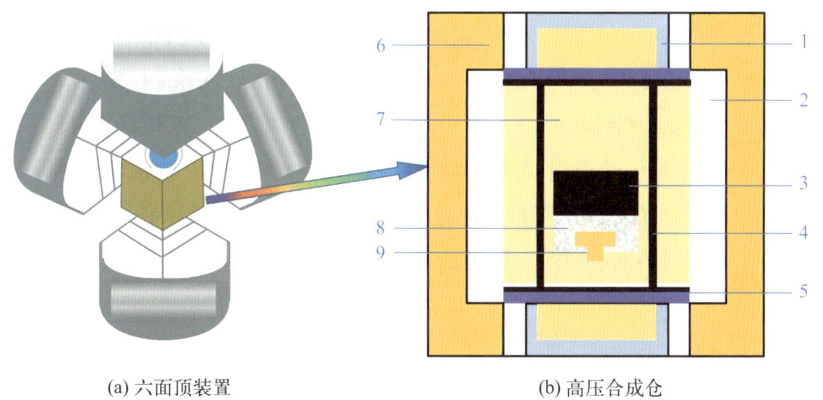

(a) 六面顶装置　　(b) 高压合成仓

图 5-21 高温高压法合成金刚石示意图

1—导电钢圈；2—白云石；3—碳源；4—石墨加热管；5—金属板；6—叶蜡石；7—传压介质；8—金属催化剂；9—籽晶

HPHT 合成钻石的关键技术主要包括高温高压设备、碳源（通常为石墨）和催化剂（铁和镍）。HPHT 合成钻石的过程可以分为两个阶段：原料制备和钻石生长。在原料制备阶段，首先需要将碳源和催化剂进行混合，并放入高温高压设备中。然后，设备会提供足够的温度和压力来促使碳源发生晶体结构转变。在此过程中，催化剂会起到促进作用，使碳源转化为钻石的晶格结构。在钻石生长阶段，已经形成的钻石晶核会逐渐生长并形成完整的钻石晶体。通过调整温度和压力的参数，可以控制钻石的生长速度和晶格质量。此外，还可以通过添加掺杂剂来改变钻石的颜色和性质。

HPHT 合成钻石的优点在于其可以精确控制钻石的品质和尺寸。相比于地下形成的天然钻石，HPHT 合成钻石的晶格结构更加均匀，没有内部的缺陷和杂质。因此，HPHT 合成钻石在珠宝和工具领域具有广泛的应用前景。此外，HPHT 合成钻石还可以用于科学研究，例如用作高压实验的压力传感器和作为激光器的光学材料。

5.6 重要人工晶体及生长方法

近年来，随着对晶体材料需求的不断增长和研究的深入，生长出了很多重要的新型人工晶体，如非线性光学晶体、激光晶体、磁光晶体、铁电晶体等。

5.6.1 非线性光学晶体

非线性光学晶体是指对激光强电场显示二次以上非线性光学效应的晶体，可以产生激光的倍频、和频和差频，光参量放大与振荡，多光子吸收和非线性光谱效应等，应用非常广泛。目前研究较多的为磷酸钛氧钾（$KTiOPO_4$）晶体（简称 KTP 晶体）和磷酸二氢钾（KH_2PO_4）晶体（简称 KDP 晶体）。下面以 KTP 晶体为例进行介绍。

KTP 晶体具有优良的非线性光学性能，最早由法国国家科学研究中心的 Masse 和 Grenie 于 1971 年采用高温溶液法合成，化学反应方程式为：

$$K_2CO_3+2NH_4H_2PO_4+2TiO_2 = 2KTiOPO_4+CO_2\uparrow+3H_2O\uparrow+2NH_3\uparrow$$

KTP 晶体是目前国际上公认的最理想的全能型倍频材料，属于双轴晶体，具有非线性光学系数大（约为 KDP 的 15 倍）、激光损伤阈值（P_{th}=30GW/cm^2，脉冲宽度 40ps，λ=1064nm）高、透光波段（350 ～ 4500nm）宽、不潮解和化学稳定性好等优点。因此，它是 1064nm Nd:YAG 激光器二次谐波发生的首选材料，KTP 晶体倍频 1064nm 输出 532nm 绿光。另外，通过非线性混频技术，运用 KTP 晶体也能产生其他波长的光源。如使用和频发生方法，调谐近红外波长可移至可见光区，使用差频发生方法，调谐波长可移至中红外区。以 Nd:YAG 激光作光源，在 KTP 中通过对 670nm 和 1341nm 光源混频或通过对 1064nm 和 809nm 光源和频可产生具有高转换效率的连续蓝光。

5.6.2 激光晶体

激光晶体在激光技术发展的各个关键阶段均起了举足轻重的作用。20 世纪 60 年代第一台红宝石（$Cr:Al_2O_3$）晶体激光器问世，激光随之诞生；70 年代掺钕钇铝石榴石（Nd:YAG）晶体诞生，固体激光开始大力发展。固体激光器的进一步发展，体现在 Sorokin 和 Stevenson 利用 CaF_2 中的三价铀和二价钐获得的激光作用，该激光器已属于四能级系统，液氮温度下的发射波长接近 2.6μm。1961 年，他们又用 $CaF_2:Sm^{2+}$ 晶体得到可见波段的受激激光发射。这样，Sm^{2+} 成为第一种激光稀土离子。之后，稀土离子尤其是三价稀土离子作为受激发射的激活离子在激光晶体中占据重要的位置。80 年代，掺钛蓝宝石（$Ti:Al_2O_3$）晶体的出现使超短、超快和超强激光成为可能，飞秒激光科学技术蓬勃发展并渗透到各基础和应用学科领域。到了 80 年代中期，激光二极管（LD）作为泵浦源引入激光器，大大提高了激光器的输出效率，促进了激光技术的飞速发展。LD 泵浦激光器是利用激光二极管作为泵浦源来激励激光晶体，产生激光振荡。与传统的泵浦相比，LD 泵浦技术具有明显优势，可使用小尺寸晶体，而且激光棒的热负荷低。

进入 21 世纪，激光和激光科学技术正以其强大的生命力推动着光电子技术和产业的发展，激光材料也在单晶、玻璃、光纤、陶瓷四方面全方位迅猛展开，如微米 - 纳米级晶界、完整性好、制作工艺简单的多晶激光陶瓷和结构紧凑、散热好、成本低的激光光纤，正在向占据激光晶体首席地位达 40 年之久的 Nd:YAG 发出强有力的挑战。

5.6.3 压、铁电晶体

当某些晶体沿着一定方向受到外力作用产生形变时，内部会产生极化现象，使带电质点发生相对位移，从而在晶体表面上产生大小相等符号相反的电荷；当外力去掉后，又恢复到不带电状态。晶体受力所产生的电荷量与外力的大小成正比，这种现象叫压电效应；能产生压电效应的晶体就叫压电晶体。压电晶体可用于制作滤波器、谐振器、光偏转器、机电换能器和观察窗口等。用量最大的压电晶体是水晶（$\alpha\text{-}SiO_2$），其他压电晶体还包括磷酸二氢铵（$NH_4H_2PO_4$）、磷酸二氢钾（KH_2PO_4）、钽酸锂（$LiTaO_3$）、钛酸钡（$BaTiO_3$）、磷酸铝（$AlPO_4$）等。

含固有电偶极矩的晶体称为极性晶体，有一些极性晶体在一定的温度范围内表现出自发极化现象，自发极化方向会因外电场的作用而反向，并且极化强度与电场之间的关系呈现类似磁滞回线的滞后现象，这类极性晶体称为铁电晶体。典型的铁电晶体包括钛酸钡（$BaTiO_3$）、钛酸铅（$PbTiO_3$）、铌酸钾（$KNbO_3$）等。

5.6.4 磁光晶体

晶体在外加磁场作用下呈现光学各向异性，使通过晶体的光波偏振态发生改变的现象，称为磁光效应。具有磁光效应的晶体称磁光晶体，其在外加磁场作用下会发生折射率变化，可以用来制作磁光偏转器等。其中偏振光通过某些透明晶体时，偏振光的偏振面发生旋转的现象，称为旋光效应。通过施加外磁场而产生的旋光现象，称为磁致旋光，也称法拉第旋转效应。

人类对光磁关系的认识，是从晶体的自然旋光现象开始的。法拉第发现的电磁旋现象与阿拉戈发现的偏振光通过石英晶体时的旋光现象类似。经过一系列的实验，已生长出具有较大的纯法拉第效应、使用波长吸收系数低、磁化强度和磁导率高的磁光晶体，可用于制作光隔离器、光学非互易元件、磁光存储器及磁光调制器、光纤通信与集成光学器件，应用于计算机存储、逻辑运算和传输、磁光显示、磁光记录、微波新型器件及激光陀螺等领域。

但是，传统的钇铁榴石（$Y_3Fe_5O_{12}$）无法用于可见波段，其他磁光晶体材料则不适宜制成大体积块状和复杂的形状，应用范围受到限制。因此，目前磁光晶体主要的发展趋势是提高晶体的本征法拉第旋转等磁光效应以提高器件的能效，尽可能降低晶体的光损耗和波长随温度的敏感系数，增强器件对环境的适应力，研发块状磁光晶体的生长技术，加快新磁光晶体的发现等。

延伸阅读 1

烧结过程中的晶体生长

早在公元前 3000 年，埃及人就掌握了粉末冶金技术，其中一道重要工序就是烧结。现在，烧结在许多工业领域得到广泛应用，如陶瓷、耐火材料、粉末冶金、超高温材料等生产过程中都有烧结过程。烧结的目的是把粉状材料转变为块体材料，并赋予材料特有的性能。材料在烧结过程中涉及多种物理化学变化，对生产、控制产品质量、研制新型材料等具有重要指导意义。

根据烧结性质随温度的变化，可以把烧结过程分为三个阶段：烧结初期、中期和后期。我们知道，坯体多数是晶态粉状材料压制而成，随着烧结进行，坯体颗粒间发生再结晶和晶粒长大，使坯体强度提高。所以在烧结过程中，高温下同时进行两个过程，即再结晶和晶粒长大，尤其是在烧结后期，它直接影响烧结体的显微结构（如晶粒大小、气孔分布）和强度等性质。

初次再结晶是指从塑性变形的、具有应变的基质中生长出新的无应变晶粒的成核和长大过程。初次再结晶通常发生在金属中；硅酸盐材料，一些软性材料 NaCl、CaF_2 等，由于较易发生塑性变形，所以也会发生初次再结晶过程。此过程的推动力是基质塑性变形所增加的能量。初次再结晶也包括成核和长大两个步骤。

在烧结中、后期，细小晶粒逐渐长大，而一些晶粒的长大过程也是另一部分晶粒的缩小或消失过程，其结果是晶粒平均尺寸增加。晶粒生长过程并不依赖于初次再结晶过程，晶粒长大不是小晶粒的相互粘接，而是晶界移动的结果。晶粒长大的推动力是晶界过剩的自由能，即晶界两侧物质的自由焓之差是使界面向曲率中心移动的驱动力。小晶粒生长为大晶粒，使界面面积减小，界面自由能降低。烧结温度愈高，晶界向曲率中心移动的速率愈快，则晶粒平均尺寸愈大。

晶粒正常长大时，如果晶界受到第二相杂质的阻碍，其移动可能出现三种情况。①晶界能量较小，晶界移动被杂质或气孔所阻挡，晶粒正常长大停止。②晶界具有一定的能量，晶界带动杂质或气孔继续移动，这时气孔利用晶界的快速通道进行聚集和排除，坯体不断致密。③晶界能量大，晶界越过杂质或气孔，把气孔包裹在晶粒内部。由于气孔脱离晶界，再不能利用晶界这样的快速通道而排出，使烧结停止，坯体致密度不再增加。这时将出现二次再结晶现象。

当坯体中存在着某些边数较多，晶界能量特别大的大晶粒时，它们可能越过杂质或气孔继续推移，以致把周围邻近的均匀基质晶粒吞并而迅速长成更大的晶粒，这样就增大了曲率，加速了晶粒生长，这种过程称二次再结晶或晶粒的异常长大。区别于正常晶粒生长时的均匀长大，二次再结晶是坯体中少数大尺寸晶粒的异常长大，其结果是个别晶粒的尺寸增加。这些大晶粒往往成为二次再结晶的晶核。

二次再结晶的推动力仍然是晶界的过剩界面能。因为大晶粒与邻近曲率半径小、界面成分高的小晶粒相比，大晶粒能量低，相对比较稳定。在界面能推动下，大晶粒的晶界向小晶粒中心移动，使大晶粒进一步长大而小晶粒消失。二次再结晶出现后，使气孔不能排除，坯体不再致密，加之大晶粒的晶界上有应力存在，使其内部易出现隐裂纹，继续烧结时坯体易膨胀而开裂，使烧结体的机械、电学性能下降。所以，通常要尽量避免烧结过程中出现二次再结晶。但是，并不是在任何情况下二次再结晶过程都是有害的。例如铁氧体硬磁材料 $BaFe_{12}O_{19}$ 的烧结中，利用二次再结晶形成择优取向，使磁畴取向一致，从而得到高磁导率的硬磁材料。

延伸阅读 2

中国激光晶体技术引领世界科技潮流

一、背景介绍

随着科技的不断进步和应用领域的不断拓展，激光晶体技术在很多领域都发挥着重要作用。从科研实验室的精密仪器，到医疗领域的激光手术，再到工业生产中的自动化设备，以及通信行业的高速传输，激光晶体都在其中扮演着不可或缺的角色。它不仅是科技高度的象征，更是国家竞争力的重要体现。

曾几何时，美国在这一领域独领风骚，以其先进的技术和成熟的应用引领着全球激光晶体技术的发展潮流。然而，中国科研人员肩负勇攀科学高峰的责任感和使命感，在不懈追求和创新实践中，经过无数次的试验和改进，终于取得了令人瞩目的成果。他们成功研发出具有高输出功率、优质光束质量和长期稳定性的激光晶体，这些成果不仅达到了国际先进水平，甚至在某些方面还超越了美国。随着中国激光晶体技术的成功崛起，中国成为这一领域的佼佼者，颠覆了美国的领先地位，实现国际领先并超越，推动全球科技变革，彰显中国科研实力，为经济发展注入新动力，引领全球科技潮流。

二、技术价值

激光武器是一种先进的武器系统，具有高精度、高能量、高速度和低成本等特点，被广泛应用于军事领域，成为未来战场的“王者”。它是一种利用高能激光对远距离目标进行精准打击的武器，不仅能够致人眼盲、使电子器械失灵，还能够击毁无人机，甚至实现超远距离击毁卫星。中国在激光武器技术方面处于世界领先地位，其中关键的因素之一是 KBBF 晶体，这种晶体在激光武器的研制中发挥了至关重要的作用。我国成功掌握了 KBBF 晶体的合成技术，成为世界上唯一掌握激光芯片合成技术的国家。中国的激光芯片合成技术甚至领先美国十几年，从而使得我国在激光武器领域具有明显的技术优势。

KBBF 激光晶体又叫氟代硼铍酸钾晶体，化学式为 $KBe_2BO_3F_2$，是目前已知唯一的一种可以直接倍频产生深紫外激光的非线性光学晶体，其晶体结构特殊，非常难以制造。它是由中国科学家独立研发的新型光学晶体，被誉为“超级光学晶体”。中国科学院陈创天院士领导的研究组利用 KBBF 晶体制造出了世界上第一台深紫外激光光电子能谱仪，可以对物质的表面和内部结构进行高分辨率的分析。KBBF 激光晶体技术是一项非常重要的科技成果，在国防、科研、生产、医疗和环保等领域都有着广泛的应用前景。在科研领域，KBBF 激光晶体可以用于探测物质的微观结构和性质。例如，它可以用于超高能量分辨率光电子能谱仪、深紫外激光光电子显微镜、193nm 光刻技术等。KBBF 激光晶体在生产领域的应用价值主要体现在深紫外激光器的制造上；深紫外激光器可以进行高精度加工，在半导体、仪器仪表、激光加工设备等领域有广泛的用途。在医疗领域，KBBF 激光晶体可以用于光动力治疗、激光手术等方面。在环保领域，KBBF 激光晶体可以用于空气、水质监测等方面。

陈创天院士是我国人工晶体学界的学术泰斗，主要从事新型非线性光学晶体的研究和发展。1976 年提出了晶体非线性光学效应的阴离子基团理论，解释了各种主要类型非线性光学晶体的结构与性能的相互关系，并对探索新型非线性光学晶体起到了一定的积极作用。陈创天院士与合作者一起相继发现了 β-BaB_2O_4(BBO)、LiB_3O_5(LBO)、KBBF 和 $K_2Al_2B_2O_7$(KABO) 等非线性光学晶体，其中 BBO、LBO 晶体已经被广泛地应用于激光科学技术领域和产业界。另外，他与相关研究组合作，使用 KBBF 棱镜耦合技术，在国际上首次实现了 Nd:YVO_4 激光的 6 倍频谐波光（177.3nm）和 Ti: 蓝宝石激光的 5 倍频谐波光（156.0~160.0nm）输出。

中国科学家的勇气、毅力和创新精神使得 KBBF 激光晶体成为现实，并推动了光学和激光技术的发展。KBBF 激光晶体的诞生和应用，是中国科学家奋斗史的缩影，也是中国科技崛起的见证。

思考题

1. 自然界中晶体生长的途径主要有哪些？试举例说明。
2. 请说明均匀成核与非均匀成核的主要差异性。
3. 晶体生长初期的成核过程是否能够发生与什么因素有关？从热力学理论解释之。
4. 晶体生长为什么常常要放入籽晶？
5. 日常生活中你见到过哪些晶体生长现象？说明从溶液中生长晶体为什么往往容易在容器壁上发生？
6. 在日常生活中我们经常会看到这样一种现象：一块镜面，如果表面有尘埃，往上呵气时会形成雾状水覆盖在上面，但如果将镜面擦干净再呵气，则不会形成一层雾状水。请用成核理论解释。
7. 在晶体生长的理论中，层生长理论模型和螺旋位错模型是两种重要的理论。请比较晶体成长的层生长机理与螺旋生长机理间的主要异同点。
8. 在理想生长情况下，晶面各自都以自身固定的生长速度逐层地平行向外生长。试问：
   （1）一个晶面在生长过程中移动的轨迹应表现为什么？
   （2）此轨迹在通过晶体生长中心且垂直该晶面的切面上又表现为什么？
9. 矿物晶体按照层生长或螺旋生长机制生长的标志有哪些？
10. 从晶体的格子构造及晶体的生长过程，分析同种晶体相应晶面夹角守恒的必然性。
11. 晶面发育的布拉维法则和 PBC 理论的表述和本质涵义有何异同？
12. PBC 理论是从晶体结构的几何特点和质点能量两方面来探讨晶面生长发育的。除了能解释晶体的生长外，还可以解释一些生长现象。如黄铁矿晶体，其晶面上常发育有纵向晶面条纹，试根据 PBC 理论加以解释。

13. 对于同种晶体而言，一般说来是大晶体的晶面数多还是小晶体的晶面数多？请根据晶面发育的理论阐明其原因。
14. 影响晶体生长的环境因素有哪些？进行矿物晶体的成因形态学研究时，是否必须把各种因素放在同等重要的位置上来考察？
15. 同样一种晶体，在自然界条件和实验室条件下，其生长的时间尺度却差异甚大。如何理解这个问题？

第 6 章
晶体物理学基础

晶体的各种物理性质是其微观结构的宏观反映，也就是说晶体的宏观物理性质归根结底取决于其微观组成和结构。在前面的章节中，已经介绍了晶体结构的基础知识，知道晶体具有各向异性和对称性。实际上，晶体的宏观物理性质也具有各向异性和对称性。为了描述晶体中物理量的各向异性和对称性，本章首先引入物理性质的张量表达方式，然后对晶体的一些重要物理性质进行简要讨论。

6.1 张量的基础知识

在描述物质宏观物理性质的物理量中，有些物理量（如质量、温度、密度等）是与方向无关的标量，其值可用一个简单的数字表示，且这个值可以是点坐标（x_1, x_2, x_3）的函数。而有些物理量（如电场强度、电极化强度、电位移等）是与方向有关的矢量，在直角坐标系中可用 3 个分量来表示，如电场强度 E 可表示为 $[E_1, E_2, E_3]$，其中每个分量仍是点坐标的函数。在材料中还有一些物理量既具有一定量值，又具有一定的方向性，并且在直角坐标系中已不能仅由 3 个分量进行表达，而必须由更多分量的组合才能描述，那么这样的物理量就需要用张量来进行描述。

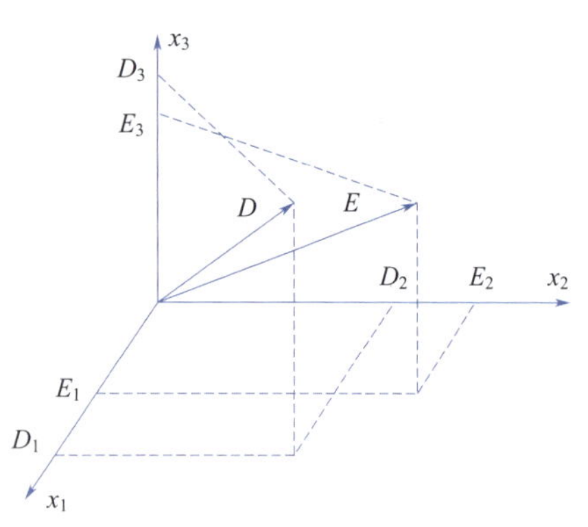

图 6-1　晶体中某点的电场强度 E 与电位移矢量 D 具有不同的方向

以介电常数张量为例进行说明。在各向同性介质中，电场强度矢量 E 和电位移矢量 D 的方向始终保持一致，当电场强度不太大时，二者满足如下关系：

$$D = \varepsilon E \tag{6-1}$$

式中，ε 为介电常数。而在各向异性的晶体中，某一点的 D 和 E 的方向经常不一致（图 6-1），D 在三个坐标轴上的分量分别与 E 的三个分量相关，其关系可以表示为：

$$\begin{aligned} D_1 &= \varepsilon_{11}E_1 + \varepsilon_{12}E_2 + \varepsilon_{13}E_3 \\ D_2 &= \varepsilon_{21}E_1 + \varepsilon_{22}E_2 + \varepsilon_{23}E_3 \\ D_3 &= \varepsilon_{31}E_1 + \varepsilon_{32}E_2 + \varepsilon_{33}E_3 \end{aligned} \tag{6-2}$$

若用矩阵表示，则可改写成：

$$
\begin{bmatrix} D_1 \\ D_2 \\ D_3 \end{bmatrix} = \begin{bmatrix} \varepsilon_{11} & \varepsilon_{12} & \varepsilon_{13} \\ \varepsilon_{21} & \varepsilon_{22} & \varepsilon_{23} \\ \varepsilon_{31} & \varepsilon_{32} & \varepsilon_{33} \end{bmatrix} \begin{bmatrix} E_1 \\ E_2 \\ E_3 \end{bmatrix} \tag{6-3}
$$

$$
\left[\varepsilon_{ij}\right] = \begin{bmatrix} \varepsilon_{11} & \varepsilon_{12} & \varepsilon_{13} \\ \varepsilon_{21} & \varepsilon_{22} & \varepsilon_{23} \\ \varepsilon_{31} & \varepsilon_{32} & \varepsilon_{33} \end{bmatrix} \tag{6-4}
$$

即$\left[\varepsilon_{ij}\right]$为一个二阶张量。根据张量中各分量下标数目的不同可以将张量分为不同阶的张量，如零阶张量、一阶张量、二阶张量、三阶张量等，可用 $[T]$ 表示，见表 6-1。一般而言，一个三维空间的张量是 3^m 个有序集合的总称，m 为该张量的阶数；张量的阶数与张量分量的下标数相等。实际上，标量和矢量可分别视为零阶张量和一阶张量。

表 6-1　张量的表示法及示例的物理量

张量表示及名称	阶数（m）	分量数（3^m）	常见物理量
$[T]$，标量，零阶张量	0	$3^0=1$	质量、温度、密度、热容
$[T_i]$，矢量，一阶张量	1	$3^1=3$	电场强度、电极化强度、电位移
$[T_{ij}]$，二阶张量	2	$3^2=9$	介电常数、电极化率、应力、应变
$[T_{ijk}]$，三阶张量	3	$3^3=27$	压电模量、线性电光系数
$[T_{ijkl}]$，四阶张量	4	$3^4=81$	弹性系数、二次电光系数

式（6-3）还可以写成：

$$
D_i = \sum_{j=1}^{3} \varepsilon_{ij} E_j \quad (i=1,2,3) \tag{6-5}
$$

引入爱因斯坦求和约定：当同一项中一个指标出现两次，便自动地理解为对该指标求和。去掉求和号后上式写成：

$$
D_i = \varepsilon_{ij} E_j \quad (i,j=1,2,3) \tag{6-6}
$$

从这个例子可以看出，在各向异性介质中，任何两个相互作用的矢量间的线性比例系数都会形成一个二阶张量。二阶张量写成一般形式时为：

$$
P_i = T_{ij} q_j \quad (i,j=1,2,3) \tag{6-7}
$$

根据张量的运算法则还可以知道，在各向异性介质中，如果一个矢量与一个二阶张量存在线性关系，则它们之间的比例系数便形成三阶张量。例如：

$$
P_i = d_{ijk} \sigma_{jk} \quad (i,j,k=1,2,3) \tag{6-8}
$$

式中，P_i 为矢量；σ_{jk} 为二阶张量；d_{ijk} 为三阶张量，有 27 个分量。而如果两个二阶张量线性相关，则它们之间的比例系数形成四阶张量。同理可推得其他高阶张量。

通过前面电场强度矢量和电位移矢量关系的例子可以看出，考虑到晶体的各向异性特征，使用张量来描述晶体的物理性质，既能反映性质的数值特征，也能很好地体现其方向特性。同时，考虑到晶体的对称性对其物理性质的影响，需要利用张量并根据晶体的对称性对晶体的物理性质进行讨论。

晶体的物理性质与晶体的微观结构（原子的组成及其排列方式）密切相关，因此晶体的对称性必然会影响其物理性质的对称性，也就是说晶体的物理性质也必然具有一定的对称性。所谓物理性质的对称是指晶体同一物理性质在晶体不同方向按规律重复的现象。根据诺依曼（Neumann）原则，晶体物理性质的对称性与晶体点群对称性的关系为：晶体物理性质的对称要素必须包含晶体所属点群的对称要素。也就是说，晶体的物理性质可以而且经常具有比晶体宏观对称性更高的对称性。

根据前面的讨论，晶体本身对称性对物理性质的影响可简化为晶体对称性对张量的影响。以对称中心这一对称要素为例进行简要说明。

如果晶体存在对称中心，其对称变换的坐标变换矩阵为：

$$a_{ij}=\begin{bmatrix}-1 & 0 & 0\\ 0 & -1 & 0\\ 0 & 0 & -1\end{bmatrix}=-1 \tag{6-9}$$

对于晶体中某一个用矢量（一阶张量）表示的物理量，进行对称变换有：

$$P_i'=a_{ij}P_j \tag{6-10}$$

可以得出：

$$P_i'=-P_j=-P_i \tag{6-11}$$

而对称变换前后这一物理性质应该保持不变，即张量变换前后的对应分量应该相等：

$$P_1=-P_1=0,\ P_2=-P_2=0,\ P_3=-P_3=0 \tag{6-12}$$

由此可以得出，具有对称中心的晶体不存在由矢量（一阶张量）描述的物理性质，如热释电性质。

对于二阶张量表示的物理量，当坐标系发生改变时，根据张量变换定律有：

$$T_{ij}'=a_{ik}a_{jl}T_{kl} \tag{6-13}$$

其中 k、l 为哑指标，i、j 为自由指标。而在中心对称的坐标变换中 $a_{ik}=a_{jl}=-1$。所以，可以得出 $T_{ij}'=T_{ij}$，即由二阶张量所描述的物理性质也是中心对称的。

同理，我们可以得出三阶张量描述的物理性质是不可能具有中心对称性的，而四阶张量描述的物理性质是具有中心对称性的。根据诺依曼原则，晶体物理性质的对称要素应当包含晶体的对称要素。因此，凡是具有对称心的 11 种点群的晶体，不可能具有用奇阶张量描述的物理性质，但可以具有由偶阶张量描述的物理性质。实际上，二阶和四阶张量的这一性质，与晶体是否具有对称中心无关。也就是说，所有 32 种点群的晶体，都可以具有由偶阶张量描述的物理性质（其分量不全为零），这是符合诺依曼原则的（晶体物理性质的对称性可以比晶体的宏观对称性更高）。

6.2 晶体的力学性质

晶体的力学性质是指晶体受外力作用而产生形变的效应。根据外力作用晶体形变的效果，晶体的力学性质涉及弹性、范性（塑性）、硬度和解理等，而这些性质在晶体中通常都是各向异性的。

6.2.1 应力与应力张量

当物体受到外界作用（受力、湿度、温度场变化等）时，其内部的某一部分与相邻部分发生相互作用，单位面积上的这种作用力被称为应力或内应力。对于晶体而言，其内部的质点总是处于平衡状态，在外力作用下这种平衡会被破坏，质点发生位移，晶胞参数发生改变，同时在晶体内部也产生质点恢复到原来平衡位置的力，单位表面上所承受的这种力即内应力，其微观本质是一种弹性恢复力。如果在晶体内具有一定形状的单位表面在相同方向上所承受的应力大小与该表面在晶体内的位置无关，则该物体所受的应力是均匀的。

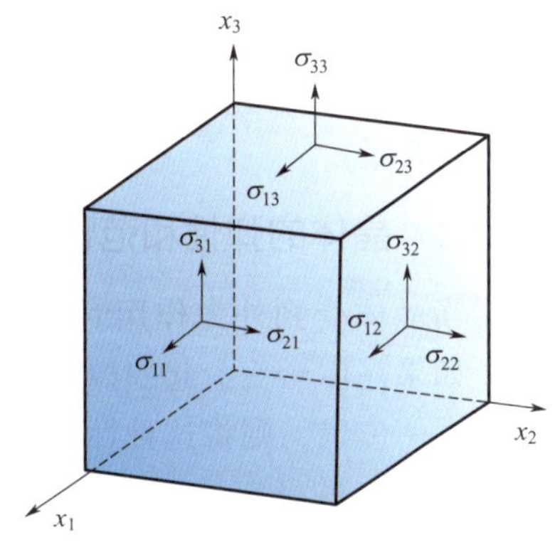

图 6-2　应力分解示意图

假定一个晶体受到均匀应力，其内部的一个单位立方体（图 6-2）所受的力经过每个面而传递到立方体内部。作用在每一个面上的力，都可以分解成三个分量。考察其前三个面（图 6-2），如果用 σ_{ij} 表示垂直于 x_j 的面受到的沿 x_i 正方向作用的力，则有：

$$\left[\sigma_{ij}\right]=\begin{bmatrix}\sigma_{11} & \sigma_{12} & \sigma_{13}\\ \sigma_{21} & \sigma_{22} & \sigma_{23}\\ \sigma_{31} & \sigma_{32} & \sigma_{33}\end{bmatrix} \tag{6-14}$$

其中，σ_{11}、σ_{22}、σ_{33} 为应力在立方体表面法向的分量，称为正应力或法向应力；其余同立方体表面相切的分量是应力的剪切分量，称为剪应力或切应力。由于晶体受到的是均匀应力，作用在立方体后三个面的应力分量与前面三个面的相应分量大小相等方向相反。可以证明应力张量 $[\sigma_{ij}]$ 为二阶张量，在没有体积转矩的情况下，$[\sigma_{ij}]$ 为一个二阶对称张量。需要注意的是，应力张量以及下面即将介绍的应变张量不一定受晶体对称性的限制，其取向是任意的。

6.2.2 应变与应变张量

物体受力后其内部各质点之间的相对位置发生变化，即产生了相对位移，物体发生形变。用来描述晶体内部质点之间相对位移的参量即为应变。晶体内部的三维应变可以表示为：

$$\Delta u_i = l_{ij}\Delta x_j \quad (i, j=1, 2, 3) \tag{6-15}$$

式中，Δu_i 为晶体内部质点的相对位移；Δx_j 为随质点坐标的改变量；由于 Δu_i 和 Δx_j 为矢量，所以 $[l_{ij}]$ 为二阶张量，其可以被分解为：

$$l_{ij}=\frac{1}{2}(l_{ij}+l_{ji})+\frac{1}{2}(l_{ij}-l_{ji})=S_{ij}+W_{ij} \tag{6-16}$$

其中，$[W_{ij}]$ 为二阶反对称张量，描述物体的纯刚体转动；而 $[S_{ij}]$ 为二阶对称张量，描述物体真正意义的应变。也就是说物体的形变实际包含了刚体转动和应变两部分。在描述应变时，可以把晶体形变中表示刚体的平移和转动所引起的位移部分分离出去。则晶体的应变可写成：

$$u_i=S_{ij}x_j\ (i,j=1,2,3) \tag{6-17}$$

此式中应变张量 $[S_{ij}]$ 把由应变所引起的位移和该点的位置矢量联系了起来。

在晶体中，描述晶体物理性质的二阶张量（如电导率、电极化率等）往往受到晶体对称性的制约，称为物质张量。而应变张量 $[S_{ij}]$ 与应力张量 $[\sigma_{ij}]$ 则并不一定要受到晶体对称性的制约，这类张量并不描述晶体本身的某种物理性质，而是对某种作用的反应，这类张量也被称为场张量。

6.2.3 晶体的弹性和范性

当晶体受到外力作用时，其内部质点发生位移并产生质点恢复到原来平衡位置的内应力。如果晶体形变引起的内应力在外力作用停止后，能使晶体中发生位移的质点重新回到原来的平衡位置，则将这种性质称为晶体的弹性；如果外力作用停止后，发生位移的质点不能再回到原来的平衡位置，也就是说晶体发生了永久形变，则称这种性质为晶体的范性或塑性；而这种达到范性形变的应力极限值称为弹性限度。

弹性形变服从胡克（Hooke）定律，即在弹性限度内，应力与应变成正比关系，即

$$S=\lambda\sigma \tag{6-18}$$

式中，S 为应变；σ 为应力；λ 为弹性顺服常数（弹性常数）。而 $c=1/\lambda$ 则为弹性模量（杨氏模量）。一般情况下 S 和 σ 为二阶张量，根据张量运算法则可知，λ 和 c 为四阶张量。故式（6-18）可以写成：

$$S_{ij}=\lambda_{ijkl}\sigma_{kl}\ \text{或}\ \sigma_{ij}=c_{ijkl}S_{kl}\ (i,j,k,l=1,2,3) \tag{6-19}$$

弹性的实质是在弹性限度内，外力作用使得晶体内部质点间的化学键发生形变，而在外力作用停止后，质点恢复到原来位置，化学键恢复原状（如图 6-3 所示）。而当作用于物体的外力超过弹性限度时，晶体内部的质点间的化学键可能发生断裂和重新成键，质点发生永久性位移，从而产生范性形变。就晶体物质而言，范性形变主要有滑移和机械双晶两种形式。

滑移是指晶体的一部分相对于另一部分的相对移动，而且晶体的体积保持不变。通常情况下，晶体是沿一定的晶体学平面和方向进行滑移，相应的平面称为滑移面，滑移前进的方向称为滑移方向。需要指出，这里说的滑移面与晶体微观对称要素中的滑移面是两个不同的概念。在发生范性形变后，晶体的质点将仍然处于平衡位置，也就是说构成晶体的质点仍然处在晶格结点上，晶格的大小和形状并不改变（如图 6-4 所示）。因此，滑移形变的滑移距离必然是晶体内部重复周期的整数倍。

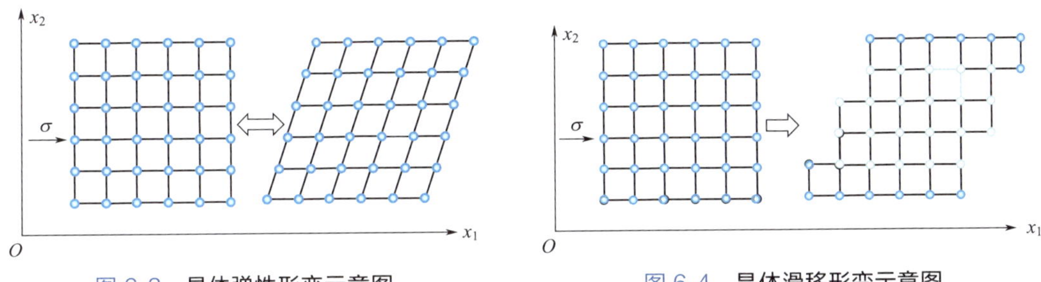

图 6-3　晶体弹性形变示意图　　　图 6-4　晶体滑移形变示意图

晶体发生滑移变形时，其滑移面通常为密堆积面，因为晶格中面网密度越大，其面间距就越大，面与面之间的相互作用力也就越弱，从而更容易产生滑移；而滑移方向则是平行于密堆积方向，这是因为密堆积方向的晶格常数最短，移动一个晶格距离所需要的能量最小，从而导致最容易沿此方向滑移。根据位错理论，晶体的滑移是位错增殖和运动的结果。刃型位错运动通过由其伯氏矢量和位错线构成的平面，这个平面即滑移面；而螺型位错沿垂直于伯氏矢量的方向运动，晶体的形变则平行于伯氏矢量的方向。

一些晶体在机械应力作用下可能会形成双晶，称为机械双晶。其实质是在外力的作用下，组成晶体的质点相对于某一面网发生相对位移，当外力停止作用后，晶体的两部分以该面网为对称面对称，即形成机械双晶（如图 6-5 所示）。这一对称面在此时被称为双晶面。在机械双晶形成后，各质点的位移与该质点到双晶面的距离成正比，但并不一定是晶格常数的整数倍，这也是机械双晶与滑移的本质区别。

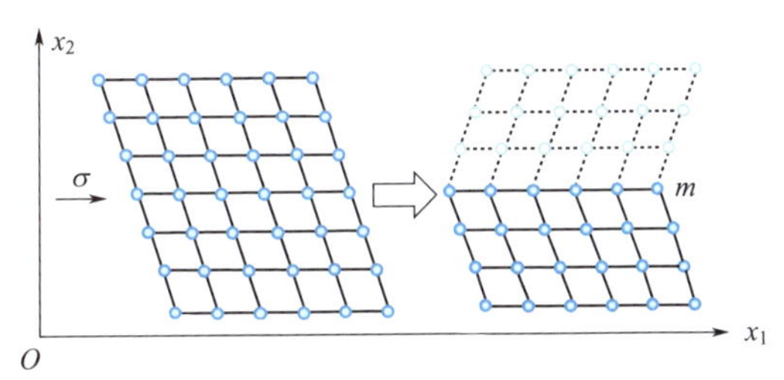

图 6-5　形成机械双晶的示意图

当外部作用力过大时，晶体会发生严重变形最终破裂。晶体沿某些特定晶面破裂而形成光滑平面的现象称为解理，相应的晶面为解理面。解理面通常平行于晶体内的密堆积面（面网密度大）。由于晶体结构不同，解理面的多少和解理的程度也不同，通常将解理分为极完全、完全、中等、不完全和极不完全五个等级。

6.2.4　晶体的硬度

硬度是指物体表面抵抗外力侵入的能力。晶体的硬度取决于其组成和结构。通常情况下，离子半径越小，电价越高，配位数越小，其结合能就越大，晶体抵抗外力刻划、压入和摩擦的能力就越强，表现出的硬度越大。晶体硬度还与晶体的对称性有关，晶体在不同方向上表现出的硬度也可能不同。常见的硬度测量方法有划痕法、压入法等。不同硬度测量方法所得到的硬度值的力学含义不同，相互之间不能直接换算。

莫氏硬度（Mohs' hardness）又称摩氏硬度，是矿物晶体中常用的一种用划痕法测试得出的硬度。它是采用棱锥形金刚钻针刻划矿物晶体的表面，然后用划痕的深度来反映晶体的硬度，并以十种矿物晶体的硬度为标准确定了十个硬度等级，见表 6-2。莫氏硬度的硬度值并非绝对硬度值，而是按硬度由小到大的顺序表示的值，不能线性地表示晶体的软硬程度，也不能精确地用于确定材料的硬度。其他晶体的硬度可以通过与标准矿物的相互刻划来粗略确定。

表 6-2　莫氏硬度标准

硬度等级	矿物名称	成分	所利用的晶面
1	滑石	$Mg_3(OH)_2[Si_4O_{10}]$	(001)
2	石膏	$CaSO_4 \cdot 2H_2O$	(010)
3	方解石	$CaCO_3$	$(10\bar{1}1)$
4	萤石	CaF_2	(111)
5	磷灰石	$Ca_5(PO_4)_3(F, Cl, OH)$	(0001)
6	正长石	$K[AlSi_3O_8]$	(001)
7	石英	SiO_2	$(10\bar{1}1)$
8	黄玉	$Al_2[SiO_4](F, OH)_2$	(001)
9	刚玉	Al_2O_3	$(11\bar{2}0)$
10	金刚石	C	—

压入法可分为静态力试验法和动态力试验法两种。静态力试验法是在静压力下将一硬压头压入被测物体表面，然后根据压入凹面单位面积的载荷表示物体的硬度。根据压头形状（球面、圆锥形、90° 的四面锥形）和材质（钢球、金刚石等）的不同，常用的静态力试验法有布氏硬度、维氏硬度及洛氏硬度。动态力试验法包括肖氏硬度试验、锤击式布氏硬度试验及里氏硬度试验等。采用压入法测量的硬度值，能够综合反映出材料测试部位局部体积内的弹性、微量塑性变形抗力、应变硬化能力等特征。

6.3　晶体的热学性质

一定温度下，晶体中规则排列的质点（原子或离子）总是围绕着平衡位置做微小振动，称为晶格振动。正是晶体内部质点的这种振动，导致晶体在宏观上表现出不同的热性质。也就是说，晶体各种热性质的物理本质主要起源于晶格振动。晶体的热性质包括热容、热膨胀和热传导等。

6.3.1　晶体的热容

晶体的热容是指晶体温度升高 1K 所需要增加的能量。晶体的热容在温度不太低的情况主要考虑晶格振动的贡献。晶体中的晶格振动可以看成是质点在平衡位置附近的简谐振动，具有波的形式，称为格波（晶格波或点阵波）。晶格振动的能量是量子化的；根据热容的量子理论，可以得到热容随温度变化的定量关系。

爱因斯坦假设晶格中每个原子都在独立地振动，但拥有相同的振动频率 ω_E，从而得到热容（等容热容）C_V 与温度的关系：

$$C_V=\left(\frac{\partial \bar{E}}{\partial T}\right)_V=3Nk_B\left(\frac{\hbar\omega_E}{k_BT}\right)^2\frac{e^{\hbar\omega_E/k_BT}}{(e^{\hbar\omega_E/k_BT}-1)^2} \tag{6-20}$$

式中，ω_E 为爱因斯坦频率；N 为晶体中的原子数量；T 为温度。可以定义：

$$\theta_E=\hbar\omega_E/k_B \tag{6-21}$$

θ_E 为爱因斯坦温度。当晶体处于较高温度时，即 $T\gg\theta_E$，$C_V\approx 3Nk_B$，与实验结果相符。而当温度很低时，即 $T\ll\theta_E$，有：

$$C_V=3Nk_B\left(\frac{\theta_E}{T}\right)^2\frac{e^{\theta_E/T}}{(e^{\theta_E/T}-1)^2}\approx 3Nk_B\left(\frac{\theta_E}{T}\right)^2 e^{-(\theta_E/T)} \tag{6-22}$$

也就是说，在低温范围晶格热容以指数规律衰减。

根据爱因斯坦模型，晶格热容在低温下比实验值更快地趋于零，与实验不符。这是因为爱因斯坦模型把每个原子看成独立的谐振子，而实际上每个原子都与它邻近的原子存在联系，并且每个原子的振动频率也并不完全相同。因此，爱因斯坦模型中的假设并不合理。

在热容理论的进一步发展中，德拜提出晶体中各原子的热振动是相互关联的，且振动频率并不相同，而是有一定频率分布。德拜假设晶格振动存在一个最大频率 ω_m，没有比 ω_m 频率更高的振动。根据德拜理论，可推得：

$$C_V=\left(\frac{\partial \bar{E}}{\partial T}\right)_V=\frac{3}{2\pi^2}\times\frac{V_C}{v_p^3}\int_0^{\omega_m}k_B\left(\frac{\hbar\omega}{k_BT}\right)^2\frac{e^{\hbar\omega/k_BT}\omega^2}{\left[e^{\hbar\omega/k_BT}-1\right]^2}d\omega \tag{6-23}$$

式中，ω 为晶格振动频率；V_C 为晶体体积；v_p 为晶体中格波的波速。令：

$$x=\frac{\hbar\omega}{k_BT}$$

定义：

$$\theta_D=\hbar\omega/k_B \tag{6-24}$$

θ_D 为德拜温度，并考虑到 ω_m 与 v_p 的关系，式（6-23）可以写成：

$$C_V=9Nk_B\left(\frac{T}{\theta_D}\right)^3\int_0^{\frac{\theta_D}{T}}\frac{e^x\cdot x^4}{(e^x-1)^2}dx \tag{6-25}$$

当晶体处于较高温度时，即 $\theta_D\ll T$，$C_V\approx 3Nk_B$，与实验结果相符。而当温度很低时，即 $\theta_D\gg T$，积分上限变为无穷大，则：

$$C_V=\frac{12\pi^4Nk_B}{5}\left(\frac{T}{\theta_D}\right)^3 \tag{6-26}$$

这表明在德拜模型中，低温范围的晶格热容以 T^3 规律衰减。

根据德拜模型给出的晶格热容理论，在从高温到低温的较大温度范围内与实验数据吻合较好，但仍然存在一定偏差。这是因为德拜把晶体看成连续介质，这对于原子振动频率较高部分不适用；另外，德拜认为德拜温度 θ_D 是与温度无关的，但实际上不同温度下的 θ_D 会有所不同。因此德拜理论对一些化合物的热容计算与实验不符。

值得注意的是，本节所讨论的内容只考虑了晶格振动对热容的贡献，但实际上电子对热容也是有贡献的。只不过电子对热容的贡献往往较小，可以忽略，但在极低温下电子热容的贡献则不能忽略。

6.3.2 晶体的热膨胀

晶体的热膨胀是指晶体受热后其长度或体积发生变化，或晶体在温度发生变化时产生应变的现象。假设晶体原来的长度为 l_0，温度升高 ΔT 后其长度增加 Δl，实验得出：

$$\alpha_l = \frac{\Delta l / l_0}{\Delta T} \tag{6-27}$$

式中，α_l 为线膨胀系数，即温度升高 1K 时晶体的相对伸长。在实际的材料中，膨胀系数通常不是一个常数，而是随温度稍有变化，一般是随温度升高而变大。无机晶体的线膨胀系数一般较小，在 $10^{-5} \sim 10^{-6}/\mathrm{K}^{-1}$ 数量级。

对于材料的体积随温度变化的情况，可以得出：

$$\alpha_V = \frac{\Delta V / V_0}{\Delta T} \tag{6-28}$$

式中，α_V 为体膨胀系数，即温度升高 1K 时材料体积的相对增长。

考虑一个立方体物体，假设物体沿各个方向的线膨胀系数是相同的，可以得到：

$$\alpha_V = \frac{(V - V_0)/V_0}{V_0 \cdot \Delta T} = \frac{(l_0 + \Delta l)^3 - l_0^3}{l_0^3 \cdot \Delta T} \tag{6-29}$$

由于 α_l 的值很小，则由式（6-27）可知 Δl 也很小，因此可以忽略掉式（6-29）中 Δl 的高次项：

$$\alpha_V \approx \frac{3\Delta l / l_0}{\Delta T} = 3\alpha_l \tag{6-30}$$

对于实际的晶体，往往是各向异性的，各晶轴方向的线膨胀系数不同。显然，这种应变可以用应变张量 $[S_{ij}]$ 来进行描述。当晶体内均匀地发生相同的微小温度变化时，晶体的形变也是均匀的，且与 ΔT 成正比，即：

$$S_{ij} = \alpha_{ij} \Delta T \tag{6-31}$$

由于 $[S_{ij}]$ 是二阶对称张量，ΔT 是标量，所以此时 $[\alpha_{ij}]$ 也为二阶对称张量。考虑三个主轴方向，其线膨胀系数 α_{11}、α_{22}、α_{33} 称为主膨胀系数，也是描述晶体热膨胀时常用的物理参数。将其代入式（6-29）并同样忽略高次项，可以得到：

$$\alpha_V = \alpha_{11} + \alpha_{22} + \alpha_{33} \tag{6-32}$$

晶体热膨胀的本质是晶格热振动的非简谐性引起晶体内部质点之间的平均距离随温度而发生变化。可以用双原子模型讨论晶体的热膨胀，见图 6-6。在双原子模型中，假设其中一原子（A_1）固定在原点，另一原子（A_2）在平衡位置 r_0 处时，两个原子间势能 $U(r_0)$ 为最小值。而当另一原子离开平衡位置时，两原子间距离增加 δ，则两原子间势能变为 $U(r)=U(r_0+\delta)$，将其在平衡位置附近泰勒展开得到：

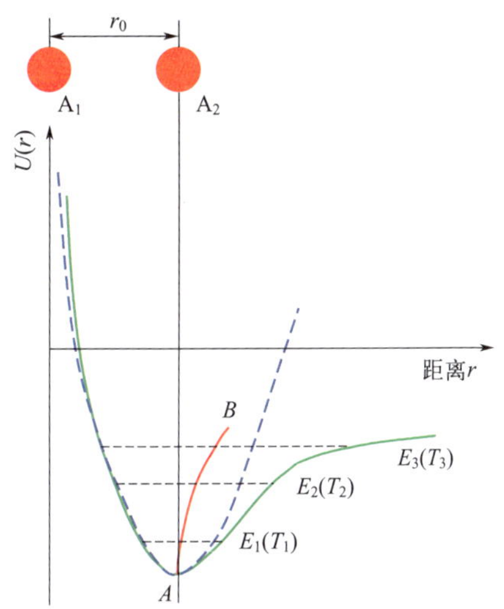

图 6-6　晶体中质点振动非对称性的示意图

$$U(r) = U(r_0) + \frac{1}{2}\beta\delta^2 - \frac{1}{3}\beta'\delta^3 + \cdots \tag{6-33}$$

其中 $\beta = \left(\dfrac{\partial^2 U}{\partial r^2}\right)_{r_0}$；$\beta' = -\dfrac{1}{2}\left(\dfrac{\partial^3 U}{\partial r^3}\right)_{r_0}$。平衡位置处的能量是最小值，其一阶导数为零，所以没有 δ 的一次项。

在前面关于热容的讨论中，认为原子在平衡位置处的振动是简谐振动，即只考虑了式（6-33）中的前两项，得到了热容的理论模型。在考虑热膨胀问题时，如果还是只考虑前两项（图 6-6 中的二次抛物线，虚线），当温度升高时，势能增加，原子的振幅增大，但并不会改变其平衡位置。因此，原子间的平均距离也不会因温度升高而改变，这就会得出似乎所有固体物质均无热膨胀可言的结论，这显然与事实不符。所以必须要考虑式（6-33）中的第三项。此时，势能曲线为三次抛物线（图 6-6 中的实线），也就是说，固体的热振动是非简谐振动。当绝对零度时，原子 A_2 处于平衡位置。而当温度升高后，原子 A_2 将处于 E_1、E_2、E_3 等较高的能量状态，并且在平衡位置左右来回振动，但其平均位置已经不在平衡位置 r_0 处，而是在大于 r_0 的地方。结果，平均位置随温度升高沿 AB 曲线变化。也就是说，温度越高，平均位置移得越远（原子间距越大），从而引起晶体的膨胀。

晶体热膨胀受晶体对称性、内部结构、成分、键型、原子价态、配位数、晶体缺陷等因素的影响。晶体的对称性会影响其各向异性膨胀的程度，因此不同晶系的热膨胀系数参数个数不同，如等轴晶系只需一个参数，三方、四方、六方晶系需两个参数，而斜方、单斜和三斜则分别需要 3、4 和 6 个参数。化学键强（离子键、共价键）的晶体不易发生膨胀，而化学键弱（分子键）的晶体则容易发生热膨胀。结构相同的晶体，热膨胀系数与原子化合价的平方成反比；结构不同的物质，平均热膨胀系数与配位数的平方成正比。一些常用晶体的主热膨胀系数见表 6-3。

需要指出的是，实际上热膨胀系数并不是一个常数，而是随温度变化的，所以上述讨论中涉及的热膨胀系数都是在一定温度范围内的平均值。这是因为温度的升高会增大晶格振动的非简谐性（图 6-6），从而造成晶体热膨胀系数随温度的非线性变化。此外，还需要注意的是大多数晶体都是热胀冷缩的，即主热膨胀系数均为正值，但在少数晶体中，某些系数却是负值，如石墨烯、方解石、绿柱石及一些磷酸盐晶体等。

表 6-3　一些常用晶体的主热膨胀系数

晶体	晶系	主热膨胀系数 /$10^{-6}K^{-1}$			测试温度
		α_{11}	α_{22}	α_{33}	
石膏（$CaSO_4$）	单斜	116	42	29	40℃
文石（$CaCO_3$）	斜方	35	17	10	40℃
红宝石（Al_2O_3）	三方	4.78		5.31	—
石英（SiO_2）	三方	13		8	室温
方解石（$CaCO_3$）	三方	-5.6		25	40℃
KDP（KH_2PO_4）	四方	24.9		44.0	-50 ～ 50℃
金红石（TiO_2）	四方	7.1		9.2	40℃
金刚石	立方	0.89			室温
氯化钠	立方	40			室温

6.3.3　晶体的热传导

当物体一端的温度比另一端的温度高时，热量会自动地从高温度区传向低温度区，这种现象称为热传导。通常考虑稳定传热状态下的热传导，即物体各点的温度不随时间变化的热传导过程。若在 x 轴方向的温度变化率（温度梯度）为 $\mathrm{d}T/\mathrm{d}x$，则在单位时间内通过垂直 x 轴的单位截面的热量 q 可由傅里叶（Fourier）导热定律表达：

$$q = -k\frac{\mathrm{d}T}{\mathrm{d}x} \tag{6-34}$$

式中，k 为热导率（导热系数），其物理意义是指单位温度梯度下，单位时间内通过单位垂直面积的热量，其单位为 W/（m·K）或 J/（m·K·s）。式中的负号表示热流是沿温度梯度向下的方向流动，即 $\mathrm{d}T/\mathrm{d}x < 0$ 时，热量沿 x 轴正方向传递；$\mathrm{d}T/\mathrm{d}x > 0$ 时，热量沿 x 轴负方向传递。

对于不稳定传热过程，即物体内各处的温度随时间而变化的过程，物体内单位面积上温度随时间的变化率为：

$$\frac{\partial T}{\partial t} = \frac{k}{\rho C_p} \times \frac{\partial^2 T}{\partial x^2} \tag{6-35}$$

式中，ρ 为密度；C_p 为定压热容。

从微观层面来看，晶体中的热传导主要靠晶格振动的格波（声子）和自由电子的运动来实现。也就是说，晶体的热导率包括声子和电子两部分的贡献。在金属中由于有大量的自由电子，而且电子的质量很轻，能迅速地实现热量的传递，所以金属的热传导性能主要由自由电子决定，且往往都具有较大的热导率。而晶格振动对金属导热的贡献是很次要的。在非金属晶体，比如离子晶体的晶格中，自由电子很少，因此，其热传导性能主要由晶格振动决定。晶格振动引起的热传导可以看成是声子扩散运动的结果。

晶体的热导率也会随温度而变化，不是一个常数。对于金属晶体，随着温度的增加，电子的运动会遭到更强的散射，其热导率通常会随着温度的上升而缓慢下降。对于非金属晶体，在温度较低的阶段，受热容随温度变化的影响，热导率随温度上升而升高；当温度较高时，格波受到的散射增强，导致热导率随温度上升而下降。

由于热传导是一个复杂的过程，影响因素也较多。晶体结构、化学组成等都会对其产生影响。由于声子传导与晶格振动的非谐性有关，晶体结构愈复杂，晶格振动的非谐性程度愈大，声子受到的散射愈大，晶体的热导率愈低。例如，镁铝尖晶石（$MgAl_2O_4$）的热导率比单独的 Al_2O_3 和 MgO 晶体的热导率都低。此外，晶体的热导率也呈现各向异性。例如，石英、金红石、石墨等都是在膨胀系数低的方向热导率最大。当温度升高时，晶体不同方向的热导率差异减小。从化学组成的角度来看，晶体内部质点的大小、性质不同，它们的晶格振动状态不同，传导热量的能力也就不同。一般说来，质点的原子量愈小，密度愈小，杨氏模量愈大，德拜温度愈高，则热导率愈大。因此，轻元素组成的晶体和结合能大的晶体的热导率通常较大。例如，金刚石的 k 为 1.7×10^{-2}W/(m・K)，而具有相同晶体结构的硅和锗的热导率分别为 1.0×10^{-2}W/(m・K) 和 0.5×10^{-2}W/(m・K)。

6.4 晶体的电学性质

如果从导电性能的角度来考察晶体的电学性质，一般可将晶体区分为电介质晶体、导体、半导体等。其中，电介质晶体是以感应极化的方式来传递电的作用和影响，而其他几类晶体材料的电学性质主要是由电荷的传导决定的。

6.4.1 晶体的介电性质

将不带电的物体置于电场中，在其内部和表面会感生出一定的电荷，使物体内电偶极矩总和不为零，这种现象称为电极化现象。在电场作用下能产生极化的材料通常被称为电介质。电介质材料可以是晶体，也可以是非晶体，还包括气体、液体等。

将等量、异号的电荷与它们中心间距的乘积定义为电偶极矩（电矩），其方向由负电荷指向正电荷。对于处于电场中的电介质，其单位体积内感生出的电偶极矩的矢量和即为极化强度。当各向同性的电介质处于电场强度 E 不太强的电场中时，其电极化强度 P 与电场强度 E 方向相同，其线性关系可写成：

$$P=\varepsilon_0\chi E \tag{6-36}$$

式中，ε_0 为真空介电常数，其值为 8.854×10^{-12} C/(V・m)；χ 为电介质的电极化率。

从微观层面来看，在无外电场时，电介质内部质点（分子、原子、离子）的正、负电荷中心重合或固有电偶极矩呈混乱排列，总极化强度为零；而存在外电场时，质点的正、负电荷中心不重合或固有电偶极矩发生变化，形成宏观上的电极化强度矢量 P。在不考虑自发极化的情况下，电介质的电极化过程主要有三种起源：电子位移极化（P_e），即由于外层电子云在外电场下的移动导致其负电荷中心与原子核的正电荷中心不重合而产生的极化；离子位移极化（P_a），即正负离子电荷中心不重合产生的极化；固有电偶极矩的取向极化（P_d），即固有电偶极矩定向排列产生的转向极化（固有极化一般由分子形成，也称分子极化）。这三种极化的电极化率分别用 χ_e、χ_a 和 χ_d 表示。因此，电介质的总极化强度可表示为 $P=P_e+P_a+$

P_d，电极化率表示为 $\chi = \chi_e + \chi_a + \chi_d$。注意，这三种极化的强度会随交变电场的频率而变化。

电介质在电场中发生极化后其电位移矢量 D 与极化强度 P、电场强度 E 的关系可以写成：

$$D = \varepsilon_0 E + P \tag{6-37}$$

将式（6-36）代入，有：

$$D = \varepsilon_0 (1+\chi) E \tag{6-38}$$

与式（6-1）对比有：

$$\varepsilon = \varepsilon_0 (1+\chi) = \varepsilon_0 \varepsilon_r \tag{6-39}$$

式中，ε_r 为相对介电常数。

在晶体中，考虑到晶体的各向异性特征，极化强度 P 与电场强度 E 通常有不同的方向，所以其线性关系应该用张量进行表示：

$$P_i = \varepsilon_0 \chi_{ij} E_j \ (i, j, k = 1,2,3) \tag{6-40}$$

其中，电极化率 $[\chi_{ij}]$ 为二阶张量：

$$\left[\chi_{ij}\right] = \begin{bmatrix} \chi_{11} & \chi_{12} & \chi_{13} \\ \chi_{21} & \chi_{22} & \chi_{23} \\ \chi_{31} & \chi_{32} & \chi_{33} \end{bmatrix} \tag{6-41}$$

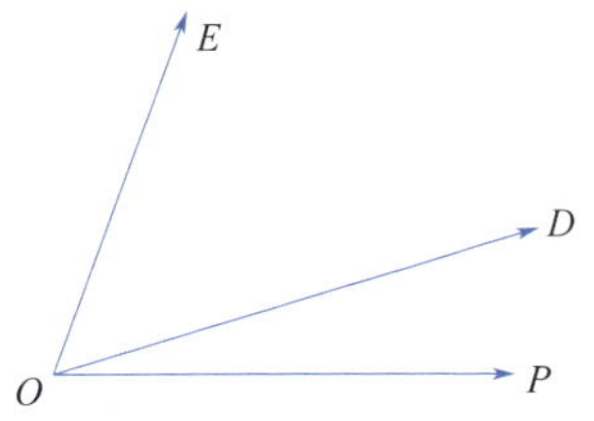

由于在晶体中极化强度 P 与电场强度 E 的方向不一致，由式（6-37）可知，电位移矢量 D 与极化强度 P、电场强度 E 的方向也不一样，如图 6-7 所示。三者之间的定量关系则用张量表示为：

$$D_i = \varepsilon_0 E_i + P_i = \varepsilon_0 (\delta_{ij} + \chi_{ij}) E_j \tag{6-42}$$

对比式（6-6）和式（6-42），有：

$$\left[\varepsilon_{ij}\right] = \varepsilon_0 \left(\delta_{ij} + \chi_{ij}\right) \tag{6-43}$$

图 6-7 晶体中 E、P 和 D 的关系示意图

电极化率 $[\chi_{ij}]$ 和介电常数 $[\varepsilon_{ij}]$ 都是二阶对称张量，因此，所有 32 种点群的晶体都具有介电性质。但由于晶体对称性的不同，不同晶系晶体的独立分量个数不同。三斜晶系的 $[\chi_{ij}]$ 张量和 $[\varepsilon_{ij}]$ 张量只有 6 个独立分量，其他晶系的独立分量数目则更少。通常，各类晶体在静电场和交变电场下的介电性质，用其主轴方向上的主极化率和主介电系数来进行描述。如三方晶系的石英晶体在室温下的介电常数分别为 4.52 ε_0、4.52 ε_0 和 4.64 ε_0（分别平行于 X、Y 和 Z 轴）。

在讨论电介质晶体的介电性质时通常都是指在一定电场强度范围内的特性。当电场强度超过某一临界值时，电介质晶体会由介电状态变为导电状态，即电介质被击穿。相应的临界电场强度称为介电强度，或击穿电场强度。电介质的击穿分为三种类型：电击穿、热击穿、电化学击穿。电击穿是在强电场下，晶体导带中的电子被不断加速，动能不断增加，并与晶格相互作用导致电离产生新电子，使晶体中自由电子的数量迅速增加，最终导致晶体电导不稳定而产生的击穿。热击穿是晶体在足够高的外加电压下由于介质损耗而产生热量，导致晶

体温度升高从而出现永久性破坏的现象。热击穿可分为由电压长期作用引起的稳态热击穿和脉冲电压引起的脉冲热击穿。电化学击穿是指晶体在长期的使用过程中受电、光、热以及周围环境的影响，使其产生化学变化，电性能发生不可逆的破坏而被击穿的现象，工程上也称为老化。

6.4.2 晶体的压电性质

当某些电介质晶体在外力作用下发生形变时，它的某些表面上会出现电荷积累（若一面为正电荷，则另一相对的面将出现负电荷），这种现象称为正压电效应。相反地，电介质晶体受到一定方向的外电场作用而发生应变的现象被称为逆压电效应（反压电效应）。正压电效应和逆压电效应统称为压电效应，具有压电效应的晶体称为压电晶体。

压电效应是居里兄弟于 1880 年在 α- 石英（α-SiO_2）晶体中发现的，其本质是机械作用引起的电介质晶体的极化，机理如图 6-8 所示，示意图为沿晶体三次轴方向的投影，其中大球和小球分别代表 O^{2-} 和 Si^{4+}。在 α- 石英晶体中，当未受到外界应力时，其内部质点的正、负电荷中心重合，总电偶极矩为 0；当其在某一个二次轴方向受到应力作用（压缩或拉伸）时，石英晶体内部质点发生位移引起正、负电荷中心分离，产生极化（总电偶极矩不为 0），从而在垂直于这个二次轴的两个表面产生等量、异号的束缚电荷（拉伸时在两个表面产生的电荷的符号与压缩时正好相反）。逆压电效应原理则正好与此相反，即由于电场的作用，晶体内部正、负电荷中心产生位移，而这一位移又导致晶体发生宏观形变。

图 6-8 α - 石英晶体压电效应机理示意图

在正压电效应中，外应力引起的极化强度与应力的线性关系为：

$$P_i = d\sigma_{jk} \tag{6-44}$$

式中，d 为压电模量（压电系数），其物理意义为单位应力所产生的电极化强度。由于极化强度 P_i 为矢量，σ_{jk} 为二阶张量，所以 d 为一个三阶张量。上式改写为：

$$P_i = d_{ijk}\sigma_{jk}(i,j,k=1,2,3) \tag{6-45}$$

对于逆压电效应，应变张量 $[S_{ij}]$ 与电场强度 E_k 的关系为：

$$S_{ij} = d_{ijk}E_k \tag{6-46}$$

用热力学理论可以证明，正压电系数和逆压电系数的数值相等，仅张量指标顺序不同，即：

$$d_{ijk} = d_{kij} \tag{6-47}$$

由于描述压电效应的压电模量是三阶极性张量，故只有非中心对称的晶体才可能是压电晶体。在所有21种非中心对称点群中，有20种非中心对称点群的晶体可能具有压电性。还有一种非中心对称点群（432）的晶体，由于对称性太高而导致其压电模量的全部分量都为零，因此不具有压电性。

晶体的对称中心对压电效应的影响也可以从晶体结构的角度来理解。如果晶体有对称中心，只要作用力没有破坏其中心对称性，正负电荷的对称排列就不会改变，因此不会产生净电偶极矩，也就没有压电效应。

这里需要指出的是，非压电晶体在电场中也可能存在发生弹性形变的现象，即电致伸缩效应。这是由于电介质在电场中发生极化时，内部电偶极矩的转动和相互作用会导致晶体产生微弱形变。但通常电致伸缩所引起的应变比压电晶体的逆压电效应所引起的应变小几个数量级。电致伸缩效应和压电效应都是所谓的机电耦合效应，但它们之间又有所不同。压电效应是电场和应变之间的线性关系，是在电场不太强的条件下的一级近似效应；而电致伸缩则为电场的平方效应，在电场很强时才会被察觉到。此外，描述这两个效应所使用的张量阶数不同：压电效应用三阶张量描述，只有非中心对称的晶体才可能有这一性质；而电致伸缩效应却是用四阶张量来描述，所有晶体都可能具有这一性质。

6.4.3 晶体的热释电性质

在21种无对称中心的点群中，有10种点群的晶体是极性晶体，见表6-4。极性晶体是指含固有电偶极矩的晶体，在结构上存在单向极轴（即唯一的极轴），极轴的两端具有不同的性质，且对称操作不能使之与其他极轴重合。这类晶体除了受到应力会产生极化电荷以外，温度变化也可引起电极化状态的改变从而产生电荷。晶体受温度变化而出现自发极化强度的相应变化，在一定方向产生表面电荷的现象称为热释电效应，具有这种效应的晶体称为热释电晶体。

表6-4 晶体点群分类

11种具有对称中心的点群		$\bar{1}$，$2/m$，$4/m$，$\bar{3}$，$\bar{3}m$，$6/m$，$m3$，mmm，$4/mmm$，$6/mmm$，$m\bar{3}m$
21种不具有对称中心的点群	极性（10种）	1，2，3，4，6，m，$mm2$，$3m$，$4mm$，$6mm$
	非极性（11种）	222，$\bar{4}$，$\bar{6}$，23，432，$\bar{4}3m$，422，$\bar{4}2m$，32，622，$\bar{6}2m$

通常热释电晶体的宏观电偶极矩正端表面吸引负电荷，负端表面吸引正电荷，电偶极矩电场被屏蔽。当温度升高时，热释电晶体中出现沿某方向的极化增强；温度下降时，沿该方向的极化将减弱甚至发生反向极化。这种宏观电极化强度的改变导致屏蔽失去平衡，多余的屏蔽电荷被释放出来，产生表面电荷。

当整个热释电晶体内温度发生均匀较小的改变时，晶体电极化强度的变化 ΔP 与温度变化 ΔT 成线性关系，则热释电效应可写成：

$$\Delta P_i = p_i \Delta T \tag{6-48}$$

其中 p_i 为晶体的热释电系数。由于式中 ΔT 是标量，电极化强度为一阶张量（矢量），因此热释电系数也是一阶张量，这也表明热释电系数是一个具有极性的物理量。前面已经说明，具有对称中心的晶体中不存在用奇阶张量描述的物理性质，所以，具有热释电性质的晶体一定是非中心对称的。而对于一阶张量（矢量）而言，它具有很强的方向性，其描述的所有物理性质都是极性的，所以只有具有极性点群的晶体才具有这种性质。因此，可以产生热释电效应的只可能是 10 种具有非中心对称的极性点群 1、2、3、4、6、*m*、*mm*2、3*m*、4*mm* 和 6*mm* 的晶体。

在这 10 种点群中，由于对称性的影响，热释电效应所产生的极化应沿以下的方向发生：对三斜晶系点群 1，其方向性无限制；对单斜晶系点群（2、*m*），沿二次轴或者在对称面内任意方向；对斜方晶系点群 *mm*2，沿二次轴方向；对三方、四方和六方晶系点群（3、4、6、3*m*、4*mm* 和 6*mm*），则是沿高次轴方向。表 6-5 列出了具有热释电效应的 10 种晶体类型。

表 6-5　热释电晶体的点群和电极化方向

晶系	点群	电极化方向
三斜	1	无任何限制
单斜	2	沿唯一的二次轴
	m	在对称面内是任意的
斜方	*mm*2	沿唯一的二次轴
四方	4	沿唯一的四次轴
	4*mm*	沿唯一的四次轴
三方	3	沿唯一的三次轴
	3*m*	沿唯一的三次轴
六方	6	沿唯一的六次轴
	6*mm*	沿唯一的六次轴

这里需要说明的是，热释电晶体和压电晶体都是没有对称中心的晶体，但热释电效应要求晶体具有单向的极性轴（轴的两端不能通过晶体中任何对称要素操作而重合）。因此，并不是所有的压电晶体都具有热释电效应。如 α- 石英，其点群为 32，无对称中心，有压电效应，但不存在单向的极性轴，故没有热释电效应。而热释电晶体电气石，其点群为 3*m*，无对称中心，且有单向的极性轴，故同时具有压电效应和热释电效应。也就是说，压电晶体不一定是热释电晶体，而热释电晶体一定是压电晶体。

6.4.4　晶体的铁电性质

在外电场作用下，一些热释电晶体的自发极化方向会发生改变（重新取向或反向）的性质被称为铁电性，这类晶体称为铁电晶体。显然，铁电晶体必然是热释电晶体，也一定是极性晶体，但并非所有的热释电晶体都是铁电晶体。电介质、压电体、热释电体、铁电体的关系如图 6-9 所示。只有具特殊晶体结构的极性晶体，才允许极化反向时不发生大的畸变，才能具有铁电性。例如，电气石就是热释电晶体而不是铁电晶体，而钛酸钡既是热释电晶体又是铁电晶体。热释电晶体是否是铁电晶体或是否具有铁电性无法通过晶体结构的对称性来进行预测，只能通过实验测试进行判断。

判定一个热释电晶体是否具有铁电性主要依据两个物理性质：电滞回线和居里温度。

非铁电晶体的 P-E 通常呈线性关系，而铁电晶体的 P-E 关系则呈如图 6-10 所示的曲线关系，即电滞回线。当外电场 E 改变时，电极化强度 P 按照图中箭头指示的方向改变。从微观结构来看，在铁电晶体中存在许多自发极化方向一致的小区域，这些小区域被称为电畴；每个电畴的极化强度方向只能沿一个特定的晶轴方向，而不同电畴沿不同的晶轴方向极化（这些特定的晶轴方向由晶体对称性决定），宏观上表现出的极化强度为零。施加外电场后，当外电场很弱时，铁电晶体产生线性极化（图中 OA 段）；随着电场逐渐增大，电畴开始“转向”，其极化方向逐渐与外电场方向趋于一致，晶体总极化强度迅速增加（图中 AB 段）；继续增加电场，晶体的电畴方向最终都趋于外电场方向，极化强度达到饱和（图中 C 附近）；若再增加电场，P 和 E 将保持线性关系（与一般电介质相同），将此线性关系外推至 $E = 0$ 处，其在纵轴的截距称为自发极化强度或饱和极化强度 P_s。当外电场强度从 C 处附近逐渐减小时，部分电畴由于热运动和晶体内应力等原因偏离原极化方向，晶体的极化强度随之减小；但当电场减小到 0 时，大部分电畴仍保持在原极化方向，因而宏观上晶体仍具有一定的极化强度，称为剩余极化强度 P_r。当外电场反向增加时，部分电畴极化方向反向，当反向电场值达到使剩余极化强度恢复到零所需的电场强度 E_c（矫顽电场强度）时，晶体中沿正负方向极化的电畴相等，宏观上极化强度为 0；继续反向增加电场，晶体的宏观极化强度开始反向，电畴的变化与正向极化时类似。当达到反向饱和极化后，电场再由负到正时，极化强度以类似于电场由正到负变化的趋势回到 C 点，形成一个闭合回路，即电滞回线。

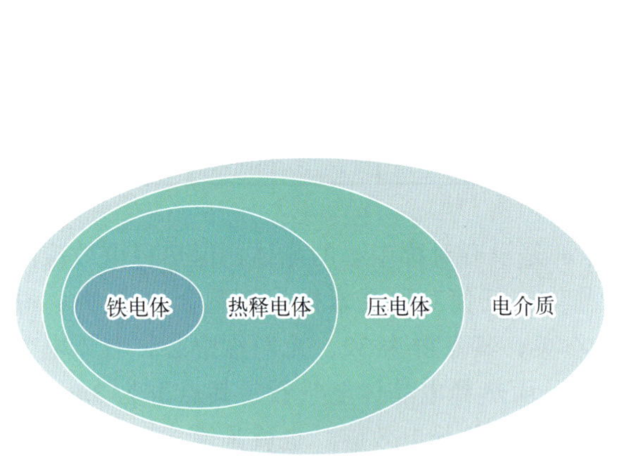

图 6-9　电介质、压电体、热释电体、铁电体的关系

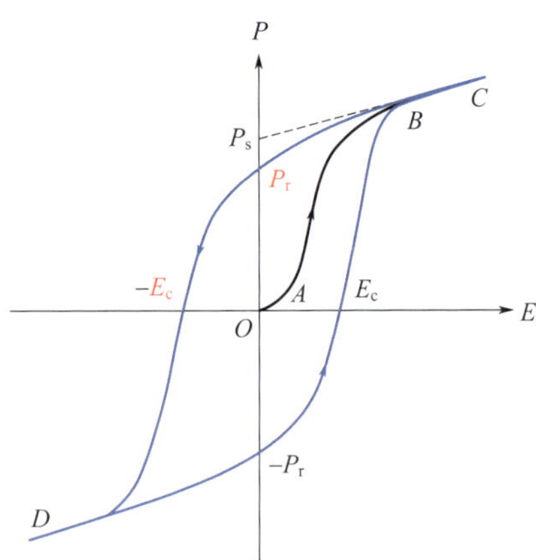

图 6-10　铁电晶体的电滞回线

通过上面的讨论可知，铁电晶体的极化是非线性的，因此其介电常数不是一个常数。一般以 OA 在原点附近的斜率来代表铁电晶体的介电常数。所以，测量铁电晶体介电常数时所加外电场应很小。

下面讨论铁电体的居里温度。具有铁电性时的晶体结构状态称为晶体的铁电相，而不具有铁电性的晶体结构状态称为晶体的顺电相。一个晶体只有在一定的温度范围内才具有铁电性，其由铁电相变化到顺电相的转变温度则称为居里温度 T_C。需要注意的是，有些晶体只有一个铁电相而无顺电相，不存在居里温度，这是因为在温度升高过程中晶体还未从铁电相转变为顺电相就已经熔解或分解。还有一些晶体存在多个铁电相，但只有铁电相到顺电相转变时的温度才称为居里温度，最典型的例子是具有三个铁电相和一个顺电相的 $BaTiO_3$。

$$3m \xleftrightarrow{-90℃} mm2 \xleftrightarrow{5℃} 4mm \xleftrightarrow{(T_C)120℃} m\bar{3}m \xleftrightarrow{1460℃} 6/mmm$$

其中，$3m$、$mm2$、$4mm$ 相均为铁电相，$m\bar{3}m$、$6/mmm$ 相为顺电相。只有从 $4mm$ 铁电相到 $m\bar{3}m$ 顺电相转变的相变温度 120℃才是居里温度。这里也可以看出，晶体从顺电相转变为铁电相时，其对称性是降低的。

铁电晶体从顺电相到铁电相转变的微观机制主要有两类：一类是无序 - 有序型，另一类是位移型。前者是由于晶体中某种离子的有序化而使晶体出现铁电性，如磷酸二氢钾（KDP）等含氢键的晶体。后者是由于晶体中某种离子发生位移而使晶体正、负电荷中心不重合，产生自发极化从而出现铁电性，这类铁电体大多与钙钛矿、钛铁矿结构相关，如前面提到的 $BaTiO_3$。

需要指出的是，根据晶体中相邻晶胞自发极化的方向和大小的不同，还可以出现亚铁电性和反铁电性。这部分内容可参见相关专业书籍，本书不作讨论。

6.4.5 晶体的导电性质

电荷在空间的定向移动形成电流。对于任何一种物质，只要存在带电荷的自由粒子，就可以在电场作用下产生电流，即可以导电。在固体物质中这种带电荷的自由粒子通常称为载流子。在晶体材料中，载流子通常是电子（负电子、空穴），对于一些离子晶体其载流子主要是离子（正、负离子，空位）。离子晶体的载流子可以是晶格点阵的固有离子，也可以是晶体中的杂质离子。日常生活中常见的应用场景中的导电材料和电子器件的载流子几乎都是电子，所以本节只讨论晶体中的电子或空穴的导电行为。

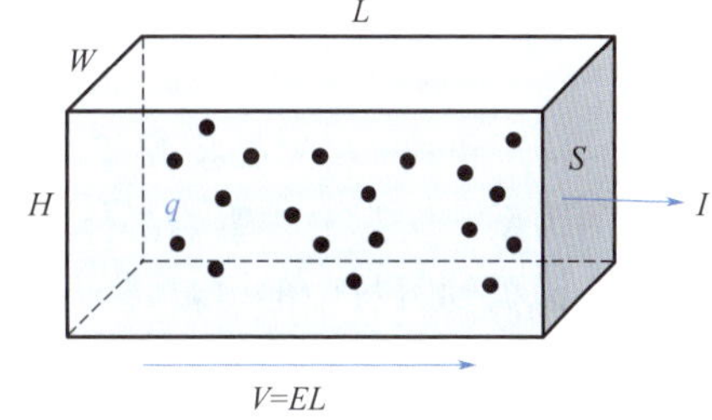

图 6-11 欧姆定律示意图

对于一个长 L，横截面 S 的均匀的导体（图 6-11），两端加电压 V，根据欧姆定律：

$$I = \frac{V}{R} \tag{6-49}$$

对于均匀的导体，其电流也是均匀的，则其电流密度 $J = I/S$；同时，电场强度也是均匀的，则 $E = V/L$。定义单位立方体的导体的电阻为电阻率 ρ，即 $\rho = RS/L$。则电流密度公式可改写为：

$$J = \frac{L}{SR}E = \frac{1}{\rho}E \tag{6-50}$$

将电阻率的倒数定义为电导率 σ，即 $\sigma = 1/\rho$。上式可写成：

$$J = \sigma E \tag{6-51}$$

这说明导体中某点的电流密度正比于该点的电场，比例系数为电导率 σ。其中，电流密度 J 的单位是安培 / 平方厘米（A/cm^2）；电阻率 ρ 的单位是欧姆 • 米（Ω • m）或欧姆 • 厘米（Ω • cm）；电导率 σ 的单位是西门子 / 米（S/m）。因为 ρ 和 σ 只取决于材料本身的性质，与材料的几何形状和尺寸无关，所以电流密度 J 也与材料的几何形状和尺寸无关，这为讨论电导的物理本质带来了方便。

从物体导电的微观本质来看，是载流子在电场作用下的定向移动形成了电流。考虑如图 6-11 所示的导体，其单位体积（$1cm^3$）内的载流子数目为 n，每一个载流子所带的电荷为 q，则单位体积内参加导电的自由电荷为 nq。在电场作用下，载流子沿着电场的方向（或反方向）发生漂移，假设其平均漂移速度为 v，在时间 t 内通过导体横截面的电荷量 $Q = nqSvt$，则产生的电流 $I = Q/t = nqSv$。因此，电流密度 J 可表示为：

$$J = I / S = nqv \tag{6-52}$$

由此可知，电流密度等于单位时间（1s）内通过单位截面的电荷量。

结合式（6-51）和式（6-52）可以得出电导率为：

$$\sigma = J / E = nqv / E \tag{6-53}$$

令 $\mu = v/E$ 为导体中载流子的迁移率，其物理意义为载流子在单位电场强度下的迁移速度，其单位为 $cm^2/(V \cdot s)$。则上式可改写为：

$$\sigma = nq\mu \tag{6-54}$$

考虑到导体中可能有多种载流子（如电子和空穴）参与导电，可将电导率的一般表达式写为：

$$\sigma = \sum_i \sigma_i = \sum_i n_i q_i \mu_i \tag{6-55}$$

式（6-54）和式（6-55）反映了电导率的本质，即宏观电导率与微观载流子的浓度、迁移率之间的关系。实际上，影响晶体材料电导率的主要因素也是载流子浓度和载流子迁移率。

前面提到材料中的电流是自由电荷的定向移动形成的，但在实际的晶体中并不是原子核外所有的电子都能自由移动，电子的运动状态要用量子力学理论来描述。基于量子力学的能带理论很好地解释了不同晶体导电性质的差异。

根据能带理论，原子或分子形成晶体后，电子受到晶体周期性电场的影响而形成一系列能带。在晶体的能带结构中（图 6-12），存在一些允许电子填充的准连续的能级，称为能带或允带；能带之间不允许电子填充的间隔称为禁带或带隙。不同的晶体具有不同的能带结构。

根据能带结构可以将晶体分为金属、半导体和绝缘体，如图 6-13 所示。在晶体的能带中，被电子填充满的最高能带称为价带，而最低未被电子填充的能带或未被填充满的能带称为导带。在金属中，除去被完全填充满的能带外，其最高被填充的能带只是部分地被电子填充（导带）。因此，金属的导带中有充足的自由电子可以参与导电，使其具有良好的导电性。对于半导体和绝缘体，在绝对零度下，其价带被电子完全填充，电子无法自由移动，不能参与导电；而导带中则没有电子，也无法导电；价带和导带间隔着禁带，禁带宽度（带隙）为 E_g，电子由价带跃迁到导带需要外界供给能量才能实现。因此，半导体和绝缘体中可以自由移动的载流子浓度通常很小，导电性差。从图 6-13 可以看出，半导体和绝缘体有相类似的能带结构，只是绝缘体的带隙 E_g 较大，电子跃迁很难，几乎没有导电性；而半导体的带隙 E_g 较小，电子跃迁比较容易，具有一定的导电性，其导电性介于金属（导体）与绝缘体之间。一般绝缘体的带隙约为 6 ~ 12eV，半导体的带隙小于 2eV。对于带隙大于 2.3eV 的半导体通常称为宽禁带半导体，如氮化镓、碳化硅等晶体材料。表 6-6 列出了某些晶体材料的带隙。

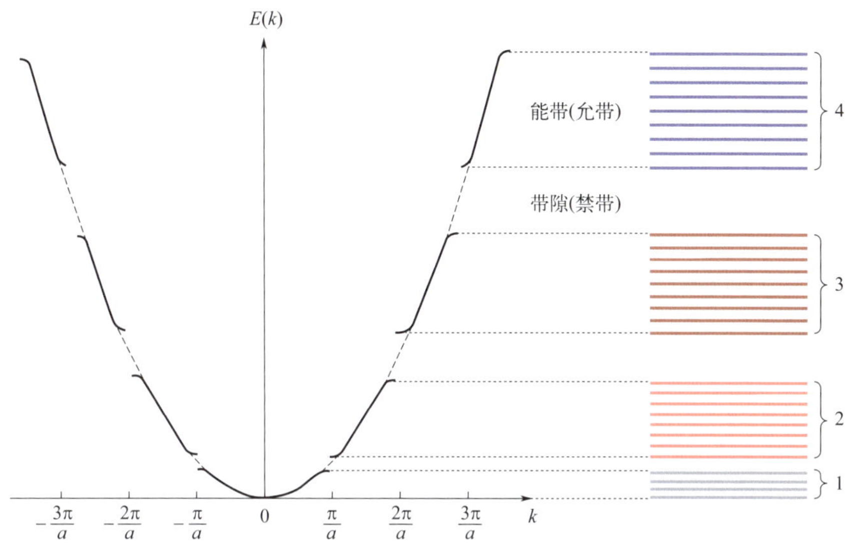

图 6-12　自由电子近似情况下一维晶体的能带

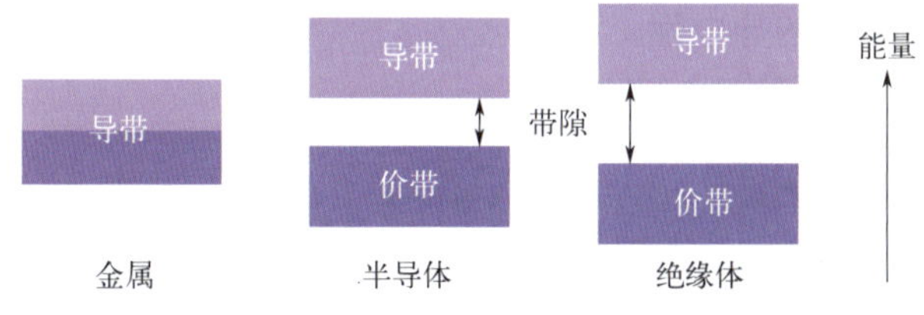

图 6-13　金属、半导体和绝缘体的能带

表 6-6　部分晶体的带隙

晶体	E_g/eV	晶体	E_g/eV
$BaTiO_3$	2.5 ~ 3.2	TiO_2	3.05 ~ 3.8
C（金刚石）	5.2 ~ 5.6	GaF_2	12
Si	1.1	PN	4.8
α-SiO_2	2.8 ~ 3	CdO	2.1
PbS	0.35	LiF	12
PbSe	0.27 ~ 0.5	Ga_2O_3	4.6
PbTe	0.25 ~ 0.30	CoO	4

续表

晶体	E_g/eV	晶体	E_g/eV
Cu_2O	2.1	GaP	2.25
Fe_2O_3	3.1	CdS	2.42
AgI	2.8	GaAs	1.4
KCl	7	ZnSe	2.6
MgO	＞7.8	Te	1.45
α-Al_2O_3	＞8	γ-Al_2O_3	2.5
GaN	3.4	SiC（4H）	3.2

由于半导体的带隙较小，电子比较容易被激发而跃迁到导带，在导带和价带中都产生可以自由移动的载流子，从而能够对半导体的导电性实现有效调节。这也是半导体能够在电子器件和大规模集成电路中广泛应用，并成为现代信息产业基础的重要原因。在此，将讨论半导体中的载流子浓度。

纯的半导体通常称为本征半导体，其行为仅与固有性质有关。在绝对零度下，本征半导体价带中的电子不能自发跃迁到导带中去，无法导电。如果存在外界作用（如热、光辐射），则价带中的电子可获得能量而跃迁到导带中，使导带底部有少量电子，而价带顶部留下少量空穴，如图 6-14 所示。价带中的空穴是电子跃迁后留下的空位，带一个单位的正电荷，在电场作用下可以发生移动。导带中的电子和价带中的空穴都可以作为载流子同时参与导电，从而使本征半导体具有一定的导电性。

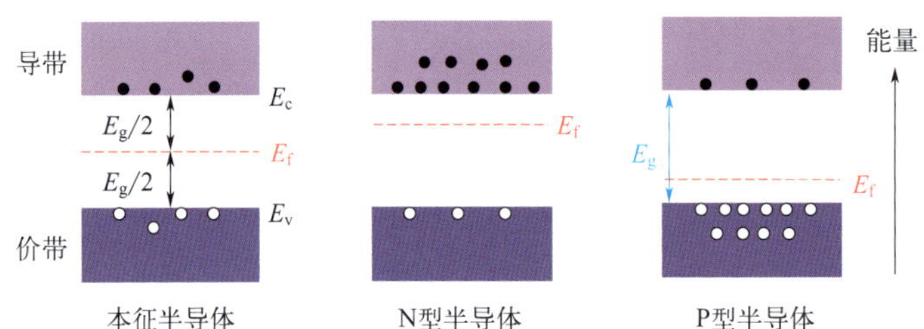

图 6-14　本征半导体、N 型半导体和 P 型半导体在一定温度下的能带结构

本征半导体中的载流子由半导体晶格本身提供，其电子和空穴的浓度是相等的。在一定温度下，本征半导体的载流子是由热激发产生的，可根据费米统计理论进行计算，其浓度与温度成指数关系：

$$n = p = (N_C N_V)^{\frac{1}{2}} \exp\left(-\frac{E_g}{2K_B T}\right) \tag{6-56}$$

式中，n 和 p 分别为电子和空穴的浓度；N_C 为导带底的有效能态密度；N_V 为价带顶的有效能态密度；带隙 $E_g = E_C - E_V$，E_C 为导带底的能级，E_V 为价带顶的能级。由式（6-56）可知，半导体晶体的本征载流子浓度与温度和带隙有关。温度升高，更多的电子被激发到导带，载流子浓度（n 和 p）增大；在一定温度下，晶体的带隙越小，本征载流子浓度越大。在本征半导体中，由于电子和空穴浓度相同，其费米能级 E_f 非常靠近禁带中央，如图 6-14 所示。费米能级可以认为是电子占据概率为 1/2 的能级。

当杂质原子替代半导体晶格中的原子后，晶格的周期性将在这些杂质附近被破坏，在晶体的禁带中引入杂质能级，会极大地影响半导体的性质。这种掺杂有杂质原子的半导体称为杂质半导体或非本征半导体。以应用最广泛的半导体 Si 的掺杂为例进行简单讨论。

当采用五价的 P 替代四价的 Si 时，P 原子外层的 5 个价电子中有 4 个电子与周围的 4 个 Si 原子形成共价键，而多余的第 5 个电子则不能参与成键。这个多余的电子被束缚在 P 原子周围运动，不能自由移动，形成杂质能级。但由于杂质能级靠近导带底，电子很容易跃迁进入导带，使导带中具有可以导电的自由电子，如图 6-14 所示。这种能够提供多余电子的杂质元素称为施主杂质，所形成的杂质能级为施主能级。这类掺入施主杂质的半导体称为 N 型半导体。

若在半导体 Si 中掺入三价元素 B，因为其外层只有 3 个价电子，它和 Si 的 4 个价电子形成共价键时还缺少一个电子，形成一个负电荷中心束缚一个空穴的束缚态结构，导致在靠近价带顶的禁带中形成一个杂质空穴能级。此时，电子很容易从价带顶部跃迁入这个杂质能级，从而在价带中产生可以导电的自由空穴，如图 6-14 所示。这种能够容纳由价带激发上来的电子的杂质元素称为受主杂质，所形成的杂质能级为受主能级。这类掺入受主杂质的半导体称为 P 型半导体。

在温度不高的情况下，N 型半导体的载流子主要是导带中的电子，导带中的电子几乎全部由施主能级提供。设施主能级的能量为 E_D，施主原子浓度为 N_D。在温度较低时，杂质的电离较弱，导带中的电子浓度为：

$$n = (N_D N_C)^{\frac{1}{2}} \exp\left(-\frac{E_C - E_D}{2K_B T}\right) \tag{6-57}$$

温度逐渐升高时，施主电离增强，电子浓度呈指数增加。当温度较高时，施主几乎完全电离，导带电子数将接近于施主数，即：

$$n = N_D \tag{6-58}$$

这里忽略了本征激发的影响。而在过高温度时，本征激发的影响将变得显著，甚至占主导地位。在 N 型半导体中，由于导电的载流子主要是导带中的电子，其费米能级 E_f 靠近导带底，如图 6-14 所示。

类似地，在温度不高的情况下，P 型半导体的载流子主要是价带中的空穴，价带中的空穴几乎全部由受主能级提供。设受主能级的能量为 E_A，受主原子浓度为 N_A。在温度较低时，杂质的电离较弱，价带中的空穴浓度为：

$$p = (N_A N_V)^{\frac{1}{2}} \exp\left(-\frac{E_A - E_V}{2K_B T}\right) \tag{6-59}$$

空穴浓度随温度升高呈指数增加。当温度较高时，受主几乎完全电离，价带中的空穴数接近于受主数，即：

$$p = N_A \tag{6-60}$$

同样，这里也忽略了本征激发的影响。在温度过高时，本征激发的影响变得显著。在 P 型半导体中，由于导电的载流子主要是价带中的空穴，其费米能级 E_f 靠近价带顶，如图 6-14 所示。半导体中的载流子浓度可通过霍尔效应等手段进行实验测量。

在实际的半导体器件中，杂质半导体的应用往往更加广泛。例如我们熟知的 PN 结就是由 P 型半导体和 N 型半导体紧密接触而形成的界面结构，具有单向导通的整流特性。PN 结是构成各种半导体器件的基本组成单元之一。

根据式（6-54）和式（6-55），影响材料导电性的因素除了载流子浓度 n 以外，还有一个重要因素是载流子的迁移率 μ。能带理论指出，在具有严格周期性电场的理想晶体中的电子和空穴，在绝对零度下的运动可以像理想气体分子在真空中的运动一样，运动时不受阻碍，迁移率接近无限大，从而使晶体的电阻为零。而当这种周期性受到破坏时，就会对载流子的运动产生阻碍作用，即产生电阻。电场周期破坏的来源主要包括晶格热振动和杂质等晶体缺陷。

首先考虑晶格热振动的影响。通过 6.3 节内容的学习，可以知道在一定温度下，晶体中规则排列的质点总是围绕着平衡位置做微小振动，称为晶格振动。而这种晶格振动破坏了晶体的周期性势场，产生附加势场，对载流子产生散射，即晶格散射或晶格振动散射。显然，温度越高，晶格振动越强，对载流子的晶格散射也越强，从而导致载流子的迁移率降低。在低掺杂半导体中，迁移率随温度升高而大幅度下降的原因就在于此。

再考虑电离杂质的影响。在晶体中，总是会有意无意地引入杂质，而在杂质半导体中更需要专门引入杂质。由于电离杂质产生的正负电荷中心对载流子有吸引或排斥作用，当载流子经过带电中心附近时就会发生散射作用，降低载流子的迁移率。一方面杂质浓度会影响载流子的迁移率：即杂质浓度越高，载流子与电离杂质相遇而被散射的概率越大。另一方面，温度也会影响杂质对载流子的散射：即温度越高，载流子运动速度越快，从而对同样的吸引和排斥作用所受的影响相对较小，所以载流子受到的散射作用也就越弱。因此，可以总结出晶体中载流子的迁移率在高温下主要受晶格振动散射的影响，而在低温下电离杂质的影响将变得显著。在高掺杂的半导体中，由于电离杂质散射随温度变化的趋势与晶格振动散射相反，其迁移率随温度变化较小。

6.5 晶体的磁学性质

物质的磁性是指物质能被永久磁铁或电磁铁吸引或排斥的性质，是物质的一种基本属性。物质的磁性来源于其内部原子的磁性，而原子的磁性又起源于其电子结构及电子的运动所产生的永久磁矩。磁矩是表征物质磁性大小的物理量。磁矩越大则物质的磁性越强，物体在磁场中所受的力也越大，且磁矩只与物质本身有关，与外磁场无关。考虑一个封闭的环形电流 I，其封闭环形的面积为 ΔS，则其磁矩 m 可表示为：

$$m = I \cdot \Delta S \tag{6-61}$$

m 的方向与环形电流法线方向一致，单位为 $A \cdot m^2$。

磁矩的概念可用于说明原子、离子等微观世界产生磁性的原因。电子绕原子核运动，具有轨道角动量，产生电子轨道磁矩；电子本身的自旋特性又使其具有自旋角动量，产生电子自旋磁矩。也就是说，原子中的电子磁矩由电子的轨道磁矩和自旋磁矩组成。另外，原子核也带有电荷，其运动也会产生磁矩。所以，孤立原子的磁矩是电子轨道磁矩、电子自旋磁矩以及原子核磁矩的总和。但是，由于原子核的质量是电子的 10^3 倍，运动速度仅为电子速度的几千分之一，所以原子核的磁矩仅为电子磁矩的千分之几，可以忽略不计。因此，实际情况中往往只需要考虑原子中电子的磁矩。原子的电子轨道磁矩和电子自旋磁矩构成原子的固有磁矩，是物质具有磁性的根源。

根据量子力学理论，原子中电子的轨道磁矩为轨道角动量乘以 μ_B，电子的自旋磁矩近似等于 $\pm\mu_B$（自旋方向与外磁场方向一致为正，反之为负）。其中，$\mu_B = eh/2m = 9.273\times10^{-24}\text{A}\cdot\text{m}^2$，为玻尔磁子，是原子磁矩的单位。一个孤立原子的总磁矩与原子的总角动量相关联，这需要考虑电子自旋和轨道的耦合作用。一个孤立原子最终是否具有磁矩取决于原子中有无未被填满的电子壳层。因为在被电子填充满的电子壳层中，电子的总轨道角动量和总自旋角动量为零，电子轨道磁矩和电子自旋磁矩也都为零，所以原子的固有磁矩为零。因此，只有那些存在未被填满的电子壳层的原子才有磁矩。

原子形成晶体后，电子的轨道磁矩可能会受到晶体场的作用，引起能级分裂使简并度部分或完全解除，导致轨道角动量的取向处于被冻结（淬灭）状态。因此，晶体中电子的自旋磁矩往往比轨道磁矩大，尤其是在由含 3d 电子的原子组成的晶体中，其磁性主要由自旋磁矩引起。此外，在由具有磁性的原子组成的晶体中，不同原子间未被填满壳层上的电子发生特殊的“交换”作用，不同的“交换”作用将使晶体表现出铁磁性或反铁磁性。

描述晶体磁性的物理量主要有磁化强度 M、磁感应强度 B、磁化率 χ 和磁导率 μ 等。当晶体受外磁场作用时，将处于磁化状态。磁化强度 M 是单位体积内的磁矩总和，单位为 A/m。磁化率 χ 描述的是在单位磁场下晶体的磁化强度，即：

$$\chi = M / H \tag{6-62}$$

其中，H 为外磁场强度，单位为 A/m。χ 反映的是晶体磁化的能力，仅与晶体本身的性质有关。此时，晶体内部的磁感应强度 B 可以表示为：

$$B = \mu_0 H + \mu_0 M = \mu_0 H(1+\chi) \tag{6-63}$$

其中，$\mu_0 = 4\pi\times10^{-7}\text{H/m}$，为真空磁导率，H（亨利）为电感的单位，1H = 1V·s/A；磁感应强度 B 的单位为特斯拉 T 或 N/(m·A)，或 Wb/m^2，Wb（韦伯）为磁通量的单位，1Wb = $1\text{T}\cdot\text{m}^2$ = 1V·s。令：

$$\mu = \mu_0(1+\chi) \tag{6-64}$$

μ 为介质中的磁导率，表征磁性晶体传导或通过磁力线的能力，其单位与真空磁导率相同，为 H/m 或 T·m/A。定义：

$$\mu_r = \mu / \mu_0 = 1+\chi \tag{6-65}$$

μ_r 为相对磁导率。则磁感应强度 B 可以写成：

$$B = \mu H = \mu_0 \mu_r H \tag{6-66}$$

根据磁化率 χ 和磁导率 μ 的方向和大小，以及磁化强度 M，可将晶体的磁性划分为以下几类，如图 6-15 所示。

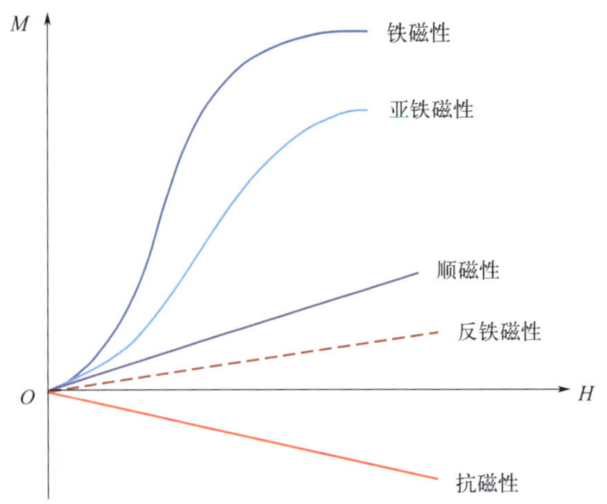

图 6-15　具有不同磁性的晶体的磁化强度 M 与外加磁场 H 的关系

6.5.1　抗磁性

抗磁性晶体的磁化率 $\chi < 0$，其值很小，通常在 -10^{-7} 量级，且一般与磁场、温度无关；相对磁导率 $\mu_r < 1$，磁化强度 $M < 0$（磁化方向与外磁场方向相反）。简单的绝缘体以及大约一半的简单金属都是抗磁性晶体，如 Bi、Cu、Ag、Au、方解石、石盐等。抗磁性晶体的原子或离子固有磁矩为 0，不存在“永久磁矩”。当受到外磁场作用时，电子轨道磁矩绕磁场运动，感生出一个与外加磁场方向相反的附加磁矩，即产生抗磁性。抗磁性晶体的磁化强度与外磁场强度的关系如图 6-15 所示。抗磁性来源于原子的轨道运动，本质上是电磁感应定律的反映，理论上任何物质在外磁场作用下均应有抗磁性。但实际上由于抗磁性的磁化强度通常很弱，比其他磁性小几个数量级，所以只有在晶体不具备其他磁性的时候才能表现抗磁性。从原子结构来看，呈现抗磁性的晶体其组成原子或离子应具有满电子壳层结构。

6.5.2　顺磁性

顺磁性晶体的磁化率 $\chi > 0$，相对磁导率 $\mu_r > 1$，磁化强度 $M > 0$。顺磁性晶体内部原子存在固有磁矩，在没有外加磁场作用时，晶体的原子做不规则振动，磁矩排列不规则，宏观上不表现出磁性；当外磁场作用时，原子的磁矩则沿外磁场方向规则取向，从而表现出磁性，但磁性较弱。顺磁性晶体的磁化强度与外磁场强度的关系如图 6-15 所示。显然，温度升高会导致原子不规则振动的加剧，降低顺磁性。晶体顺磁性与温度的关系可用居里定律描述：

$$\chi = \frac{C}{T} \tag{6-67}$$

其中，C 为居里常数。常见的晶体如角闪石、辉石、电气石、碱金属、碱土金属、稀土金属等都是顺磁性晶体。

6.5.3　铁磁性

铁磁性晶体的磁化率 $\chi > 0$，在室温下约 10^3 数量级，相对磁导率 $\mu_r > 1$，磁化强度 M

> 0，属于强磁性物质。铁磁性晶体内部原子存在固有磁矩，在临界温度 T_C（居里温度）以下，由于磁性原子间存在“交换”作用（其交换能为正），使相邻原子的磁矩平行排列，形成“自发磁化”。即使在较弱的磁场下，铁磁性晶体也可以实现很高的磁化强度，而当外磁场去除后晶体仍可保留较强的磁性。Fe、Co、Ni 及其合金等晶体就是典型的铁磁性物质。

铁磁性晶体最显著的特征是具有磁滞回线，如图 6-16 所示。在没有外磁场或晶体处于退磁状态时，铁磁性晶体内部存在许多自发磁化的小区域，即磁畴。每个磁畴的体积约为 $10^{-9}cm^3$，磁畴内的自发磁化方向一致，但不同磁畴的自发磁化是随机取向的，所以此时晶体在宏观上并不显示磁性。在外加磁场强度较小的情况下，畴壁发生移动，与外磁场方向一致的磁畴体积扩大，而其他方向的磁畴相应缩小，宏观上表现出较弱的磁化现象。此时发生的是可逆畴壁位移磁化，若外磁场 H 退回到零，畴壁会恢复到之前的状态，晶体中的 B 或 M 也将变为零。这一区域也称为起始磁化区或可逆磁化区域。继续增加 H，晶体将发生不可逆畴壁位移磁化，与外磁场方向一致的磁畴体积进一步迅速扩大，其宏观 B 或 M 将陡然增加。当晶体内的畴壁位移已基本完成后，进一步增加磁场到较大时，与外磁场方向不一致的磁畴的磁矩会向外场方向转动，使每个磁畴的磁矩都沿外磁场方向排列，宏观上磁化达到饱和，见图 6-16 中 a 点。此时，饱和磁感应强度为 B_s，饱和磁化强度为 M_s，对应的外磁场为 H_s。曲线 oa 称为起始磁化曲线或初始磁化曲线。此后，再增加外磁场强度，B 的增加极其缓慢，与顺磁物质磁化过程相似。当从 a 点开始减小外磁场到零时，B 将不会沿 oa 曲线减小到零，而是沿 ab 曲线变化，具有剩余磁感应强度 B_r，对应的剩余磁化强度为 M_r。这是因为当外磁场减小时，大部分磁畴仍保持在饱和磁化的方向，要消除剩余磁感应强度需要继续施加反向磁场到 $-H_c$。H_c 称为矫顽场强度或矫顽力。继续反向增加磁场到 $-H_s$，晶体会被反向磁化到饱和。若再将外磁场由负向正改变，晶体的 B 或 M 将沿曲线 $defa$ 回到 a 点。这种由于强磁性物质的磁滞现象引起的磁感应强度或磁化强度与外磁场之间的闭合磁化曲线称为磁滞回线。图 6-16 是磁化过程中 B 与 H 所形成的磁滞回线（实验测量时往往是测量的 B），将图中纵坐标换成磁化强度 M 也可以得到类似的回线。

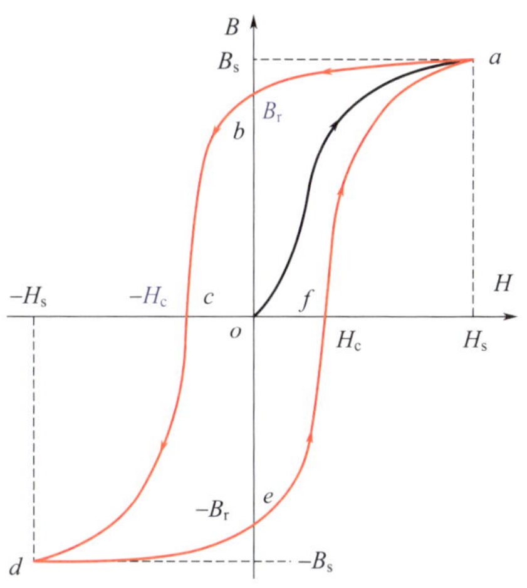

图 6-16　铁磁性晶体的磁滞回线

在居里温度 T_C 以上，铁磁性晶体的内部原子的无规则热运动会破坏原子磁矩的平行排列，导致磁矩无序排列，自发磁化强度变为零，铁磁性消失。所以，在居里温度以上，材料表现为顺磁性，其磁化率与温度的关系服从居里 - 外斯定律：

$$\chi = \frac{C}{T - T_C} \tag{6-68}$$

式中，C 为居里常数。

6.5.4　反铁磁性

反铁磁性晶体的磁化率 χ 是一个很小的正数，相对磁导率 $\mu_r \approx 1$，磁化强度 $M \approx 0$。在反铁磁性晶体中，原子存在固有磁矩，但原子间的“交换”作用能为负，使相邻原子或相邻晶格的磁矩反平行排列（见图 6-17），磁矩相互抵消，使得整个晶体在宏观上表现为零自发磁化。当温度不太高时，在外磁场的作用下，晶体中的磁矩几乎不发生改变，所以宏观上只能表现出很弱的磁化，磁化率 χ 几乎为 0。当温度超过某一临界温度 T_N 时，由于原子的无规则热运动破坏了这种磁矩的反平行排列，导致磁矩无序排列，晶体由反铁磁性转变为顺磁性。此时，磁化率与温度的关系为：

$$\chi = \frac{C}{T + T_N} \tag{6-69}$$

式中，T_N 称为奈耳（Neel）温度；C 为居里常数。反铁磁物质主要是一些过渡元素的氧化物、卤化物、硫化物，如 MnO、NiO、FeO、Cr_2O_3、$FeCl_2$、MnS 等晶体。

6.5.5 亚铁磁性

亚铁磁性晶体的磁化率 $\chi > 0$，在室温下约 10^2 数量级，磁导率 $\mu_r > 1$，磁化强度 $M > 0$，是强磁性物质。亚铁磁性晶体在宏观表现上与铁磁性晶体相似，存在磁滞回线；但在磁结构的微观本质上却和反铁磁性晶体更相似。这是因为，在亚铁磁性晶体中存在两种不同的原子磁矩，一种原子的磁矩沿一个方向平行排列，另一种原子的磁矩则沿反方向排列，磁矩的排列方式与反铁磁性晶体相似，见图 6-17。但是，这两种原子磁矩的大小并不相等，造成其磁矩并不能完全相互抵消，存在剩余磁矩，能够产生自发磁化，形成磁畴。所以，亚铁磁性晶体在宏观上的磁性性质更接近铁磁性晶体，但其磁化率和磁化强度一般没有铁磁性晶体大。实际上，我们也可以把反铁磁性看成是亚铁磁性的一种特殊情况，即当亚铁磁性晶体中反向平行排列的两种原子磁矩大小相等时就变成了反铁磁性晶体。

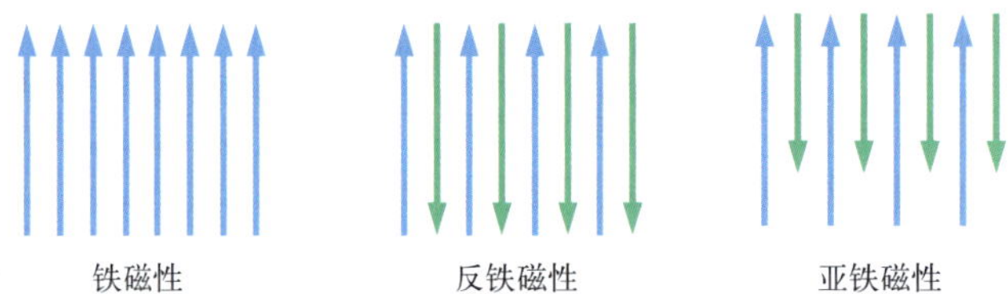

图 6-17 铁磁性、反铁磁性、亚铁磁性晶体的原子磁矩排列

亚铁磁性晶体也有一个临界温度，临界温度以下为亚铁磁性，临界温度以上转变为顺磁性。原因与铁磁性晶体和反铁磁性晶体相同，不再赘述。具有亚铁磁性的晶体一般是铁氧体，即含铁酸盐的晶体，如尖晶石结构的 Fe_3O_4、$MnFe_2O_4$，石榴石结构的 $A_3Fe_5O_{12}$（A=Y、Sm、Gd、Dy 等），磁铅石结构的 $BaFe_{12}O_{19}$、$PbFe_{12}O_{19}$ 等。

这里需要指出的是，由于晶体的对称性和各向异性，晶体中的磁化强度 M、磁感应强度 B 与外磁场强度 H 可能并不在同一方向。所以，晶体中的磁化率 χ 和磁导率 μ 均为二阶张量。它们之间的关系可以表示为：

$$M_i = \chi_{ij} H_j \tag{6-70}$$

$$B_i = \mu_0 \left(\delta_{ij} + \chi_{ij}\right) H_j \tag{6-71}$$

$$\mu_{ij} = \mu_0 \left(\delta_{ij} + \chi_{ij}\right) \tag{6-72}$$

延伸阅读 1

晶体物理性质的对称性

一、石英晶体的压电性和热释电性

α-石英（α-SiO_2）晶体是一种重要的压电晶体，它是最早被发现具有压电效应的晶体。虽然石英的压电模量较小，但它的机械强度和稳定性很好，多被用于制作谐振器以控制频率，是一种极为重要的控制频率稳定的压电晶体。

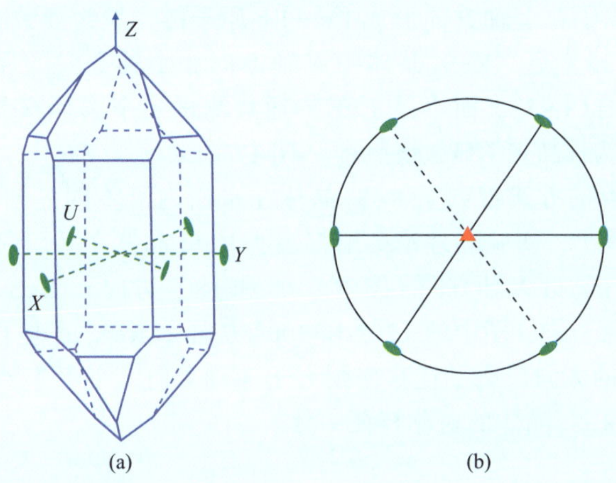

图 6-18　α-石英晶体的几何外形（a）和对称要素极射赤平投影图（b）

从前面的学习可以知道，若沿着石英晶体的 2 次轴方向施加应力，便会沿着这个 2 次轴的方向产生极化。从图 6-18（b）可知，在垂直于 3 次轴的平面有 3 个 2 次轴，所以，实际上沿着任意一个 2 次轴的方向（X、Y、U 轴）施加应力都能产生极化。而沿着 3 次轴（Z 轴）方向无论施加何种应力都不会产生极化。当然，石英晶体在受到流体静压等各个方向均匀的压力时也不会产生压电极化。

这里需要注意的是，石英晶体虽然无对称中心，却不是极性晶体，没有热释电性。可以从极性点群的晶体具有单向极轴的角度来进行简单讨论。所谓单向极轴包含两个内容，其一是极轴，即通过该点群的其他操作不能使其两端相互交换（重合）；其二是单向，即仅有一个特殊的极轴方向，通过该点群的其他操作不能和另外的极轴方向重合，即此方向是唯一的极轴方向。石英晶体属 32 点群，其 3 次轴是单向轴，但不是极轴，因为通过其他 2 次旋转轴的操作不会使之与任何其他方向重合，却将使其两端相互重合。石英晶体的 2 次轴是极轴，却不单向，因为石英晶体中每个 2 次轴经过 3 次轴和其他 2 次轴的操作后，其两端都不会相互交换；但在石英晶体中垂直于 3 次轴的平面内有 3 个这样的 2 次轴，3 次轴的操作能使它们彼此重合。因此，石英晶体中没有单向极轴，是非极性晶体，不会具有热释电性。而电气石晶体属 $3m$ 点群，其 3 次轴就是单向极轴，故具有热释电性。

从晶体微观结构角度来说，在石英晶体中垂直于 3 次轴的平面上，沿三个 2 次轴方向有三对正、负电荷，但它们重心重合，即沿每个极轴方向都有电偶极矩，但总电偶极矩为零。在外力作用下，石英晶体晶胞沿各极轴方向产生的形变不均匀，从而使正负电荷重心不重合，总电偶极矩不为零，导致极化的发生（见图 6-8）。而当石英晶体均匀受热后，沿三个极轴方向上的正、负电荷的位移（热膨胀影响）是相等的，因此沿极轴方向的电矩的改变也是相同的，总电偶极矩仍为零，表现出无极化现象，从而无热释电性。

二、ReS_2 电导的各向异性

ReS_2 是一种典型的层状晶体，层与层之间靠范德华力结合，而在每一层内则是由两层 S 原子夹一层 Re 原子通过共价键形成的三明治结构（图 6-19）。这里简单讨论 ReS_2 晶体在平面内电学性质的各向异性。在 ReS_2 晶体中，由于 Re 原子外层的 s 轨道和 p 轨道共有 7 个电子，导致 Re 原子在和 S 原子形成 6 个 Re—S 键后还剩余 1 个电子，使相邻的两个 Re 原子在 Y 轴方向形成 Re—Re 原子链，最终导致 ReS_2 的晶格发生畸变，对称性降低。畸变后，ReS_2 晶体中 X 轴方向和 Y 轴方向的原子排列不相同，X 轴和 Y 轴的夹角为 118.97°，而不是 120°。通过测试一个圆形样品［厚度小于 5nm，图 6-19（b）中插图为样品光学显微镜照片］不同方向的场效应曲线，计算其电子迁移率；同时，采用理论计算的方式得到了 ReS_2 晶体在平面内沿不同晶向的电子迁移率。从图 6-19（b）可以看出，实验和理论结果都表明 ReS_2 晶体在平面内的电子迁移率存在明显的各向异性。在靠近 X 轴方向（图中的 0° 和 180° 方向），ReS_2 的电子迁移率明显最低；而在靠近 Y 轴方向（图中的 120° 和 300° 方向），ReS_2 的电子迁移率最高；在介于 X 轴和 Y 轴之间的方向，电子迁移率则大于 X 轴方向，小于 Y 轴方向。这一电子迁移率的各向异性与 ReS_2 晶体的对称特征一致。

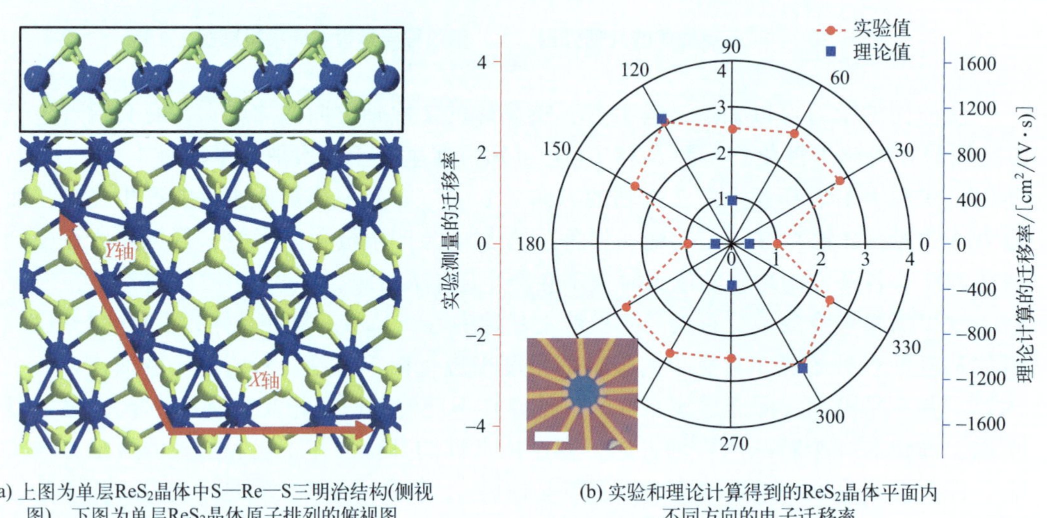

(a) 上图为单层ReS_2晶体中S—Re—S三明治结构(侧视图)，下图为单层ReS_2晶体原子排列的俯视图

(b) 实验和理论计算得到的ReS_2晶体平面内不同方向的电子迁移率

图 6-19 单层 ReS_2 晶体的原子排列和各向异性电学性质

延伸阅读 2

心平气和地甘坐“冷板凳”——中国科学院院士闵乃本

一、人物介绍

闵乃本（1935—2018），江苏如皋人，我国著名物理学家、材料学家，科技界和

教育界的杰出代表，1991 年当选中国科学院院士，2001 年当选第三世界科学院院士。闵乃本院士主要从事晶体生长、晶体缺陷与晶体物性研究，1998 年获得何梁何利科学技术进步奖，1999 年获第三世界科学院基础科学奖物理奖，2000 年获美国科学信息研究所（ISI）经典引文奖，2005 年关于铁电薄膜及氧化物电极研究获国家自然科学奖二等奖，2006 年关于介电体超晶格研究获国家自然科学奖一等奖。此外，作为南京大学教授，他于 1995 年获“全国优秀教师” 称号及奖章，2001 年获“全国模范教师”称号及奖章，2007 年被评为全国优秀教师代表。2013 年，经国际小行星中心和国际小行星命名委员会批准，命名国际编号为（199953）号小行星为“闵乃本星”。

二、主要贡献

20 世纪 60 年代初，闵乃本院士在我国著名物理学家、中国科学院院士冯端教授的带领下，进入当时国内尚是空白的晶体缺陷研究领域。70 年代起，他开始对晶体生长进行研究。1982 年，他完成了专著《晶体生长的物理基础》，成为当时国际上第一本全面论述晶体生长的理论专著。1983 年，他在美国犹他大学做访问学者期间，成功解答了“晶体表面粗糙化”这一难题，修正了著名的“杰克逊理论”，被当时的国际晶体生长学界誉为“近 10 年来晶体生长理论领域最具有突破性的成果”，他也因此获得美国“大力神”奖。美国晶体生长协会副主席罗森伯格教授主动提出与他签订 10 年工作合同，他没有心动，而是毅然踏上了归国之路。

1986 年，闵乃本决心实现自己的科学设想，开始组建团队，招收研究生，一边培养人才，一边推进研究工作。他提出了“介电体超晶格”的概念，即在均匀的介电体材料中引入不均匀性，而这种引入的不均匀性是有序的。他和他的团队将准晶结构引入介电体超晶格，并于 1990 年和朱永元教授一起提出准周期超晶格的“多重准位相匹配理论”，预言一块准周期介电体超晶格能够将一种颜色激光同时转换成三四种颜色的激光。但他们的论文在国际学术刊物 *Physical Review* B 上发表后并未引起学术界的重视。闵乃本下定决心要制备出准周期的介电体超晶格，用实验验证该理论的正确性。他的团队不断尝试希望能制备出准周期介电体超晶格，而前期的实验却屡试屡败，但他们始终坚持不懈，最终于 1995 年成功地发展出一种制备准周期介电体超晶格的新技术。1997 年，他们制备出同时能出两种颜色激光的准周期介电体超晶格，用精确的实验证明了他们提出的“多重准位相匹配理论”是正确的。这项成果发表在著名学术刊物 *Science* 上，得到了国际学术界的公认，还吸引了美国斯坦福大学的一批科学家进入这一研究领域，使这一冷门领域逐渐走向热门。在 2006 年度国家科学技术奖励大会上，闵乃本院士领衔完成的“介电体超晶格材料的设计、制备、性能和应用”获国家自然科学奖一等奖。

闵乃本院士关于介电体超晶格的项目从 1986 年起步到 2005 年完成，其间经历了 19 年。而从 1986 年项目启动，到 1990 年建立理论，都没有得到学术界过多的关注，直到 1997 年在实验方面取得突破，才得到国际学术界重视。闵乃本院士自己说道:“这 11 年中，我们的工作没有得到国际上的重视，但我们心平气和地坐了 11 年‘冷板凳’。当然，最终我们将一个冷门发展成国际热门领域。应该说，如果没有甘坐冷板凳的奉献精神，我们是不会取得今天这样的成果的。”关于“心平气和地甘坐冷板凳”，闵乃本院士的解释是：不是说我们就没有苦闷、没有焦虑，而是说，即使在彷徨不安、走投无路的情况下，也要静下心来，心无旁骛地积极思考、上下求索。事实上，只有不以功利为目的的人，在科学研究过程中遇到艰难险阻时，才能不患得患失、不随风摇摆，才能拒绝浮躁、不急功近利，才能甘心情愿地“坐冷板凳”，十年如一日地追求下去，才能有所成就。

闵乃本院士和他的合作者还深入研究发现了介电体超晶格中准相位匹配弹性散射和非弹性散射的增强效应；发现了微波与超晶格振动强烈耦合所引起的极化激元新机制；揭示了超声波在介电体超晶格中的传播规律，研制成若干超声原型器件，填补了超声工程中体波器件从几百到几千兆周的空白频段。

三、社会评价

闵乃本院士几十年如一日教书育人、甘当人梯，以身作则、率先垂范，以人格魅力引导学生心灵，以学术造诣开启学生智慧，探索了“大师 + 团队”的科研组织和人才培养模式，为国家培养了一大批杰出人才和科技工作者，实践了教育工作者的崇高使命与责任担当。闵乃本院士的科学贡献，极大地推动了微结构功能晶体的发展及其应用，丰富了凝聚态物理学、非线性光学等学科的内涵，引领了我国科学事业发展方向，产生了重要的国际影响。

思考题

1. 一个具有二次对称轴的晶体，沿任一给定的方向测量其热导率，然后将晶体绕其二次轴旋转180°，再次测其热导率，两次结果是否相同？这体现了晶体的什么性质？
2. 晶体在什么情况下表现出弹性？什么情况下表现出范性？
3. 晶体范性形变的表现形式之一是机械双晶。反过来说，晶体的双晶是由晶体的范性形变造成的。此说法对不对？为什么？
4. 晶体热容的量子理论中，爱因斯坦模型和德拜模型的假设有什么相同之处和不同之处？它们与实验数据的匹配情况如何？
5. 通常情况下，晶体的热膨胀行为是在高温情况下更明显还是低温情况下更明显？为什么？
6. 电介质、压电体、热释电体、铁电体之间有什么区别？
7. 晶体的压电效应和热释电效应都是很有用的电学性质。在我们的实际生活中有哪些具体应用实例？
8. 铁电晶体到达居里温度时会发生相变，但铁电晶体也可能有其他相变温度。这两种相变温度有什么不同？
9. 影响半导体材料导电性质的主要因素有哪些？
10. 为什么要对半导体进行掺杂？
11. 在居里温度以上，铁磁、反铁磁、亚铁磁晶体材料的磁性行为是什么样的？为什么？
12. 亚铁磁晶体是否存在磁滞回线？为什么？

第 7 章
晶体结构

截至目前已知的晶体种类多达数千种，包括有确定结构和成分的天然矿物，还有人工合成的晶体。要对所有这些晶体结构有系统的认识，就必须对它们进行分类。目前，无论对天然的还是人工合成的晶体，不同学科有着不同的分类方法。具体有按化学组成进行分类的，也有按照化学键和结构类型分类的，还有按晶体生长习性等进行分类的，各种分类方法均有优缺点。晶体结构进行分类时，将质点种类不同，对应质点排列方式相同的称为同型结构；在若干种同型结构的晶体中选出一种命名这种结构，即为典型结构。

本教材综合多种分类方案，结合当前材料学科方向和特点进行分类，主要按照单质（金属和非金属）、典型无机化合物（二元化合物和多元化合物）、新能源材料、磁性材料、超硬材料、硅酸盐及硅酸盐水泥的晶体结构进行分类，下面几节分别一一做简要介绍。

7.1 单质的晶体结构

单质是由同种元素组成的纯净物质。常见的单质可分为金属、非金属、半金属和惰性气体单质几类。不同种类元素的单质，其性质差异在结构上反映得最为突出。

7.1.1 金属单质的晶体结构

典型的金属单质晶体，其原子与原子间以金属键结合，由于金属键没有方向性和饱和性，配位数高，金属原子间的结合不受方向和数量的限制，因此可以把典型的金属单质晶体结构看成是由等大球紧密堆积而成。按球体的堆积方式具体可分为三种类型：A_1 型为立方最紧密堆积，A_2 型为体心立方紧密堆积，A_3 型为六方最紧密堆积。下面重点介绍 Cu 型、Os 型、α-Fe 型的典型结构。

（1）Cu 型结构

等轴晶系，属 A_1 型，空间群为 $Fm\bar{3}m$；晶格常数：$a=b=c=3.615Å$，$\alpha=\beta=\gamma=90°$；$V=47.24Å^3$，晶胞中的原子数目 $Z=4$（1933 年）[1]。

原子坐标：Cu，4*a*：0，0，0

Cu 型晶体结构如图 7-1 所示，Cu 原子做立方最紧密堆积，形成立方面心结构，Cu 原子的配位数 CN=12，配位多面体为立方体和八面体的聚形立方八面体。属于铜型结构的有 Au、Ag、Pb、Ni、Co、Pt、γ-Fe、Al、Sc、Ca、Sr 等金属单质晶体。

[1] 下文全部简写为 *Z*，括号中的 1933 年表示该晶体结构为 1933 年所报道。

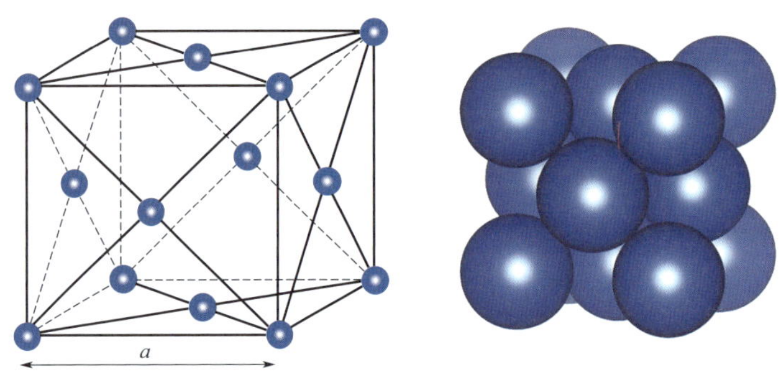

图 7-1 铜（Cu）的晶体结构

（2）α-Fe 型结构

等轴晶系，属 A_2 型，空间群为 $Im\bar{3}m$；晶格常数：$a=b=c=2.8665Å$，$\alpha=\beta=\gamma=90°$；$V=23.55Å^3$，$Z=2$（1933 年）。

原子坐标：Fe，2a：0，0，0

α-Fe 的晶体结构如图 7-2 所示，Fe 原子呈立方体心密堆积，CN=8，配位多面体为立方体。属 α-Fe 型结构的金属单质有 W、Mo、Li、Na、K、Rb、Cs、Ba 等。

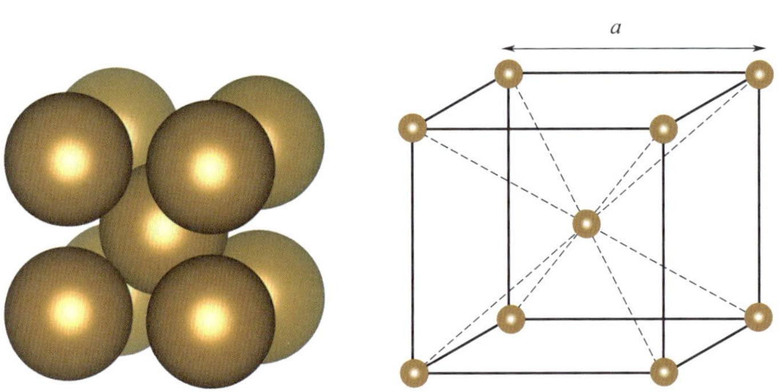

图 7-2 α-Fe 的晶体结构

（3）Os 型结构

六方晶系，属 A_3 型，空间群为 $P6_3/mmc$；晶格常数：$a=b=2.7353Å$，$c=4.319Å$，$\alpha=\beta=90°$，$\gamma=120°$；$V=27.99Å^3$，$Z=2$（1937 年）。

原子坐标：Os，2c：1/3，2/3，0.25

Os 的晶体结构如图 7-3 所示，Os 原子作六方最紧密堆积，格子类型为六方原始格子，CN=12。属于 Os 型晶体结构的金属单质有 Mg、Zn、Rh、Sc、Gd、Y、Cd 等。

过渡金属由于 d 层电子的缘故，其晶体结构有多种变体，如 Fe 有以下四种变体：

$$\alpha\text{-Fe}(bcc)\xrightarrow{770℃}\beta\text{-Fe}(bcc)\xrightarrow{920℃}\gamma\text{-Fe}(fcc)\xrightarrow{1400℃}\delta\text{-Fe}(bcc)$$

其中，bcc 为立方体心结构，fcc 为立方面心结构。稀土金属最外层电子为 s 电子，均属等大球最紧密堆积结构。氢电子构型与 Li 相似，但 H_2 晶体为 hcp 结构（六方最紧密堆积结构），无导电性。

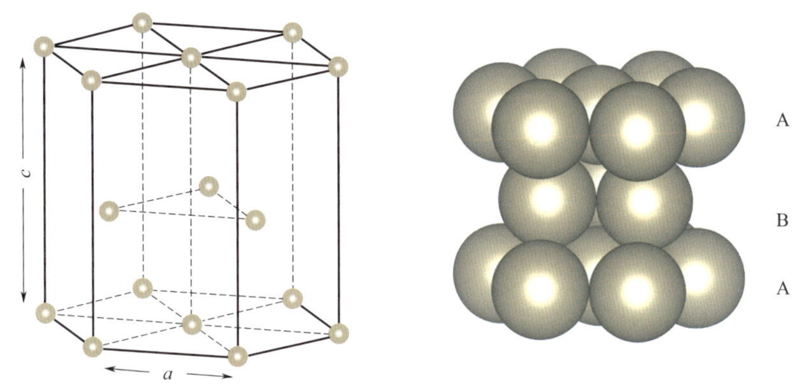

图 7-3　锇（Os）的晶体结构模型

7.1.2　非金属单质的晶体结构

非金属单质的分子或晶体结构中，原子间多为共价键结合。由于共价键有方向性和饱和性，配位数数目取决于原子自身电子组态和共价键成键个数的限制，不受球体密堆积规律支配，一般符合 CN=8-*N* 的规则，*N* 为非金属元素在周期表中所处的族数。

第ⅦA 族卤素原子的配位数或共价键数目为 8-7=1，F、Cl、Br、I 通过共用一个电子对而形成双原子分子，分子间则靠分子键结合，低温下的卤素分子多为斜方晶系。I_2 的晶体结构如图 7-4 所示。

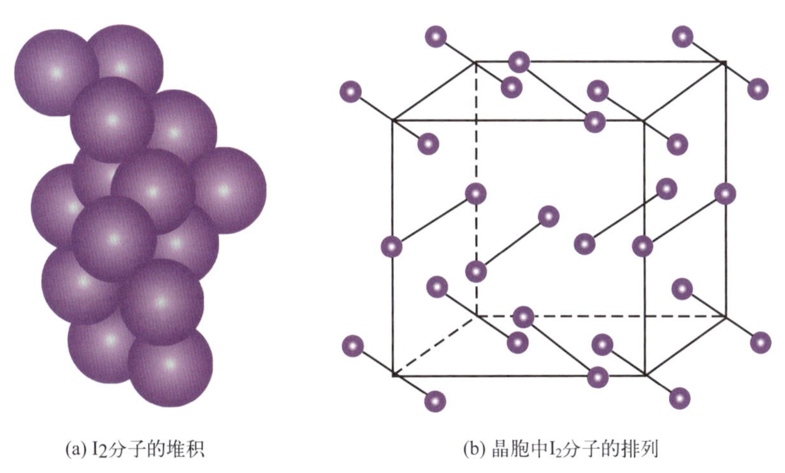

图 7-4　I_2 的晶体结构

第ⅥA 族 S、Se、Te 等原子的配位数或共价键数目为 8-6=2（氧除外，为双原子分子）。S 的同素异形体极多（近 50 种），可构成 S_n（n=1, 2, 3, …）分子，之间的关系极其复杂。同一种分子又有几种晶体结构型式，如 S_8 分子可以是斜方也可以是单斜。S_6 的三方晶体结构如图 7-5 所示。

Se、Te 均具有多种同素异形体，Se 有 6 种晶型（三方、α-单斜、β-单斜、三种立方晶系）。Te 有三种晶型（三方及两种高压下出现的晶型）。三方 Se、Te 常温常压下稳定，空间群为 $P3_121$ 或 $P3_221$，结构如图 7-6 所示。

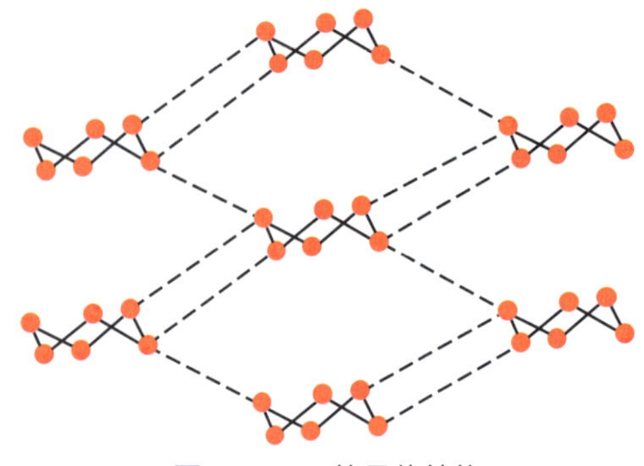

图 7-5　S_6 的晶体结构

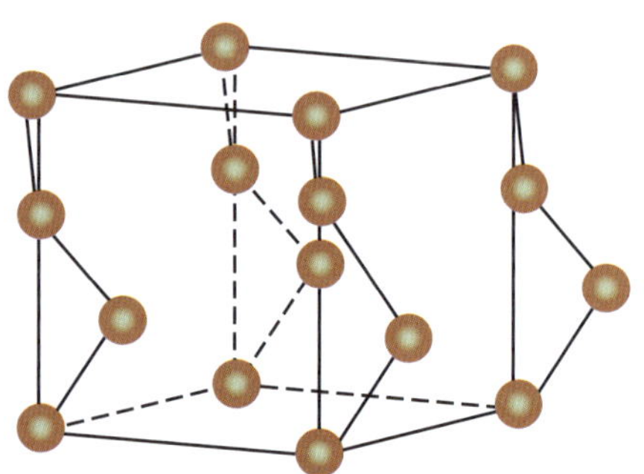

图 7-6　三方硒与碲的晶体结构

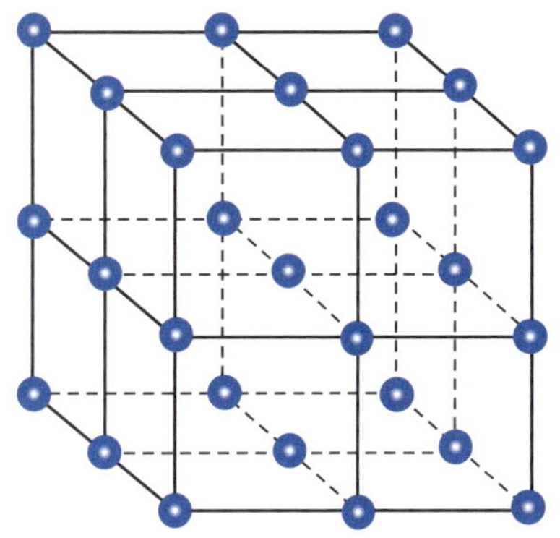

图 7-7　三方磷、砷、锑、铋的晶体结构

第ⅤA 族的 P、As、Sb、Bi 的共价键数目为 8−5=3（氮除外），它们也有多种同素异形体，如磷有四种：黑磷（斜方）、单斜磷、三方磷和六方磷；砷有六种：α-As、β-As、γ-As、δ-As、ε-As、黄砷。其中三方 As、Sb、Bi 在常温常压下稳定，P 的常温常压品种为黑磷，常温加压（5MPa）后变为三方。三方 P、As、Sb、Bi 的晶体结构如图 7-7 所示，空间群为 $R\bar{3}m$。

第ⅣA 族的 C、Si、Ge、Sn 原子的共价键数目为 8−4=4。C 的多型体包括：立方金刚石、六方金刚石、六方石墨、三方石墨、巴基碳，以六方石墨和立方金刚石最为常见。石墨是常温下稳定的多型体，金刚石是高温高压下稳定的多型体，结构如图 7-8 所示。下面分别介绍金刚石、石墨和单晶硅的晶体结构。

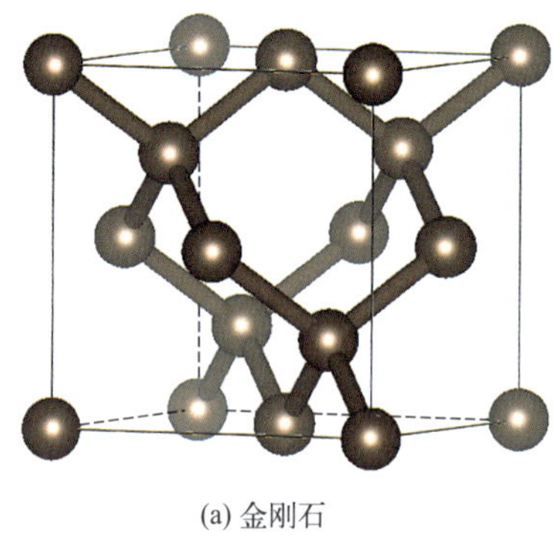

(a) 金刚石　　(b) 石墨

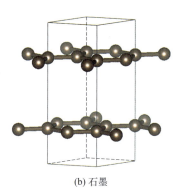

图 7-8　C 两种多型体的晶体结构

（1）金刚石

化学成分是碳，每个碳原子都以 sp^3 杂化轨道与四个碳原子形成强的共价键，键长为 1.55Å，键角为 109°28′16″，即 C 的配位数为 4，配位多面体是四面体。碳碳配位四面体在三维空间共角顶相连，形成最坚强的晶体结构。图 7-8（a）是金刚石晶胞的结构图。

等轴晶系，空间群 $Fd\bar{3}m$；晶格常数：$a=b=c=3.567Å$，$\alpha=\beta=\gamma=90°$；$V=45.38Å^3$，$Z=8$。

原子坐标：C，8a：0，0，0

具有金刚石型晶体结构的物质有：单晶硅、单晶锗、α- 锡等，基本性质见表 7-1。

表 7-1　金刚石及其等结构物质比较

物质名称	金刚石	单晶硅	锗	α- 锡
化学式	C	Si	Ge	Sn
a_0/ Å	3.567	5.431	5.623	6.489
H	10	7	6	5
$D/(g/cm^3)$	3.51	2.336	5.47	5.77
颜色	无色	黑色	淡灰色	白色
熔点 /℃	3550	1410	958	937
主要用途	超硬材料	半导体材料	半导体材料	焊锡材料
特点	由左至右，物质的共价键性逐步变弱			

（2）石墨（2H）

石墨的化学成分是碳，是金刚石的同质多象变体。六方晶系，点群 6/mmm，空间群 $P6_3/mmc$；晶格常数：$a=b=2.464Å$，$c=6.711Å$，$\alpha=\beta=90°$，$\gamma=120°$；$V= 35.2857Å^3$，$Z=4$（1975 年）。

原子坐标：C，2b：0, 0, 1/4

2c：1/3, 2/3, 1/4

石墨晶体结构中 C 的配位数是 3，配位多面体是平面三角形，$[CC_3]$ 三角形在二维方向共角顶连接成一个由 C 组成的六方网层，如图 7-8（b）所示。层内 C—C 间距为 0.142nm（与金刚石结构中 C—C 距离相当），而层间 C—C 的距离为 0.340nm。因此，石墨晶体结构为层状型结构，其结构单元层是由 C 组成的六方网层，根据结构单元层的堆垛方位不同，石墨有 2H 和 3R 两种多型，3R 型石墨在合成金刚石时容易转变成金刚石，使合成的产率提高。

（3）硅

单晶硅是一种非常重要的半导体材料，但单晶硅有多种同质多象变体，只有金刚石结构的单晶硅（立方相 -1）在微电子技术方面有广泛应用。几种单晶硅同质多象变体的晶体结构参数见表 7-2。它们的晶体结构特点见图 7-9。表 7-2 示出的 7 种同质多象变体中，立方相、六方相 -2、四方相和斜方相 -1 中 Si 的配位数皆为 4，但配位多面体的对称程度差别很大（见表 7-2 中各等效点系的对称），其晶体结构分别见图 7-9（a）、（b）、（e）和（f），具体表现在它们的键长和键角显著不同；而六方相 -1 中 Si 的配位数是 8，斜方相 -2 中 Si 的配位数有两种：10 和 11，这两种晶体结构见图 7-9（d）和（c）。

表 7-2　单晶硅同质多象变体的晶体结构参数

名称	晶体结构参数
立方相 -1	等轴晶系，空间群 $Fd\bar{3}m$（金刚石型结构） 晶格常数：$a=b=c=5.431$Å，$\alpha=\beta=\gamma=90°$；$V=160.1384$Å^3，$Z=8$（1962 年） 原子坐标：Si　8*a*：0，0，0
立方相 -2	等轴晶系，空间群 $Ia\bar{3}$ 晶格常数：$a=b=c=6.636$，$\alpha=\beta=\gamma=90°$；$V=292.2262$Å^3，$Z=16$（1964 年） 原子坐标：Si　16*c*：0.1003，0.1003，0.1003
四方相	四方晶系，空间群 $I4_1/amd$ 晶格常数：$a=b=4.686$ Å，$c=2.585$ Å，$\alpha=\beta=\gamma=90°$；$V=56.7630$ Å^3，$Z=4$（1963 年） 原子坐标：Si　4*a*：0，0，0
六方相 -1	六方晶系，空间群 P6/*mmm* 晶格常数：$a=b=2.549$Å，$c=2.383$Å，$\alpha=\beta=90°$，$\gamma=120°$；$V=13.4089$Å^3，$Z=1$（1994 年） 原子坐标：Si　l*a*：0，0，0
六方相 -2	六方晶系，空间群 $P6_3mc$（纤维锌矿型结构） 晶格常数：$a=b=4.04$Å，$c=6.6$Å，$\alpha=\beta=90°$，$\gamma=120°$；$V=93.2905$Å^3，$Z=4$（1976 年） 原子坐标：Si　2*b*：1/3，2/3，0　　Si　2*b*：1/3，2.3，0.375
斜方相 -1	斜方晶系，空间群 *Imma* 晶格常数：$a=4.737$Å，$b=4.502$Å，$c=2.550$Å，$\alpha=\beta=\gamma=90°$；$V=54.3812$Å^3，$Z=4$（1993 年） 原子坐标：Si　4*e*：0，0.25，0.192
斜方相 -2	斜方晶系，空间群 *Cmca* 晶格常数：$a=8.0242$Å，$b=4.7961$Å，$c=4.7760$Å，$\alpha=\beta=\gamma=90°$；$V=183.8037$Å^3，$Z=16$（1999 年） 原子坐标：Si　8*d*：0.218，0，0　　Si　8*f*：0，0.173，0.328

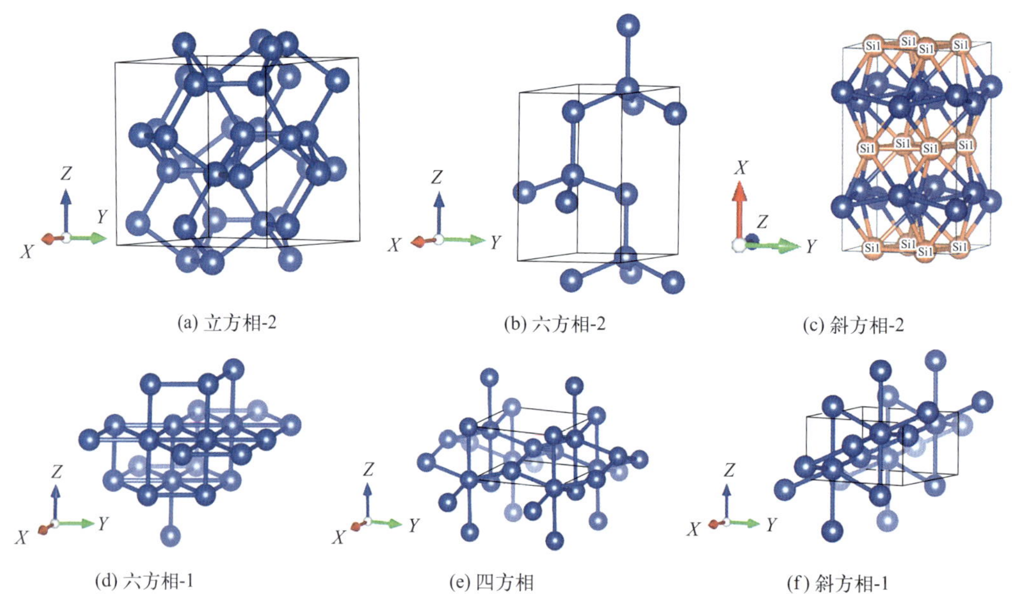

图 7-9　几种单晶硅同质多象变体的晶体结构

7.1.3 惰性气体的晶体结构

惰性气体以单原子分子存在。惰性气体原子有全充满的电子层，在低温下，原子与原子间通过微弱的范德华力凝聚成晶体，晶体结构呈等大球紧密堆积。He 有多种同位素，只有 ^{3}He 和 ^{4}He 是稳定的，其余均带有放射性，自然界中的氦以 ^{4}He 最多。^{3}He 和 ^{4}He 所属晶系也有所差异，^{3}He 属于 A_1 和 A_3 型结构，而 ^{4}He 属于 A_2 和 A_3 型结构。其余稀有气体氖（Ne）、氩（Ar）、氪（Kr）、氙（Xe）大多属于 A_1 型，如图 7-10 所示，图中（a）给出了 ^{4}He 的 A_1 晶体结构示意图，图（b）也给出了 Xe 的 A_1 晶体结构示意图。

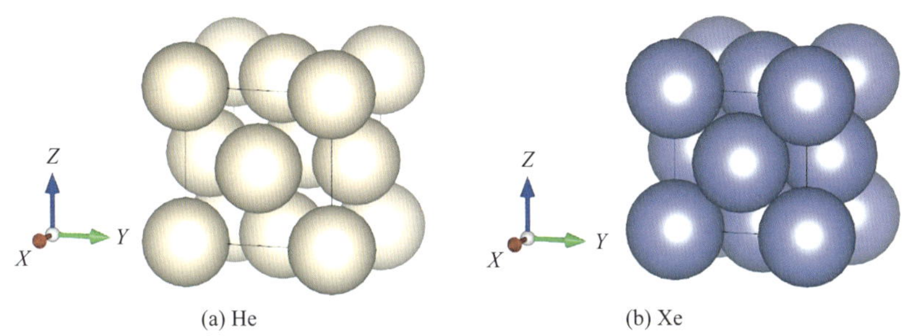

图 7-10　He 和 Xe 的晶体结构

7.2 典型无机化合物的晶体结构

7.2.1 AX 型

（1）NaCl 型

NaCl 结构属于等轴晶系，空间群为 $Fm\bar{3}m$；晶格常数：$a=b=c=5.628$Å，$\alpha=\beta=\gamma=90°$；$V=178.26$Å^3，$Z=4$（1965 年）。NaCl 晶体是典型的离子晶体，可以看成是 Cl^- 作面心立方最紧密堆积，Na^+ 填充全部八面体空隙。结构中 Cl^- 占据晶胞的角顶和每个面的中心，Na^+ 占据晶胞每一条棱的中点和体心，形成图 7-11 所示的晶体结构。Cl^- 和 Na^+ 的配位数均为 6，配位多面体为八面体。

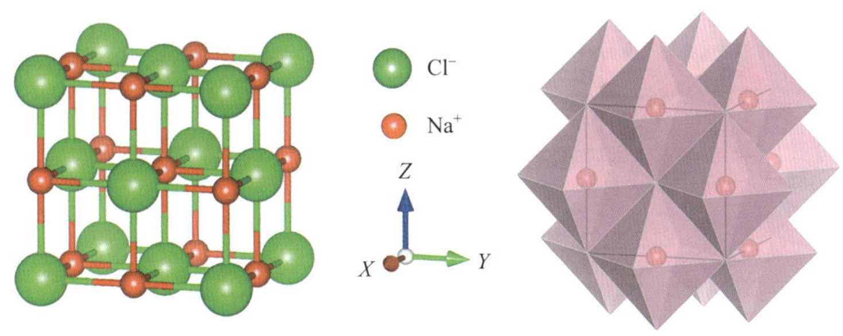

图 7-11　NaCl 的晶体结构

原子坐标：Cl，4*a*：0，0，0

Na，4*b*：0.5，0.5，0.5

具有 NaCl 型晶体结构的晶体较多。包括卤化物 AX，其中 A 代表 Li^+、Na^+、K^+、Rb^+、Ag^+ 等，X 为 F^-、Cl^-、Br^- 等；氢化物 AH，A 代表 Li^+、Na^+、K^+、Rb^+、Cs^+；氧化物 AO，A 代表 Mg^{2+}、Sr^{2+}、Ba^{2+}、Ca^{2+}、Ti^{2+}、Mn^{2+}、Fe^{2+}、Sn^{2+}、Pb^{2+} 等；硫化物 AS，A 代表

Mg^{2+}、Ba^{2+}、Ca^{2+}、Mn^{2+}、Pb^{2+} 等；硒化物 ASe，A 代表 Mg^{2+}、Ba^{2+}、Ca^{2+}、Pb^{2+} 等；碲化物 ATe，A 代表 Sr^{2+}、Ba^{2+}、Ca^{2+} 等。NaCl 型离子晶体稳定于 $r^+/r^- = 0.414 \sim 0.732$ 范围。一些离子性较弱的晶体，如部分碳化物和氮化物，也具有 NaCl 型晶体结构。

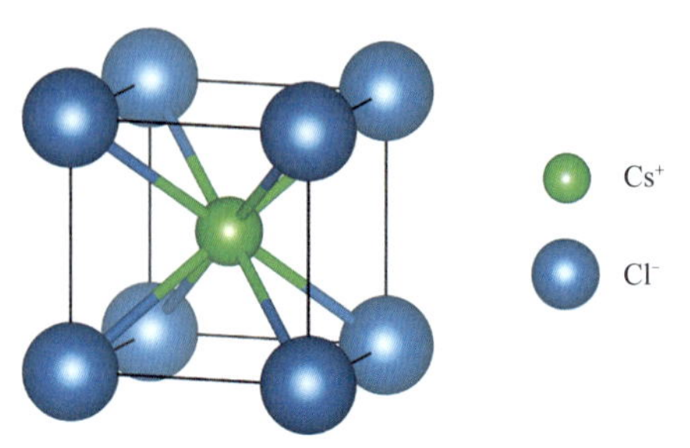

图 7-12　CsCl 的晶体结构

（2）CsCl 型

CsCl 结构属于等轴晶系，空间群为 $Pm\bar{3}m$；晶格常数：$a=b=c=4.1150$Å，$\alpha=\beta=\gamma=90°$；$V=69.68$Å^3，$Z=1$（1969 年）。CsCl 结构可看成是由 Cl^- 的立方原始格子与 Cs^+ 的立方原始格子套叠而成，一套格子嵌套在另一套格子的立方晶胞体心，Cl^- 和 Cs^+ 的配位数均为 8，配位多面体为立方体（图 7-12）。

原子坐标：Cs，1*a*：0，0，0

Cl，1*b*：0.5，0.5，0.5

当 AX 型化合物中 $r^+/r^- = 0.73 \sim 1$ 时，多为 CsCl 型结构。此时，由于阳离子较大导致阴离子不能形成最紧密堆积。CsBr、CsI、RbCl、ThTe、NH_4Cl、NH_4Br、NH_4I 等晶体都属于 CsCl 型结构。

（3）闪锌矿型

ZnS 有两种主要的晶体结构，一种是闪锌矿结构的 α-ZnS，另一种是纤锌矿结构的 β-ZnS。α-ZnS 闪锌矿的结构属于等轴晶系，空间群为 $F\bar{4}3m$；晶格常数：$a=b=c=5.415$Å，$\alpha=\beta=\gamma=90°$；$V=158.74$Å^3，$Z=1$（1955 年）。在 α-ZnS 晶体结构中，S^{2-} 为立方紧密堆积，Zn^{2+} 占据 1/2 的四面体空隙；晶胞内 S^{2-} 占据分布于单位晶胞的角顶及面心，如将一个晶胞分为 8 个小的立方体，则 Zn^{2+} 分布于相间的 4 个小立方体的中心，S^{2-} 和 Zn^{2+} 的配位数均为 4，配位多面体为四面体，见图 7-13。阴阳离子交换位置，结构是等效的。

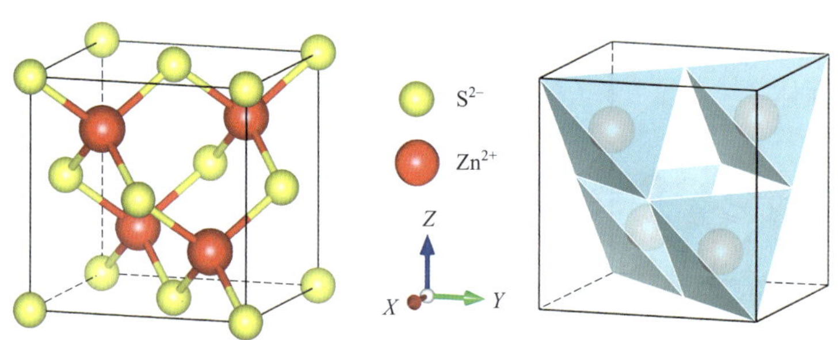

图 7-13　闪锌矿 ZnS 的晶体结构

原子坐标：S，4*a*：0，0，0

Zn，4*c*：0.25，0.25，0.25

闪锌矿型结构的晶体往往以共价键为主，共价键的方向性和饱和性使得配位数降低。硫族化合物中有很大一部分晶体结构是闪锌矿型结构，如 BeS、CdS、HgS、BeSe、BeTe、ZnSe、HgSe、ZnTe、CdTe 等；常见的Ⅲ～Ⅴ族半导体材料也具有闪锌矿型结构，如 AlP、GaP、AlAs、GaAs、AlSb、GaSb、InSb 等；CuCl、CuBr、CuI 等卤化物也具有闪锌矿型结构；另外，SiC、立方 BN 等晶体同样具有闪锌矿型结构。特别地，金刚石的晶体结构与闪锌矿结构非常相似，若将 Zn、S 都换成 C 即可得到金刚石结构。闪锌矿型结构是一个重要的半导体材料结构。

（4）纤锌矿型

纤锌矿结构的 β-ZnS 是闪锌矿结构的同质多象变体，具有 2*H*、4*H*、6*H*、8*H*、3*R* 等多达 154 种多型，分属于六方晶系和三方晶系。2*H* 多型的空间群为 $P6_3mc$；晶格常数：$a=b=3.818$Å，$c=6.260$Å，$\alpha=\beta=90°$，$\gamma=120°$；$V=79.03$Å^3，$Z=2$（1961 年）。在 2*H* 多型的 β-ZnS 晶体结构中，S^{2-} 为六方紧密堆积，Zn^{2+} 占据 1/2 的四面体空隙，四面体共角顶相连，S^{2-} 和 Zn^{2+} 的配位数均为 4，配位多面体为四面体，见图 7-14。

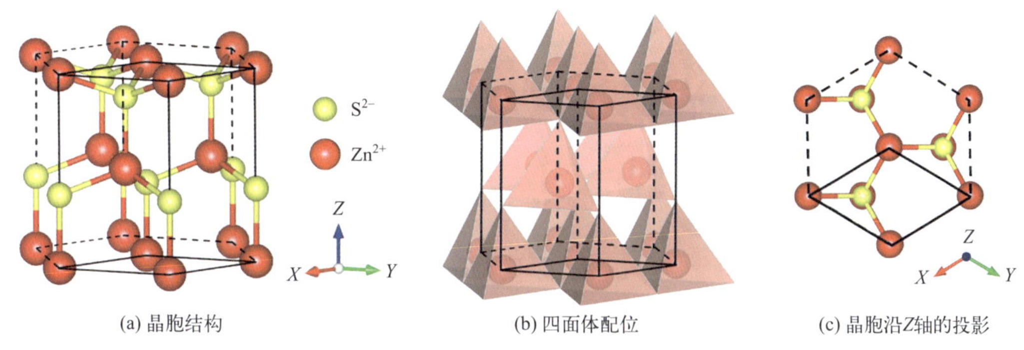

图 7-14　纤锌矿 ZnS 的晶体结构

原子坐标：Zn，2*a*：0，0，0

S，2*a*：0，0，0.375

β-ZnS 结构其他多型体的晶格常数在平行结构单元层两个方向上的 *a* 和 *b* 值相等，垂直结构单元层方向 *c* 值是结构单元层厚度的整数倍。纤锌矿型结构也是一个重要的半导体材料结构。比较常见的具有纤锌矿型结构的晶体有 AlN、GaN、InN、六方 BN、NbN、TaN 等氮化物；ZnO、BeO 等氧化物；CdS、CdSe、ZnS、ZnSe、ZnTe 等硫族化合物；以及 NH_4F、AgI、MnS、MnSe、MnTe 等卤化物。由于纤锌矿型结构的晶体没有中心对称性，它具有压电性，即在受到机械应力时会产生电荷极化。如纤锌矿型结构的 ZnO 等晶体在传感器等压电设备中有广泛应用。

7.2.2　AX_2 型

（1）CaF_2 型

自然界中的 CaF_2 晶体通常被称为萤石或氟石，属于等轴晶系，空间群为 $Fm\bar{3}m$；晶格常数：$a=b=c=5.463$Å，$\alpha=\beta=\gamma=90°$；$V=163.04$Å^3，$Z=4$（1988 年）。CaF_2 晶体中，Ca^{2+} 位于面心立方格子的角顶和面心，F^- 位于其晶胞所等分的 8 个小立方体体心（图 7-15）；F^- 为四面体配位，配位数为 4，Ca^{2+} 为立方体配位，配位数为 8。

原子坐标：Ca，4*a*：0，0，0

F，8*c*：0.25，0.25，0.25

萤石型结构的稳定范围为 $r^+/r^- > 0.732$。优质的 CaF_2 晶体是一种重要的光学材料，具有低折射率和宽透光范围（从紫外线到红外线），并且可以作为激光基质晶体。掺入 Sm^{2+} 的 CaF_2 是第一次实现四能级系统的激光工作物质，而掺 Dy^{2+} 的 CaF_2 晶体是早期实现激光连续输出的工作物质。

具有 CaF_2 型结构的晶体还有 SrF_2、BaF_2、PbF_2、HgF_2、$NaYF_4$、$KLaF_4$、$NaThF_6$、K_2VF_6、$AuAl_2$、$SiMg_2$、$GeMg_2$、CeO_2、ThO_2 以及高温下的 ZrO_2 和 HfO_2 等。

若将 CaF_2 结构中的正、负离子位置交换，即 A_2X，则得到反萤石型结构，此时阳离子的配位数为 4，阴离子的配位数为 8，如 Li_2O、Na_2S、Li_2S、Ag_2S、Cu_2S、Cu_2Se 等晶体结构。由于碱金属氧化物的键力较弱，因此这类反萤石晶体的熔点都比较低，且晶胞越大熔点越低。

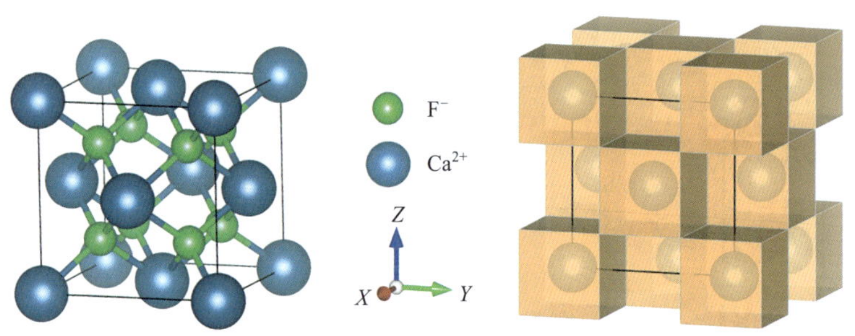

图 7-15 CaF_2 的晶体结构

（2）TiO_2 型

TiO_2 有三种构型，即金红石、锐钛矿和板钛矿，其中金红石相最为稳定。金红石型 TiO_2 属于四方晶系，空间群为 $P4_2/mnm$；晶格常数：$a=b=4.5941$Å，$c=2.9589$Å，$\alpha=\beta=\gamma=90°$；$V=62.45$Å^3，$Z=2$（1971 年）。金红石晶体结构表现为 O^{2-} 形成扭曲的六方紧密堆积，Ti^{4+} 位于半数的畸变八面体空隙中形成 $[TiO_6]$ 八面体，O^{2-} 的配位数为 3，Ti^{4+} 的配位数为 6；$[TiO_6]$ 八面体共棱联结成平行 Z 轴的链，链间由配位八面体共角顶相连，见图 7-16。

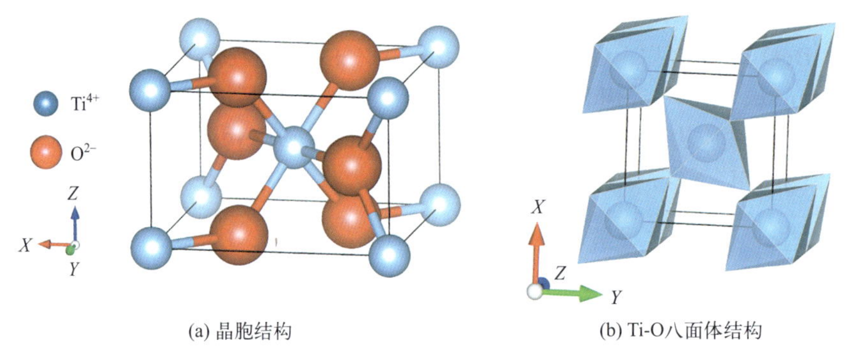

图 7-16 金红石型 TiO_2 的晶体结构

原子坐标：Ti，$2a$：0，0，0

O，$4f$：0.3057，0.3057，0

金红石型结构的稳定范围为 $r^+/r^- = 0.732 \sim 0.380$。金红石晶体具有很高的折射率和介电常数，常被用来作为陶瓷釉原料，也是无线电陶瓷的主要晶相之一。金红石型钛白粉和云母粉珠光颜料具有良好的耐候性、化学稳定性及光学性能。

具有 TiO_2 型结构的晶体主要有氟化物 MnF_2、FeF_2、PbF_2、ZnF_2、CoF_2、NiF_2、MgF_2

和氧化物 PbO_2、SnO_2、PbO_2、WO_2、OsO_2、IrO_2、RuO_2、VO_2、CrO_2、MnO_2，还有 $CaCl_2$、$CaBr_2$ 等卤化物。

（3）α-SiO_2 型

SiO_2 有两种常见的同质多象变体，即 α-SiO_2（低温石英）和 β-SiO_2（高温石英）。β-SiO_2 在 573 ～ 870℃范围内稳定存在，当温度低于 573℃将转变为 α-SiO_2，这种转变是可逆的。因此，自然界所见的石英往往是 α-SiO_2。通常未加特别说明的“石英”是指 α- 石英（α-SiO_2）。α-SiO_2 属于三方晶系，空间群为 $P3_121$（左形，有 3_1 螺旋轴）或 $P3_221$（右形，有 3_2 螺旋轴）；晶格常数：$a=b=4.913$ Å，$c=5.405$ Å，$\alpha=\beta=90°$，$\gamma=120°$；$V=113.01\text{Å}^3$，$Z=3$（1976 年）。α-SiO_2 晶体中的 Si 的 4 个 sp^3 杂化轨道分别与 4 个 O 的 p 轨道形成 4 个 σ 键，构成 [SiO_4] 四面体，四面体间共角顶连接，并平行于 Z 轴呈螺旋状分布（图 7-17），Si 的配位数为 4，O 的配位数为 2。

原子坐标：Si，3a：0.5301，0，0.3333

O，6c：0.4141，0.1640，0.1188

在晶胞中，六个 [SiO_4] 四面体分别位于晶胞的六个面上，Si 原子恰好位于面上，因此每个 [SiO_4] 四面体只有两个 O 原子在晶胞内；上下底面的 Si 原子位于底心，而相对的两个侧面上的 Si 原子或 [SiO_4] 四面体位于同一高度，所以每个晶胞有 3 个 Si 原子和 6 个 O 原子（图 7-17）。在 α-SiO_2 晶体中，顶角相连的 [SiO_4] 四面体绕平行于 Z 轴的螺旋轴形成螺旋上升的长链，没有封闭的环状结构。因此，在 α- 石英晶体中存在平行 Z 轴的螺旋轴 3_1（右旋）或 3_2（左旋）。但晶体结构上的左旋和右旋与习惯上按晶体外形区分的左右形正好相反，即按惯例认为右形的晶体在结构上却是左旋（3_2 螺旋轴）的，左形的晶体则是右旋的（3_1 螺旋轴）。

当温度高于 573℃时，Si—O—Si 键角发生变化，使晶体中的三次螺旋轴转变为六次螺旋轴，α-SiO_2 转变为 β-SiO_2，β-SiO_2 空间群为 $P6_42$，对称性高于 α-SiO_2。当温度高于 870℃时，β-SiO_2 变为鳞石英（六方晶系）；温度继续升高至 1470℃，鳞石英转变为方石英（立方晶系）。石英晶体还有多种同质多象变体，此处不进行讨论。

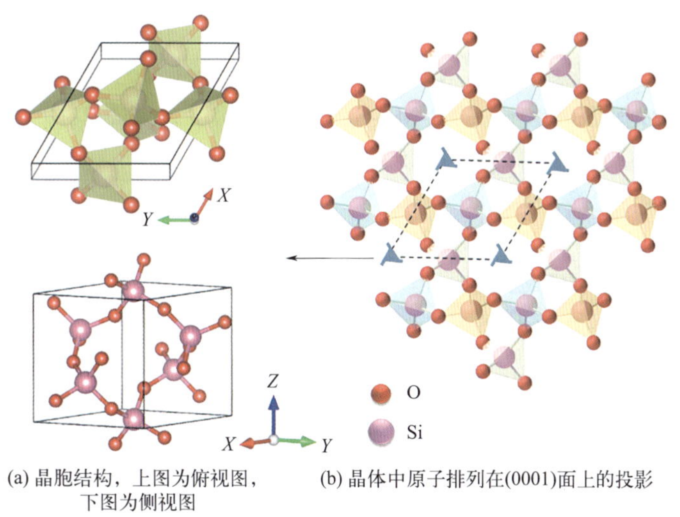

(a) 晶胞结构，上图为俯视图，下图为侧视图　　(b) 晶体中原子排列在(0001)面上的投影

图 7-17　α-SiO_2 的晶体结构

（4）FeS_2 型

自然界中的 FeS_2 晶体多以黄铁矿的形式存在，属于等轴晶系，空间群为 $Pa\overline{3}$；晶格常数：$a=b=c=5.41793Å$，$\alpha=\beta=\gamma=90°$；$V=159.04Å^3$，$Z=4$（1969 年）。黄铁矿结构可看成是由 NaCl 结构演变而来，即 Fe^{2+} 代替 Na^+，哑铃状对硫离子 $[S_2]^{2-}$ 代替 Cl^-，见图 7-18。Fe^{2+} 和 $[S_2]^{2-}$ 的配位数均为 6，但单个 S 的配位数为 4（一个 S 和三个 Fe）。

原子坐标：Fe，4*a*：0，0，0

S，8*c*：0.3840，0.3840，0.3840

黄铁矿晶体中，哑铃状对硫离子 $[S_2]^{2-}$ 的长轴方向与 1/8 晶胞小立方体的体对角线一致，在结构中交错排列但互不切割。这种交错配置也使得各方向键力相近，因而黄铁矿解理极不完全，硬度（6 ～ 6.5）较大。随着温度由低变高，黄铁矿的晶体形态依次为：立方体→立方体与五角十二面体聚形→八面体与五角十二面体聚形→八面体。FeS_2 的另一变体是白铁矿，斜方晶系，空间群 *Pmnn*，此处不作讨论。

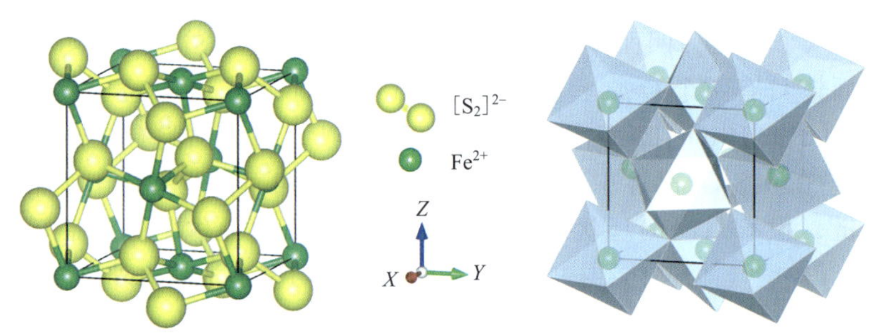

图 7-18　FeS_2 的晶体结构

（5）MoS_2 型

自然界中的 MoS_2 晶体被称为辉钼矿，具有层状晶体结构，一般有 2*H* 和 3*R* 两种多型。其中，2*H* 型 MoS_2 晶体更为常见，其空间群为 $P6_3/mmc$；晶格常数：$a=b=3.159Å$，$c=12.307Å$，$\alpha=\beta=90°$，$\gamma=120°$；$V=106.36Å^3$，$Z=2$（1979 年）。在 MoS_2 晶体的每一层内 Mo 和 S 通过共价键连接，而层与层之间则是靠范德华力结合。在每一层内，每个 Mo 原子和 6 个 S 原子构成一个三方柱配位结构，Mo 位于三方柱体中心（Mo 为 6 次配位，S 为 3 次配位），柱间彼此共棱连接成平行（0001）的 S-Mo-S 三明治结构层，见图 7-19（a）。

原子坐标：Mo，2*c*：1/3，2/3，0.25

S，4*f*：1/3，2/3，0.6210

MoS_2 结构中可以将每一层的 Mo 原子看成是按照接近紧密堆积的方式进行排列，而上下两层 S 原子也按同样的方式排列，但 S 原子的位置恰好位于半数 Mo 原子间隙的上方或下方（上下两层 S 原子的水平位置是重叠的）。当三明治结构层沿 *Z* 轴方向堆垛时，第二层结构中的 Mo 原子恰好位于第一层结构中 S 原子的位置，而第二层结构中的 S 原子则恰好位于第一层结构中 Mo 原子的位置，形成 ABAB…的堆垛方式，即 2*H* 型 MoS_2 晶体，见图 7-19（c）。2*H* 型 MoS_2 晶体中原子排列在（0001）面上的投影如图 7-19（b）所示。若 S-Mo-S 三明治结构层在 *Z* 轴方向按照 ABCABC…的方式进行堆垛，则形成 3*R* 型（三方晶系）结构，见图 7-19（d）。此外，MoS_2 还存在 2*H*+3*R* 混合型结构。

$MoSe_2$、$MoTe_2$、WS_2、WSe_2、$NbSe_2$ 等晶体都具有 MoS_2 型晶体结构。由于层与层之间

的作用力很微弱，MoS_2 晶体在平行（0001）面发育极完全解理，晶体呈片状或板状。也正是由于其在平行（0001）面的完全解理属性，使得这一大类材料被广泛用作二维原子晶体材料。

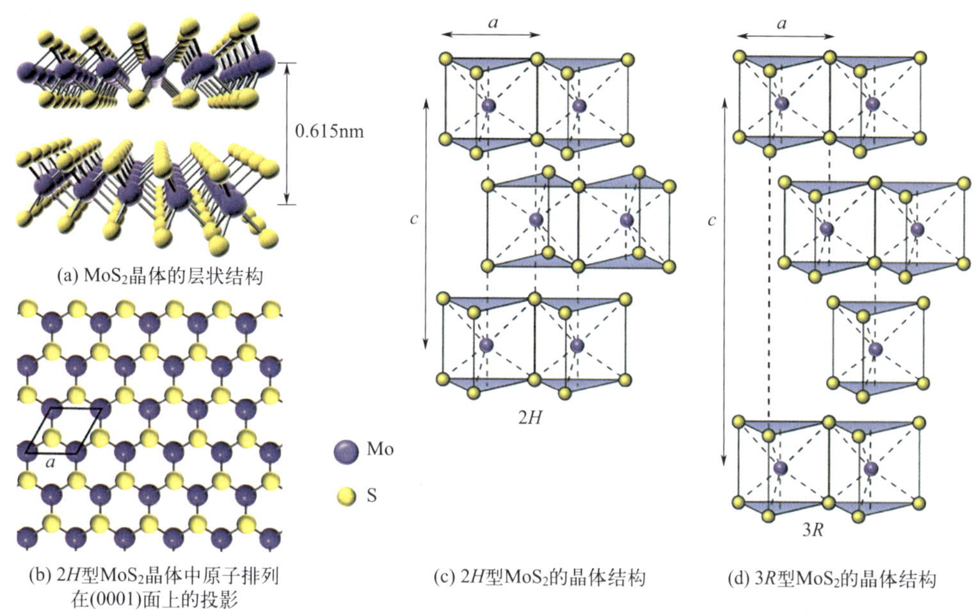

(a) MoS_2晶体的层状结构

(b) 2*H*型MoS_2晶体中原子排列在(0001)面上的投影

(c) 2*H*型MoS_2的晶体结构

(d) 3*R*型MoS_2的晶体结构

图 7-19　MoS_2 的晶体结构

7.2.3　A_2X_3 型

A_2X_3 型的晶体大都是离子化合物，其中最常见的是 α-Al_2O_3 型结构，通常被称为刚玉。α-Al_2O_3 属于三方晶系，空间群为 $R\bar{3}c$；晶格常数：$a=b=4.7607$Å，$c=12.9947$Å，$\alpha=\beta=90°$，$\gamma=120°$；$V=255.06$Å^3，$Z=9$（1978 年）。α-Al_2O_3 晶体中 O^{2-} 作六方最紧密堆积，Al^{3+} 占据相邻两层 O^{2-} 之间 2/3 的八面体空隙［图 7-20（a）］，形成 $[AlO_6]$ 八面体。在 *Z* 轴方向，$[AlO_6]$ 八面体共面连接，且每隔两个充填 Al 的八面体就有一个空心的八面体（空隙未被 Al^{3+} 占据），见图 7-20（b）。由于两个较为靠近的 Al^{3+} 具有较强的斥力，使相邻两层 O^{2-} 之间的 Al^{3+} 并不处于同一水平面内［图 7-20（b）］，从而导致 Al-O 八面体发生扭曲，形成的 $[AlO_6]$ 八面体沿 *Z* 轴方向构成三次螺旋轴。

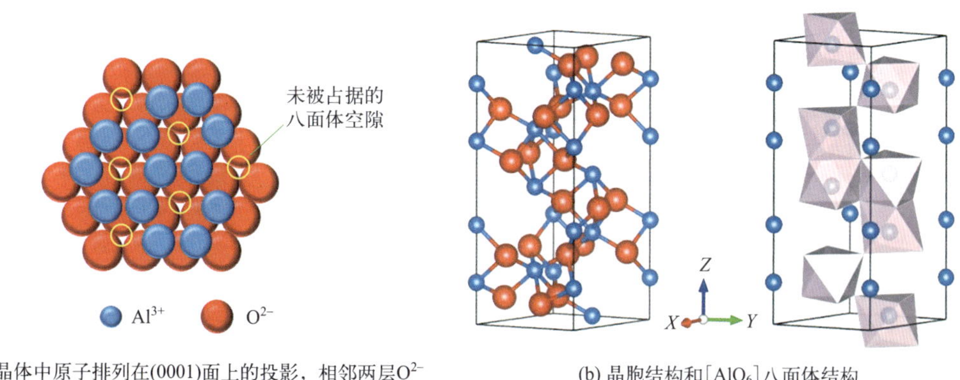

(a) 晶体中原子排列在(0001)面上的投影，相邻两层O^{2-}和Al^{3+}的原子排列情况(1/3的八面体空隙未被占据)

(b) 晶胞结构和$[AlO_6]$八面体结构

图 7-20　α-Al_2O_3 的晶体结构

原子坐标：Al，12c：0，0，0.1478

O，18e：0.3061，0，0.25

纯净的 α-Al_2O_3 晶体为无色透明的绝缘体。因为 Al—O 键具有离子键向共价键过渡的性质（共价键约占 40%），从而使刚玉具有共价键化合物的特征。较强的化学键也使得 α-Al_2O_3 具有很高的硬度（莫氏硬度为 9）和稳定的化学性质，无解理，也不易被腐蚀。具有 α-Al_2O_3 型结构的还有 α-Fe_2O_3、α-Ga_2O_3、Ti_2O_3、Cr_2O_3、Rh_2O_3、Co_2O_3 等晶体。

7.2.4 ABX_3 型

（1）钙钛矿（$CaTiO_3$）型

钙钛矿最早是指 $CaTiO_3$ 的天然矿物晶体，后来发现有一大类晶体具有钙钛矿型（ABO_3，A、B 分别为两种金属阳离子，A 的离子半径比 B 的离子半径大）结构。钙钛矿型氧化物晶体在超导体、铁电体、离子导体等领域已经被广泛研究和应用。$CaTiO_3$ 在约 1400℃以上为等轴晶系，空间群为 $Pm\bar{3}m$；晶格常数：$a=b=c=3.8967Å$，$\alpha=\beta=\gamma=90°$，$V=59.17Å^3$，$Z=1$（2005 年）。在约 1100℃以下转变为斜方晶系，空间群为 $Pbnm$；晶格常数：$a=5.3796Å$，$b=5.4423Å$，$c=7.6401Å$，$\alpha=\beta=\gamma=90°$；$V=223.68Å^3$，$Z=4$（1987 年）。等轴晶系钙钛矿的原子占位如下：

原子坐标：Ti，1b：0.5，0.5，0.5

Ca，1a：0，0，0

O，3b：0.5，0.5，0

在 $CaTiO_3$ 的高温（1400 ℃以上）结构中，可看成是 Ca^{2+} 和 O^{2-} 作最紧密堆积，Ti^{4+} 充填其中的八面体空隙。Ca^{2+} 位于立方晶胞的顶角，6 个 O^{2-} 位于面心，Ti^{4+} 位于 6 个 O^{2-} 形成的八面体中心，见图 7-21（a）。整个结构也可以看成是 [TiO_6] 八面体在三个晶轴方向以共角顶的方式相连，而 Ca^{2+} 填充于相邻的 8 个八面体形成的空隙中，见图 7-21（b）。其中，Ca^{2+} 的配位数为 12，O^{2-} 的配位数为 6，Ti^{4+} 的配位数为 6。此时，$CaTiO_3$ 晶体属于等轴晶系，称为理想钙钛矿结构。

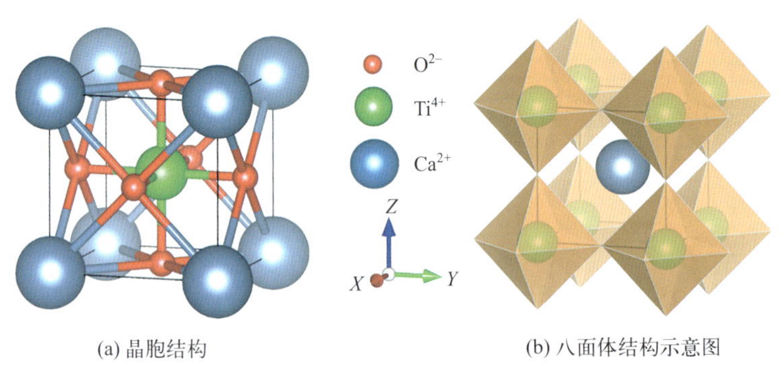

(a) 晶胞结构　　(b) 八面体结构示意图

图 7-21　$CaTiO_3$ 的晶体结构

由于 Ca^{2+} 与 O^{2-} 的离子半径差异较大，导致 $CaTiO_3$ 结构的对称性较同种原子构成的紧密堆积结构对称性低，因此理想钙钛矿结构的空间群为 $Pm\bar{3}m$，而不是 $Fm\bar{3}m$；在低温下，这种离子大小的差异会引起晶格发生畸变，[TiO_6] 八面体发生轻微的旋转和倾斜，从而使 $CaTiO_3$ 的晶体对称性降低，成为斜方晶系。

具有理想钙钛矿型结构的晶体包括 $SrTiO_3$、$KTaO_3$、$BaTiO_3$（高温）、$LaAlO_3$（高温）、$PbTiO_3$（高温）、$KNbO_3$（高温）、$NaNbO_3$（高温）等晶体。但有许多这种类型的结构在室温下往往扭曲成四方、斜方甚至单斜晶系的晶体。结构扭曲往往导致晶体出现压电、热释电和非线性光学性质，成为十分重要的功能晶体。当温度升高时，扭曲的结构可以转变为理想的立方钙钛矿结构。若将 ABX_3 的 X 变为卤族元素，则会形成卤化物钙钛矿结构，这类材料在太阳能电池领域有潜在的应用前景。

（2）$CaCO_3$ 型

方解石和文石为 $CaCO_3$ 的两种同质多象晶型。在碳酸盐类矿物中，随着阳离子从 Co^{2+}、Zn^{2+}、Mg^{2+}、…、Ba^{2+}，半径逐渐增大，晶体结构也发生相应变化，从方解石型结构变为文石型结构。Ca^{2+} 的离子半径恰好位于晶体结构从方解石型向文石型结构转变的临界点，从而导致 $CaCO_3$ 可以具有这两种晶体结构。

① 方解石型结构：方解石属于三方晶系，空间群为 $R\bar{3}cR$；其菱面体晶胞的晶格常数为：$a=b=c=6.36Å$，$\alpha=\beta=\gamma=46°1'$；$V=121.86Å^3$，$Z=2$（1920 年）。当转化为六方（双重体心）格子时空间群为 $R\bar{3}cH$；晶格常数为：$a=b=4.9803Å$，$c=17.0187Å^3$，$\alpha=\beta=90°$，$\gamma=120°$；$V=365.57Å^3$，$Z=6$（1920 年）。

菱面体格子原子坐标：Ca，2*b*：0.50，0.50，0.50

C，2*a*：0.25，0.25，0.25

O，6*e*：0.50，0，0.25

双重体心格子原子坐标：Ca，6*b*：0，0，0

C，6*a*：0，0，0.25

O，18*e*：0.25，0，0.25

方解石型结构可以看成是 NaCl 型结构的衍生结构：即将 NaCl 结构中的 Na^+ 和 Cl^- 分别用 Ca^{2+} 和 $[CO_3]^{2-}$ 取代，而 $[CO_3]^{2-}$ 平面三角形在垂直于体对角线方向（三次轴方向）的平面内平行排列（相邻两层 $[CO_3]^{2-}$ 平面三角形呈反向平行排列），导致其原有的面心立方晶胞沿体对角线方向压缩而呈钝角菱面体状（各棱间夹角为 101°55′），见图 7-22（a）。Ca^{2+} 和 $[CO_3]^{2-}$ 的配位数均为 6，Ca^{2+} 形成配位八面体，C 形成配位三角形。

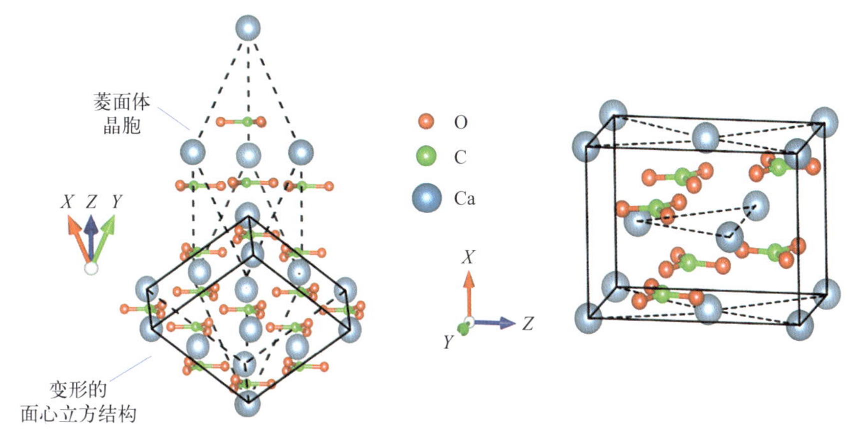

(a) 方解石，其中钝角菱面体为沿体对角线方向压缩变形的面心立方晶胞，锐角菱面体为方解石的菱面体晶胞

(b) 文石

图 7-22 $CaCO_3$ 的晶体结构

由于在钝角菱面体的每个面上正好是电中性的，方解石晶体平行于这些面网的晶面是完全解理的，从而导致其晶体解理块的形状也呈钝角菱面体形状。由于在 $[CO_3]^{2-}$ 平面内的偏振光的折射率远大于垂直此平面偏振光的折射率，方解石晶体具有很高的双折射率，在各种偏光器件中有着广泛应用。Co、Zn、Mg、Fe、Mn 等的碳酸盐，Li、Na、K、Rb 等的硝酸盐，以及 Sc、Lu、Y 的硼酸盐均有方解石型结构。

② 文石型结构：文石属于斜方晶系，空间群为 *Pmcn*；晶格常数：a=4.9598Å，b=7.9641Å，c=5.7379Å，$\alpha=\beta=\gamma=90°$；V=226.65Å^3，Z=4（1971 年）。空间群转化为 *Pnma* 时，其晶格常数为：a=5.7379Å，b=4.9598Å，c=7.9641Å。后者结构中的原子占位如下。

原子坐标：Ca，4c：0.24026，0.25，0.58507

C，4c：0.0852，0.25，0.2386

O，4c：0.0957，0.25，0.077

O，8d：0.0869，0.0263，0.3196

在文石晶体中，Ca^{2+} 按六方紧密堆积的方式排列，$[CO_3]^{2-}$ 位于八面体空隙中，但并不位于八面体空隙中心，而是在 c 轴方向处于两层 Ca^{2+} 层间距的 1/3 和 2/3 处，见图 7-22（b）。C 的配位数为 3（$[CO_3]^{2-}$ 形成三角形结构）；Ca^{2+} 周围有 6 个 $[CO_3]^{2-}$，但有 9 个 O 与其相接触，配位数为 9；每个 O 与 3 个 Ca 和 1 个 C 联结，配位数为 4。$SrCO_3$、$PbCO_3$、$BaCO_3$、$SmCO_3$、$LaBO_3$、$CeBO_3$、$PrBO_3$、$NdBO_3$、$SmBO_3$、KNO_3 等晶体都具有文石型结构。

7.2.5 ABX_4 型

（1）$ZrSiO_4$ 型

$ZrSiO_4$ 晶体常被称为锆石，四方晶系，空间群为 $I4_1/amd$；晶格常数：$a=b$=6.607Å，c=5.982Å，$\alpha=\beta=\gamma=90°$；V=261.13Å^3，Z=4（1971 年）。锆石结构中 Zr 与 Hf 呈完全类质同象。天然锆石中常含有放射性元素 U 和 Th。

原子坐标：Zr，4a：0，0.75，0.125

Si，4b：0，0.25，0.375

O，16h：0，0.0661，0.1953

锆石结构中 Zr 为八次配位，$[ZrO_8]$ 配位多面体由 12 个三角形（也称畸变立方体）围成，$[SiO_4]$ 四面体呈孤立岛状。锆石结构可看成是孤立的 $[SiO_4]$ 通过 Zr^{4+} 联结在一起，且两者在 Z 轴方向相间排列；或者看作是由 $[SiO_4]$ 变形四面体和由立方体畸变而成的 $[ZrO_8]$ 在 Z 轴方向相间排列成链，在 Y 轴方向共棱紧密相连而成，见图 7-23。$HfSiO_4$、$CaCrO_4$、$TaBO_4$ 等晶体具有锆石结构。

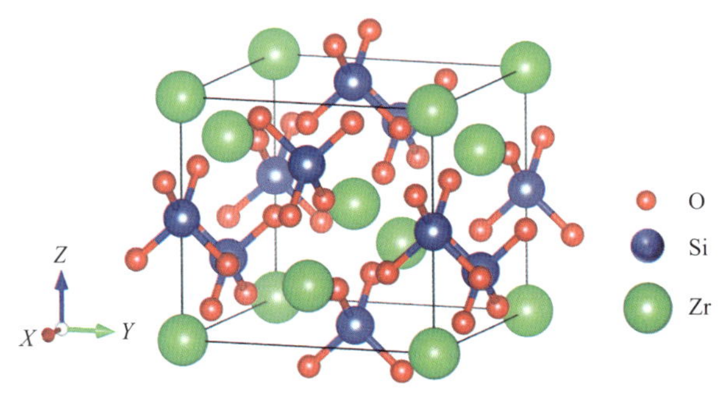

图 7-23　$ZrSiO_4$ 的晶体结构

（2）$BaSO_4$ 型

$BaSO_4$ 晶体为斜方晶系，空间群为 *Pnma*；晶格常数：a=8.884Å，b=5.458Å，c=7.153Å，$\alpha=\beta=\gamma=90°$；V=346.84Å^3，Z=4（1967 年）。结构中 $[SO_4]^{2-}$ 四面体孤立存在，与 Ba^{2+} 相间排列，Ba 的配位数为 12。晶胞结构如图 7-24 所示。$BaSO_4$ 在 1149 ℃以上转变为高温六方相。

原子坐标：Ba，4c：0.1846，0.25，0.6581

S，4c：0.063，0.25，0.1914

O，4c：0.4122，0.25，0.3938

O，4c：0.1808，0.25，0.0515

O，8d：0.0814，0.0298，0.3190

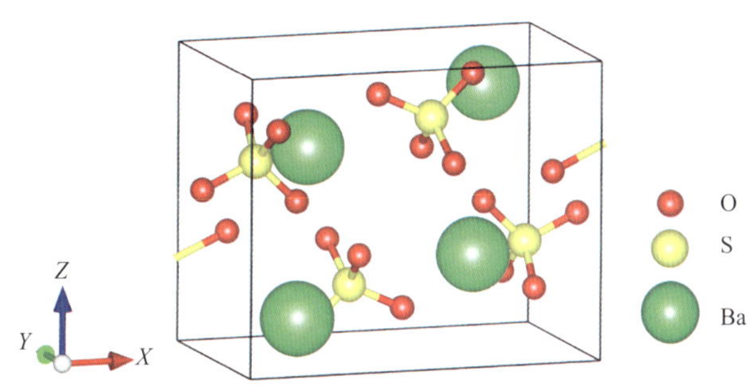

图 7-24　$BaSO_4$ 的晶体结构

（3）$CaWO_4$ 型

自然界中的 $CaWO_4$ 称为白钨矿，四方晶系，空间群为 $I4_1/a$；晶格常数 $a=b$=5.243Å，c=11.376Å，$\alpha=\beta=\gamma=90°$；V=312.72Å^3，Z=4（1967 年）。

原子坐标：W，4a：0，0，0

Ca，4c：0，0.5，0.75

O，16f：0.1504，0.2585，0.3361

白钨矿晶体结构为扁平的 $[WO_4]$ 四面体和 Ca^{2+} 沿 Z 轴方向相间排列而成；在垂直于 Z 轴的平面内可以看成是 $[WO_4]$ 四面体和 Ca^{2+} 沿 [110] 晶向（面对角线方向）相间排列，如图 7-25 所示。白钨矿晶体是一种激光基质晶体，掺入 Nd^{3+}（1% ～ 5%）可成为激光工作物质。$KRuO_4$、$YbAsO_4$、$CeGeO_4$ 等晶体也具有 $CaWO_4$ 型结构。

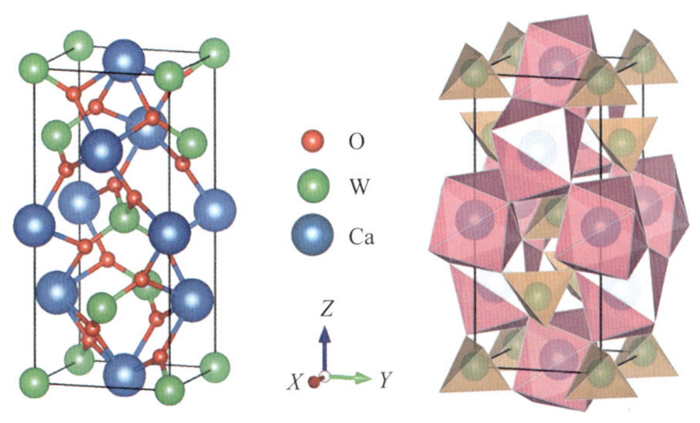

图 7-25　$CaWO_4$ 的晶体结构

7.2.6 AB_2O_4 型

自然界中镁铝氧化物 $MgAl_2O_4$ 的矿物晶体被称为尖晶石，具有玻璃光泽，硬度 8，可作为宝石。尖晶石属于等轴晶系，空间群为 $Fd\bar{3}m$；晶格常数：$a=b=c=8.075Å$，$\alpha=\beta=\gamma=90°$；$V=526.54Å^3$，$Z=8$（1968 年）。

原子坐标：Mg，8*a*：0，0，0

Al，16*d*：0.625，0. 625，0. 625

O，32*e*：0.389，0.389，0.389

有一大类晶体具有尖晶石型结构，化学通式为 AB_2O_4，其中 A 为 +2 价的 Mg^{2+}、Fe^{2+}、Zn^{2+}、Mn^{2+} 等，B 为 +3 价的 Fe^{3+}、Al^{3+}、Cr^{3+} 等。

在尖晶石型晶体中，O^{2-} 作立方最紧密堆积（面心立方堆积），A^{2+} 阳离子占据 1/8 的四面体空隙，$[AO_4]$ 四面体在结构中间隔地成层分布，在同一层内，邻近的四面体的顶点相互反向。B^{3+} 阳离子占据 1/2 的八面体空隙，形成 $[BO_6]$ 八面体，$[BO_6]$ 八面体亦成层分布。间隔性地，一个层的八面体全部被占据，一个层的半数八面体被占据，后者和 $[AO_4]$ 四面体同层。在 [111] 方向，由 $[BO_6]$ 八面体单纯构成的层与由 $[AO_4]$ 四面体和 $[BO_6]$ 八面体共同组成的层交替排列形成尖晶石结构。$MgAl_2O_4$ 的晶体结构见图 7-26。

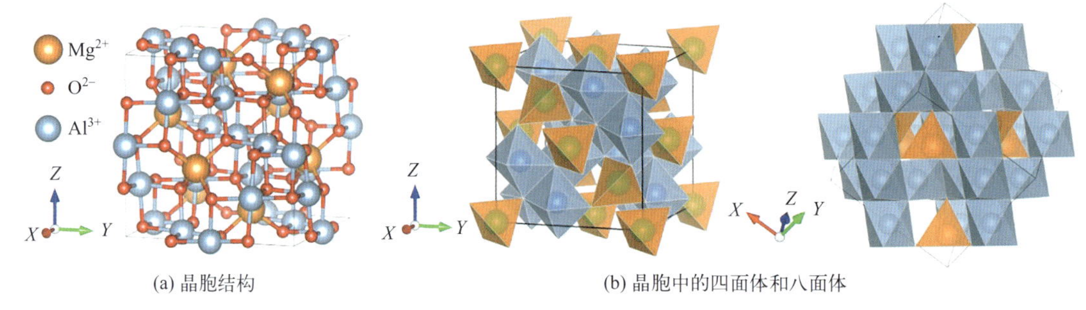

(a) 晶胞结构　　(b) 晶胞中的四面体和八面体

图 7-26　$MgAl_2O_4$ 的晶体结构

根据结构中 A、B 两种阳离子在 O^{2-} 形成的空隙中的占位情况不同，可以将尖晶石型结构进一步划分为 3 种类型：

① 正尖晶石型结构：用通式 $A[B_2]X_4$ 表示，即单位晶胞中 8 个 +2 价的 A 离子占据四面体位置，16 个 +3 价的 B 离子占据八面体位置，代表晶体是尖晶石 $MgAl_2O_4$。

② 反尖晶石型结构：用通式 $B[AB]X_4$ 表示，即单位晶胞中有 8 个 +3 价的 B 离子占据四面体位置，剩下的 8 个 +3 价的 B 离子和 8 个 +2 价的 A 离子共同占据八面体位置，代表晶体是磁铁矿 $[Fe^{3+}(Fe^{2+}Fe^{3+})_2O_4]$。

③ 混合尖晶石型结构：用通式 $A_{1-x}B_x[A_xB_{2-x}]X_4$ 表示，即结构中四、八面体空隙被 A^{2+} 和 B^{3+} 无序占据，代表晶体是 $MgFe_2O_4$ 和 $MnFe_2O_4$ 等。

7.2.7 $A_2B_2O_7$ 型

通常用 $A_2B_2O_7$ 来表示烧绿石的结构，理想有序烧绿石的晶体结构见图 7-27 和图 7-28（a），结构中 A^{3+} 和 B^{4+} 阳离子分别位于 16*c*(0, 0, 0) 和 16*d*(0.5, 0.5, 0.5) 等效位置并形成有序的立方密堆积排列；六个 O^{2-}(O1) 占据 48*f* (*x*, 0.125, 0.125) 等效位置，与两个 B^{4+}、两个 A^{3+} 配位；一个 O^{2-}(O2) 占据 8*b*(0.375, 0.375, 0.375) 等效位置，与四个 A^{3+} 配位；8*a* 是空位，

被四个 B^{4+} 包围，因而形成了四面体阴离子空位的有序排列。有序烧绿石结构中 48*f* 等效位置的位置参数 x 值，主要取决于 A^{3+} 的半径，x 值不同时对 $A_2B_2O_7$ 的结构稳定性具有影响，且 A、B 位阳离子的配位多面体形状也会随着 x 值逐渐发生变化。

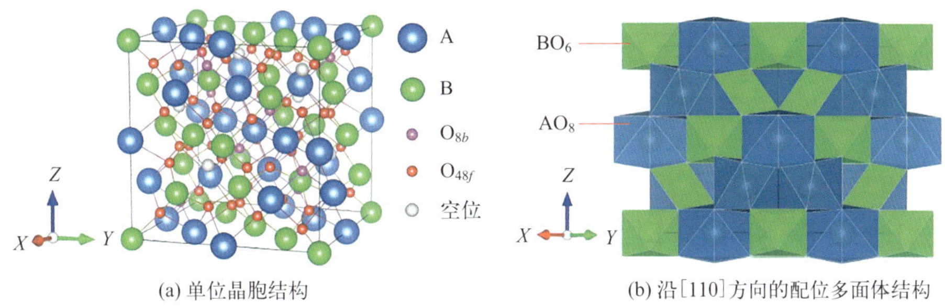

(a) 单位晶胞结构　　(b) 沿[110]方向的配位多面体结构

图 7-27　$A_2B_2O_7$ 理想有序烧绿石晶体结构

$A_2B_2O_7$ 烧绿石的组成也可以写成 $A_2B_2O_6O'$，可看成是由［BO_6］以共顶点的形式沿立方晶胞 [110] 方向联结构成的三维框架［见图 7-27（b）］，间隙位置填充有 A 和 O′。在晶格内可能发生以下变化：A 位阳离子存在部分空缺，形成 $A_{2-x}B_2O_6O'$；O′完全空缺，形成 $A_2B_2O_6$；O′和 A 同时存在空缺，形成 AB_2O_6。以上三种氧化物被称为缺陷烧绿石，缺陷烧绿石结构中 A 位阳离子和 O′的缺失，可导致晶体中缺陷的产生，由此产生不同的物理化学性质，但不会对［BO_6］八面体框架的稳定性造成影响，并保持着与烧绿石结构相同的［BO_6］三维框架，这种独特的缺陷结构在某些领域具有应用价值。

$A_2B_2O_7$ 烧绿石复杂开放的结构使其具有宽泛的化学组成，A、B 晶格位可容纳多种价态和半径的阳离子（A^{3+}、B^{4+} 或 A^{2+}、B^{5+}），A 位通常由较大的三价或四价镧系和锕系元素占据，B 位为具有 3d、4d 和 5d 轨道的过渡金属元素，典型的有 Zr、Ti、Hf 和 Sn。A、B 位的阳离子半径分别在 0.087 ～ 0.151nm 和 0.040 ～ 0.078nm 范围，阳离子半径比值 r_A/r_B 介于 1.29 至 2.30 之间。根据 A、B 位阳离子半径比值 r_A/r_B 的大小，$A_2B_2O_7$ 烧绿石具有三种不同的结构类型，当 $1.46 < r_A/r_B < 1.78$ 时，为立方有序的烧绿石型结构［P 型，图 7-28（a）］；当 $r_A/r_B < 1.46$ 时，为无序的缺陷萤石型结构［F 型，图 7-28（b）］；若 $r_A/r_B > 1.78$，为单斜结构。

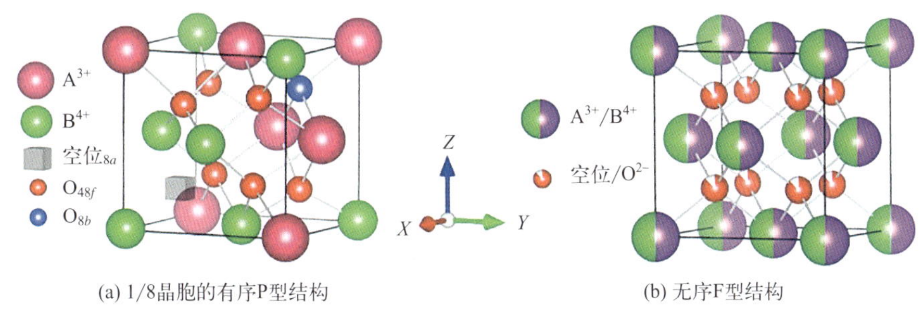

(a) 1/8晶胞的有序P型结构　　(b) 无序F型结构

图 7-28　$A_2B_2O_7$ 有序 P 型结构和无序 F 型结构

有序 P 型和无序 F 型的晶体结构对比图如图 7-28 所示。有序 P 型结构中 A 和 B 位阳离子的排列是规律的，其 1/8 晶胞中 A、B 位阳离子分别从体对角线两端顶点开始沿面对角线分布［见图 7-28（a）］；无序 F 型结构中 A^{3+}、B^{4+} 位阳离子相互混合占位，O^{2-} 和空位也相互混合占位［见图 7-28（b）］。有序 P 型结构的单位晶胞体积通常是无序 F 型结构单位晶胞的 8 倍，晶胞参数通常为无序 F 型结构晶胞参数的 2 倍。有序 P 型结构的空间群为 $Fd\bar{3}m$，单胞分子数 $Z=8$，共有 56 个阴离子和 32 个阳离子；无序 F 型结构的空间群为 $Fm\bar{3}m$，单胞分子数 $Z=1$，共有 7 个阴离子和 4 个阳离子。因此，有序 P 型结构实际上是无序 F 型结构的一种超结构，这种结构也可以描述为阴离子不足、空穴有序的萤石。有序 P 型结构在一定条件（温度、压力和离子辐照）下可以变成无序 F 型结构，$A_2B_2O_7$ 烧绿石化合物的这种有序 P 型 - 无序 F 型相转变一直是材料学界研究的热点。

7.3 新能源材料的晶体结构

7.3.1 $LiCoO_2$ 型

$LiCoO_2$ 的中文名称也称钴酸锂、氧化钴锂或锂钴氧，是最早商业化应用的锂离子电池正极材料之一。$LiCoO_2$ 有多种晶型，其中高温相为层状结构（HT-$LiCoO_2$），有 O3 和 O2 型两种，低温相（LT-$LiCoO_2$）则为立方尖晶石型结构。O3 型中的 O 代表八面体（octahedral），3 代表每个单胞中 MO_2 的层数；O3 型的 HT-$LiCoO_2$ 为热力学稳定结构，其电化学性能要明显优于其他结构，因此被广泛研究并应用于工业。

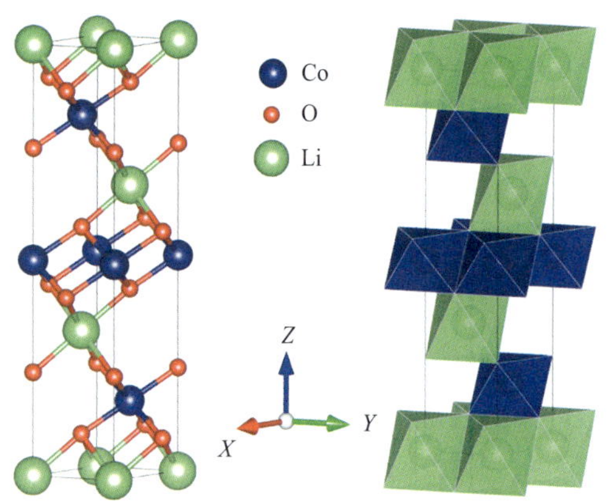

图 7-29　$LiCoO_2$ 的 O3 型晶体结构

O3 型的 HT-$LiCoO_2$ 为 α-$NaFeO_2$ 型结构（图 7-29），属三方晶系，空间群为 $R\bar{3}m$；晶格常数：$a=b=2.8156(6)$Å，$c=14.0542(6)$Å，$\alpha=\beta=90°$，$\gamma=120°$；$V=96.49$Å^3，$Z=3$（2007 年）。O3 型结构中，O 沿 [001] 方向呈现立方密堆积（ABCABC…），但是由于 Li^+ 和 Co^{3+} 与氧原子层的作用力不同，晶格排列畸变为三方晶系。其中，阴离子 O^{2-} 位于 $6c$ 位，阳离子 Li^+ 和 Co^{3+} 分别位于 $3a$ 位和 $3b$ 位，有序地交替占据 O 形成的八面体间隙，Li、Co 和 O 层各自为层状排列。该材料作为锂离子电池正极材料时，由于 Co—O 键作用力强于 Li—O 键，有助于充放电过程中 Li^+ 在 CoO_2 层间的可逆脱出和嵌入，实现锂离子电池的可逆充放电，在锂脱出时，Co 价态从 +3 变为 +4 价，维持电荷平衡，同时晶体结构保持相对稳定。

原子坐标：Li，$3a$：0，0，0
　　　　　Co，$3b$：0，0，0.5
　　　　　O，$6c$：0，0，0.23968(6)

7.3.2 $LiMn_2O_4$ 型

$LiMn_2O_4$ 是另一种在锂离子电池应用领域中商业化应用的正极材料，该材料具有三维锂离子输运通道，因此有优良的离子电导性能。

理想的 $LiMn_2O_4$ 具有尖晶石型结构（图 7-30），属于立方晶系，空间群为 $Fd\bar{3}m$；晶格常数：$a=b=c=8.2473(10)$Å，$\alpha=\beta=\gamma=90°$；$V=560.96$Å^3，$Z=8$（2006 年）。晶体结构中 O^{2-} 为

面心立方密堆积结构（ABCABC…），每个晶胞含有 32 个氧原子、8 个锂原子和 16 个锰原子。结构中 Li^+ 和 $Mn^{3+/4+}$ 分别占据 O^{2-} 堆积形成的四面体空隙和八面体空隙位置。若一个晶胞由 8 个亚立方晶胞构成，则存在四个八面体空隙和八个四面体空隙，其中八个 Li^+ 位于八个四面体空隙，两个 $Mn^{3+/4+}$ 位于两个八面体间隙，而 O^{2-} 则占据立方面心结构的角顶和面心位置。$LiMn_2O_4$ 的 $[Mn_2O_4]$ 框架结构可为 Li^+ 的插入和脱出提供三维通道，其中 75% 的金属阳离子占据氧堆积的 AB 层中，另外 25% 的金属阳离子占据 C 层，在 Li^+ 脱出时，有足够阳离子提供高键能来维持理想的氧的框架结构。此外，在 Li^+ 的插入 / 脱出过程中，$LiMn_2O_4$ 结构的膨胀和收缩呈现各向同性。

原子坐标：Li，8*a*：0.125，0.125，0.125

Mn，16*d*：0.5，0.5，0.5

Mn，16*d*：0.5，0.5，0.5

O，32*e*：0.26122(26)，0.26122(26)，0.26122(26)

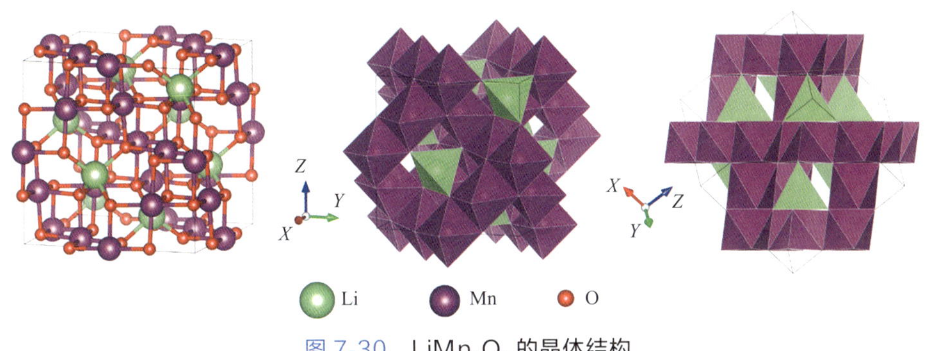

图 7-30　$LiMn_2O_4$ 的晶体结构

7.3.3　$LiFePO_4$ 型

$LiFePO_4$ 是锂离子电池正极材料中的经典材料之一，是一种稍微扭曲的六方最密堆积结构，具有橄榄石结构，属于斜方晶系，空间群为 *Pmnb*；晶格常数：a=10.3009(3)Å，b=5.9925(2)Å，c=4.6942(2)Å，$\alpha=\beta=\gamma=90°$；V=289.76Å^3，Z=4（2006 年）。如图 7-31 所示，晶体由［FeO_6］八面体与［PO_4］四面体共同构成 Z 字形的空间骨架。其中，Fe^{2+} 和 Li^+ 在骨架中占据八面体位，而 P^{5+} 占据四面体位置。在 $LiFePO_4$ 可逆充放电时，其反应机理为 $LiFePO_4/FePO_4$ 的两相反应，锂离子具有一维可移动性，因此其锂离子扩散系数较低，离子电导和电子电导均有较大局限性。由于［PO_4］和［FeO_6］基团对整个结构框架的稳定作用，使 $LiFePO_4$ 具有良好的热稳定性和循环性。该材料具有原料资源丰富、价格低廉、安全性能好、环境友好及结构稳定等优点，是目前动力锂离子电池正极材料的主要竞争者之一。

原子坐标：Li，4*a*：0，0，0

Fe，4*c*：0.2825(2)，0.250，0.9751(5)

P，4*c*：0.0953(3)，0.250，0.4168(20)

O，4*c*：0.0995(9)，0.250，0.7489(20)

O，4*c*：0.4564(9)，0.250，0.2037(20)

O，8*d*：0.1642(7)，0.04535(10)，0.2857(13)

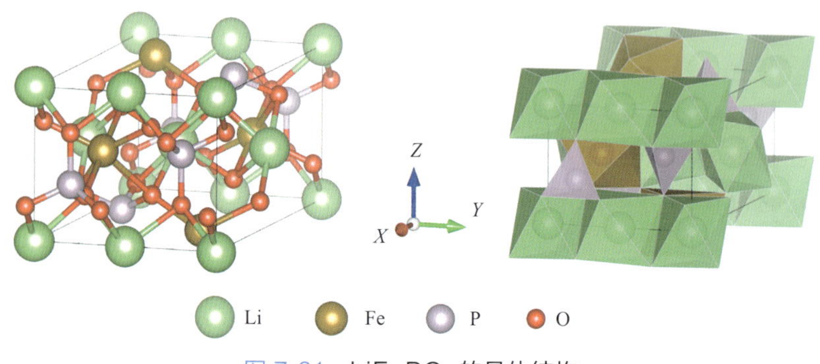

图 7-31 $LiFePO_4$ 的晶体结构

7.4 磁性材料的晶体结构

磁性材料历史悠久，种类繁多，从不同角度可以将其分为许多种类。目前，在技术上得到大量应用的磁性材料有两类：一类是由金属和合金组成的金属磁性材料；另一类是由金属氧化物所组成的铁氧体磁性材料。

7.4.1 金属磁性材料的晶体结构

（1）铁、钴、镍的晶体结构

铁、钴、镍的 3d 壳层未被电子填满，具有净磁矩。在室温下，它们都是铁磁性材料。图 7-32 是上述三种金属磁性材料的晶胞结构示意图。

α-Fe 的晶体结构具体见 7.1.1 节。

Ni 的晶体结构为等轴晶系，属于 A_1 型，空间群为 $Fm\bar{3}m$；晶格常数：$a=b=c=3.5238$Å，$\alpha=\beta=\gamma=90°$；$V=43.76$Å^3，$Z=4$（1953 年）。

原子坐标：Ni，4a：0，0，0

Co 在常温下的晶体结构为六方晶系，属于 A_3 型，空间群为 $P6_3/mmc$；晶格常数：$a=b=2.5071$Å，$c=4.0695$Å，$\alpha=\beta=90°$，$\gamma=120°$；$V=22.15$Å^3，$Z=2$（1967 年）。由于钴的原子半径较小，其晶格常数和晶格间距相对较小。

原子坐标：Co，2c：0，0，0

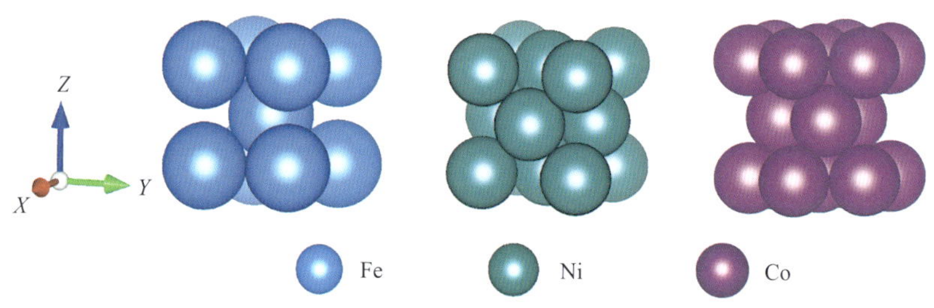

图 7-32 α-Fe、Ni、Co 的晶体结构

（2）坡莫合金

坡莫合金（Permalloy）是一种镍铁系软磁材料，其铁含量在 35% ～ 90% 之间。坡莫合金在室温时具有简单立方结构。铁含量在 50% ～ 85% 范围时的坡莫合金在 490℃发生有序 -

无序转变，缓冷时会形成Ni_3Fe有序结构，致使晶体的磁晶各向异性变大，导致磁导率下降。因此，必须从600℃急冷以抑制有序相的产生，增加无序结构相。Ni_3Fe的晶体结构如图7-33所示，在Ni_3Fe晶胞中，Ni原子位于面心位置，Fe原子位于晶胞顶角位置。Ni_3Fe属于等轴晶系，空间群为$Fm\bar{3}m$；晶格常数：$a=b=c=3.5525$Å，$\alpha=\beta=\gamma=90°$；$V=44.83$Å^3，$Z=1$（1967年）。

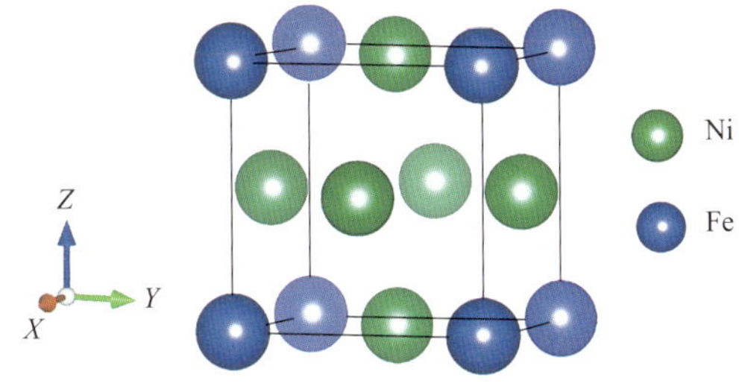

图7-33　Ni_3Fe的晶体结构

原子坐标：Fe，1a：0，0，0

Ni，3c：0，0.5，0.5

坡莫合金中镍含量不同时，其磁性能如居里温度、磁导率、饱和磁化强度、矩磁比以及磁晶各向异性等不同，因而用途也不同。坡莫合金在Ni含量为70% ～ 80%的范围内，具有最佳的综合软磁特性。

（3）钐钴合金

钐钴合金是一类高性能的永磁材料，主要由稀土元素（如Sm、Pr、Ce、La等）和Co组成。根据化学成分和晶体结构的不同，稀土钴永磁体可以分为RCo_5和R_2Co_{17}两种主要类型，典型代表为$SmCo_5$和Sm_2Co_{17}。

① $SmCo_5$永磁合金属于六方晶系，空间群为$P6/mmm$；晶格常数：$a=b=4.997$Å，$c=3.978$Å，$\alpha=\beta=90°$，$\gamma=120°$；$V=86.02$Å^3，$Z=1$（1974年）。$SmCo_5$的结构可以看成是由两层原子按照…ABAB…堆垛而成，其中原子层A可以看成是Sm和Co共同组成的混合层；B层原子全部由Co原子组成。

原子坐标：Sm，1a：0，0，0

Co_1，2c：0.5，0，0.5

Co_2，3g：1/3，2/3，0

图7-34为$SmCo_5$的晶体结构图。如图所示，晶胞中Sm位于顶点位置；Co原子一个位于晶胞中心，两个位于上下底面，两个在四周侧面。

② Sm_2Co_{17}永磁合金存在两种晶体结构。一种是在高温下稳定的六方结构，其空间群为$P6_3/mmc$；晶格常数：$a=b=8.384$Å，$c=8.159$Å，$\alpha=\beta=90°$，$\gamma=120°$；$V=496.67$Å^3，$Z=2$（1966年）。

原子坐标：Sm_1，2b：0，0，0.25

Sm_2，2d：1/3，2/3，0.75

Co_1，4f：1/3，2/3，0.11

Co_2，6g：0.5，0，0

Co_3，12j：0.333，-0.03，0.25

Co_4，12k：0.167，0.334，0

另一种是在低温下稳定存在的三方结构，空间群为$R\bar{3}m$；晶格常数：$a=b=8.402$Å，$c=12.172$Å，$\alpha=\beta=90°$，$\gamma=120°$；$V=744.15$Å^3，$Z=3$（1966年）。

原子坐标：Sm，6c：0，0，0.338

Co_1，9d：0.5，0，0.5

Co_2，18f：0.283，0，0

Co_3，18*h*：0.169，0.338，0.483

Co_4，6*c*：0，0，0.097

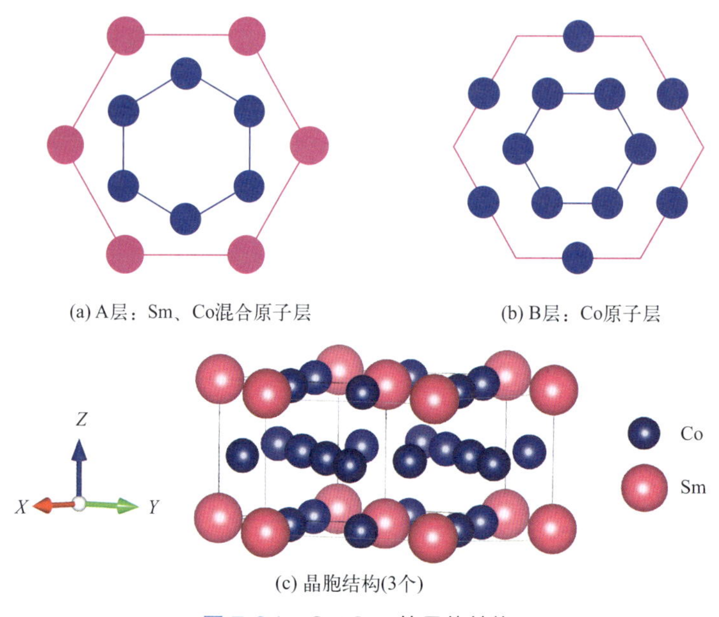

图 7-34　$SmCo_5$ 的晶体结构

图 7-35 为 Sm_2Co_{17} 的晶体结构示意图。六方结构 Sm_2Co_{17} 的单位晶胞可看成是由两个六方 $SmCo_5$ 单胞沿 *Z* 轴重叠而得到，而三方结构 Sm_2Co_{17} 的单位晶胞则是由三个六方 $SmCo_5$ 单胞沿 *Z* 轴重叠而得到。显然，当 $SmCo_5$ 合金结构中部分 Sm 原子被 Co-Co 哑铃对替代时，就可以转化为 Sm_2Co_{17} 合金。

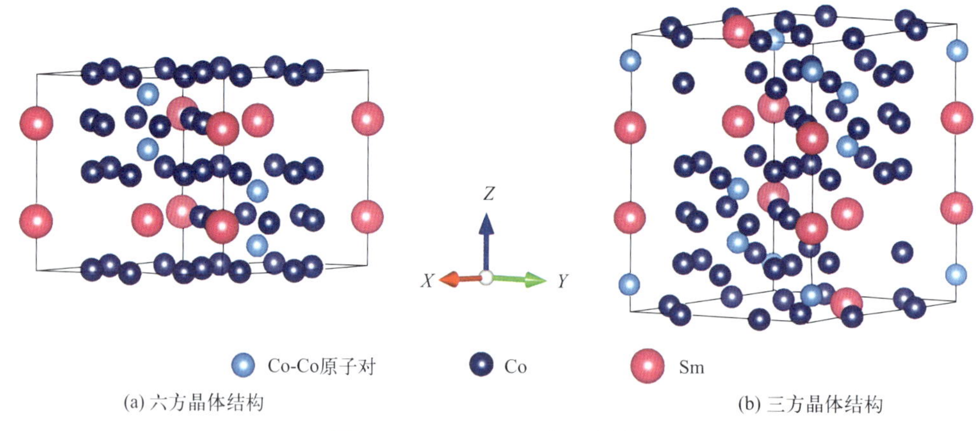

图 7-35　Sm_2Co_{17} 的晶体结构

（4）钕铁硼（$Nd_2Fe_{14}B$）

$Nd_2Fe_{14}B$ 永磁合金属于四方晶系，空间群为 $P4_2/mnm$；晶格常数：$a=b=8.783$Å，$c=12.209$Å，$\alpha=\beta=\gamma=90°$；$V=941.82$Å^3，$Z=4$（1985 年）。

原子坐标：Nd_1，4*f*：0.2641，0.2641，0

Nd_2，$4g$：0.1374，-0.1374，0

Fe_1，$4c$：0，0.5，0

Fe_2，$4e$：0，0，0.3865

Fe_3，$8j_1$：0.3167，0.3167，0.2462

Fe_4，$8j_2$：0.0968，0.0968，0.2061

Fe_5，$16k_1$：0.0387，0.03585，0.1768

Fe_6，$16k_2$：0.2226，0.5691，0.1288

B，$4g$：0.3623，-0.3623，0

$Nd_2Fe_{14}B$ 单位晶胞的结构示意图如图 7-36 所示。每个 $Nd_2Fe_{14}B$ 单胞包含 56 个 Fe 原子、8 个 Nd 原子和 4 个 B 原子，这 68 个原子的具体晶格占位情况如上述原子坐标。其中，$8j_2$ 等效位上的 Fe_4 原子处于其他 Fe 原子组成的六方锥的顶点，其最近邻 Fe 原子数最多，对磁性有很大影响。$4e$ 和 $16k_1$ 晶位上的 Fe_2 和 Fe_5 原子组成三棱柱，B 原子近似处于棱柱的中央，通过棱柱的三个侧面与最近邻的 3 个 Nd 原子相连，这个三棱柱是 Nd、Fe、B 三种原子组成晶格的骨架，具有连接 Nd-B 原子层上下方 Fe 原子的作用。这样的结构使得 $Nd_2Fe_{14}B$ 具有很强的单轴磁晶各向异性。

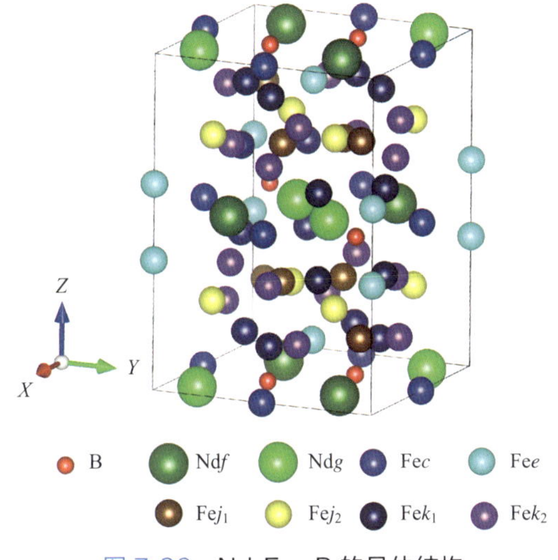

图 7-36 $Nd_2Fe_{14}B$ 的晶体结构

7.4.2 铁氧体磁性材料的晶体结构

铁氧体是一种重要的磁性材料，它是由铁和其他一种或多种金属元素的氧化物所组成的复合氧化物。铁氧体属于亚铁磁性材料，主要有尖晶石型、石榴石型和磁铅石型（六方晶系）等晶体结构。从应用角度又可分为软磁、永磁和微波铁氧体材料等几大类。下面从晶体结构的角度分别介绍尖晶石型、石榴石型和磁铅石型铁氧体。

（1）尖晶石型铁氧体

尖晶石型铁氧体的晶体结构与镁铝尖晶石（$MgAl_2O_4$）结构相似，属于等轴晶系，空间群为 $Fd\bar{3}m$。尖晶石型铁氧体的分子通式为 $M^{2+}Fe_2^{3+}O_4$，其中 M^{2+} 代表二价金属离子，通常为过渡族元素，常见的有 Co、Ni、Fe、Mn、Mg、Zn 等；分子通式中的 Fe^{3+} 也可以被其他三价金属离子取代，通常是 Al^{3+}、Cr^{3+}、Ga^{3+} 等，也可以被其他价态的金属离子联合取代。尖晶石型铁氧体的单位晶胞含有 8 个分子式，即一个尖晶石铁氧体单胞内含有 32 个 O^{2-}、8 个 M^{2+} 和 16 个 Fe^{3+}。三种离子尺寸相比较，氧离子尺寸最大，晶格结构组成必然以 O^{2-} 作密堆积，金属离子填充在 O^{2-} 密堆积的空隙内。图 7-37 给出了尖晶石型铁氧体的晶体结构示意图。32 个 O^{2-} 密堆积构成的面心立方晶格中，形成两种空隙：

① 由 4 个 O^{2-} 密堆积构成四面体空隙，简称 A 位，一个晶胞中包含 64 个 A 位；

② 由 6 个 O^{2-} 密堆积构成八面体空隙，简称 B 位，一个晶胞中包含 32 个 B 位。

四面体空隙较小，只能填充尺寸较小的金属离子；八面体空隙较大，可以填充尺寸较大的金属离子。

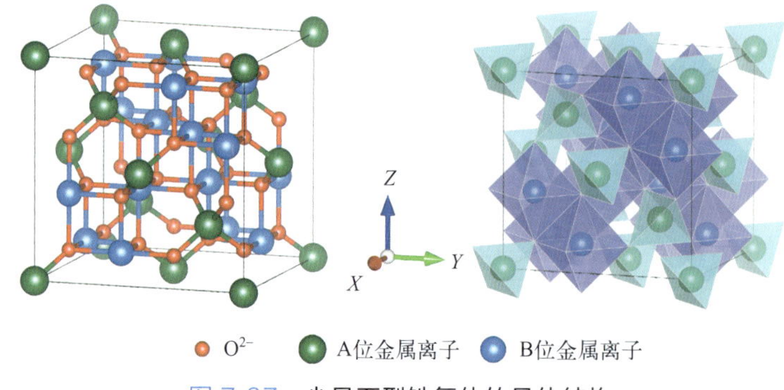

图 7-37　尖晶石型铁氧体的晶体结构

一个尖晶石型铁氧体晶胞中，实际上只有 8 个 A 位和 16 个 B 位被金属离子填充，填充 A 位的金属离子构成的晶格，称为 A 次晶格；同理，也有 B 次晶格。实际应用中，把 M^{2+} 填充 A 位、Fe^{3+} 填充 B 位的结构称为“正型”尖晶石铁氧体，其离子分布结构式可表示为：$(M^{2+})[Fe_2^{3+}]O_4$，该式中 ( ) 和 [] 分别代表被金属离子占据的 A 位和 B 位。如果 M^{2+} 不是填充 A 位，而是与 B 位中 8 个 Fe^{3+} 对调位置，把这样形成的结构定义为“反型”尖晶石铁氧体，其结构式为 $(Fe^{3+})[M^{2+}Fe^{3+}]O_4$。大多数尖晶石型铁氧体以反型结构出现，只有 $ZnFe_2O_4$ 和 $CdFe_2O_4$ 为正型尖晶石型铁氧体。此外，还有介于正型和反型之间的混合结构，即 $(M_\delta^{2+}Fe_{1-\delta}^{3+})[M_{1-\delta}^{2+}Fe_{1+\delta}^{3+}]O_4$，式中 δ 为 M^{2+} 占据 A 位的分数。当 $\delta=1$ 时，变成正型结构；当 $\delta=0$ 时，变成反型结构；一般是 $0<\delta<1$，为混合结构。

（2）石榴石型铁氧体

石榴石型铁氧体的通式为 $R_3^{3+}Fe_5^{3+}O_{12}^{2-}$，通常称为 RIG（rare earth iron garnet 的简称），式中的 R 代表稀土离子，常见的有 Y、Sm、Eu、Gd、Tb、Dy、Ho、Er、Tm、Yb 或 Lu 等。因为 RIG 的晶体结构与天然石榴石 $(Fe, Mn)_3Al_2(SiO_4)_3$ 相同，故得名为石榴石型铁氧体。石榴石型铁氧体属于等轴晶系，具有体心立方晶格，空间群为 $Ia\bar{3}d$。每个石榴石铁氧体的单位晶胞内包含 8 个分子式，金属离子填充 O^{2-} 密堆积的空隙。$Y_3Fe_5O_{12}$（简称 YIG）是石榴石型铁氧体的典型代表。图 7-38 给出了 $Y_3Fe_5O_{12}$ 石榴石型铁氧体的晶体结构示意图，由图可知，对于 YIG 单位晶胞而言，氧离子空隙位置可分为以下三种：

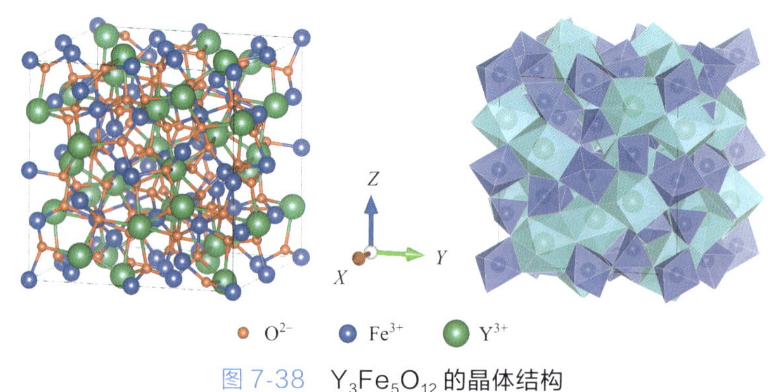

图 7-38　$Y_3Fe_5O_{12}$ 的晶体结构

① 由 4 个 O^{2-} 包围所形成的四面体位置（d 位）有 24 个，被 Fe^{3+} 占据；

② 由 6 个氧离子包围所形成的八面体位置（a 位）有 16 个，被 Fe^{3+} 占据；

③ 由 8 个氧离子包围所形成的十二面体位置（*c* 位）有 24 个，被 Y^{3+} 占据。

于是，YIG 铁氧体的结构式可表示为：$\{Y\}_3[Fe_2](Fe_3)O_{12}$。式中，{}、( ) 和 [] 分别代表 24*c*、16*a* 和 24*d* 位置。

YIG 中的金属离子可以被其他金属离子取代。当稀土元素取代 24*c* 位中 Y^{3+} 的一部分，另有某些三价元素取代 16*a* 位或 24*d* 位的 Fe^{3+} 时，那么石榴石型铁氧体的占位结构通式可以写成：$\{Y_{3-x}R_x^{3+}\}(Fe_{2-y}A_y)[Fe_{3-z}B_z]O_{12}$，式中，A 和 B 分别表示取代 16*a* 位和 24*d* 位的三价元素。同时，也可以由非 +3 价的金属离子联合取代 Y^{3+} 和 / 或 Fe^{3+} 而形成成分更为复杂的石榴石型铁氧体。对于离子取代的石榴石型铁氧体，其分子磁矩为：$M=|M_d-M_a-M_c|$。由此可知，不同的取代方式可以得出不同的分子式。如果适当地选择取代的离子种类、数量和方式，可以调节石榴石型铁氧体的很多特性，从而获得所需要的某一综合性能。

（3）磁铅石型铁氧体

磁铅石型铁氧体的晶体与天然矿石 $Pb(Fe_{7.5}Mn_{3.5} \cdot Al_{0.5}Ti_{0.5})O_{19}$ 的结构相似，属于六方晶系，空间群为 $P6_3/mmc$。磁铅石的化学分子通式为 $Me^{2+}B_{12}^{3+}O_{19}^{2-}$，其中，$Me^{2+}$ 为二价阳离子，常见的有 Ba^{2+}、Sr^{2+} 和 Pb^{2+}；B^{3+} 为三价阳离子，常见的有 Fe^{3+}、Al^{3+}、Cr^{3+} 等。由于 Ba^{2+}、Sr^{2+}、Pb^{2+} 的离子半径分别为 1.43Å、1.27Å、1.32Å，与 O^{2-} 的半径（1.32Å）不相上下，因此，磁铅石型铁氧体中的 Ba^{2+}、Sr^{2+}、Pb^{2+} 不能进入氧离子形成的空隙中，而是占据 O^{2-} 的晶格位，参与 O^{2-} 的堆积；+3 价的 B^{3+} 填充到 O^{2-} 形成的四面体、六面体和八面体空隙中。最常见的六方铁氧体为钡铁氧体和锶铁氧体，其分子式分别为 $BaFe_{12}O_{19}$ 和 $SrFe_{12}O_{19}$。

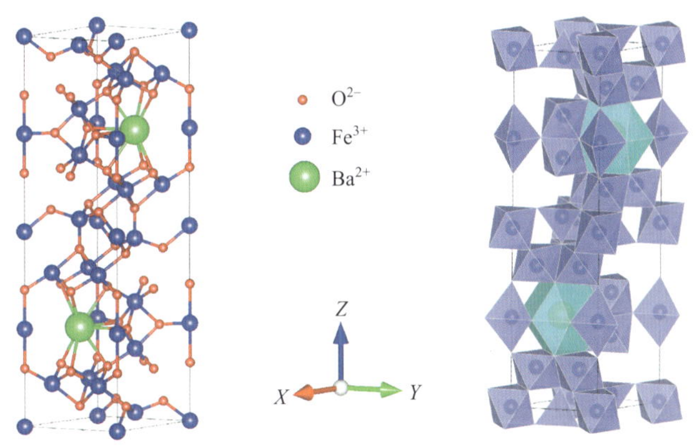

图 7-39　$BaFe_{12}O_{19}$ 的晶体结构

图 7-39 为 $BaFe_{12}O_{19}$ 的晶体结构示意图。一个 $BaFe_{12}O_{19}$ 晶胞中包含 10 个 O^{2-} 层，在 *Z* 轴方向（六次轴方向），这 10 个 O^{2-} 层又可按 Ba^{2+} 层和相当于尖晶石的“尖晶石块”来划分。这样，一个 $BaFe_{12}O_{19}$ 晶胞包含两个 Ba^{2+} 层（简称 B 层）和两个尖晶石块（简称 S 块）。Ba^{2+} 层是每隔四个 O^{2-} 层出现一次，它含有一个 Ba^{2+}、三个 O^{2-} 和三个 Fe^{3+}。Ba^{2+} 层的三个 Fe^{3+} 中，有两个 Fe^{3+} 占据由 O^{2-} 密堆形成的八面体空隙（称为 B 位），一个 Fe^{3+} 占据由五个 O^{2-} 构成的六面体空隙（称为 E 位）。可以把含 Ba^{2+} 层用 B_1 代表；尖晶石块出现在两个 Ba^{2+} 层之间，用 S_4 来表示尖晶石块，它包含四个 O^{2-} 层，每一层含有 4 个 O^{2-}。一个尖晶石块里有 9 个 Fe^{3+} 填充在 O^{2-} 空隙中，其中 2 个占据 A 位（由四个 O^{2-} 密堆形成的四面体空隙），7 个占据 B 位。所以，每个 $BaFe_{12}O_{19}$ 晶胞中含有 2 个分子，即 38 个 O^{2-}、2 个 Ba^{2+} 和 24 个

Fe^{3+}。Fe^{3+}分别分布在 4 个 A 位、18 个 B 位、2 个 E 位上；而 Ba^{2+}参与 O^{2-}共同形成密堆积。

上述 $BaFe_{12}O_{19}$ 晶胞结构在 Z 轴方向上的堆垛层的次序为 Ba^{2+} 层 B_1 → 尖晶石块 S_4 → Ba^{2+} 层 B_1 →尖晶石块 S_4，其结构式可以表示为 $(B_1S_4)_2$，具有这种结构的六角铁氧体称为 M 型铁氧体。六角铁氧体除了 M 型结构以外，还有一个相类似的六方结构范围，根据取代 O^{2-} 而进行密堆积的大尺寸金属离子的层数、尖晶石块的个数以及它们的排列方式，磁铅石型铁氧体还存在 W、X、Y、Z 和 U 型等化合物。这类化合物是以 Me^{2+} 部分地置换 $BaFe_{12}O_{19}$ 中的 Ba^{2+} 而组成 $BaO\text{-}MeO\text{-}Fe_2O_3$ 三元系列的磁铅石型复合铁氧体，其中 Me 代表 Mg、Mn、Fe、Co、Ni、Zn、Cu 等二价金属离子，以及 Li^+ 和 Fe^{3+} 的组合。在多种类型的六方铁氧体中，M 型六方铁氧体具有单轴各向异性，是典型的永磁铁氧体材料；Z 和 Y 型六方铁氧体具有平面各向异性，可用作高频软磁材料。表 7-3 列出了部分磁铅石型铁氧体的结构式、化学组成和晶格常数。

表 7-3　磁铅石型铁氧体的化学组成、结构式、晶格常数等

型号	化学组成	结构式	简称	O^{2-} 层数	晶格常数 /Å	
					a	*b*
M	$BaFe_{12}O_{19}$	$(B_1S_4)_2$	BaM	5×2	5.88	32.2
W	$BaMe_2Fe_{16}O_{27}$	$(B_1S_6)_2$	Me_2W	7×2	5.88	32.8
X	$Ba_2Me_2Fe_{28}O_{46}$	$(B_1S_4B_1S_6)_3$	Me_2X	12×3	5.88	84.1
Y	$Ba_2Me_2Fe_{12}O_{22}$	$(B_2S_4)_3$	Me_2Y	6×3	5.88	43.5
Z	$Ba_3Me_2Fe_{24}O_{41}$	$(B_2S_4B_1S_4)_2$	Me_2Z	11×2	5.88	52.3
U	$Ba_4Me_2Fe_{36}O_{60}$	$(B_1S_4B_1S_4B_2S_4)$	Me_2U	16	5.88	38.1

注：B_1、B_2 分别表示含 1 个 Ba^{2+} 和含 2 个 Ba^{2+} 的阳离子层；S_4、S_6 分别表示含 4 个氧离子层和含 6 个氧离子层的尖晶石块。如 BaM 晶胞结构 $(B_1S_4)_2$ 表示堆垛层的次序为 Ba^{2+} 层 B_1 →尖晶石块 S_4 → Ba^{2+} 层 B_1 →尖晶石块 S_4 的单胞结构。各类型六角铁氧体的晶格常数 a=5.88Å，c 值取决于 O^{2-} 层数和 O^{2-} 层间距。

7.5　超硬材料的晶体结构

7.5.1　碳化物

（1）碳化钨（WC）

WC 晶体结构属于六方晶系，空间群为：$P\bar{6}2m$；晶格常数：$a=b=2.907$Å，$c=2.837$Å，$\alpha=\beta=90°$，$\gamma=120°$；$V=20.8$Å^3，$Z=1$（1961 年）。图 7-40 是碳化钨的晶体结构，W 和 C 为六次配位，配位多面体都是三方柱，其中 C—C 键长横向为 2.906Å，纵向为 2.836Å，W—C 键长 2.20Å。$[WC_6]$ 三方柱在 Z 轴方向共面相连，形成一 $[WC_6]$ 三方柱，柱和柱之间共棱相连。平行 Z 轴观察 WC 结构，它是实心的三方柱与空心三方柱在 X、Y 轴方向交替排列而成。

原子坐标：W，1*a*：0，0，0

C，1*f*：2/3，1/3，1/2

（2）碳化硅（SiC）

无论是天然的还是合成的碳化硅只具有两种结构型：纤锌矿型和闪锌矿型（具体见 7.2

节），所以，碳化硅为同质二象。纤锌矿型结构可以产生多种多型。纤锌矿型碳化硅中目前已知 42 种多型，常见的有 α-SiC 15*R*、6*H*、4*H*、21*R* 和 33*R*（对应合成产物的代号分别是 α-SiC Ⅰ、Ⅱ、Ⅲ、Ⅳ和Ⅵ）等。两种 SiC 同质多象变体以及一个三方多型体的晶体结构参数列于表 7-4 中。图 7-41 是碳化硅的晶体结构，在碳化硅各相的晶体结构中，Si 为 4 次配位，[SiC_4] 四面体共角顶连接成架状，但连接的方式不同而形成了不同的多型结构。不同结构相中，C—Si 键长相等，为 1.89Å。

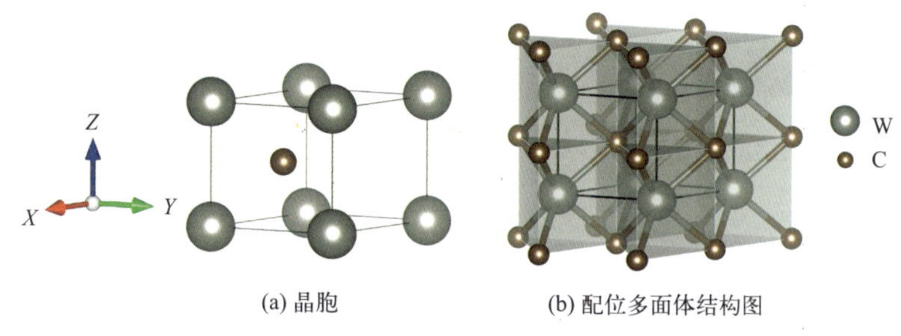

(a) 晶胞　　(b) 配位多面体结构图

图 7-40　碳化钨的晶体结构

表 7-4　SiC 的晶体结构参数

α-SiC 6*H*	纤锌矿型结构，六方晶系，空间群 $P6_3mc$ 晶格常数：$a=b=3.081$Å，$c=15.117$Å，$\alpha=\beta=90°$，$\gamma=120°$；$V=124.3$Å^3，$Z=6$（1967 年） 原子坐标：Si，2*a*：0，0，0 Si，2*b*：2/3，1/3，0.1667 Si，2*b*：1/3，2/3，0.3332 C，2*a*：0，0，0.1253 C，2*b*：2/3，1/3，0.2919 C，2*b*：1/3，2/3，0.4585
α-SiC 15*R*	纤锌矿型结构，三方晶系，空间群 *R*3*m* 晶格常数：$a=b=3.073$Å，$c=37.7$Å，$\alpha=\beta=90°$，$\gamma=120°$；$V=308.32$Å^3，$Z=15$（1944 年） 原子坐标：Si，3*a*：0，0，0.05 Si，3*a*：0，0，0.183 Si，3*a*：0，0，0.45 Si，3*a*：0，0，0.65 Si，3*a*：0，0，0.917 C，3*a*：0，0，0 C，3*a*：0，0，0.133 C，3*a*：0，0，0.4 C，3*a*：0，0，0.6 C，3*a*：0，0，0.867
β-SiC	闪锌矿型结构，等轴晶系，空间群 $F\bar{4}3m$ 晶格常数：$a=b=c=4.358$Å，$\alpha=\beta=\gamma=90°$；$V=82.8$Å^3，$Z=4$（1965 年） 原子坐标：见闪锌矿

7.5.2　氮化物

（1）氮化铝（AlN）

AlN 有两种同质多象变体，一种具纤锌矿结构，另一种为闪锌矿结构，它们的晶体结构参数列于表 7-5 中，图 7-42 为氮化铝的晶体结构，该晶相为人工合成产物。

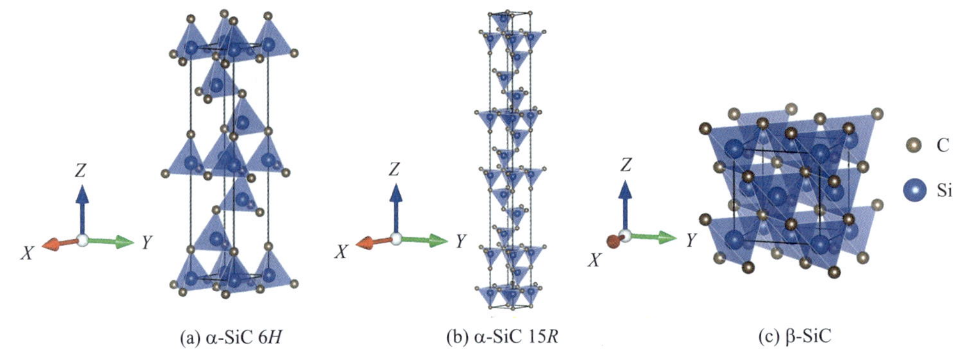

图 7-41　碳化硅的晶体结构

表 7-5　AlN 的晶体结构参数

立方氮化铝	闪锌矿型结构，等轴晶系，空间群 $F\bar{4}3m$ 晶格常数：$a=b=c=4.365\text{Å}$，$\alpha=\beta=\gamma=90°$；$V=83.17\text{Å}^3$，$Z=4$（1992 年） 原子坐标：见闪锌矿
六方氮化铝	纤锌矿型结构，六方晶系，空间群 $P6_3mc$ 晶格常数：$a=b=3.111\text{Å}$，$c=4.978\text{Å}$，$\alpha=\beta=90°$，$\gamma=120°$；$V=41.72\ \text{Å}^3$，$Z=2$（1956 年） 原子坐标：见纤锌矿

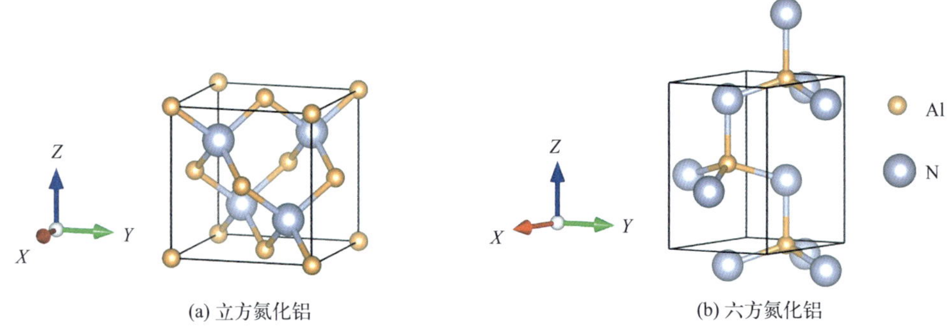

图 7-42　氮化铝的晶体结构

（2）氮化钛

氮化钛有三种晶相，立方相的晶体化学式是 TiN，具有氯化钠型结构；另两种为同质二象，均为四方相，晶体化学式是 Ti_2N。三种氮化钛的晶体结构参数见表 7-6。四方氮化钛 -1 型为反金红石型结构，其同质二象变体，即四方氮化钛 -2 具反锐钛矿型结构。图 7-43 为氮化钛的晶体结构，三种晶相中以立方型和四方 -1 型比较稳定。

表 7-6　氮化钛的晶体结构参数

立方氮化钛	TiN，等轴晶系，空间群 $Fm\bar{3}m$ 晶格常数：$a=b=c=4.247\text{Å}$，$\alpha=\beta=\gamma=90°$；$V=76.59\text{Å}^3$，$Z=4$（2011 年） 原子坐标：见氯化钠型结构

四方氮化钛-1	Ti_2N，反金红石型结构，四方晶系，空间群 $P4_2/mnm$ 晶格常数：$a=b=4.945Å$，$c=0.3034Å$，$\alpha=\beta=\gamma=90°$；$V=74.2Å^3$，$Z=2$（1962 年） 原子坐标：N，2*a*：0，0，0 Ti，4*f*：0.296（1），0.296（1），0
四方氮化钛-2	Ti_2N，反锐钛矿型结构，四方晶系，空间群 $I4_1/amd$ 晶格常数：$a=b=4.140Å$，$c=8.805Å$，$\alpha=\beta=\gamma=90°$；$V=150.9Å^3$，$Z=4$（1969 年） 原子坐标：N，4*b*：0，1/4，0.375 Ti，8*e*：0，1/4，0.140（3）

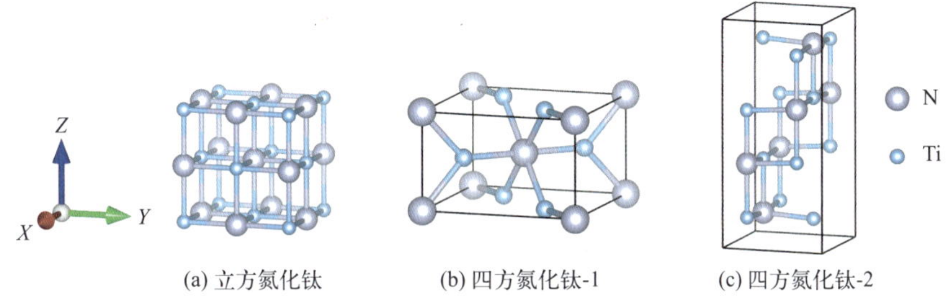

图 7-43　氮化钛的晶体结构

7.5.3　硼化物

（1）硼化镁（MgB_2）

硼化镁属于六方晶系，空间群为 $P6/mmm$；晶格常数：$a=b=3.084Å$，$c=3.529Å$，$\alpha=\beta=90°$，$\gamma=120°$；$V=29.1Å^3$，$Z=1$（2011 年）。图 7-44（a）是硼化镁晶胞的球 - 键结构图，可见 B 的配位数为 6，具有三方柱状配位多面体；Mg 的配位数为 12，配位多面体为六方柱 $[MgB_{12}]$。六方柱 $[MgB_{12}]$ 在三维空间共面堆积而形成硼化镁晶体结构［见图 7-44（b）］。

原子坐标：Mg，1*a*：0，0，0

B，2*d*：1/3，2/3，1/2

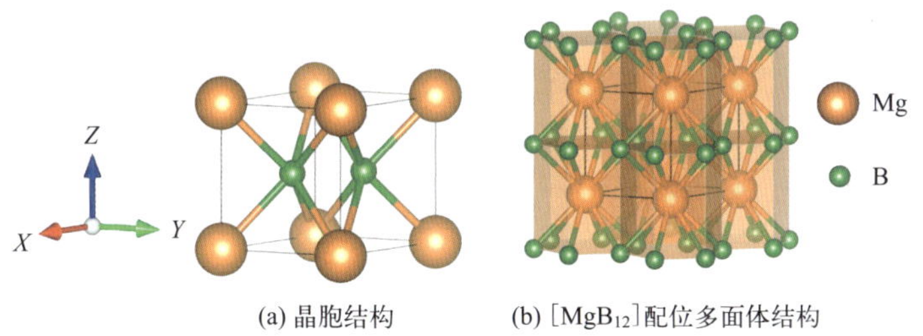

图 7-44　硼化镁的晶体结构

（2）硼化钙（CaB_6）

硼化钙等轴晶系，空间群为 $Pm\bar{3}m$；晶格常数：$a=b=c=4.145Å$，$\alpha=\beta=\gamma=90°$；$V=71.2Å^3$，$Z=1$（1954 年）。

图 7-45（a）是硼化钙的晶胞，Ca 位于晶胞的角顶，B 在晶胞内部。Ca 的配位数是 24，其配位多面体为配位立方八面体，其中 Ca—B 键长为 3.05Å；而整个结构由晶胞在三维空间无限平移而成。

原子坐标：Ca，1*a*：0.5，0.5，0.5

　　　　　B，6*e*：0，0，0.293（1）

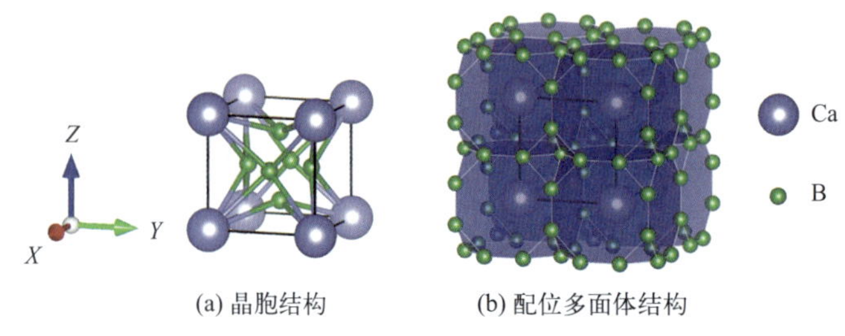

(a) 晶胞结构　　(b) 配位多面体结构

图 7-45　硼化钙的晶体结构

（3）硼化锆

硼化锆常见有三种不同晶相，它们的晶体结构参数列于表 7-7 中。立方硼化锆 -1 与氯化钠等结构，其中 Zr、B 均为 6 次配位。立方硼化锆 -2 的结构中，Zr 为 24 次配位，Zr—B 键长 2.76Å，其配位多面体为立方八面体，如图 7-46 所示。六方硼化锆与硼化镁等结构，B 为 6 次配位，Zr 为 12 次配位。三种晶相的硼化锆均为特种陶瓷的主要材料。

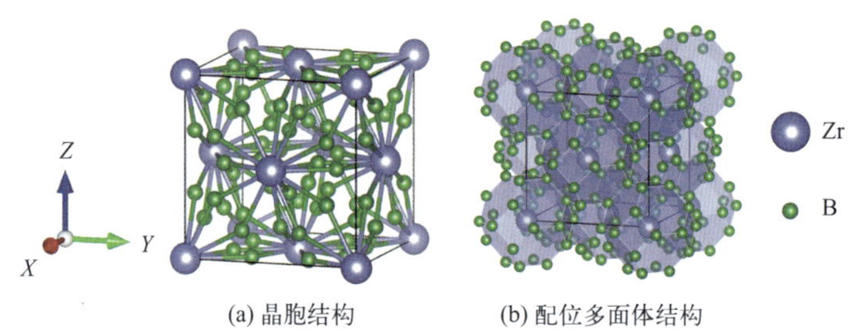

(a) 晶胞结构　　(b) 配位多面体结构

图 7-46　立方硼化锆 -2 的晶体结构

表 7-7　硼化锆的晶体结构参数

立方硼化锆 -1	ZrB，石盐型结构，等轴晶系，空间群为 $Fm\bar{3}m$ 晶格常数：$a=b=c=4.65$Å，$\alpha=\beta=\gamma=90°$；$V=100.5$Å^3，$Z=4$（1953 年） 原子坐标：见石盐
立方硼化锆 -2	ZrB_{12}，等轴晶系，空间群为 $Fm\bar{3}m$ 晶格常数：$a=b=c=7.408$Å，$\alpha=\beta=\gamma=90°$；$V=406.5$Å^3，$Z=4$（2002 年） 原子坐标：Zr，4*a*：0，0，0 　　　　　B，48*i*：0.5，0.167，0.167
六方硼化锆	ZrB_2，六方晶系，空间群为 $P6/mmm$ 晶格常数：$a=b=3.165$Å，$c=3.53$Å，$\alpha=\beta=90°$，$\gamma=120°$；$V=30.62$Å^3，$Z=1$（1961 年） 原子坐标：与硼化镁结构相同

（4）硼化镧

硼化镧分立方相（LaB_6）和四方相（LaB_4），其晶体结构参数见表 7-8。立方相的结构中［图 7-47（a）和（b）］，La 为 24 配位，La—B 键长为 3.05Å。四方相的晶体结构中［图 7-47（c）］，La 为 20 次配位，La—B 键长为 2.82Å、2.85Å、2.91Å。

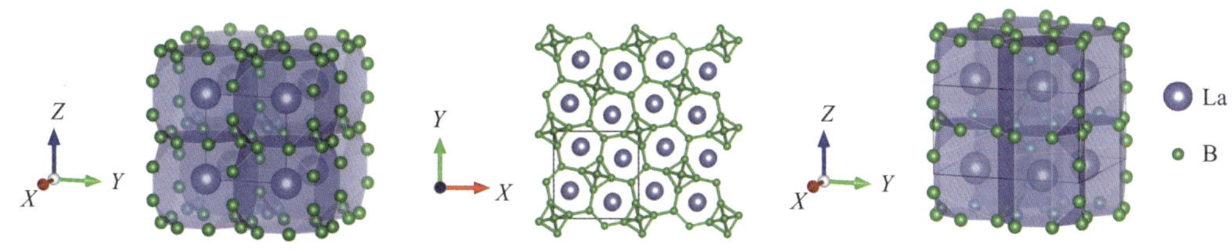

(a) 配位立方八面体中心的La是立方硼化镧的晶胞的角顶　(b) 四方硼化镧结构//[001]的投影，图中黑线表示晶胞范围　(c) 四方硼化镧的配位多面体结构图

图 7-47　硼化镧的晶体结构

表 7-8　硼化镧的晶体结构参数

立方硼化镧	LaB_6，等轴晶系，空间群为 $Pm\bar{3}m$ 晶格常数：$a=b=c=4.157Å$，$\alpha=\beta=\gamma=90°$；$V=71.84Å^3$，$Z=1$（1986 年） 原子坐标：La，$1a$：0，0，0 B，$6f$：0.1975，0.5，0.5
四方硼化镧	LaB_4，四方晶系，空间群为 $P4/mbm$ 晶格常数：$a=b=7.324Å$，$c=4.181Å$，$\alpha=\beta=\gamma=90°$；$V=224.3Å^3$，$Z=4$（1974 年） 原子坐标：La，$4g$：0.3166，0.8166，0 B，$4e$：0，0，0.2088 B，$4h$：0.0884，0.5884，0.5 B，$8j$：0.1743，0.0394，0.5

7.6　硅酸盐的晶体结构

在硅酸盐结构中，Si 一般被 4 个 O 所包围，构成 $[SiO_4]^{4-}$ 四面体（图 7-48），它是硅酸盐的基本结构单位。由于 Si 的化合价为 4，配位数为 4，Si 赋予每一个氧离子的电价为 1。氧离子的另一半电价可以用来联系其他阳离子，也可以与另一个 Si 离子相连。因此，在硅酸盐结构中，$[SiO_4]^{4-}$ 四面体既可以孤立地被其他阳离子包围起来，也可以彼此以共顶的形式连接，形成不同形式的硅氧骨干。根据硅氧四面体的连接方式，硅酸盐结构可分为岛状、环状、链状、层状和架状等。

在硅酸盐晶体结构中，Al 往往代替硅氧四面体中的 Si，形成 $[AlO_4]^{5-}$ 四面体，硅酸盐晶体中往往含有 F^-、Cl^-、OH^-、O^{2-} 等附加阴离子以平衡电荷，也常含有结晶水分子和 $[H_2O]^+$ 等。硅酸盐晶体种类繁多，本节将介绍几种常见的典型结构。

7.6.1　岛状结构硅酸盐

岛状结构中，硅氧骨干被其他阳离子隔开，彼此分离犹如孤岛。包括孤立的 $[SiO_4]^{4-}$ 单四面体（图 7-48）及 $[Si_2O_7]^{6-}$ 双四面体（图 7-49）。

（1）橄榄石（$(Mg, Fe)_2SiO_4$）型结构

橄榄石是单岛状硅酸盐，按习惯可看成镁橄榄石 Mg_2SiO_4 和铁橄榄石 Fe_2SiO_4 的完全类质同象系列，以具有特征的橄榄绿色而得名。

橄榄石多数属斜方晶系，空间群为 $Pbnm$；镁橄榄石 Mg_2SiO_4 的晶格常数：$a=4.724Å$，$b=10.077Å$，$c=5.942Å$，$\alpha=\beta=\gamma=90°$；$V=282.86Å^3$，$Z=4$（1985 年）。铁橄榄石 Fe_2SiO_4 的晶格常数，$a=4.822Å$，$b=10.488Å$，$c=6.094Å$，$V=308.19Å^3$，$Z=4$（1986 年）。单位晶胞体积

随着 Fe 含量的增加而减小。

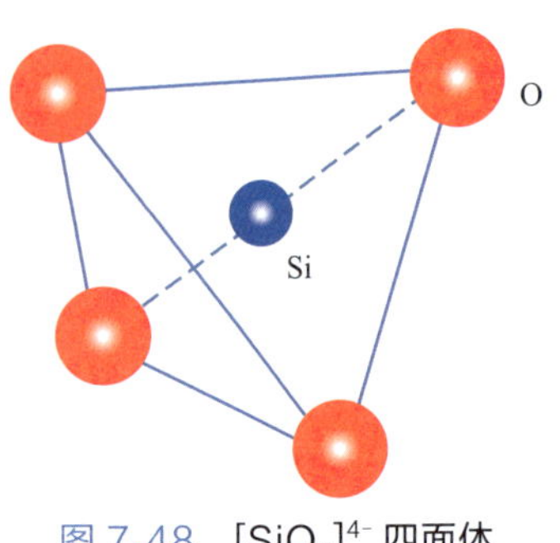

图 7-48 $[SiO_4]^{4-}$ 四面体

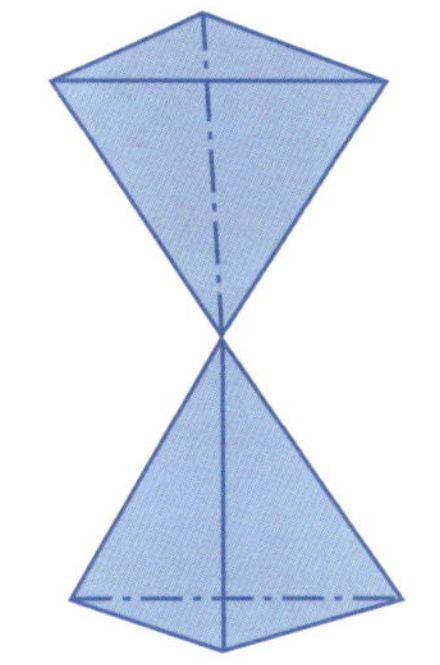
图 7-49 $[Si_2O_7]^{6-}$ 双四面体

在镁橄榄石的晶体结构中，孤立的硅氧四面体之间由 Mg^{2+} 相连接。结构可近似看成由 O^{2-} 作六方紧密堆积，Si^{4+} 充填在 1/8 的四面体空隙，Mg^{2+} 充填 1/2 的八面体空隙，硅氧四面体被镁氧八面体隔开成孤岛状（图 7-50 所示）。从配位多面体联结方式上看，在平行（100）面的每一层配位八面体中，一半为实心的八面体（被 Mg^{2+}/Fe^{2+} 占据），另一半为空心的八面体（未被 Mg^{2+}/Fe^{2+} 占据），二者均呈锯齿状的链，而在位置上相差 $b/2$；层与层之间的实心八面体与空心八面体相对，其邻近层以共用八面体角顶相连，而交替层则以共用 $[SiO_4]$ 四面体角顶和棱（每一 $[SiO_4]$ 四面体中的 6 条棱有 3 条与八面体共用）相连。结构中 Mg^{2+} 可以被 Fe^{2+} 以任意比例取代形成固溶体。如果 Mg^{2+} 被 Ca^{2+} 取代则只能形成有限固溶体，称为钙镁橄榄石 $CaMgSiO_4$。

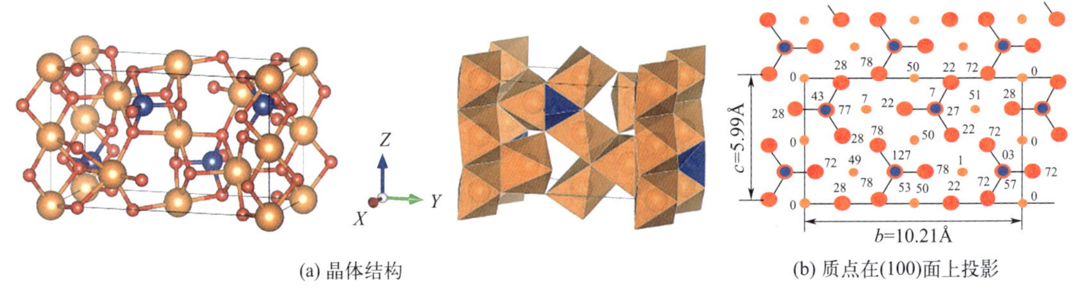

(a) 晶体结构

(b) 质点在(100)面上投影

图 7-50 镁橄榄石晶体结构

镁橄榄石是镁质耐火材料及镁质电子陶瓷的主要组成晶相，透明的晶体可作为宝石。

（2）石榴石型结构

石榴石包括一系列成分不同的硅酸盐，其化学成分可用通式 $A_3B_2[SiO_4]_3$ 表示。A 为二价阳离子 Mg^{2+}、Fe^{2+}、Mn^{2+}、Ca^{2+} 等，B 为三价阳离子 Al^{3+}、Fe^{3+}、Cr^{3+}、Ti^{3+}、V^{3+}、Zr^{3+} 等。三价阳离子的半径相近，彼此之间可以发生类质同象替代。二价阳离子中 Mg^{2+}、Fe^{2+}、Mn^{2+} 的半径相对较小并可以相互置换，而 Ca^{2+} 的半径相对较大，不能与其他二价阳离子相互置换。因此天然石榴石存在两个类质同象系列：

铝系石榴石 $(Mg^{2+}, Fe^{2+}, Mn^{2+})_3Al_2[SiO_4]_3$，包括镁铝榴石 $Mg_3Al_2[SiO_4]_3$、铁铝榴石 $Fe_3Al_2[SiO_4]_3$、锰铝榴石 $Mn_3Al_2[SiO_4]_3$ 等；钙系石榴石 $Ca_3(Al^{3+}, Fe^{3+}, Cr^{3+}, V^{3+})_2[SiO_4]_3$，包括：钙铝榴石 $Ca_3Al_2[SiO_4]_3$、钙铁榴石 $Ca_3Fe_2[SiO_4]_3$、钙铬榴石 $Ca_3Cr_2[SiO_4]_3$、钙钒榴石

$Ca_3V_2[SiO_4]_2$、钙锆榴石 $Ca_3Zr_2[SiO_4]_3$ 等。

石榴石为等轴晶系，空间群为 $Ia\bar{3}d$；不同石榴石的晶胞参数变化较大，$a=b=c=11.459 \sim 12.048$Å，$\alpha=\beta=\gamma=90°$；$Z=8$。结构可视为氧离子作某种堆积，而阳离子充填其中的空隙构成。氧离子形成的空隙有四面体、八面体和十二面体 3 种，分别充填 Si^{4+}、B^{3+} 和 A^{2+}。孤立的 $[SiO_4]$ 四面体被三价阳离子的八面体所连接，其间形成一些较大的十二面体空隙（畸变的立方体），它的每一个角顶为氧所占据，中心为二价阳离子（图 7-51）。

可以用 Al、Fe、Ga 取代石榴石结构中的 Si 和 Al，Y 及稀土取代 Ca，得到一系列非硅酸盐类的人造石榴石晶体，这类人工石榴石晶体的通式可写成 $A_3B_5O_{12}$，$A=Y^{3+}$、Gd^{3+} 等，$B=Al^{3+}$、Fe^{3+}、Ga^{3+} 等。其中最重要的是钇铝榴石（$Y_3Al_5O_{12}$）、钇铁榴石（$Y_3Fe_5O_{12}$）和钆镓榴石（$Gd_3Ga_5O_{12}$）等。钇铝榴石为最重要的激光基质晶体，钇铁榴石为重要的铁磁晶体，而钆镓榴石是磁泡和集成电路的衬底晶体，也是激光基质、磁光与制冷晶体。

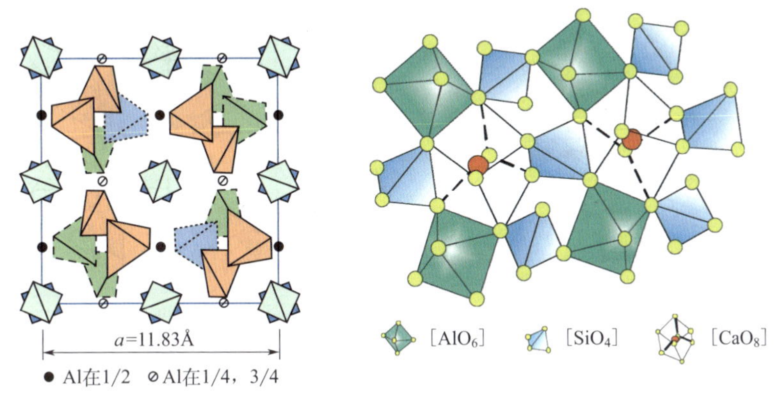

图 7-51 钙铝榴石 $Ca_3Al_2Si_3O_{12}$ 的晶体结构

7.6.2 环状结构硅酸盐

环状结构硅酸盐中，$[SiO_4]$ 四面体以共角顶的方式连接成封闭的环。根据 $[SiO_4]$ 四面体的连接方式和环节的数目，可分为三元环、四元环、六元环以及单环和双环等，如图 7-52 所示。环状硅氧骨干的通式为 $[Si_nO_{3n}]^{2n-}$，n 为环单元数。

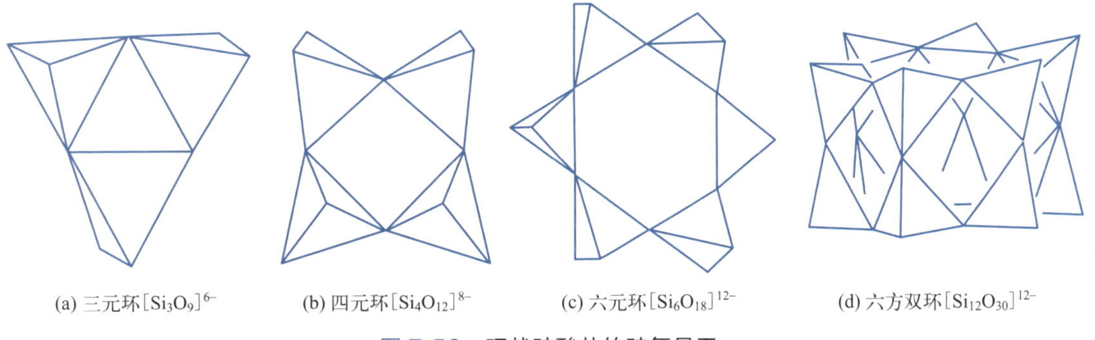

图 7-52 环状硅酸盐的硅氧骨干

（1）绿柱石（$Be_3Al_2[Si_6O_{18}]$）结构

绿柱石是一种铍铝硅酸盐，属于六方晶系，空间群为 $P6/mcc$；晶格常数：$a=b=$

9.208Å，c=9.188Å，$\alpha=\beta=90°$，$\gamma=120°$；V=674.66Å^3，Z=2（1986 年）。在绿柱石的晶体结构中，$[SiO_4]$ 四面体形成的六方环垂直于 Z 轴且平行排列，上、下两个环错开 25°，由 Al^{3+} 和 Be^{2+} 连接，Al^{3+} 的配位数为 6，Be^{2+} 的配位数为 4，均分布在 $[SiO_4]$ 六方环的外侧；所以，在 $[SiO_4]$ 六方环的中心平行于 Z 轴有宽阔的孔道，可以容纳大半径的 K^+、Na^+、Cs^+、Rb^+ 以及水分子（图 7-53）。

绿柱石是铍的重要矿石矿物。纯净的绿柱石无色透明，Cr^{3+} 致色的绿色、蓝绿色绿柱石为祖母绿，是世界上最名贵的宝石品种之一，加工后的价值不亚于钻石。Fe^{2+} 致色的蓝色绿柱石为海蓝宝石。此外，含 Cs 则呈粉红色为摩根石。

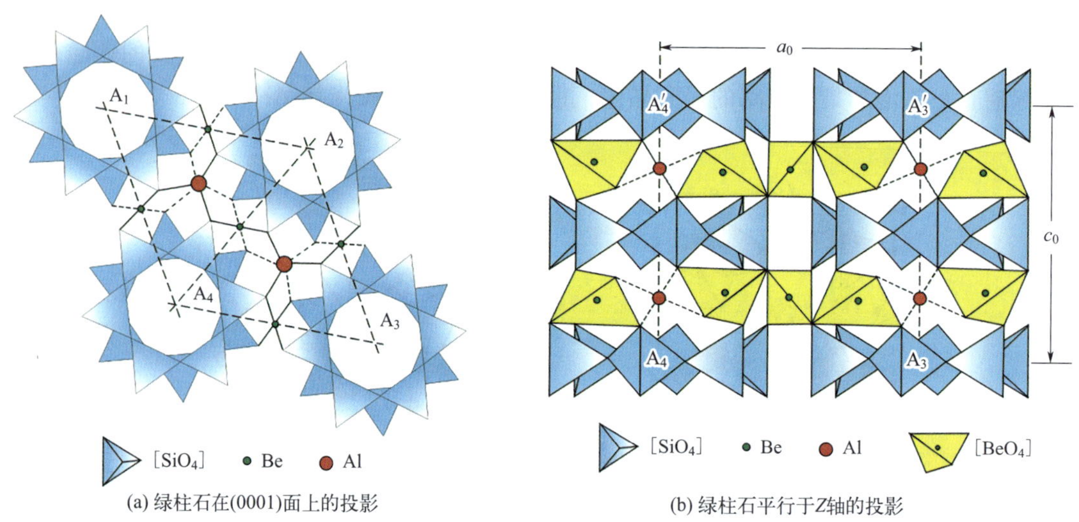

(a) 绿柱石在(0001)面上的投影

(b) 绿柱石平行于Z轴的投影

图 7-53　绿柱石的晶体结构

（2）电气石（$Na(Mg, Fe, Mn, Li, Al)_3Al_6[Si_6O_{18}][BO_3]_3(OH)_4$）结构

电气石为一种含硼的硅酸盐矿物，晶体具有良好的压电性。因含有不同的致色元素而呈现黑、蓝、绿、红、黄等不同的颜色。化学式可简写为 $NaR_3Al_6[Si_6O_{18}][BO_3]_3(OH)_4$。其中 Na 可局部被 K^+ 和 Ca^{2+} 代替，$(OH)^-$ 可被 F^- 代替，但是电气石中没有铝取代硅的现象。R 位置类质同象广泛，主要为 Mg、Fe、Mn、Li、Al 等。

电气石为三方晶系，空间群为 $R3m$，$a=b$=15.811 ～ 16.043Å，c=7.089 ～ 7.247Å，$\alpha=\beta=90°$，$\gamma=120°$；Z=3。电气石晶体结构（图 7-54）的基本特点是 $[SiO_4]$ 四面体组成复三

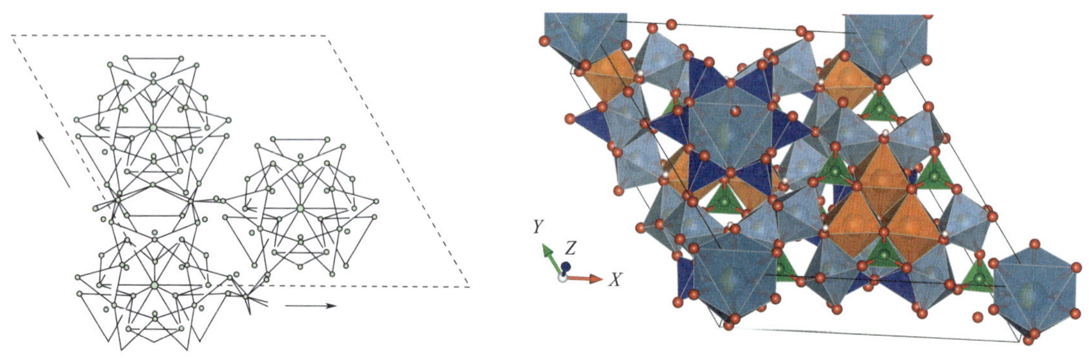

图 7-54　电气石的晶体结构

方环，B^{3+} 的配位数为 3，形成平面三角形；Mg^{2+} 的配位数为 6（其中 2 个为 OH^-）形成八面体，与 $[BO_3]$ 共氧相连。在 $[SiO_4]$ 四面体的复三方环上方的空隙中有配位数为 9 的一价阳离子分布，环间以 $[AlO_5(OH)]$ 八面体相连接。

（3）堇青石（$Mg_2Al_3[AlSi_5O_{18}]$）结构

堇青石属于斜方晶系，空间群为 *Cccm*；晶格常数：a=17.047(1)Å，b=9.7315(8)Å，c=9.3463(6)Å，$\alpha=\beta=\gamma=90°$；V=1550.48Å^3，Z=4（1994 年）。堇青石结构中 $[SiO_4]$ 四面体连接成六方环状，六方环之间由 Mg^{2+} 和 Al^{3+} 连接，常含有少量的二价铁离子。

堇青石结构属于绿柱石型，六方环中的 6 个 $[SiO_4]$ 四面体中有 1 个 Si^{4+} 被 Al^{3+} 所代替，环间以 Al^{3+}、Mg^{2+} 连接（相当于绿柱石中 Be、Al 的位置），为了补偿电价，六方环中出现了 Al^{3+} 代替 Si^{4+} 的现象，因此对称性从六方晶系降低为斜方晶系。

堇青石的热膨胀系数小，在 20 ～ 900℃仅为 1.25×10^{-6}℃$^{-1}$，常用来改善耐火材料和陶瓷制品的热稳定性，提高其抗急冷急热的能力。以堇青石为主晶相可制造零膨胀材料和电子陶瓷（堇青石瓷）。

7.6.3 链状结构硅酸盐

链状结构硅酸盐中，$[SiO_4]$ 四面体以角顶连接成沿一个方向无限延伸的链，常见的有单链（图 7-55）和双链（图 7-56）。单链硅氧骨干的通式为 $[Si_nO_{3n}]^{2n-}$，式中 n 为硅氧四面体数。双链硅氧骨干的通式为 $[Si_{2n}O_{6n-1}]^{(4n-2)-}$，1 为一个重复单元中两个单链间的交连数。

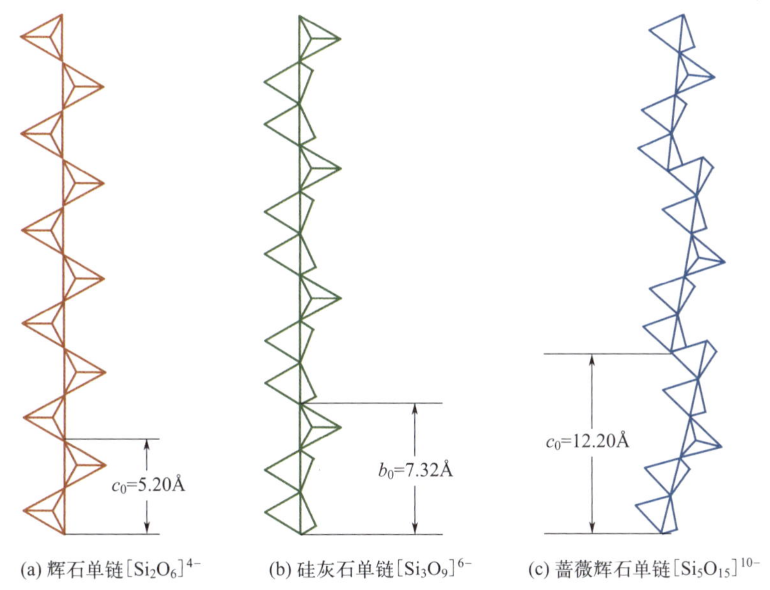

图 7-55 链状结构硅酸盐的单链硅氧骨干

链状结构中，链与链之间依靠骨干外的阳离子相互联系。硅氧骨干中的 Si 常被少量的 Al 代替，一般 Al 取代 Si 的量小于 1/3，最多可达 1/2。链状硅氧骨干一般彼此平行排列，并尽可能地达到最紧密堆积状态。

（1）辉石类

辉石的晶体结构中，每一个 $[SiO_4]$ 四面体均以两个角顶与相邻的 $[SiO_4]$ 四面体相连，形

成沿 Z 轴无限延伸的单链［图 7-55（a）］。每两个 $[SiO_4]$ 四面体为一重复周期（约为 5.2Å，与晶胞参数 c 值大致相当），记为 $[Si_2O_6]^{4-}$。链与链之间通过 Mg^{2+}、Fe^{2+}、Ca^{2+}、Al^{3+}、Na^{+} 等金属阳离子相连。链内 Si—O 键主要为共价键，键强较大；链外阳离子 M 与氧之间的化学键 M—O 键主要为离子键性，键强相对较小。

(a) 角闪石双链 $[Si_4O_{11}]^{6-}$　(b) 硬硅钙石双链 $[Si_6O_{17}]^{10-}$　(c) 夕线石双链 $[AlSiO_5]^{3-}$　(d) 星叶石双链 $[Si_4O_{12}]^{8-}$

图 7-56　链状结构硅酸盐的双链硅氧骨干

图 7-57 为理想化的辉石结构沿 Z 轴的投影。平行（100）面的阳离子和 $[Si_2O_6]^{4-}$ 链呈似层状排列，链中 $[SiO_4]$ 四面体在 X 轴方向上均为四面体底面对底面，顶对顶；在 Y 轴方向 $[Si_2O_6]^{4-}$ 链以相反取向交替排列成行。$[Si_2O_6]^{4-}$ 链间有两种空隙，小者为 M_1，在四面体角顶相对的位置，大者为 M_2，在四面体底面相对的位置。如果阳离子的大小相当，则任意占据 M_1 或 M_2 位置；若阳离子的大小不等，则较大半径的 Na^{+}、Ca^{2+} 优先占据 M_2，而较小半径的 Mg^{2+}、Fe^{2+} 则占据 M_1。阳离子大小不同时，会影响晶胞参数和对称程度。

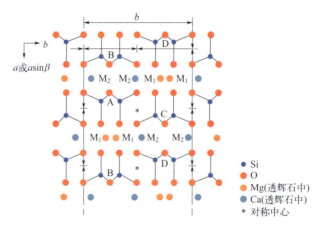

图 7-57　理想化的辉石晶体结构沿 Z 轴的投影

所以只有不含或少含 Ca^{2+}、Na^{+} 等较大阳离子的辉石，才有可能结晶成斜方晶系，否则结晶为单斜晶系。在斜方辉石中 M_2 的位置被小半径的 Mg^{2+}、Fe^{2+} 等占据，形成畸变的八面体配位。在单斜辉石中 M_2 的位置被大半径的 Ca^{2+}、Na^+、Li^+ 等占据，为 8 次配位。

辉石中理想的 $[Si_2O_6]^{4-}$ 链是笔直的，即 3 个相邻桥氧的键角为 180°（称为 E 链），大多数辉石不具有这种链，而是一种不太规则的曲折链。这是由于为了与不同半径的阳离子配位八面体相匹配，$[Si_2O_6]^{4-}$ 链中的硅氧四面体发生压缩、拉伸、旋转和畸变效应所致。因此，辉石 $[Si_2O_6]^{4-}$ 链中相邻 3 个桥氧的键角一般为 120° ～ 180°。另一方面，为了与 $[Si_2O_6]^{4-}$ 链相匹配，也会同时伴有阳离子配位多面体的变形，如图 7-58 所示。

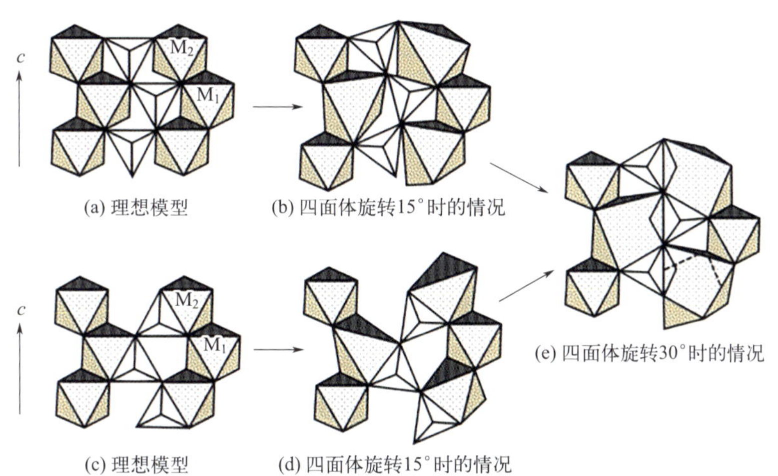

图 7-58　辉石晶体结构中 $[SiO_4]$ 四面体的旋转和 M_2 八面体位置变形的示意图

由于 M_2 位置上的阳离子及形成时的热力学条件不同，因此辉石具有不同的空间群。当 M_2 位置上主要为 Na^+、Ca^{2+} 时，一般形成 *C*2/*c* 空间群；若 M_2 位置上主要为 Mg^{2+}、Fe^{2+} 和少量的 Ca^{2+}，形成 $P2_1/c$、*P*2/*n* 空间群；但当 M_2 位置上主要为 Mg^{2+}、Fe^{2+} 时，则形成 *Pbca*、*Pbcn* 空间群。空间群与热力学条件的关系主要表现在同质多象转变上。

由于辉石晶格中质点的堆积较紧密，具有较好的电绝缘性，所以辉石是高频无线电瓷和微晶玻璃的主晶相。其中原顽辉石是电子陶瓷——滑石瓷的主晶相，属于高温稳定相，常温下也可以稳定存在，在 1040 ～ 850℃转变为介稳态的斜顽辉石。斜顽辉石也是滑石瓷老化产生的组成矿物。

（2）硅灰石

硅灰石属于三斜晶系，空间群为 *P*1；a=7.94Å，b=7.32Å，c=7.07Å，α=90.03°，β=95.37°，γ=103.43°；V=397.82Å^3，Z=2（1961 年）。硅灰石的结构中 $[SiO_4]$ 四面体以共角顶连接成单链状沿 *Y* 轴延伸，每 3 个 $[SiO_4]$ 四面体为一重复单位（图 7-59）。链与链之间平行排列，链间的空隙由 Ca^{2+} 充填，构成 $[CaO_6]$ 八面体。$[CaO_6]$ 八面体共棱连接成平行 *Y* 轴的链。其中，两个共棱连接的 $[CaO_6]$ 八面体的长度恰好等于四面体链的重复单位（约 7.2Å），亦与晶胞参数 *b* 值大致相当。

硅灰石是硅灰石瓷的主晶相。天然硅灰石是低温烧结普通陶瓷的原料及熔剂性添加剂。在硅酸盐玻璃析晶中也常见。

（3）角闪石类

角闪石属于典型的双链结构［图 7-56（a）］，角闪石双链可看成是由两个辉石双链连接而成，每 4 个 $[SiO_4]$ 四面体为一重复单位，记为 $[Si_4O_{11}]^{6-}$。$[Si_4O_{11}]^{6-}$ 双链均平行于 Z 轴排列并无限延伸。$[Si_4O_{11}]^{6-}$ 双链中的 Si 有两种四面体位置，记为 T_1 和 T_2。与 T_1 位置配位的氧有 3 个桥氧（惰性氧），1 个端氧（活性氧）；与 T_2 位置配位的 4 个氧中 2 个为桥氧，2 个为端氧。角闪石双链在结构中的排布方式与辉石单链相似，即在 X 轴方向上 $[SiO_4]$ 四面体顶对顶、底面对底面排列，Y 轴方向以相反取向交替排列成行，如图 7-60 所示，链与链之间由借位的 A、M_1、M_2、M_3、M_4 位置上的阳离子连接。A、M_1、M_2、M_3、M_4 处实际上是链与链之间的空隙，且这几种空隙并不相同。M_1 和 M_2 正好位于四面体角顶相对的位置上，空隙最小；M_3 位于相对的角顶之间，空隙略大；M_4 为 $[SiO_4]$ 四面体底面相对的位置，空隙比前三种都大；A 位于相邻两个 M_4 之间，恰好在 $[Si_4O_{11}]^{6-}$ 双链的六方环中心附近宽大连续的空间内，空隙最大；A 位置可以被 Na^+、K^+、H_3O^+ 占据，用以平衡电价，也可以全部空着。由于这些空隙大小不同，不同大小的阳离子就会分别占据不同的空隙。例如透闪石 $Ca_2(Mg,Fe)_5[Si_8O_{22}](OH)_2$ 中最大的阳离子 Ca^{2+} 占据 M_4；Mg^{2+}、Fe^{2+} 占据 M_1、M_2、M_3 三种较小的空隙，A 位置空缺。

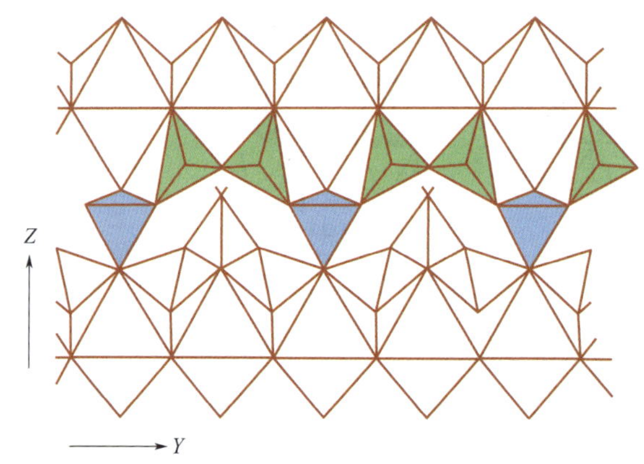

图 7-59　硅灰石的晶体结构

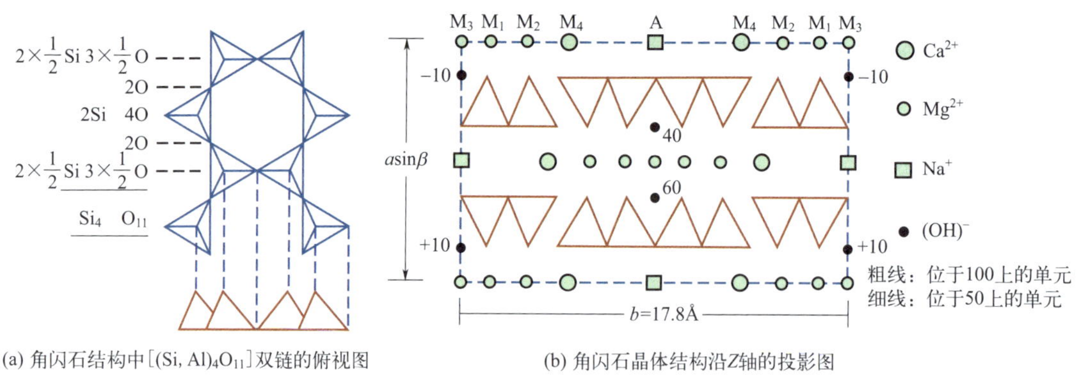

(a) 角闪石结构中[(Si, Al)4O11]双链的俯视图　　(b) 角闪石晶体结构沿Z轴的投影图

图 7-60　透闪石的晶体结构

M_4 位置上的阳离子种类对角闪石的结构会产生显著影响。当 M_4 位置上主要为 Mg^{2+}、Fe^{2+} 等小半径的阳离子时，形成斜方晶系的角闪石，空间群为 *Pnma* 和 *Pnmn*；当 M_4 位置上主要为 Ca^{2+}、Na^+ 等大半径的阳离子时，则形成单斜晶系的角闪石，空间群为 *C*2/c。

与辉石的晶体结构相似，在角闪石结构中，为使 $[Si_4O_{11}]^{6-}$ 双链与非硅氧骨干的阳离子配位多面体的链相匹配，同样会产生硅氧四面体的畸变、旋转和阳离子配位多面体的变形。

7.6.4 架状结构硅酸盐

架状结构硅酸盐中 $[SiO_4]$ 四面体的 4 个角顶均与相邻 $[SiO_4]$ 四面体的角顶相连。在没有其他阳离子代替 $[SiO_4]$ 四面体中的 Si^{4+} 时，Si 和 O 的原子数之比为 1∶2，整个结构是电中性的，这种情况只见于石英的结构。

架状结构硅酸盐的特点是在结构中出现了 Al^{3+} 替代 Si^{4+}，当部分 $[SiO_4]$ 四面体中的 Si^{4+} 被 Al^{3+} 代替时，会出现多余的负电荷，所以，架状结构硅酸盐的化学式一般写作 $[Al_xSi_{n-x}O_{2n}]^{x-}$，多余的负电荷要求有阳离子参加进行中和，从而形成铝硅酸盐。

架状结构硅酸盐中最常见的阳离子是 K^+、Na^+、Ca^{2+}、Ba^{2+} 等。在岛状、链状、层状结构硅酸盐中，常见的具有 6 次配位的 Mg^{2+}、Fe^{2+}、Mn^{2+}、Al^{3+}、Fe^{3+} 等较小半径阳离子，在架状结构硅酸盐中退居次要地位。这是因为架状结构中有较大的空隙，要求大半径的阳离子充填；同时，也是因为能被 Al 代替的 Si 的数目有限，一般为 1/3 或 1/4，最多不超过 1/2，因此需要电价低、配位数高的阳离子来中和电性。

由于架状结构硅酸盐可以有很多种连接方式，因此在结构中可以形成形状和大小不同的空隙或孔道，F^-、Cl^-、$(OH)^-$、S^{2-}、$[SO_4]^{2-}$、$[CO_3]^{2-}$ 等便会存在于这些空隙中，它们与 K^+、Na^+、Ca^{2+}、Ba^{2+} 等阳离子相连，用以补偿结构中剩余的正电荷。沸石晶体中的沸石水也会存在于这些空隙或孔道中，它们出入孔道时不改变原有晶体结构。架状结构硅酸盐中大阳离子之间的不等量替代（如 $2Na^+=Ca^{2+}$）也与这种巨大的空隙有关，这在其他结构的硅酸盐中少见。

具有架状结构的硅酸盐矿物多、数量大、分布广，主要有长石、似长石和沸石三大类。

（1）长石类矿物

长石是碱金属和碱土金属的铝硅酸盐矿物。长石的化学通式为 MT_4O_8，$M=Na^+$、Ca^{2+}、K^+、Ba^{2+} 及少量的 Li^+、Ru^+、Cs^+、Sr^{2+} 等，$T=Si^{4+}$、Al^{3+}。长石类矿物主要分为钾长石 - 钠长石、钠长石 - 钙长石两个类质同象系列。

① 钾长石 - 钠长石系列：该系列是由钾长石 $K[AlSi_3O_8]$（Or）和钠长石 $Na[AlSi_3O_8]$（Ab）构成的不完全类质同象系列。

在高温条件下 Na^+ 可以取代 K^+，形成 K-Na 长石的完全类质同象系列，温度降低时则混溶性逐渐减小。由于晶胞参数的 $\beta=90°$，所以 K-Na 长石系列又称为正长石系列，主要种属有正长石 $K[AlSi_3O_8]$、透长石 $K[AlSi_3O_8]$、微斜长石 $(K, Na)[AlSi_3O_8]$ 和歪长石 $(K, Na)[AlSi_3O_8]$。

② 钠长石 - 钙长石系列：该系列是由钠长石 $Na[AlSi_3O_8]$（Ab）和钙长石 $Ca[Al_2Si_2O_8]$（An）构成的完全类质同象系列。结构中 Na^+ 和 Ca^{2+} 可以以任意比例相互替代。由于晶胞参数的 $\beta\neq90°$，故 Na-Ca 长石系列又称为斜长石系列。根据 Ab 和 An 所占的比例不同，将斜长石系列划分为 6 个不同的斜长石亚种。

除上述 3 种组分的长石及其固溶体之外，还有一种组分为钡长石 $Ba[Al_2Si_2O_8]$（Cn）。当组分中 Cn 的含量超过 2% 时，称为某长石的含钡品种，如钡冰长石；当 Cn 的含量超过 90% 时，称钡长石。

长石结构是 $[TO_4]$ 四面体以全部角顶共用，在三维空间连接成架状，大阳离子充填其中的空隙。长石最重要的结构单元是由 $[TO_4]$ 四面体连接形成的四元环（图 7-61）。四元环有两种类型，一种是垂直于 X 轴的（$\bar{2}01$）四元环，另一种为垂直于 Y 轴的（010）四元环，它们均由两对不等效的 $[TO_4]$ 四面体（T_1 和 T_2）组成。

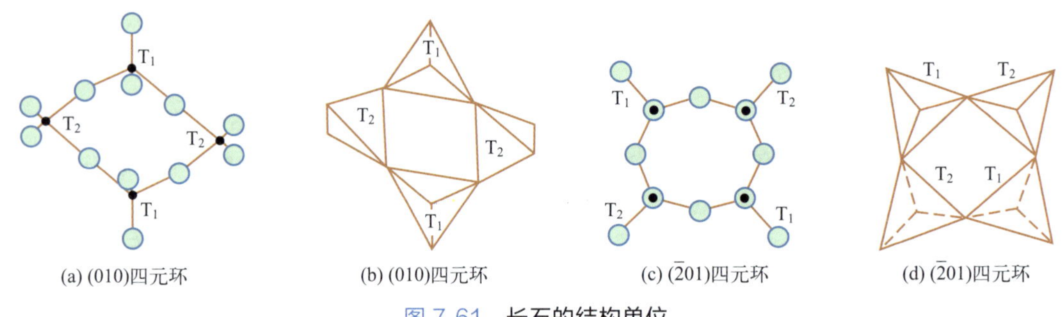

图 7-61 **长石的结构单位**

长石的结构沿 X 轴由（010）四元环与（$\bar{2}01$）四元环共角顶连接成折线状的链（图 7-62），链与链之间共角顶连接。沿 Z 轴方向则由（010）四元环共角顶连接成链（图 7-63）。

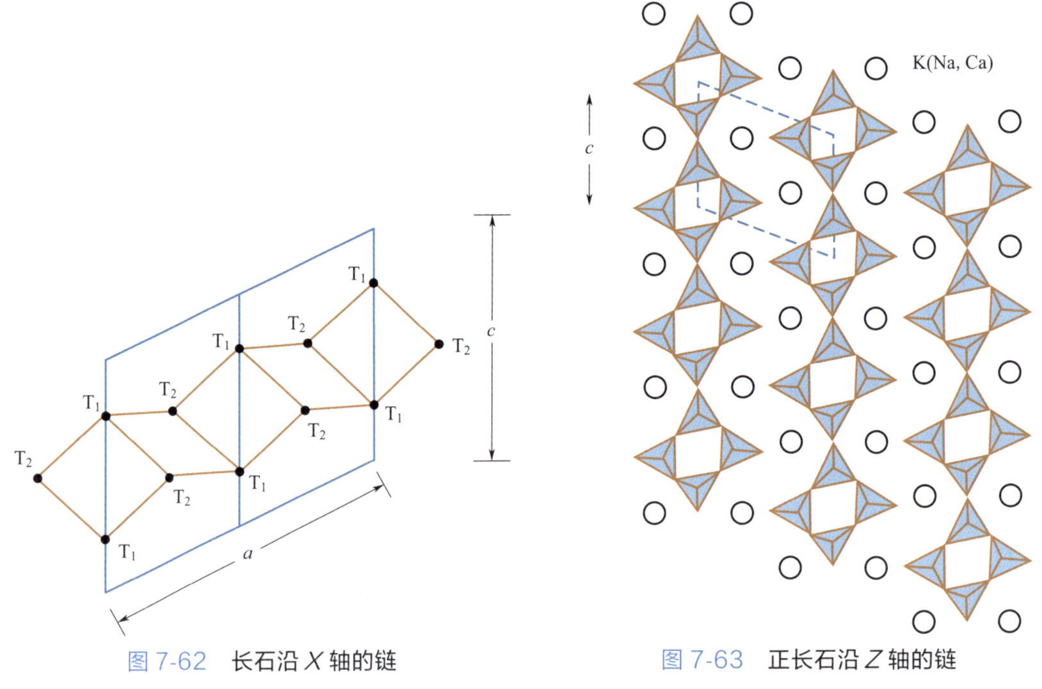

图 7-62 **长石沿 X 轴的链**

图 7-63 **正长石沿 Z 轴的链**

长石结构在近于垂直 X 轴的（$\bar{2}01$）面上可以看见（$\bar{2}01$）四元环，而且 4 个（$\bar{2}01$）四元环共角顶连接成八元环（图 7-64）。在（001）面上也可以见到沿 X 轴的（$\bar{2}01$）四元环（四边形）和沿 Y 轴的（010）四元环（蝴蝶结形）交替连接成折链状，同时 4 个 $[TO_4]$ 四面体围合成“十六环”，大致平行于（001）面，形成十六环层（图 7-65），层间通过 $[TO_4]$ 四面体角顶连接，构成架状结构，大阳离子占据十六环中间的空隙。

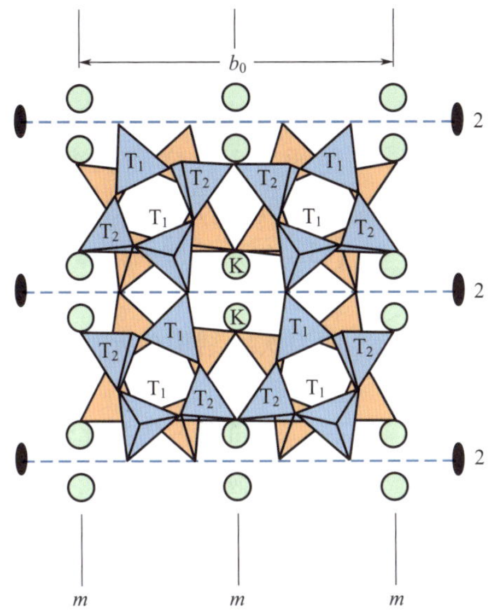

图 7-64　正长石结构在（$\bar{2}01$）面上的投影

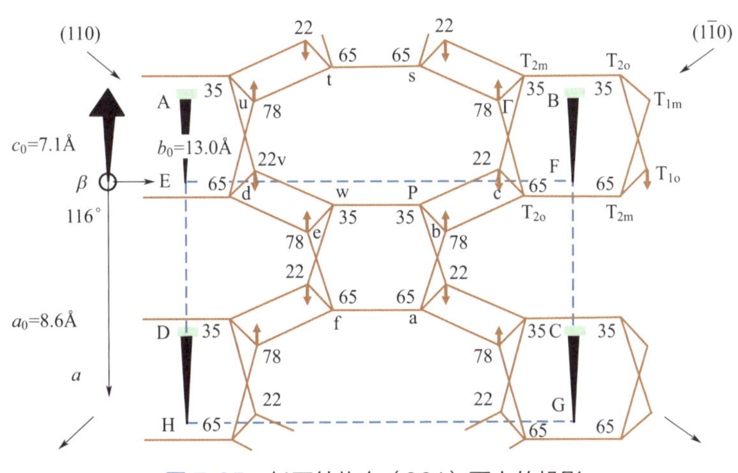

图 7-65　长石结构在（001）面上的投影

（2）沸石类矿物

沸石是含水铝硅酸盐晶体，沸石的组成可以用下式表示：$M^{n+}_{p/q}$ $[Al_pSi_qO_{(p+q)}]\cdot mH_2O$。$M^{n+}$ 为金属离子，一般为 Na^+、K^+、Ca^{2+}、Mg^{2+}、Ni^{2+}、Ag^+、La^+ 等；n 为阳离子电荷数；m 是水分子数，有很大的变化范围。已经发现的天然沸石有 40 余种，合成沸石已经超过 100 种。

沸石的结构特征是 $[(Al,Si)O_2]_n$ 骨架的开放性。沸石与其他架状结构硅酸盐不同的是其架间孔穴的维数和它们之间连接的通道。长石结构间的孔穴相对很小，阳离子不能随意替换。而沸石结构中有许多孔径均匀的孔道和表面很大的孔穴，其中含有水分子，若将它加热，把孔穴和孔道中的水赶出，就能起到吸附剂的作用，直径比孔道小的分子能进入孔穴，直径比孔道大的分子不能进入；于是就能起到筛选分子的作用，故也称这类硅酸盐为分子筛。

沸石分子筛中硅氧骨架的连接方式可通过孔穴和孔道来描述。孔穴是指由多个 $[(Si,Al)O_4]$ 四面体连接而成的三维多面体，这些多面体呈中空的笼状结构，又称为笼。孔穴与外部其他孔穴相通的部分，称为孔窗，相邻孔穴之间通过孔窗连通，由孔穴和孔窗形成无数条的通路称为孔道。图 7-66 所示为菱沸石晶体中孔穴的连接情况。如果把 $[(Si, Al)O_4]$ 四面体看作是沸石的初级结构单元，则把含有 4 个或 4 个以上的 $[(Si, Al)O_4]$ 四面体的结构单元称为次级结构单元。沸石的晶体结构可以看成是由次级结构单元组成。

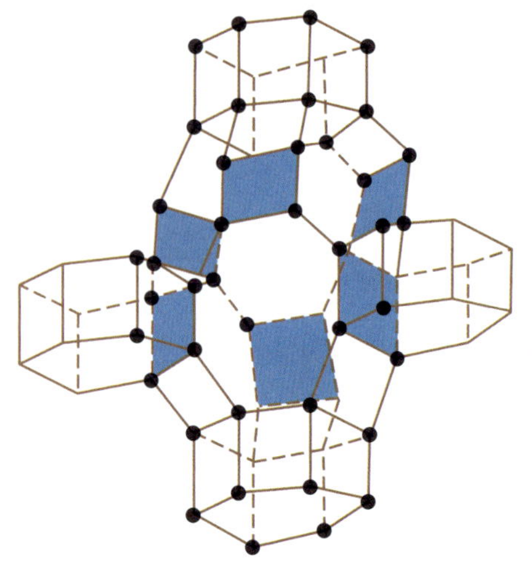

图 7-66 菱沸石中孔穴连接情况

不同沸石的晶体结构相差很大，所属晶系、空间群和晶胞参数可以完全不同，例如，方沸石化学式为 $Na[(AlO_2)(SiO_2)_2]\cdot H_2O$，属于等轴晶系，空间群为 $Ia\bar{3}d$，a=13.72Å；而菱沸石的化学式为 $Ca_2[(AlO_2)_4(SiO_2)_8]\cdot 13H_2O$，属于三方晶系，空间群为 $R\bar{3}m$，$a=b$=13.78Å，c=15.06Å。

7.6.5 层状结构硅酸盐

层状结构可以由链状结构交连而成，结构中 $[SiO_4]$ 四面体以 3 个角顶相连，形成二维延伸的网层（最常见的是具有六方环状网孔的层），称为四面体片，以四面体英文首字母 T 表示。

在四面体片中，每个 $[SiO_4]$ 四面体有 3 个氧（底面氧）与相邻 $[SiO_4]$ 四面体共用，它们的电荷已经达到平衡（有 Al 替代 Si 时为例外），为惰性氧；此外还有 1 个活性氧，活性氧常指向同一方向，从而形成一个也按六方网格排列的顶氧平面，在六方网格的中心有羟基 OH^-。在顶氧平面上，有 2/3 是氧，有 1/3 是 OH^-，它们既是四面体片的一部分，也是八面体片中八面体的角顶。

如果两层四面体片以顶氧相对，则两层顶氧（及 OH^-）以最紧密堆积的方式错开叠置，其间的八面体空隙被 Mg^{2+}、Al^{3+}、Fe^{2+}、Fe^{3+} 等充填，形成阳离子的配位八面体，配位八面体共棱连接构成八面体片，以八面体英文首字母 O 表示。如果一层四面体片的顶氧与另一层四面体片的底氧相对，则在顶氧的上方有一层与之成紧密堆积的 OH^-，八面体片由一层四面体片的顶氧（及 OH^-）与一层 OH^- 组成。

常见层状硅酸盐的基本结构是由四面体片与八面体片组合成结构单元层，结构单元层有两种基本形式：一种由一层四面体片与一层八面体片组成，两者之间通过共用氧连接，用 TO 表示［图 7-67（a）］，称为 1∶1 型；另一种由一层八面体片夹在两层四面体片之间构成，用 TOT 表示［图 7-67（b）］，称为 2∶1 型。根据八面体片中阳离子的电价，可进一步对 TO 型和 TOT 型结构进行划分。在层状硅酸盐的四面体片与八面体片中，若四面体片中由 $[SiO_4]$ 四面体所组成的六方环的范围内，在八面体片中有 3 个八面体空隙，当这 3 个八面体空隙全部被二价阳离子（如 Mg^{2+}、Fe^{2+} 等）占据时，称为三八面体型结构；如果八面体片中的阳离子为三价，如 Al^{3+}，则 3 个八面体空隙只有 2 个被占据，有 1 个是空的，称为二八面体型结构。

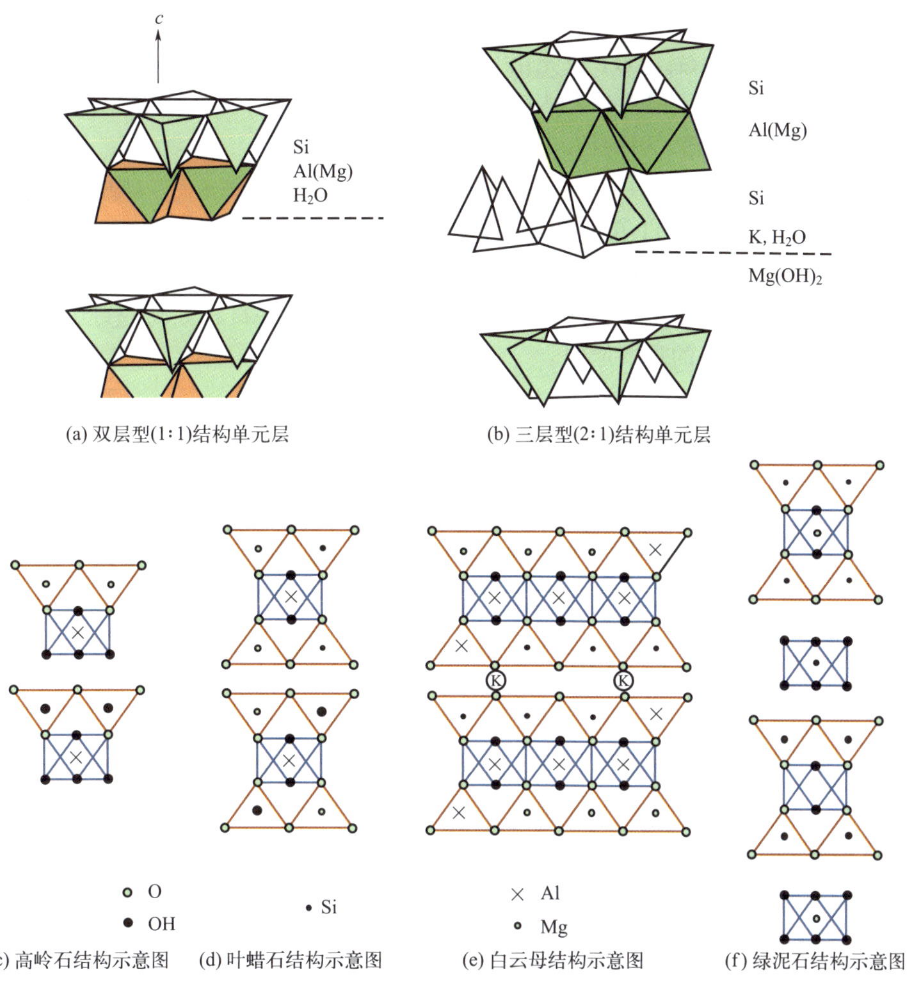

图 7-67　**层状硅酸盐结构中四面体片和八面体片的连接方式**

结构单元层在垂直于 Z 轴方向堆垛形成层状结构，因此层状结构晶体广泛存在多型现象。结构单元层之间存在的空隙称为层间域。如果结构单元层内部呈电中性，则层间域中无须有其他阳离子存在，也很少吸附水分子及有机分子，如高岭石、叶蜡石等；如果结构单元层内负电荷未被完全平衡（有 Al^{3+} 代 Si^{4+} 时），则层间域中必须存在一定量的阳离子平衡电荷，如 K^+、Na^+、Ca^{2+} 等，还可以吸附一定的水分子和有机分子，如云母、蒙脱石等。

常见的层状硅酸盐晶体结构：

（1）高岭石、蛇纹石

结构单元层为 TO 型，单元层之间由弱的氢键连接，如图 7-67（c）所示。

（2）滑石和叶蜡石

结构单元层为 TOT 型，没有 Al 替代 Si，整个结构呈电中性，结构单元层之间由范德华力连接，如图 7-67（d）所示。

（3）云母类

结构单元层为 TOT+C（C 为层间的阳离子），结构单元层内有 1/4 的 Si 被 Al^{3+} 替代，多余的负电荷由 TOT 之间的一价阳离子 K^+ 或 Na^+ 中和，如图 7-67（e）所示。

（4）绿泥石、蛭石

结构单元层为 TOT+O，TOT 单元由另一八面体（O）层连接。蛭石中只是部分形成八面体（O）层，并与水分子相结合。结构如图 7-67（f）所示。

（5）蒙皂石类（蒙脱石、贝得石、绿脱石等）

结构单元层为 TOT+H_2O+C，TOT 结构的 T 中存在 Al^{3+} 代替 Si^{4+}、O 中存在二价阳离子取代三价阳离子，因此在 TOT 单元间连接松散的阳离子 C 和分子水 H_2O。

白云母和金云母具有较高的绝缘性和耐热性，较强的耐酸性和良好的机械强度，并能解理成有弹性的透明薄片，是电气、无线电和航空等工业的重要材料。高岭石、蒙脱石、滑石等是陶瓷工业及化学工业的重要原料。

7.7 硅酸盐水泥的晶体结构

硅酸盐水泥熟料的晶相主要由硅酸钙和铝酸钙组成，四种主要矿物为硅酸三钙（Ca_3SiO_5，简写为 C_3S）、硅酸二钙（Ca_2SiO_4，简写为 C_2S）、铝酸三钙（$Ca_3Al_2O_6$，简写为 C_3A）和铁铝酸四钙（$4CaO \cdot Al_2O_3 \cdot Fe_2O_3$，简写为 C_4AF），其固溶体的结晶度随着生料的化学组成、细度、热处理工艺（烧结温度、燃料的性质、冷却制度）以及在液相、固相和气体介质中的扩散反应而变化。下面简单叙述 C_3S、C_2S、C_3A、C_4AF 的基本晶体结构。

7.7.1 硅酸三钙

C_3S 是水泥熟料的主要矿物组成，决定着水泥熟料的关键性能。C_3S 具有多种结构相似的变体，只要 C_3S 结构中原子有少量的替换或者外来原子填充 C_3S 空隙，就可使一种 C_3S 变体转变为另一种，而不破坏其最初的配位键，变体间的相变焓小。

硅酸三钙晶体结构的研究起源于 20 世纪 50 年代。Jeffery 是研究 C_3S 晶体结构的先驱者，Jeffery、Nishi 和 Takeuchi 以及 Il'inets 等确定了 C_3S 单晶晶体结构 *R*、*M*3 和 *T*1 型的 C_3S。*R* 型的硅酸三钙最早是由 Jeffery 提出来的，研究了高温状态下 *R* 型多晶结构，晶胞参数 $a=b=7.0$Å，$c=25.0$Å，空间群为 $R3m$，$Z=9$，$V=1060.88$Å^3。这一结构由独立的四面体组成，Ca^{2+} 联结这些四面体并以八面体配位于三个没有与 Si^{4+} 联结的 O^{2-}，每个分子单胞中具有三个八面体空隙，空隙尺寸大到足可容纳其他原子。Nishi 和 Takeuchi 通过 Sr 在室温下稳定 *R* 型，修正了 *R* 型的硅酸三钙，晶胞参数：$a=b=7.135$Å，$c=25.586$Å，空间群为 $R3m$，$Z=9$，$V=1128.03$Å^3。Il'inets 等在大气气氛下标定了稳定的硅酸三钙 *R* 型结构，空间群确定为 $R3m$，晶格参数 $a=b=7.0567$Å，$c=24.974$Å，$V=1077.02$Å^3，晶体结构如图 7-68 所示，角顶上以 4 个 Si 原子 1/8 共用，晶棱上以 8 个 Si 原子、2 个 Ca 原子和 24 个 O 原子 1/4 共用，晶面上以 4 个 Ca 原子 1/2 共用。

单斜结构的硅酸三钙最先由 Jeffery 通过在 C_3S 中固溶一定量的 Al_2O_3、MgO 得到，单斜形式硅酸三钙的空间群为 *Cm*，晶胞参数为 $a=33.08$Å，$b=7.07$Å，$c=18.56$Å，$\beta=94.6°$。Nishi 等人也研究了单斜的硅酸三钙，认为 *M*3 这种超晶格结构具有大的单位晶胞，为 4312Å^3。Mumme 在 Nishi 和 Takeuchi 的基础上研究了 *M*3 的亚晶格结构，晶胞参数为 $a=12.235$Å，$b=7.073$Å，$c=9.298$Å，$\beta=116.310°$，空间群为 *Cm*。

在 Jeffery 的先驱工作研究 20 多年后，Goloastikov 等人解析出三斜相的硅酸三钙 *T*1 型的晶体结构。晶胞常数为 $a=11.67$Å，$b=14.24$Å，$c=13.72$Å，$\alpha=105.5°$，$\beta=94.33°$，$\gamma=90°$，空间群为 $P\overline{1}$，$Z=18$，$V=2190.32$Å^3。Handke 和 Ptak 用红外和拉曼光谱研究 C_3S 的结构，

发现三斜结构是层状的，其层内的对称与 Jeffery 提出的 $R3m$ 对称接近。

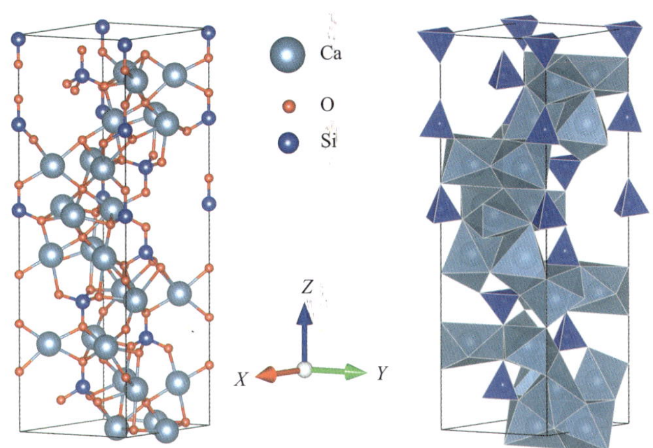

图 7-68　C_3S 的晶体结构

根据已有的文献报道，依据温度和杂质的不同，C_3S 有 7 个主要的晶相：三个三斜相 T_1、T_2、T_3，三个单斜相 M_1、M_2、M_3 和一个菱方相 R，它们的转变关系如下：

$$T_1 \xleftarrow{620℃} T_2 \xleftarrow{920℃} T_3 \xleftarrow{980℃} M_1 \xleftarrow{990℃} M_2 \xleftarrow{1060℃} M_3 \xleftarrow{1070℃} R$$

在室温下，纯 C_3S 以 T_1 型式存在，当有外来离子掺杂时，其他相才可能在室温下稳定存在。工业水泥熟料最常观测到的是 M_1 和 M_3。

7.7.2　硅酸二钙

C_2S 具有岛状硅酸盐结构，结构内部由结构单元 $[SiO_4]$ 四面体通过 $[CaO_x]$ 多面体连接在一起形成空间三维结构。C_2S 的晶型和晶系随温度的变化而变化是已经得到公认的研究结果。目前已知 C_2S 具有五种晶型 α、β、γ、α′ 和 α_{HP}，晶胞参数也已确定。通过差热分析得到的与 X 射线衍射分析得到的相关转变点也完全符合。

α′-C_2S 加热到 1425℃时迅速转变成 α-C_2S，α-C_2S 冷却到 1421℃时转变为 α′-C_2S；β-C_2S 加热到 675℃时迅速转变为 α′-C_2S，而 α′-C_2S 在 670℃时转变为 β-C_2S，所以 α-C_2S 向 α′-C_2S 转变与 α′-C_2S 向 β-C_2S 转变时伴随着滞后现象。α′-C_2S 冷却至 670℃转变为 β-C_2S，β-C_2S 低于 500℃时转变为 γ-C_2S。α-C_2S 向 α′-C_2S 转变时，有一半的 $[SiO_4]$ 四面体发生旋转；α′-C_2S 向 β-C_2S 转变时，在 650℃时 $[SiO_4]$ 四面体发生旋转，同时 Ca^{2+} 的配位数发生变化。β-C_2S 向 γ-C_2S 转变往往伴随着 $[SiO_4]$ 四面体的旋转和 Ca 原子的迁移。

表 7-9　C_2S 的 α、β、γ、α′ 和 α_{HP} 型变体结构

变体	结构类型	对称空间群	晶胞数	Ca 配位	晶格常数
α	替换型	六方 $P6_4/mmc$（194）	Z=2	Ca(1)= 4+9 Ca(2)= 6+3	a=b=5.579Å，c=7.15Å α=β=90°，γ=120°
β	严重变形的 K_2SO_4 型	单斜 $P12_1/n1$（14）	Z=4	Ca(1)= 6+6 Ca(2)= 8	a= 5.48Å，b=6.76Å，c=9.28Å α=γ=90°，β=85.45°

续表

变体	结构类型	对称空间群	晶胞数	Ca 配位	晶格常数
γ	橄榄石型	正交 *Pbnm*（62）	*Z*=4	Ca(1)= 6 Ca(2)= 6+6	*a*=5.091Å，*b*=11.371Å，*c*=6.782Å *α*=*β*=*γ*=90°
α′	稍微变形的 低 K_2SO_4 型	正交 $Pna2_1$（33）	*Z*=16	Ca(1)= 10 Ca(2)= 9	*a*=20.5266Å，*b*=9.4963Å， *c*=5.5897Å *α*=*β*=*γ*=90°
α_{HP}	替换型	*I4/mmm*（139）	*Z*=2	Ca(1)= 4+9 Ca(2)= 6+3	*a*=*b*=3.564Å，*c*=11.66Å *α*=*β*=*γ*=90°

γ-C_2S 是纯硅酸二钙于室温下的最稳定的晶型，γ-C_2S 的结构与 α′-C_2S 和 β-C_2S 的结构不同，但是从三维结构模型中可以看出，原子的排列也有一定的相似性，[SiO_4] 四面体和一种位点的 Ca 原子的相对位置是相同的，而另一种位点的 Ca 原子被取代，但仍然与 [SiO_4] 四面体相关联。γ-C_2S 与 α′-C_2S 和 β-C_2S 之间的相转变被认为是半重建型的。

C_2S 五种晶型的晶体结构参数见表 7-9，C_2S 的 α、β、γ、α′ 和 α_{HP} 型晶体结构分别如图 7-69 ～图 7-73 所示，具体的描述如下。

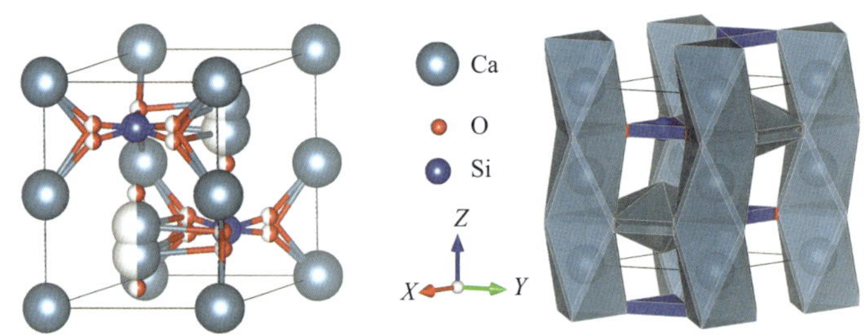

图 7-69　α-C_2S 晶体结构

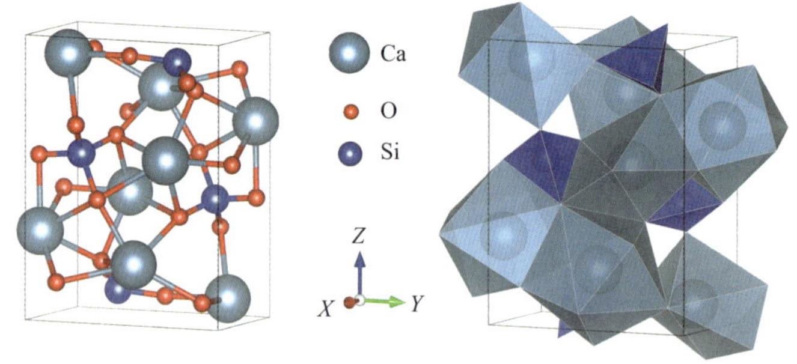

图 7-70　β-C_2S 晶体结构

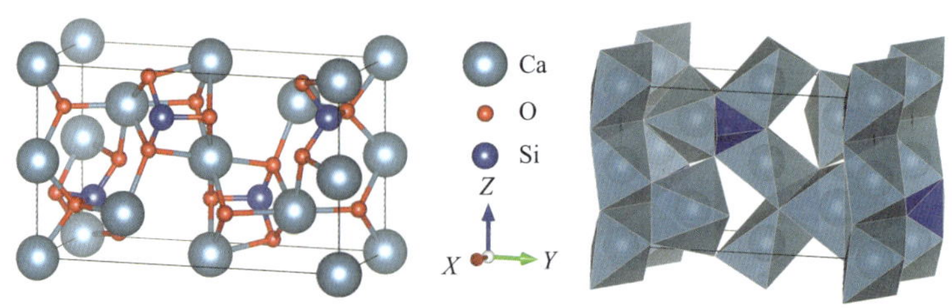

图 7-71　γ-C_2S 晶体结构

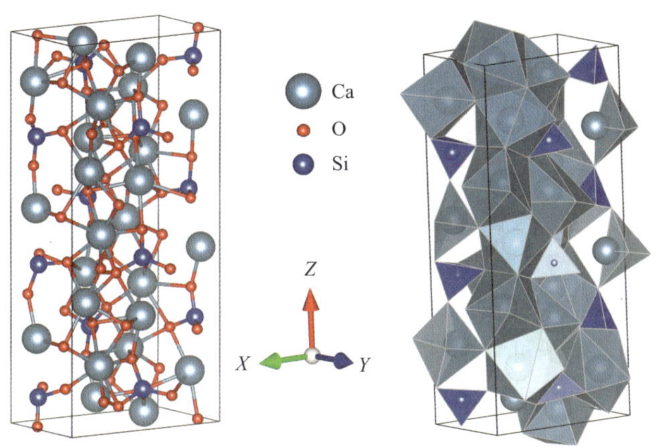

图 7-72　α′-C_2S 晶体结构

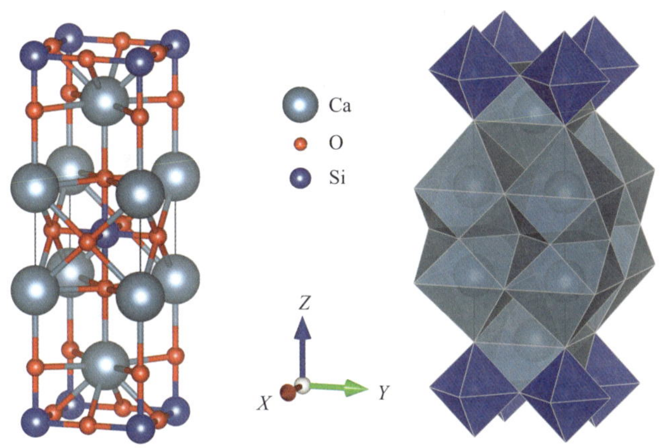

图 7-73　$α_{HP}$-C_2S 晶体结构

（1）α-C_2S

$a:b:c$ =1∶1∶1.28，V =192.73Å^3，中心对称，角顶上以 8 个 Ca 原子 1/8 共用，晶棱上以 4 个 Ca 原子 1/4 共用，晶胞内有 2 组 Si—Si 共价键。

（2）β-C_2S

$a:b:c$ = 1∶1.23∶1.69，V=342.69Å^3，中心对称，晶面上以 4 个 Ca 原子和 8 个 O 原子 1/2 共用，角顶和晶棱上没有共用原子。

（3）γ-C_2S

$a:b:c$ =1∶2.23∶1.33，V=392.61Å^3，中心对称，角顶上以 8 个 Ca 原子 1/8 共用，晶棱上以 4 个 Ca 原子 1/4 共用，晶面上以 4 个 Ca 原子 1/2 共用。

（4）α'-C_2S

$a:b:c$ = 3.67∶1.70∶1，V=1089.58Å^3，中心对称，晶面上以 4 个 Ca 原子和 14 个 O 原子 1/2 共用，角顶和晶棱上没有共用原子。

（5）$α_{HP}$-C_2S

$a:b:c$ = 1∶1∶3.27，V=148.11Å^3，中心对称，角顶上以 8 个 Si 原子 1/8 共用，晶棱上以 8 个 Ca 原子和 16 个 O 原子 1/4 共用，晶面上以 4 个 O 原子 1/2 共用。

7.7.3 铝酸三钙

铝酸钙主要是铝酸三钙（C_3A），有时还可能有 $C_{12}A_7$［有稳定型的 α-$C_{12}A_7$，不稳定型的 α-$C_{12}A_7$，或是大量吸收潮湿空气转变为 $C_{11}A_7 \cdot Ca(OH)_2$］、$K_{9.6}Ca_{1.2}Si_{12}O_{30}$、$CaF_2$、$Ca_4(Al_6O_{12})(SO_4)$、α-$CaSO_4$ 及一次、二次 f-CaO 等固溶部分其他氧化物。C_3A 的晶体结构描述很复杂，因为根据 X 射线衍射资料，在 C_3A 的一个晶胞中含有 24 个 $3CaO \cdot Al_2O_3$ "分子"，所以，为了分析 C_3A 的晶体结构，必须弄清楚相当于制得的总化学式为 $Ca_{72}Al_{48}O_{144}$ 的 264 个原子的位置。

在水泥熟料的各种矿物中，C_3A 是一个特例，是没有多晶转化的具有一定成分的化合物。但是，钠和钾碱金属离子可置换钙离子，而使纯 C_3A 结晶格子的对称性发生变化。

C_3A 的晶体结构为立方晶系，a=7.624Å，中心对称，V=443.15Å^3，空间群为 $Pm\overline{3}m$ (221)，Z=24，如图 7-74 所示。角顶上以 8 个 Ca 原子 1/8 共用，晶棱上以 12 个 Al 原子 1/4 共用，晶面上以 24 个 O 原子和 6 个 Al 原子 1/2 共用。对于整个结构来说，其特性为有较大的空穴，以及有四面体配位的 Al 原子，这就基本上决定了这种晶体结构具有高活性及氢氧原子进入无水铝酸盐及直接水化的可能性。

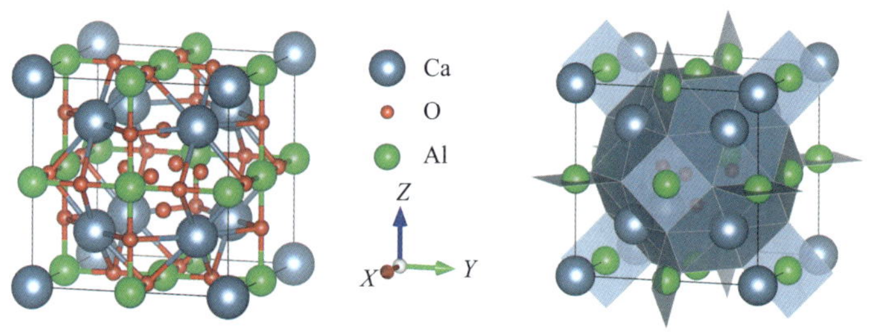

图 7-74　C_3A 晶体结构

7.7.4 铁铝酸四钙

铁酸钙固溶体以铁铝酸四钙 $4CaO \cdot Al_2O_3 \cdot Fe_2O_3$（$C_4AF$）作为代表式。铁铝酸盐相是一种成分为 $C_2A_PF_{1-P}$ 的固溶体，其中 P 值可从 0 变动到 0.7。所有这些固溶体均属斜方（正交）晶系。另外，还有少量的 f-CaO、MgO、含碱矿物以及玻璃体等。

C_4AF 的晶体结构如图 7-75 所示，晶胞参数 a=5.58Å，b=14.5Å，c=5.34Å，V=432.06Å^3，

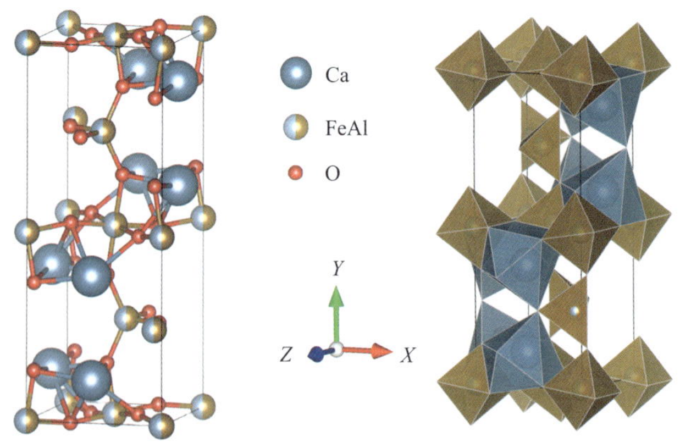

图 7-75　C_4AF 晶体结构

中心对称，（Fe, Al）原子呈层状分布，角顶上以 8 个（Fe, Al）原子 1/8 共用，晶棱上以 4 个（Fe, Al）原子 1/4 共用，晶面上以 8 个 Ca 原子、16 个 O 原子和 2 个（Fe, Al）原子 1/2 共用。晶胞中含两个 $4CaO \cdot Al_2O_3 \cdot Fe_2O_3$ “分子”并与其 *XOZ* 底面（010 侧轴面）成假四方对称。晶格的特征是四面体型的 $[FeO_4]^{5-}$ 和八面体型的 $[AlO_6]^{9-}$ 原子团互相交替。四面体和八面体依靠中间钙离子连接。沿着假四次轴 *Y* 顺次排列着由以下原子组成的各层：① 2Fe 和 2O；② 2Ca 和 2O；③ 2Al 和 4O；④ 2Ca 和 2O。

延伸阅读 1

高熵材料（合金、高熵碳化物、氮化物、氧化物）的晶体结构

高熵材料是近年来从热力学角度提出的新的材料设计理念，也是备受瞩目的一种全新的材料体系。顾名思义，高熵材料是一类具有高熵特性的材料。这类材料是由多种元素以等摩尔或近等摩尔比组成的新型多组元材料。高熵材料的独特之处在于其组分元素的多样性和成分的均匀性，它们通常由 5 种或 5 种以上的元素组成，并且每种元素的摩尔分数通常在 5% 到 35% 之间。

一、高熵材料的特性

（1）多主元组成　不同于传统的单组元或双组元材料，高熵材料通过多种元素的组合，突破了传统材料设计的限制，极大地丰富了材料成分设计和结构 - 性能调控的空间。

（2）高熵效应　由于组成元素的多样性，高熵材料通常具有高混合熵，这赋予了它们独特的物理和化学性质。

（3）结构稳定性　高熵材料往往表现出优异的结构稳定性，这对于在极端环境下应用的材料尤为重要。

（4）性能多样性　由于元素组合的多样性，高熵材料可以展现出多种优异的性能，如力学性能、热性能、光学性能等。

二、高熵材料的类型

1. 高熵合金

高熵合金是研究最多的一类高熵材料，它们通常具有体心立方或面心立方或密排六方等晶体结构。

到目前为止，高熵合金经历了三个主要阶段：第一，五元 - 等原子比 - 单相固溶体合金；第二，四元或五元 - 非等原子比 - 多相合金；第三，高熵薄膜或陶瓷。

和传统合金类似，高熵合金的结构可分为晶体和非晶体两大类。高熵合金晶体与非晶体的最本质差别在于组成晶体的原子、离子、分子等质点是规则排列的（长程有序），而非晶体中这些质点基本上无规则地堆积在一起（长程无序）。高熵合金在大多数情况下都以晶体形式存在。高熵合金中常见的晶体结构模型有面心立方结构、体心立方结构以及密排六方结构。与传统固溶体不同的是，高熵合金的无序固溶体中不存在溶剂与溶质的区别，不同原子随机占据晶格位置，晶格中存在严重的晶格畸变。

高熵合金面心立方结构（*fcc*）与传统合金相似，只是不同原子倾向于随机占据晶

格点阵，其引起的晶格畸变更加严重。当原子在高熵合金中随机排列，则形成无序 *fcc* 结构（A_1 结构）；当合金中原子间作用非常强烈，形成有序结构，即大部分面心位置由特定的一种金属原子占据，晶格顶点的位置由其他原子占据。与传统的合金结构相比，高熵合金结构的有序度稍有下降。

高熵合金体心立方结构（*bcc*）如图 7-76 所示。当合金形成无序 *bcc* 固溶结构时，原子随机分布在晶胞的顶点和体心位置，此结构为 A_2 结构；当合金中原子出现有序排列时，例如特定的原子占据体心位置，则形成有序结构。只是相对于传统的 *bcc* 有序结构，此类有序结构的长程有序也明显降低。

高熵合金中密排六方结构（*hcp*）相对较少，已有的研究集中于稀土元素基的高熵合金。其中 HoDyYGdTb、CoFeReRu 合金呈现出单相 *hcp* 结构。

高熵合金非晶结构往往也是由急冷凝固得到，即合金凝固时原子来不及有序排列成结晶，得到的固溶合金是长程无序结构，不存在晶态合金中的晶粒、晶界。

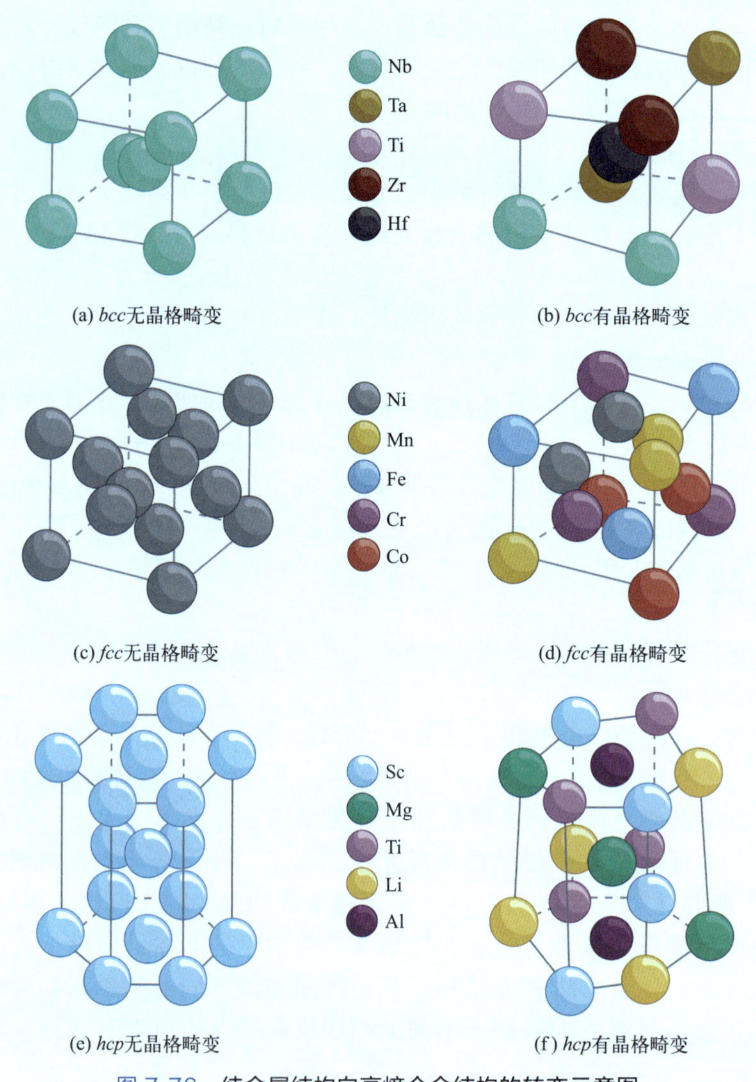

图 7-76　纯金属结构向高熵合金结构的转变示意图

2. 高熵陶瓷

高熵陶瓷通常包括高熵碳化物、高熵硼化物、高熵氮化物和高熵氧化物等，具有独特的电子结构和性能。

相比于高熵合金的迅猛发展，高熵陶瓷的研究才刚刚起步。将“高熵”引入无机非金属材料领域开始于 2015 年 Rost 等人在“高熵”氧化物材料方面的研究，他们选择了一个五元的阳离子等价的氧化物体系（MgO-CoO-NiO-ZnO-CuO）。这五种氧化物的晶体构型、阳离子配位数、阳离子的电负性等不完全相同，如 MgO、CoO、NiO 为岩盐结构，CuO 和 ZnO 为其他结构，而且五种氧化物之间的结构并不能形成完全固溶体，比如 MgO-ZnO 和 CuO-NiO 这样的二元系统就不能形成完全固溶体。将混合均匀的氧化物粉末，在低于 1150K 的温度下进行热处理，得到的是一个多相氧化物混合体系（如图 7-77 所示）。但如果在高于 1150K 温度热处理，由于“高熵效应”，可以形成阳离子混乱排列的单一岩盐结构相。快速冷却时，由于“迟滞扩散效应”，这个岩盐相可以以亚稳态的形式存在保持至室温。如果是缓慢冷却，这个在高于 1150K 的温度下稳定存在的岩盐相会分解，室温下得到的是以岩盐结构相为主，含有黑铜矿相的第二相。室温下以亚稳定形式存在的 $(Mg_{0.2}Co_{0.2}Nio_{0.2}Zn_{0.2}Cu_{0.2})O$ 岩盐相，如果在低于 1150K 的温度下进行热处理，也会分解。正是由于相形成和相变特征，Rost 等人将它称为“熵稳定氧化物”（entropy-stabilized oxides，简写为 ESOs）。

作为一类全新的陶瓷材料体系，高熵陶瓷材料的研究目前主要偏重于新材料体系制备的探索。包括岩盐结构的高熵氧化物在内，已有多种高熵陶瓷研制成功。按照化学成分分类，可以分为氧化物高熵陶瓷和非氧化物高熵陶瓷。氧化物高熵陶瓷可以按照晶体结构进行分类，如岩盐型结构、萤石型结构、钙钛矿型结构、尖晶石型结构高熵陶瓷等。非氧化物高熵陶瓷按照成分分类，包括碳化物、硼化物、氮化物和硅化物高熵陶瓷等。

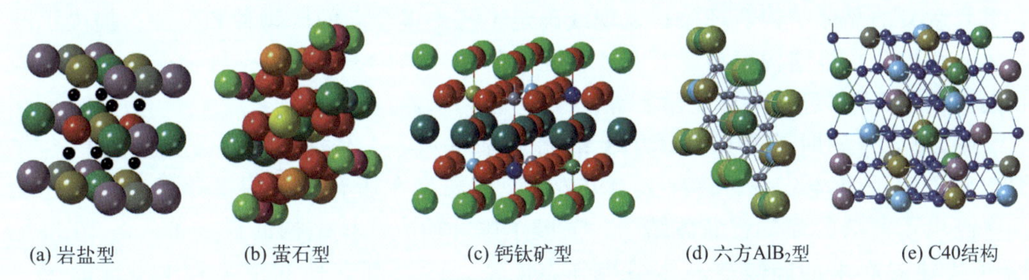

图 7-77　高熵陶瓷高对称结构

3. 高熵氧化物玻璃

高熵氧化物玻璃是一种新型的非晶态高熵材料，其制备和应用研究尚处于起步阶段。

三、高熵材料的应用前景

高熵材料因其独特的性质，在多个领域具有广阔的应用前景，包括但不限于：

（1）超导材料　研究发现某些高熵合金和陶瓷具有超导性，这为新型超导材料的发展提供了新的方向。

（2）高性能结构材料　高熵材料的高强度、高硬度等力学性能使其在航空航天、汽车制造等领域具有潜在的应用价值。

（3）光学和光电子材料　高熵氧化物玻璃等材料的光学性能使其在光学器件和光电子领域具有应用潜力。

总之，高熵材料作为一门新兴的交叉学科领域，其研究和发展对于推动材料科学和工程技术的进步具有重要意义。

延伸阅读 2

彭志忠——爱国敬业的矿物结晶学家

一、人物介绍

彭志忠教授（1932—1986）1932 年 9 月生，湖北省天门市人。是国内外著名的结晶矿物学家，1952 年清华大学地质系毕业并留校任教，后转到北京地质学院（中国地质大学）任教。曾任武汉地质学院教授，第三、五、六届全国人大代表，国际结晶学联合会结晶学教学委员会顾问等，1983 年加入中国共产党。彭志忠教授是我国科技自主创新、原始创新的楷模。1984 年被评为首批有突出贡献的中青年科学家。1986 年被授予地质矿产部特等劳动模范称号；同年，国家科委、地质矿产部联合作出“向著名中年科学家彭志忠学习的决定”，并在全国巡回报告他的先进事迹。

二、主要贡献

首先测定葡萄石的链层状晶体结构，突破了当时权威的硅酸盐晶体结构分类体系，被国际权威誉为“不寻常的发现”。测定了五十多种矿物的晶体结构，发现了十余项具有重要意义的晶体结构新现象；发现或确定了三十多个新的矿物种和变种；提出了准晶体的微粒分数维结构模型。著有《葡萄石的晶体结构》和《氟碳铈钡矿的晶体结构和钡 - 稀土氟碳酸盐的晶体化学》等。

彭志忠 20 岁时就参加翻译了《结晶学原理》等 5 本教材，23 岁与潘兆橹合作编出我国第一本《结晶学教程》。1957 年，彭志忠在唐有祺教授指导下，在世界上首次测出了复杂的葡萄石晶体结构，突破了国际研究晶体结构的权威布瑞格 20 世纪 30 年代建立起来的硅酸盐晶体结构分类体系。1958 年，他测定了我国发现的第一个新矿物香花石的晶体形态。1959 年，他领导建立了中国第一个矿物晶体结构实验室——北京地质学院矿物晶体结构实验室。带领几位 20 多岁的年轻教师，日夜苦干，仅用了 35 天就测定了具有 184 个原子的复杂晶体结构，比国外同时进行这项研究工作的机构提前五个月发表了研究成果，再次震动了国际结晶矿物学界。1962 年，彭志忠指导研究生马喆生，赶在处于该领域前列的英国和苏联的前面，测定了星叶石的晶体结构，发现了一种新型的硅氧骨干。成果发表后，被国外的学术刊物和教科书广泛引用，实现了“让中国人测定的矿物晶体结构在世界教科书上出现”的夙愿。

这期间还测定出了十多种矿物晶体结构，发现了许多新矿物，发表了二十多篇论文，使我国研究矿物晶体结构的水平处于世界前列，彭志忠的名字也因此被列入《世界结晶学家名录》。同时编著出版了《X 射线分析》等著作。在第一届全国科学大会上，他领导的实验室获得先进集体奖，他个人也被评为先进工作者。1980 年，彭志忠赴巴黎参加了第 26 届国际地质大会和第 12 届国际矿物学大会，他作的《铁橄榄石——高铁橄榄石晶体结构中缺席的有序 - 无序现象及其成因探讨》的学术报告，被法国和意大利知名矿物学杂志争相发表。自 1978 年到 1985 年，他和他所领导的实验室与其他同志共同发现了三十种新矿物与矿物新变种，测定了四十多种矿物的晶体结构，在世界上新发现了十余项具有重要意义的晶体结构现象，在国内外发表了 60 多篇科研论文。1980 年，他领导的研究室被地质部评为“地质找矿重大贡献集体”，他们取得的成果，先后获得地质部科技二等奖、内蒙古自治区科技成果一等奖、国家科委颁发的三等及四等自然科学奖。正是凭着不畏艰难、锲而不舍的精神，到 1986 年，彭志忠领导实验室完成了 50 余种矿物的晶体结构的研究，约占全国总数的 70%，他满怀对祖国的深厚感情，把自己指导发现的许多重要矿石命名为安康矿、湘江铀矿、大青山矿、锡林郭勒矿、张衡矿，实现了他青年时就立志用中国地名、人名来命名新矿物的宏大理想。

1985 年 9 月以后，是彭志忠病情（肝癌）最严重的时刻，也是他奋力拼搏的时刻。他以坚忍不拔的顽强意志，赶写出了四篇重要论文，四次带病出差参加学术会议，作了七场学术报告，主持或参加了八次外事活动，多次参加科技评审会，接连不断地坚持接待来访者，还指导着十一名研究生，直到病情开始恶化，他还坚持参加研究生论文答辩会。

三、社会评价

彭志忠同志热爱祖国、热爱党，热爱教育事业。

为了振兴祖国的科学事业，他在青年时期就立下了赶超世界先进水平的宏图大志。他博学多思、刻苦钻研，选定方向后会锲而不舍地奋斗下去，不断取得开创性的成就，获得国际结晶矿物学的承认和称赞，为祖国赢得了荣誉。

彭志忠同志以高度的责任心进行教学工作，坚持在教学第一线，以严谨的治学态度培养了一大批高质量的青年教师、研究生、进修生和大学生，使中国形成了一支有水平的矿物晶体结构和晶体化学研究队伍。

彭志忠同志不仅在教学、科研上作出了卓越的贡献，而且还留下了十分宝贵的精神财富。他有高尚的学术道德，从不计较个人名利，敢于坚持原则，善于团结同志，真诚帮助别人。他始终保持谦虚、谨慎、平等待人的作风，在学术界产生了很好的影响，受到了同行们的敬重。他是新中国培养出来的新型知识分子的优秀代表，他所走过的道路是优秀科学家成长的道路，他是中国中青年科学家和教育工作者的楷模。

彭志忠 30 余年的心血和汗水，化作丰硕的成果，成为对人类科学史的奉献。但他的奉献远不止于此。从他身上看到的，更多的是一种纯粹、执着的品质，是勇攀世界科学高峰的精神。

思考题

1. CsCl 的晶胞如图 7-12 所示：Cl^- 位于立方晶胞的八个角顶，Cs^+ 位于立方晶胞的中心。

（1）一个晶胞中有几个 CsCl 分子?

（2）CsCl 的空间格子类型?

2. ZnS 的晶胞如图 7-13 所示，S^{2-} 位于立方晶胞的八个角顶和每一个面的中心，若将晶胞等分为 8 个小立方体，Zn^{2+} 位于相间的 4 个小立方体中心。根据以上 ZnS 的晶体结构分析以下问题。

（1）晶体结构的空间格子类型；

（2）S^{2-} 周围的 Zn^{2+} 数目；

（3）单位晶胞中 ZnS 的分子数 Z；

（4）Zn^{2+} 和 S^{2-} 的坐标。

3. 金红石（TiO_2）的晶体结构和结构信息如图 7-16 所示：①晶体结构中小球为 Ti^{4+}，大球为 O^{2-}；②晶体结构信息：空间群为 $P4_2/mnm$（第 136 种），晶胞参数 $a=b=4.5924$Å，$c=2.9575$Å，$\alpha=\beta=\gamma=90°$，Ti^{4+} 和 O^{2-} 分别占据 2*a* 和 4*f* 等效位置，坐标分别为（0, 0, 0）和（0.30499, 0.30499, 0）。请根据金红石的以上结构信息分析：

（1）金红石是哪种空间格子类型（按结点分布）? 属于哪个晶系? 宏观形态的晶体几何常数特点?

（2）写出金红石空间群所对应点群的国际符号和对称型，并根据对称型选择结晶轴；

（3）解释金红石空间群符号的含义；

（4）魏科夫符号和重复点数?

（5）可以从金红石的晶体结构中抽出几套空间格子? Ti^{4+} 和 O^{2-} 分别占几套?

4. 请根据阳、阴离子各种配位数的临界半径比值，总结说明配位数和阳阴离子临界半径比值分别为多少时，离子化合物分别属于 AX 型和 AX_2 型结构。

5. 钙钛矿型（$CaTiO_3$）结构是一种重要的结构形式，结构如图 7-21 所示，请结合其结构分析以下内容：

（1）若结构中分别选择 Ca^{2+} 和 Ti^{4+} 作为晶胞原点，则 O^{2-} 占据什么位置?

（2）$CaTiO_3$ 结构随温度发生什么样的结构相变? 请说明不同温度下各结构的空间群。

6. 为什么刚玉（$\alpha-Al_2O_3$）具有很高的硬度? 请结合其结构特点说明原因。

7. 请查阅资料说明 SiO_2 有哪些变体? 通常所说的水晶的主要成分又是其哪种结构形式?

8. 尖晶石（$MgAl_2O_4$）的结构如图 7-26 所示，O^{2-} 作立方最紧密堆积，Mg^{2+} 占据 1/8 的四面体空隙，Al^{3+} 占据 1/2 的八面体空隙，正负离子配位数 Mg：Al：O ＝ 4：6：4。请问：

（1）尖晶石结构是哪种空间格子?

（2）结构中每个 O^{2-} 连接几个 Mg^{2+} 和 Al^{3+}?

（3）这种结构的反结构是什么? 代表矿物又是什么?

9. 在镁橄榄石 $Mg_2[SiO_4]$ 的晶体结构中，Mg^{2+} 只占据八面体空隙，配位数为 6；Si^{4+} 只占据四面体空隙，配位数为 4。$[SiO_4]$ 四面体与 $[MgO_6]$ 八面体共棱联结，$[SiO_4]$ 四面体彼此不相联结。

（1）应用鲍林规则解释这种结构现象。

（2）结构中每一个 O^{2-} 所连接的 Si-O 四面体和 Mg-O 八面体的数目各是多少?

10. 什么是硅氧骨干? 有哪些形式的硅氧骨干? 哪种形式的硅氧骨干形成的结构最紧密?

11. 用鲍林规则说明：硅酸盐晶体结构中，$[SiO_4]$ 四面体之间只能共角顶联结而不能共棱和共面联结。
12. 橄榄石结构中 O^{2-} 是最紧密堆积吗？橄榄石与尖晶石结构有什么区别？
13. 为什么绿柱石会呈绿色？从绿柱石的结构特点解释，为什么绿柱石的硬度较大而相对密度不大。
14. 辉石的单、双链结构有什么不同？链状结构和环状结构又有什么本质不同？
15. 层状硅酸盐结构中，TO（1：1）和 TOT（2：1）的含义是什么？请分别说出它们的代表矿物。
16. 什么是三八面体结构和二八面体结构？请分析它们结构上的本质差别并说明它们的代表矿物。

附录
晶体学实验

实验一　晶体的测量与投影

一、实验目的

1. 了解晶体测量的方法，加深对面角恒等定律的理解。

2. 掌握极射赤平投影的原理，学会利用吴氏网进行晶体投影，计算晶面夹角。

二、实验方法与步骤

1. 晶体测量方法

先将晶体模型进行定向，画出晶体草图，然后按照直立晶面、水平晶面的顺序将各晶面编号（可用 1,2,3…），并注明在晶体草图上，便于观察比较，避免重测或漏测。依次测量晶体模型的各个面角，测量时应注意将测角仪的两臂紧靠晶面，测角仪两臂与所测两个晶面间尽量不留空隙，且测角仪平面必须垂直所测的两个晶面。另外，面角和晶面夹角互补，测量时应注意测角仪上的读数位置。

2. 晶体投影方法

（1）晶面的极射赤平投影　晶面的极射赤平投影点规律：晶面与投影平面平行——投影点在基圆中心；晶面与投影平面垂直——投影点在基圆上；晶面与投影平面斜交——投影点在基圆内。

（2）对称轴的极射赤平投影　对称轴的极射赤平投影点规律：对称轴与投影平面垂直，极射赤平投影点在基圆中心；对称轴与投影平面平行，极射赤平投影点在基圆上；对称轴与投影平面斜交，极射赤平投影点在基圆内。

（3）对称面的极射赤平投影　对称面的极射赤平投影规律：对称面与投影平面平行，极射赤平投影与基圆重合；对称面与投影平面垂直，极射赤平投影为基圆直径；对称面与投影平面斜交，极射赤平投影为以基圆直径为弦的大圆弧。

3. 利用吴氏网进行投影

准备工作：用一张透明纸覆盖在吴氏网上，画出基圆，标定圆心，在横径右端点标定方位角 $\varphi=0°$。

求晶面的投影点：设某晶面方位角 $\varphi=30°$、极距角 $\rho=45°$，则在基圆上从 $\varphi=0°$ 处顺时针方向数 30°，再从 $\varphi=30°$ 处作一直径，旋转透明纸将此直径旋转到吴氏网的某个直径上，从圆心沿直径数 45°，标定该点，此点就是该晶面的极射赤平投影点（见附图 1-1）。利用此方法可以将一个晶体上所有晶面都投影下来，形成一系列的投影点，每个点代表一个晶面的法线方向，投影点的分布应该能够反映晶面分布的对称规律，附图 1-2 是立方体上各晶面的极射赤平投影图，从图中可以看出晶面的分布对称性。但是，从图中也可以看出，投影图只是用投影点将每个晶面的空间位置表达出来，晶面的大小、形状等信息都不能表达出来。

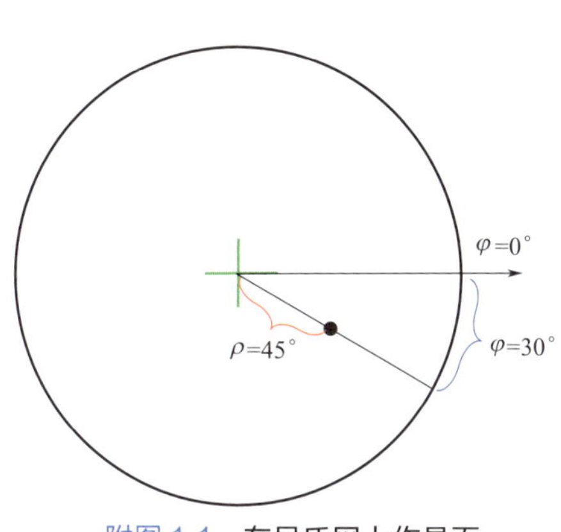

附图 1-1　在吴氏网上作晶面（ρ=45°、φ=30°）的投影点

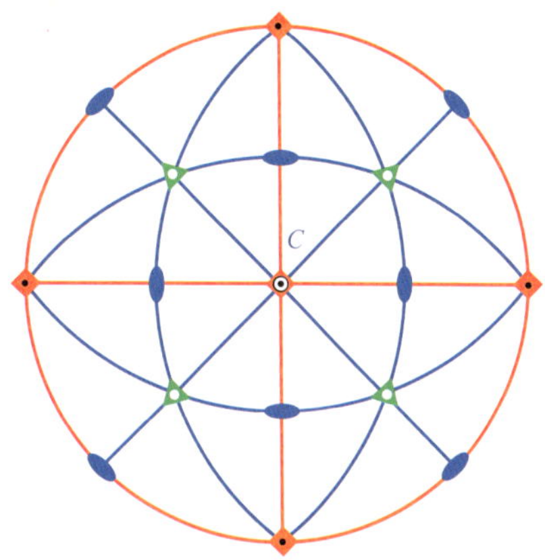

附图 1-2　立方体各晶面和对称要素的极射赤平投影图

三、实验内容

1. 用接触测角仪测量八面体或四面体的面角。
2. 作晶体的极射赤平投影，并利用投影图求面角。
（1）通过测量写出各晶面的球面坐标（ρ, φ）。
（2）在吴氏网上作各晶面的极射赤平投影。
（3）在吴氏网投影图上求某两对面的面角。
晶体测量记录见附表 1-1。

附表 **1-1**　晶体测量记录表

模型号	面角符号	第一次测	第二次测	第三次测	平均值	晶体草图及晶面编号

实验二　晶体的宏观对称

一、实验目的

1. 通过对晶体木质模型的对称分析，进一步掌握对称、对称要素和对称操作的概念。
2. 掌握在晶体木质模型上寻找判定对称要素的方法。
3. 熟悉晶体的对称分类原则和常见的对称型。

二、实验方法及步骤

对称要素是通过晶体上晶面、晶棱以及角顶的形状及其分布来体现的。根据各种对称要素的定义和晶体上面、棱、角的分布和形状，就可以找出晶体上所存在的全部对称要素。寻找晶体上的对称要素时，先找对称轴或旋转反伸轴（按轴次从高到低顺序），然后找对称面，最后确定有无对称中心。

1. 对称要素

（1）对称面（P） 通过晶体中心，并将晶体平分为互成镜像的两个相等部分的假想平面叫作对称面。晶体可以没有对称面，也可以有一个或几个对称面。晶体中对称面可能出现的位置：垂直并平分晶面；垂直晶棱并通过它的中点；包含晶棱。寻找对称面时尽量保持模型静止，以免遗漏或重复计算，另外可根据对称要素的组合定理确定对称面的数量和分布。

（2）对称轴（L^n） 对称轴是通过晶体中心的一根假想直线，将晶体围绕此直线旋转一定角度，若旋转前后晶体的面、棱、角均完全重合，则此假想的直线就是对称轴。晶体中可能出现的对称轴只有 L^1、L^2、L^3、L^4 和 L^6。寻找对称轴时，观察晶体在旋转一周时有无相同的部分重复及重复次数，从而确定该直线是否为对称轴及它的轴次 n，如此重复寻找，将晶体的所有对称轴找出。

对称轴可能出现的位置：晶面中心；晶棱中点；角顶。

晶体中可以没有对称轴，也可以有一个或几个对称轴。此外，不同轴次的对称轴可以同时存在，同一方向存在不同轴次的对称轴时只能取最高轴次的对称轴。注意，同一对称轴不能重复计数。

（3）对称中心（C） 具有对称中心的晶体，其所有晶面必定是两两平行而且相等并且方向相反。这一点可以用来作为判别晶体有无对称中心的依据。

（4）旋转反伸轴（L_i^n） 设想通过晶体中心有一直线，晶体绕此直线旋转一定角度（α）后，再以该直线上一点（即晶体中心）进行反伸，则晶体与旋转前完全重合，此直线就称为旋转反伸轴。

在晶体上具有实际意义的旋转反伸轴只有 L_i^4 和 L_i^6。

① L_i^4 的判定：晶体无对称中心而有 L^2 时，此 L^2 才可能是 L_i^4。若将晶体绕此 L^2 旋转 90°，然后想象地对晶体中心进行反伸，若与旋转前重合，则此 L^2 应为 L_i^4（附图 2-1）。

② L_i^6 的判定：晶体无对称中心而有 L^3 时，此 L^3 才可能是 L_i^6。若将晶体绕此 L^3 旋转 60°，然后对晶体中心进行反伸，若与旋转前重合，则此 L^3 应为 L_i^6（附图 2-2）。更为简单的是看是否有对称面与 L^3 垂直，若晶体无对称中心而有对称面与 L^3 垂直，则此 L^3 必为 L_i^6。

注意：因为 L_i^4 包含 L^2，故旋转 180° 时，不进行反伸就已经重复。同理，L_i^6 旋转 120°、240° 时也不反伸就与旋转前重复。另外，通常在晶体模型中寻找对称要素时，如果存在 L^4 或 L^6，同时必然也会存在 L_i^4 或 L_i^6，此时只能按照对称操作简单的 L^4 或 L^6。

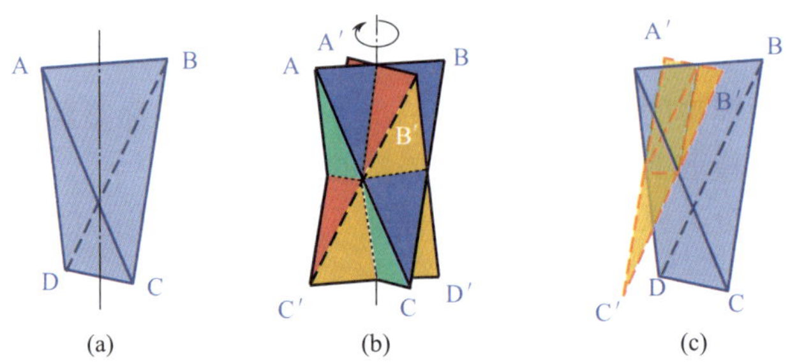

附图 2-1 四方四面体 L_i^4 操作图解

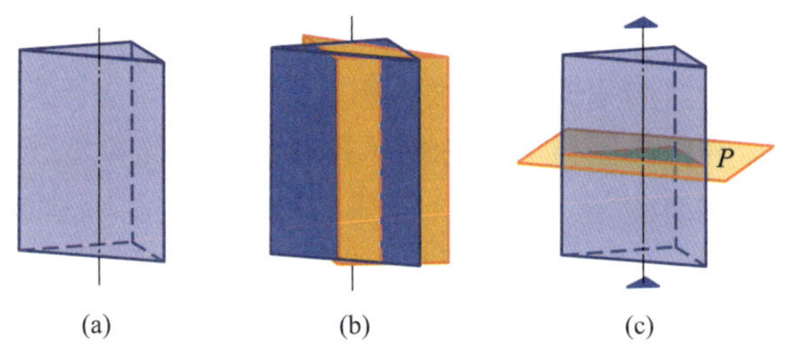

附图 2-2　三方柱 L_i^6 操作图解

2. 晶体的分类

根据 32 种对称型的特点，将晶体分为三个晶族（低级、中级和高级晶族），七个晶系（三斜、单斜、斜方或正交、三方、四方、六方和等轴晶系）。

三、实验内容

按照附表 2-1，在理想晶体木质模型上，寻找对称要素、写出晶体的对称型、确定其所属的晶族和晶系，总共分析 7 大晶系的晶体模型 18 个（三斜 1 个，单斜 2 个，其余晶系各 3 个）。

附表 2-1　晶体的宏观对称要素分析表

模型号码	对称轴				旋转反伸轴		对称面	对称中心	对称型	晶族	晶系
	L^2	L^3	L^4	L^6	L_i^4	L_i^6	P	C			

实验三　晶体定向及晶面符号

一、实验目的

1. 掌握七大晶系的晶体常数特点及定向原则。
2. 学会在晶体木质模型上目估确定晶体的晶面符号。
3. 掌握七大晶系对称型的国际符号书写方法。

二、实验方法及步骤

1. 确定晶体的对称型、晶族和晶系

确定晶体的对称型，晶族和晶系可以采用两种方法：

（1）用“实验一”的方法，逐个找出晶体上全部的对称要素，写出对称型，然后根据对称特点确定晶族、晶系。

（2）找出部分对称要素，根据对称要素的组合定理推导出对称型，或者根据各对称型各自的特点确定对称型。

2. 晶体定向和晶体几何常数

晶体定向就是在晶体中选择合理的三维坐标系，坐标轴（X、Y、Z 轴，或 a、b、c 轴）也称为晶轴。选择的晶轴要符合晶体的对称性（有对称轴时优先选择对称轴，没有对称轴时选择对称面法线方向，前二者都没有时选择合适的晶棱方向）。晶轴的轴单位 a、b、c 或其连比 $a:b:c$ 加上轴角 α、β、γ（分别为晶轴 $Y\wedge Z$、$Z\wedge X$、$X\wedge Y$ 的夹角）称为晶体几何常数。在三方和六方晶系中，习惯上选择四个晶轴（X、Y、U、Z 轴）来定向，但 U 轴不是独立的，可由其他晶轴导出，其正方向在 X、Y 正方向后面。

3. 确定晶面符号

晶面符号是根据晶面与晶轴的空间交截关系，用简单的数字符号形式来表达晶面在晶体上方位的一种结晶学符号。通常采用的是米勒符号，定义为晶面在晶轴上截距系数的倒数比，用（hkl）表示，其中的 h、k、l 为晶面指数。根据晶体几何常数特征和晶面与坐标轴（即晶轴）的交截关系，就可定出晶体上各晶面的符号。

书写晶面符号时必须注意以下几点：第一，晶面符号中各晶面指数之间不能有任何标点符号；第二，晶面符号各晶面指数间没有公约数，晶面指数必须是最简指数；第三，晶面指数为负时，负号要写在晶面指数正上方；第四，三方和六方晶系的晶面符号中必须满足 $h+k+i=0$。

对于晶体模型而言，分析完对称型并进行晶体定向后，模型上各晶面在结晶轴上的截距就可以确定，由于并不知道具体的 a、b、c 数值，因此不能确定晶面在各结晶轴上截距系数的倒数比，也就是不能直接确定晶面符号。所以，在模型上确定晶面符号，只能根据晶体几何常数特征以及晶面和结晶轴的交截关系来目估晶面符号，当晶面符号中不能确定具体的晶面指数时，此时就用字母 h、k、l 表示。

以四方柱和四方双锥为例，不难分析其对称型为 $L^4 4L^2 5PC$，晶体定向时选择唯一的 L^4 为 Z 轴，相互垂直的一组 L^2 分别为 X、Y 轴（两种定向方法，如附图 3-1 所示）。由于四方晶系中的晶体几何常数特征为 $a=b\neq c$、$\alpha=\beta=\gamma=90°$，故可根据其晶体几何常数以及晶面在 X、Y 轴上的截距比确定出 $h:k=1:1$。因此当为四方柱时，晶面符号根据两种不同定向可分别写成（100）、（$\bar{1}00$）、（010）、（$0\bar{1}0$）和（110）、（$\bar{1}10$）、（$1\bar{1}0$）、（$\bar{1}\bar{1}0$）。当为四方双锥时，只能确定出 $h:k=1:1$，但不能确定 $h:l$ 一定为 $1:1$，此时晶面符号只能为（hhl）、（$h\bar{h}l$）……

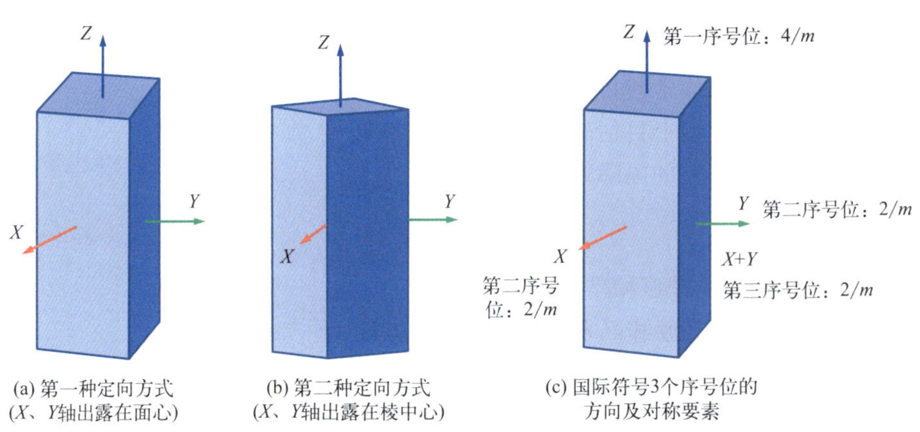

附图 3-1 晶体定向及国际符号举例图示

注意：在晶体模型上确定开形包括柱类和单锥类的晶面符号时，柱类模型的上、下面全封闭时可以按照聚形进行分析，即柱类上、下面按照平行双面确定其晶面符号。但是，单锥类模型即使有底面且呈全封闭状态时，也只能按开形只分析各锥面的晶面符号，无须分析其底面的晶面符号；由于单锥类的底部中空不存在晶面，若按聚形分析也无法确定出以单面形式存在的底面的晶面符号。

4. 对称型的国际符号

对称型的国际符号既明确了相应对称要素的空间取向，又反映了对称要素之间的组合关系。对称型国际符号的书写顺序有严格的规定，在国际符号中，有的对称型只需要表示一个方向的对称要素就可以表达其对称特点，而有些则需要表示两个或三个方向才能区分，与对称性有关，32 种对称型的国际符号具体参见表 2-7。对于不同晶系的对称型，其国际符号中三个序位（按顺序）的对称要素表示不同方向的对称要素，具体如附表 3-1 所示。

附表 3-1 各晶系国际符号三个序位所表示的方向

晶系	单胞中三个矢量表示			晶棱符号表示		
等轴	***Z/X/Y***	***X+Y+X***	***X+Y/Y+Z/X+Z***	[001]/[100]/[010]	[111]	[110]/[011]/[101]
四方	***Z***	***X/Y***	***X+Y***	[001]	[100]/[010]	[110]
斜方	***X***	***Y***	***Z***	[100]	[010]	[001]
单斜	***Y***				[010]	
三斜	任意方向			任意方向		
三方、六方	***Z***	***X/Y***	***2X+Y***	[001]	[100]/[010]	[210]

三、实验内容

将晶体模型定向，按要求写出晶面符号和对称型的国际符号（等轴、四方、三方和六方每个晶系各定向两个并目估写出其中一个的晶面符号和国际符号，斜方、单斜和三斜只定向一个并目估写出晶面符号和国际符号），记录在附表 3-2 中。

附表 3-2 晶体定向、晶面符号和对称型国际符号记录表

模型号码	对称型	国际符号	晶系	晶体定向				晶面符号及对称型国际符号
				X	***Y***	***U***	***Z***	

实验四 单形认识

一、实验目的

1. 通过实验深入理解单形的概念、单形的特征及其表达方式。
2. 熟悉常见的单形。

3. 掌握单形形号的确定方法。

4. 学会晶体的目估极射赤平投影方法。

二、实验方法与步骤

1. 观察认识单形

单形是指由对称要素联系起来的一组晶面的组合。同一单形的晶面大小相等，性质相同，对称环境一样。同一单形的晶面，晶面符号的数字一样，只是排列顺序和正负号不同。

观察认识单形，要从单形的晶面数目、晶面形态、单形的空间形状、晶面与对称要素的相对关系（或与三晶轴的相对关系）以及该单形的最高对称等多方面进行观察分析。在理想晶体上，同一单形的晶面数目是固定不变的。在观察单形的空间形态时，要注意单形中截面（横断面）的形状，这里的中截面是指通过单形中心的水平截面（Z 轴向上直立）。晶面与对称要素的关系，主要是指与三晶轴方向上对称要素的关系，特别是能确定晶面方位的那些空间关系，如八面体，晶面垂直于 L^3。

2. 单形的分布和分类

几何形态上相同的单形共有 47 种，考虑对称因素在内，则共有 146 种，称为结晶学单形。在不同的晶系中单形的种类是不同的，其特征可通过晶面数目、横截面形态以及晶面与晶轴的关系等方面来区分。

根据单形的特征可对其进行分类，如特殊形和一般形、左形和右形、正形和负形、开形和闭形、定形和变形。

3. 确定单形符号

单形符号简称形号，三、四轴定向分别用 $\{hkl\}$ 和 $\{hkil\}$ 来表示，一般在中、低级晶族按“上、前、右”，高级晶族按“前、右、上”的法则选择代表晶面（即晶面指数皆为正）作为单形符号的标志。

确定单形符号时，先分析单形的对称型，然后进行定向，再按照以上晶面的选择原则，选出代表面，将代表面的晶面指数用大括号“{}”括起来，则为该单形的形号。

4. 单形的目估投影

目估投影是晶体的示意性极射赤平投影，主要是根据晶面与对称要素的关系，目估晶面的方位角及极矩角，作出示意性投影图。目估投影方法如下：

（1）先画一基圆，将晶体定向，然后把晶轴所在的对称要素先投上，Y 轴一定要投在左右东西向、Z 轴一定在圆心，最后将其他对称要素投上。

对称轴的投影只投影上半球的端点，水平对称轴的投影是基圆直径的端点，并用虚线连接；对称轴的投影点上应标上轴次符号（若该点正好是晶面投影点，二者叠加标出）。对称面的投影用实线表示；直立对称面的投影是基圆的直径、倾斜对称面的投影是过直径两端点的大圆弧（附图 4-1），水平对称面的投影是基圆。对称中心的投影在圆心，圆心同时有晶面投影点时，对称中心的投影用“C”表示。

（2）作晶面的目估投影　根据晶面与对称要素的关系，以及目估晶面的方位角和极矩角，将晶面投影在图上。投影时必须注意：

① 水平晶面投影在圆心；直立晶面投影在圆上；倾斜晶面投影在圆内，极矩角越小，越靠近圆心（当 $0° <$ 极矩角 $< 90°$ 时）。

② 目估投影的晶面分布，必须符合晶面与对称要素的相对关系，特别是以下的三种关系：

与对称轴垂直的晶面投影点，必与对称轴的投影点重合；与对称面垂直的晶面投影点必落在对称面的投影线上；不与对称面垂直的晶面投影点必成对称地分布在该对称面的投影线两边。

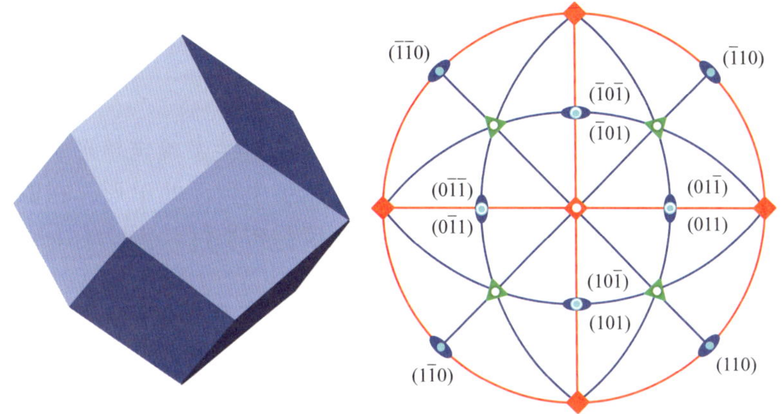

附图 4-1　菱形十二面体及其投影图

三、实验内容

1. 观察认识 47 种几何单形，并对以下单形按附表 4-1 作记录。

斜方柱、斜方四面体、四方四面体、复四方偏三角面体、四面体、六方双锥、六方偏方面体、菱面体、五角三八面体、三角三八面体、复三方偏三角面体、菱形十二面体、八面体。

2. 作以下单形的目估投影。

斜方柱、三方柱、四方四面体、复四方柱、三方双锥、八面体、菱形十二面体。

附表 4-1　单形认识记录表

模型号	晶面形状	横断面形状	晶面数	最高对称型	晶面和对称要素的关系	开形闭形	定形变形	左形右形	单形名称及形号	目估投影

实验五　聚形分析

一、实验目的

1. 学会聚形分析方法。
2. 进一步熟悉各晶系的定向、常见单形及其在各对称型中的分布情况。
3. 掌握各晶系的国际符号表示方法。
4. 加深理解晶带的概念，熟悉几个重要的晶带。

二、实验方法与步骤

1. 聚形特征及聚形上单形的数目

聚形指两个或两个以上的单形的聚合。在任何情况下，只有属于同一对称型的单形才能相聚，不同对称型的单形是不能聚合在一起的。此外，在一种对称型里面，其可能出现的单形数目是有限的，最多不超过 7 种。在理想晶体模型上，有多少种形状、大小不同的晶面，就有多少个单形；凡形状、大小相同的晶面属于同一单形。

2. 确定晶体的对称型和晶系（方法同实验一）并进行晶体定向（方法同实验二）

3. 确定晶体上各个单形的名称及形号

确定单形名称可根据以下方法：

（1）根据对称型、单形的晶面数、晶面间的相对位置关系确定单形名称，例如晶面数为 4，在等轴晶系中只能是四面体，在三方、六方晶系中则无此单形，在四方晶系中则可能是四方单锥（晶面均交于 Z 轴）、四方柱（晶面交棱互相平行）、四方四面体（上下晶面方位不一致）。

（2）将同一单形的晶面延展相交，想象出单形的形状，再根据晶系定出单形名称。

（3）先确定出单形的形号，再根据对称型，确定出单形名称，一是利用教材上各晶类的单形表，二是利用目估投影推导，当熟悉了形号在对称型中所代表的单形后，这种方法很简便。

4. 确定属于某一晶带的晶面

交棱互相平行的一组晶面，称为晶带。晶带是利用平行于该晶带并通过晶体中心的直线——晶带轴的方向来表示。晶带符号 $[rst]$ 中的 r、s、t 为直线上任一点坐标的比例，晶带符号也表示晶棱。在晶体上找属于某一晶带的晶面，就是平行于这一晶带轴的晶面。

三、实验内容

1. 选 7 ～ 10 块聚形作聚形分析，每个晶系至少分析一个；分析模型所含的单形种类，并确定其单形符号。

2. 在上述聚形分析的模型中除三斜和单斜晶系外，其余五个晶系任选一个作目估投影。

3. 写出长石模型上属于 [100]、[001] 晶带的晶面，写出方铅矿模型上属于 [101] 和 [110] 晶带的晶面。

聚形分析示例及分析记录分别见附图 5-1 和附表 5-1。

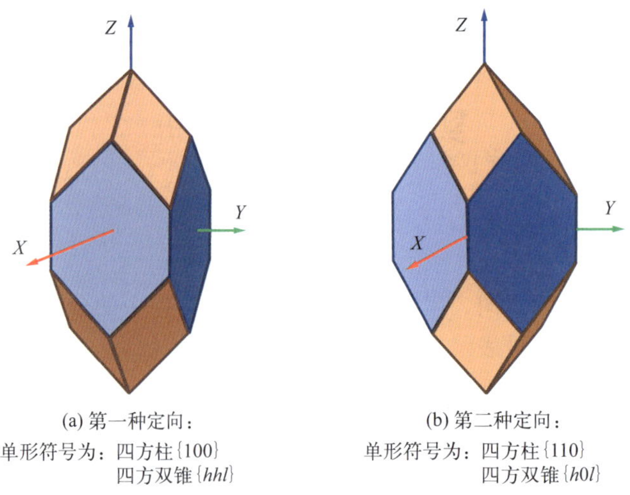

(a) 第一种定向：
单形符号为：四方柱 {100}
四方双锥 $\{hhl\}$

(b) 第二种定向：
单形符号为：四方柱 {110}
四方双锥 $\{h0l\}$

附图 5-1 聚形分析示例

附表 5-1 聚形分析记录表

模型号	对称型	国际符号	选轴定向				单形名称及形号	目估投影
			X	*Y*	*U*	*Z*		

实验六 晶体内部结构的对称要素及空间群

一、实验目的

1. 熟悉空间格子、单位平行六面体、晶胞的含义；理解晶体的外形对称与晶体内部结构对称的关系与区别。

2. 通过对晶体结构模型的分析，理解晶体结构中的各种微观对称要素，能从晶体结构中找出某些方向的微观对称要素，并能写出空间群。

3. 能作简易晶体结构的投影及写出等效点系中等效点的坐标。

二、实验方法与步骤

1. 确定晶系和空间格子类型

观察晶体结构模型，找出质点种类、环境都相同的点（相当点），分析这些点的分布特征和重复规律，根据有无高次轴及高次轴的方向和数量、无高次轴时根据 2 次轴和面对称要素的方向和数量，确定晶系及空间格子类型。

2. 确定结构模型中的对称要素及空间分布

由于晶体内部结构的对称要素比较多，同一方向上，既可以有对称面和不同类型的滑移面平行排列，也可以出现不同轴次的对称轴、不同轴次的螺旋轴平行排列。因此，分析晶体结构中的对称要素时，着重分析空间群国际符号中 3 个位置和方向上的对称要素。

（1）对于面对称要素，先选对称面 *m*；无对称面时，则依次选 *d* 、*n* 或 *a* 、*b*、*c* 滑移面，两者同时存在时尽量选前者。

（2）对于轴对称要素，如果某一方向同时存在不同轴次的轴对称要素，选最高轴次；如果同时存在不同类型的最高轴次，则按对称轴、螺旋轴、旋转反伸轴的顺序选择其一。

例如在 NaCl 的晶体结构中，在 [100] 方向（*X* 、*Y* 、*Z* 轴方向）有 4 次轴、4_2 和 2_1 螺旋轴平行排列；在垂直 [100] 方向有 *m* 对称面与 *n* 滑移面平行排列；在 [110] 方向（*X*+*Y* 轴方向）也有 *m* 对称面与 *n* 滑移面平行排列（附图 6-1）。因此，空间群的国际符号不可能将所有的对称要素都写出，而是要按照以上原则和顺序，通过选择各方向或序位上代表性的对称要素来确定空间群的国际符号。

三、实验内容

1. 确定下列晶体结构的格子类型。

金刚石、金红石、石盐、闪锌矿、2*H* 石墨、萤石

2. 按要求寻找对称要素，并写出空间群的国际符号。

（1）在金刚石结构模型中找出 *d*、3、*m*、4_1，写出空间群国际符号；

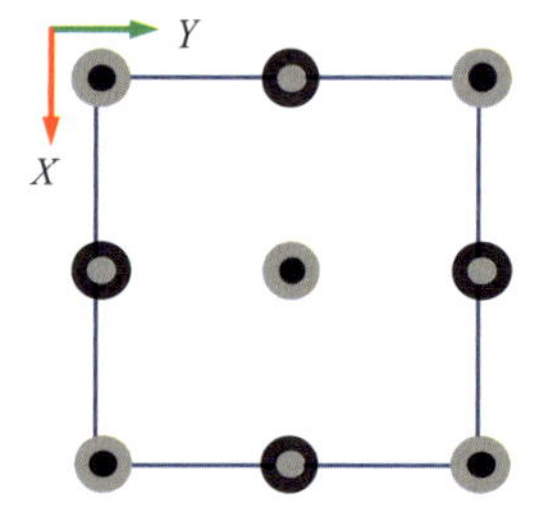

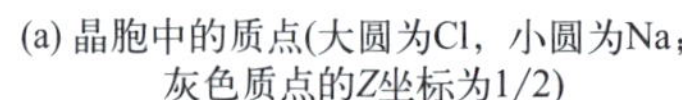
(a) 晶胞中的质点(大圆为Cl，小圆为Na；灰色质点的Z坐标为1/2)

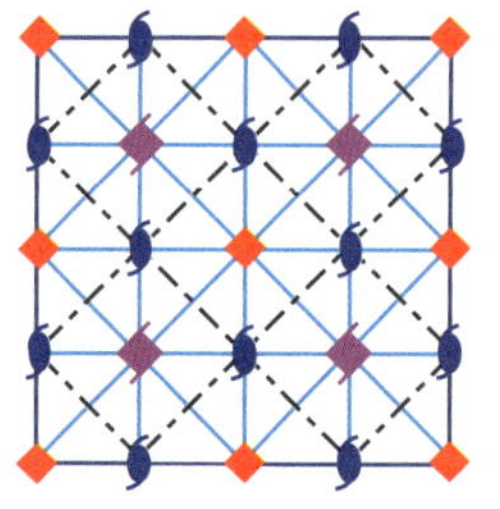
(b) 晶胞中的对称要素投影

附图 6-1　NaCl 晶体结构在（001）面上的投影

（2）在石盐结构模型中找出 2_1、3、4_2、m，写出空间群国际符号；

（3）在闪锌矿结构模型中找出 $\bar{4}$ 、3、m，写出空间群国际符号；

（4）在 $2H$ 石墨结构模型中找出 6_3、2_1、c 和 m，写出空间群国际符号。

3. 作出金刚石的晶体结构投影图。

晶体结构模型分析记录见附表 6-1。

附表 6-1　晶体结构模型分析记录表

矿物名称	格子类型	空间群	矿物名称	格子类型	空间群	矿物名称	格子类型	空间群

晶体结构投影及等效点系坐标：

实验七　最紧密堆积与典型结构分析

一、实验目的

1. 理解等大球最紧密堆积原理，熟悉等大球的最紧密堆积方式、形成的空隙类型和空隙位置分布。

2. 学习利用晶体结构模型分析配位数和配位多面体。

3. 能在晶体结构模型上计算出晶体化学式和单位晶胞的“分子数”Z。

二、实验方法与步骤

1. 等大球最紧密堆积

（1）等大球最紧密堆积原理　等大球最紧密堆积原理是用球体堆积的过程形容离子或原子形成晶体结构的过程。这个原理的思想很简单，即：堆积越紧密、越对称，则能量越低、越稳定。许多晶体结构就是遵循这一原理的，它对解释晶体结构（特别是离子键、金属键的晶体结构）具有重要指导作用。

等大球最紧密堆积的方式：等大球体两种最基本的最紧密堆积方式是六方和立方最紧密堆积。六方最紧密堆积可以用 ABAB… 的顺序来表示，球体在空间的分布与空间格子中的六方格子相对应，最紧密排列层平行于（0001）面（见附图 7-1）；立方最紧密堆积可以用 ABCABC…的顺序，球体在空间的分布与空间格子中的立方面心格子相一致，最紧密排列层平行于（111）面（见附图 7-2）。

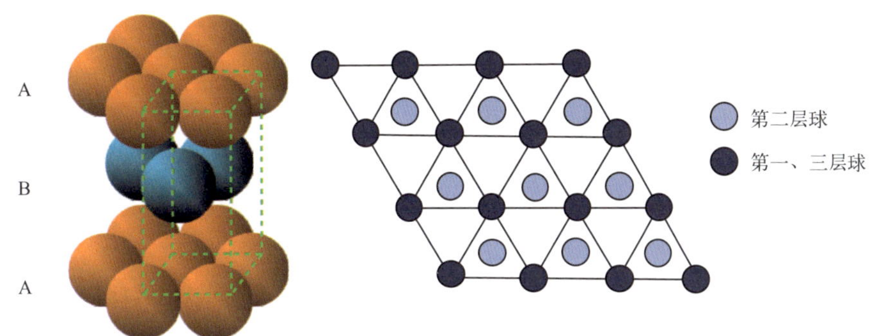

附图 7-1　六方最紧密堆积

（2）等大球最紧密堆积形成的空隙及位置　无论是六方还是立方最紧密堆积，球体周围的四面体空隙和八面体空隙的数目都是相同的，但空隙分布情况有别。即每一个球体周围有 8 个四面体空隙和 6 个八面体空隙（见附图 7-2）。由于每 4 个球构成一个四面体空隙，每 6 个球构成一个八面体空隙，因此，当有 n 个球作最紧密堆积时，就必定有 n 个八面体空隙和 $2n$ 个四面体空隙。

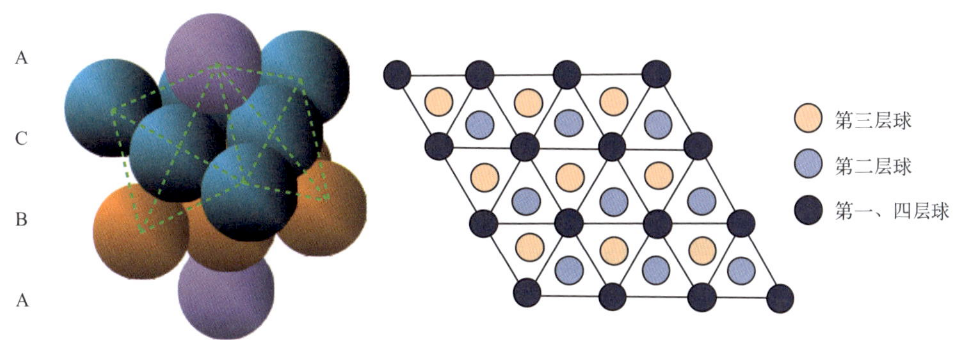

附图 7-2　立方最紧密堆积

2. 典型结构分析（以 NaCl 为例）

（1）确定晶系及格子类型　格子类型由晶体结构中相当点（质点种类及环境都相同的点）的分布来确定。在晶体结构中选一质点作原始点，如 Na^+ 的中心，然后找出所有与其相当的点，选出单位晶胞，根据格子的晶格常数特征（a、b、c 和 α、β、γ）和结点分布情况（原始格子、底心格子、体心格子和面心格子），即可确定晶系和格子类型（石盐为等轴晶系，立方面心格子）。

（2）分析配位数、配位多面体及其连接形式　配位数是指晶体结构中每个原子或离子周围最邻近的原子或异号离子的数目。配位多面体是指晶体结构中以一个原子或离子为中心，将周围与之成配位关系的原子或异号离子的中心连接起来构成的几何多面体。配位多面体的连接形式，通常是指阳离子的配位多面体连接形式。配位多面体的连接形状多种多样，常见的有哑铃状、三角形、四面体、八面体、立方体和立方八面体，对应的配位数分别为二、三、四、六、八、十二次配位；配位多面体的连接形式通常有共角顶、共棱和共面连接。

（3）计算化学式和分子数 Z　晶体结构中分析化学式和分子数均是在单位晶胞内进行。分析时首先计算单位晶胞内各种质点的数目，凡在单位晶胞内的质点，一个质点算一个；凡在单位晶胞表面的质点，为两个晶胞所共有，算二分之一；凡在晶棱上的质点，为四个晶胞所共有，算四分之一；凡在单位晶胞角顶的质点，为八个晶胞所共有，算八分之一。然后，将晶胞内各种质点按化学式书写顺序排列，求得的个数写于质点符号的右下角，再把各质点数的最大公约数提出来写于化学式前面，这个最大公约数就是单位晶胞的“分子数”Z。

例：石盐晶体结构。

选石盐晶体结构中 Cl^- 为相当点，把相当点连接起来，选出单位格子，得出格子常数特征为 $a=b=c$，$\alpha=\beta=\gamma=90°$，结点分布于单位格子的角顶和六个面的中心，故为立方面心格子（如附图 7-3 所示）。

Na^+ 周围有 6 个 Cl^-，配位数为 6，配位多面体为八面体，八面体之间以共棱连接。Cl^- 的配位数、配位多面体以及连接形式和 Na^+ 相同。

Na^+ 分布于 12 条棱的中点，每条棱为 4 个晶胞所共有，故一个质点算 1/4，共 $12×1/4=3$ 个 Na^+，晶胞中心一个，共计 4 个 Na^+。

Cl^- 分布于八个角顶和六个面的中心，每个角顶为八个晶胞共有，$8×1/8=1$，每个面为两个晶胞共有，所以 $6×1/2=3$，共计 $1+3=4$ 个 Cl^-。

所以，石盐晶体的化学式为：$Na_4Cl_4=4NaCl$，单位晶胞“分子数”Z 为 4。

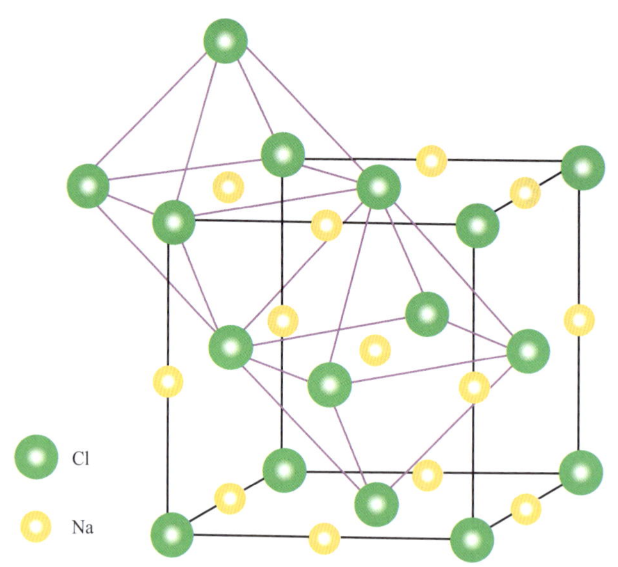

附图 7-3　石盐晶体结构中配位数和配位多面体

三、实验内容

1. 在沙盘上用等大球体作最紧密堆积，观察等大球体的最紧密堆积方式、形成的空隙类型和空隙位置分布，并按附表 7-1 作记录。

附表 7-1　等大球最紧密堆积记录表

层数		层重复周期	空隙种类及位置	各种空隙数	球体在空间的重复规律
第一层					
第二层					
第三层	六方				
	立方				

2. 分析下列典型晶体结构模型，并按照附表 7-2 作记录：闪锌矿、萤石、金红石、金刚石、方铅矿。

附表 7-2　典型结构分析记录表

矿物名称	空间格子类型	配位数		阳离子配位多面体	阳离子配位多面体连接形状	“分子式”	“分子数” Z
		阳离子	阴离子				

实验八　晶体的形成

一、实验目的

1. 观察从溶液中形成晶体的过程。

2. 了解影响晶体生长的因素（包括成分、结构和生长时所处的环境）以及它们对晶体形态的影响。

3. 通过实验观察，加深对晶体生长理论的理解。

二、实验方法与步骤

晶体的形态主要取决于晶体物质的成分和结构特征。同时在生长过程中，外界条件对晶体形态也有很大的影响。例如明矾在不同过饱和度的溶液中生长，其晶体形态不同（附图 8-1）；溶液中的杂质（如硼砂）对明矾晶体的形态亦有明显的影响。通过使溶液达到过饱和时析出

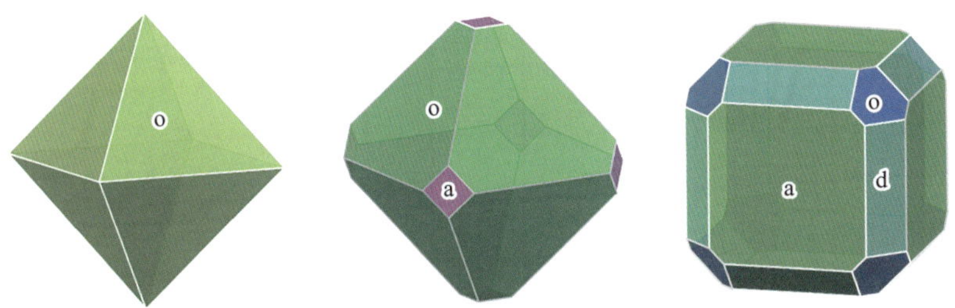

附图 8-1　在不同过饱和度的溶液中生长的明矾晶体

o—八面体；a—立方体；d—菱形十二面体

晶体是常见的晶体形成和生长方法，包括低温饱和溶液（如水和重水溶液、凝胶溶液、有机溶剂溶液等）、高温饱和溶液（熔盐）与热液等方法，生长石盐、食糖和明矾等晶体常用此方法。

实验用具和材料：100mL 烧杯 6 ～ 8 个，硫酸铝钾（明矾）95g，硼砂 5g（作“杂质”用），硫酸铜（胆矾）20g，尼龙线 40cm，玻璃棒 6 根，滤纸 6 张。

（1）明矾晶体的培养

① 配制过饱和溶液：为了获得不同过饱和度（或含有杂质）的明矾溶液，在烧杯中依次加入 30g、30g、20g、15g 明矾（需将明矾研磨细，以便于溶解），并在烧杯上标明明矾的质量，选其中一个加有 30g 明矾的烧杯，再加入 5g 硼砂，并在烧杯上加上标志，然后分别加入 100mL 开水后，用玻璃棒不断搅拌，待明矾全部溶解，稍微静置后过滤到另一个烧杯中。

附图 8-2 晶芽悬挂示意图

② 捆绑晶芽：用尼龙线拴上一小块明矾，将尼龙线的另一头系在玻璃棒上。

③ 悬挂晶芽：将晶芽分别悬挂在烧杯（烧杯中溶有 30g 明矾溶液，在冷却前即将晶芽放入，而其他烧杯中的溶液待冷却至室温时再放入晶芽。）中，如附图 8-2 所示。晶芽悬挂完毕后，静置两天左右，晶芽慢慢地结晶长大成规则的几何多面体形态。

观察内容：在完成上述步骤后的 1 ～ 2h 内应勤观察，特别对强过饱和溶液，其结晶过程可以观察得比较清楚，例如溶有 30g 明矾的过饱和溶液，在悬挂晶芽后十分钟左右，杯底、液面便开始有晶体析出，晶芽慢慢长大。在 30min 之后，晶芽的周围有涡流现象（附图 8-3）。待静置两天左右，观察、记录现象并作初步解释。

（2）硫酸铜（胆矾）晶体的培养

① 将 20g 硫酸铜放入烧杯中，然后加入 50mL 开水，慢慢搅拌，配制成硫酸铜的过饱和溶液。与明矾晶体培养一样，待冷却至室温时放入晶芽。

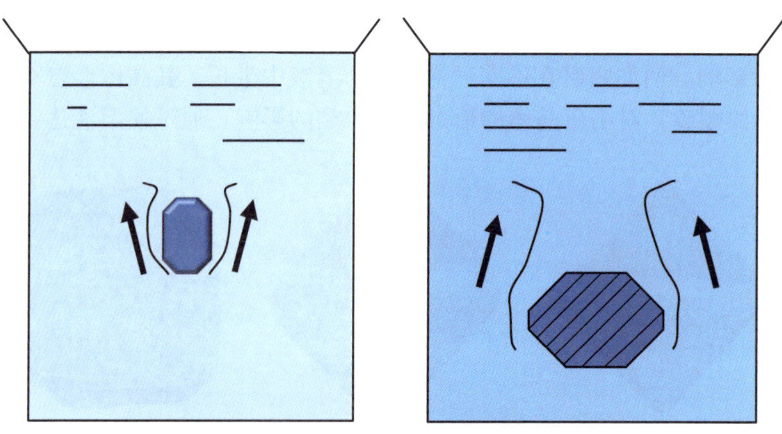
附图 8-3 在不同位置生长的晶体形态和涡流

② 观察液面先结晶的硫酸铜晶体，静置两天后观察杯底和悬挂晶体的形态并与胆矾的晶体形态对比，其他观察内容与明矾相同。

三、实验内容

在不同浓度、温度、杂质的低温溶液条件下培养硫酸铝钾 $KAl[SO_4]_2 \cdot 12H_2O$（明矾）和硫酸铜 $CuSO_4 \cdot 5H_2O$（胆矾）晶体，观察它们的生长过程和结果，记录不同条件下生长的晶体几何形态，写出实验报告。

参考文献

[1] 李国昌，王萍. 结晶学教程［M］. 3版. 北京：国防工业出版社，2019.

[2] 罗谷风. 结晶学导论［M］. 3版. 北京：地质出版社，2014.

[3] 罗谷风. 基础结晶学与矿物学［M］. 南京：南京大学出版社，1993.

[4] 赵珊茸. 结晶学及矿物学［M］. 3版. 北京：高等教育出版社，2017.

[5] 秦善. 晶体学基础［M］. 北京：北京大学出版社，2004.

[6] 李胜荣. 结晶学与矿物学［M］. 北京：地质出版社，2008.

[7] 何涌，雷新荣. 结晶化学［M］. 北京：化学工业出版社，2008.

[8] 钱逸泰. 结晶化学导论［M］. 3版. 安徽：中国科学技术大学出版社，2005.

[9] 潘兆橹. 结晶学及矿物学（上）［M］. 3版. 北京：地质出版社，1993.

[10] 陈敬中. 现代晶体化学——理论与方法［M］. 北京：高等教育出版社，2001.

[11] 田健. 硅酸盐晶体化学［M］. 武汉：武汉大学出版社，2010.

[12] 廖立兵，夏志国. 晶体化学及晶体物理学［M］. 2版. 北京：科学出版社，2013.

[13] 赵珊茸，肖平. 结晶学及矿物学实习指导［M］. 北京：高等教育出版社，2011.

[14] 许虹. 结晶学与矿物学实习与自学指导书［M］. 北京：地质出版社，2007.

[15] 张联盟，黄学辉，宋晓岚. 材料科学基础［M］. 武汉：武汉理工大学出版社，2022.

[16] 肖序刚. 晶体结构几何理论［M］. 2版. 北京：高等教育出版社，1993.

[17] 关振铎，张中太，焦金生. 无机材料物理性能［M］. 2版. 北京：清华大学出版社，2011.

[18] 陈纲，寥理几，郝伟. 晶体物理学基础［M］. 北京：科学出版社，2007.

[19] 周公度. 晶体结构的周期性和对称性［M］. 北京：人民教育出版社，1992.

[20] 邢智彪. 硅酸三钙晶体结构及其演化机理研究［D］. 南京：南京大学，2013.

[21] 张文生，张江涛，叶家元，等. 硅酸二钙的结构与活性［J］. 硅酸盐学报，2019，11：1663-1669.

[22] 陈琳，沈晓冬，马素花，等. 水泥熟料中硅酸三钙晶体结构的研究［J］. 中国硅酸盐学会水泥分会首届学术年会论文集，2009：182-188.

[23] 胡迪. 布拉格传：1915年诺贝尔物理学奖得主之一［M］. 吉林：时代文艺出版社，2012.

[24] 张勇，陈明彪，杨潇. 先进高熵合金技术［M］. 北京：化学工业出版社，2019.

[25] 陈克丕，李泽民，马金旭，等. 高熵陶瓷材料研究进展与展望［J］. 陶瓷学报，2020，41（2）：157-163.

[26] 黄昆原著，韩汝琦改编. 固体物理学［M］. 北京：高等教育出版社，2020.

[27] Nita Dragoe，David Bérardan. Order emerging from disorder［J］. Science，2019，366（6465）：573-574.

[28] Hoffmann F. Introduction to crystallography［M］. Cham：Springer Cham，2016.

[29] Borchardt-Ott W. Crystallography-an introduction［M］. Third Edition. Heidelberg：Springer，2011.

[30] Jeffery J W. The crystal structure of tricalcium silicate［J］. Acta Crystallographica，1952，5：26-35.

[31] Nishi F，Takéuchi Y. The rhombohedral structure of tricalcium silicate at 1200℃［J］. Zeitschrift fuer Kristallographie，1984，168：197-212.

[32] Il'inets A M，Malinovskii Y，Nevskii N N. The crystal structure of the rhombohedra modification of tricalcium silicate［J］. Doklady Akademii Nauk SSSR，1985，281：332-336

[33] Mumme W G. Crystal structure of tricalcium silicate from a Portland cement clinker and its application to quantitative XRD analysis［J］. Neues Jahrbuch fuer Mineralogie，1992（38），127-220.

[34] Golovastikov N I, Matveeva R G, Belov N V. Crystal structure of the tricalcium silicate 3CaO • SiO_2=C_3S [J]. Kristallografiya, 1975 (20): 721-729.

[35] Liu E, Fu Y, Wang Y, et al. Integrated digital inverters based on two-dimensional anisotropic ReS_2 field-effect transistors [J]. Nature Communications, 2015, 6 (1): 6991.

[36] Hsu W L, Tsai C W, Yeh A C, et al. Clarifying the four core effects of high-entropy materials [J]. Nature Reviews Chemistry, 2024, 8: 471-485.

[37] Oses C, Toher C, Curtarolo S. High-entropy ceramics [J]. Nature Reviews Materials, 2020, 5: 295-309.

[38] Arribas V, Casas L, Estop E, et al. Interactive PDF files with embedded 3D designs as support material to study the 32 crystallographic point groups [J]. Computers & Geosciences, 2014, 62: 53-61.

[39] Lian J, Helean K B, Kennedy B J, et al. Effect of structure and thermodynamic stability on the response of lanthanide stannate pyrochlores to ion beam irradiation [J]. Journal of Physical Chemistry B, 2006, 110 (5): 2343-2350.

[40] Wuensch B J, Eberman K W, Heremans C, et al. Connection between oxygen-ion conductivity of pyrochlore fuel-cell materials and structural change with composition and temperature [J]. Solid State Ionics, 2000, 129 (1): 111-133.

[41] Tang Y J, Wang J, Wang J X, et al. Order-disorder structural transition of $Nd_2(Zr_{1-x}Ce_x)_2O_7$ pyrochlores prepared by auto-combustion method [J]. Ceramics International, 2023, 49: 16486-16493.

[42] Li X S, Wang J, Wang J X, et al. Investigation of the ordered-disordered structural transition of$(Nd_{1-x}Y_x)_2(Zr_{1-x}Ce_x)_2O_7$ pyrochlore by X-ray diffraction, Raman spectroscopy, and Transmission electron microscopy [J]. Ceramics International, 2023, 49: 12251-12257.